普通高等院校"十一五"规┤

现代供配电技术

主编　海　涛　　骆武宁　　周晓华

主审　龙　军　　李啸骢

参编　黄　玲　　韦善革　　龚文英　　梁冰红　　廖炜斌

　　　陈明媛　　刘德刚　　邹　鸣　　邵红硕

国防工业出版社

·北京·

内容简介

本书介绍供配电系统的基本知识和理论、计算方法、运行和管理,反映供配电领域的新技术和新产品;讲解供配电系统和电力系统的基本知识、电力负荷计算及无功功率补偿、三相短路分析、短路电流计算、供配电系统高/低压电气设备的选择与校验、电力线路、供配电系统的继电保护、变电所二次回路及自动装置、电气安全、防雷和接地、电气照明、供配电系统的运行和管理。

本书可作为自动化及相关专业本科生和研究生教材,也可作为相关技术人员的参考书。

图书在版编目(CIP)数据

现代供配电技术/海涛,骆武宁,周晓华主编. —北京:
国防工业出版社,2010.8
　普通高等院校"十一五"规划教材
　ISBN 978-7-118-06988-4

Ⅰ.①现… Ⅱ.①海…②骆…③周… Ⅲ.①供
电–高等学校–教材②配电系统–高等学校–教材
Ⅳ.①TM72

中国版本图书馆 CIP 数据核字(2010)第 163557 号

※

国防工业出版社出版发行
(北京市海淀区紫竹院南路23号　邮政编码100048)
北京奥鑫印刷厂印刷
新华书店经售
*
开本787×1092　1/16　印张19¾　字数490千字
2010年8月第1版第1次印刷　印数1—4000册　定价32.00元

(本书如有印装错误,我社负责调换)

国防书店:(010)68428422　　发行邮购:(010)68414474
发行传真:(010)68411535　　发行业务:(010)68472764

前 言

随着供电系统的一次设备制造技术不断提升,其结构与控制的技术水平不断提高,传统的供电技术与理论知识必须进行改造和提升,以确保供电系统的安全、可靠运行,避免给国民经济和人民生活造成不必要的损失。笔者根据多年来从事工矿企业供电技术教学与科研工作的经验和体会,编写了本书,使之既有传统的理论分析,又有先进的应用技术。

供电系统是电力系统的一个重要环节,由电气设备及配电线路按一定的接线方式组成。供电系统概念上虽属于电力系统的终端,但它的安全运行与否,直接关系到电力系统的安全稳定运行,关系到国民经济的发展和人民生命财产的保障。随着科学技术的发展,计算机监控与保护、嵌入式微处理器、电力电子等先进技术已广泛应用到供电系统保护与控制领域,形成了目前较流行的柔性现代供电系统。

全书内容共分 11 章,第 1 章供电系统基本概念;第 2 章工厂电力负荷及其计算;第 3 章短路电流计算;第 4 章供配电一次系统;第 5 章供配电系统二次接线;第 6 章继电保护;第 7 章供配电系统的微机保护与综合自动化;第 8 章电气安全与防雷接地;第 9 章节约用电和电力谐波;第 10 章工厂电气照明;第 11 章漏电保护。本书每章有小结和习题,便于教学和自学。

本书由广西大学电气工程学院硕士生导师海涛高级工程师任主编,博士生导师李啸骢教授、龙军教授为主审;南宁微控技术公司骆武宁副教授任副主编。参与本书编写工作的还有广西工学院周晓华、黄玲,广西大学电气工程学院韦善革、龚文英、梁冰红、陈明媛、刘德刚、邹鸣、邵红硕,广西公安厅交警总队科研所副所长廖炜斌等。广西华银铝业有限公司覃汉教授级高工、广西南宁诚基永信太阳能工程有限公司林波对此书的编写提出许多宝贵意见。广西大学海涛负责全书编写和统稿工作。

本书可作为自动化及其相关专业本科生和研究生教材,也可作为相关技术人员的参考书。

在本书的编写过程中,王立元、闭耀宾、黄新迪、李玉凤、陈仁云、孙耀彬、蒋春姑、常晓煜、王思哲、覃良奎等人为本书的撰写做了很多工作,南宁微控技术公司、广西地凯科技有限公司对此书的编写也给予了大力支持和帮助,在此对他们表示衷心地感谢。由于时间紧迫,编者水平有限,书中不妥之处在所难免,恳请读者批评指正。

编者

2010 年 7 月

目　录

第1章 供电系统基本概念

本章概述工厂供配电技术的一些基本知识和基本问题。首先介绍供配电系统的基本情况，主要介绍工厂内供电系统的构成，各主要构成环节的作用及名称；其次介绍典型的各类工厂供配电系统及相关知识，主要介绍电力系统中性点运行方式；最后介绍工厂供配电电压等级和电网及用电设备、变压器的额定电压等级。

电能是一种清洁的二次能源。由于电能具有生产、转换、分配方便，传输经济的特点，因此，它已广泛应用于国民经济、社会生产和人民生活的各个方面。绝大多数电能都由电力系统中发电厂提供，电力工业已成为我国实现现代化的基础。电源结构正在逐步趋向合理。截至2009年7月底，全国水电装机已从2002年的8607万kW增加到1.82亿kW；核电装机906万kW，比2002年增加了1倍；风电装机1474万kW，2009年1月至7月又增加257万kW。电网建设进入快速发展时期，220kV及以上输电线路达到37.5万km，电网规模超过美国，跃居世界第一位。电网线路损失率从2002年底的7.52%下降到2009年1月至7月的6.44%。工业用电量已占全部用电量的50%~70%，是电力系统的最大电能用户。供配电系统是电力系统的重要组成部分，其任务就是用户所需电能的供应和分配。为此，必须利用不断涌现的新理论、新方法、新技术、新设备，把计算机技术、通信技术与传统的供电技术相结合，形成现代供电技术，以适应现代供电系统快速发展的要求。

1.1 电力系统组成

1.1.1 电力工业生产特点

电能生产—传输—消费的全过程，几乎是同时进行的，而且电能生产过程的各个环节紧密联系、相互影响。由于电能不能大量存储且具有很高的传输速度，发电机在某一时刻发出的电能，经过电力系统即时传送给用电设备，而用电设备将电能即时转换成其他形式的能，一瞬间就完成从发电—供电—用电的全过程。另外，在发电容量充足时，发电量是由用电量来决定的，二者之间是严格平衡的。因此，电力用户如何用电、何时用电及用电多少，对电能生产都具有极大的影响。电力系统中任一环节或任一用户，若因设计不当、保护不完善、操作失误、电气设备故障，都会给整个系统造成不良影响。

电力系统中的暂态过程是非常迅速的。电力系统从一种运行状态到另一种运行状态的过渡极为迅速。开关的操作、电网的短路等过程都是非常短暂的。为了维护电力系统的正常运行，就必须使用迅速而灵敏的保护、监视和测量装置。特别是近几年来，已将计算机技术、通信技术应用于电力系统的保护、控制和管理系统。

电力工业与国民经济的各部门及人民日常生活有着极为密切的关系。供电的突然中断将会造成重大损失及严重后果。

1.1.2 电力系统的基本概念

1. 电力用户

在各行各业中所应用的各类用电设备统称为用电负荷。在电力系统中,通常将某一个企业或由同一线路供电的多个企业用电设备的总合看作一个电力用户。

2. 发电厂

发电厂是生产电能的工矿企业,其作用是把非电形式的能量转换成电能。发电厂的种类很多,按所利用能源的不同,可分为火力发电厂、水力发电厂、核能发电厂、地热发电厂、潮汐发电厂及风力发电厂等。为了充分利用国家资源,应在全国动力资源比较丰富的地方建立发电厂。目前,我国火力发电厂的装机容量占总装机容量的70%以上,水力发电厂的装机容量约占总装机容量的20%,其他发电厂的装机容量约占总装机容量的10%。

由于煤炭是不可再生能源,且燃烧时会产生大量的二氧化碳、二氧化硫、氮氧化物、粉尘和废渣等,这些排放物都会对大气及生态环境造成严重影响,因此我国正在充分利用丰富而清洁的水力资源和核能资源,加快水电工程及核电工程的建设。随着葛洲坝、小浪底、三峡等大型水电工程及大亚湾、秦山等核电工程的相继建成及投产应用,非煤发电量的比重越来越大,对国民经济的发展将会产生积极而又深远地影响。

3. 变电所

变电所是变换电压和交换电能的场所,由电力变压器和配电装置组成。按变压所的性质和作用,可分为升压变电所和降压变电所两种。按其在电力系统内所处的地位不同,又可分为区域变电所、企业变电所及车间变电所等。只有受电和配电开关等控制设备而无主变压器的变电所称为配电所。用来把交流电转换成直流电的称为变电所变流所。为使供电可靠、经济、合理,一般大型发电厂将低压电能升压后,直接或间接地经区域变电所向较远的城市或工矿区供电。在城郊或工矿区再设降压变电所,将降压后的35kV~110kV电能配给附近的工矿企业内部的企业变电所。

4. 电力网

电力网的作用是将发电厂生产的电能输送、交换和分配电能,由变电所和各种不同电压等级的电力线路所组成。它是联系发电厂和用户的中间环节。

5. 电力系统

由发电厂、电力网及电力用户组成的整体,称电力系统。它们之间的相互关系可以用图1-1表示。从发电厂发出的电能,除了少部分自用及供给附近电力用户外,大部分都经过升压变电所升压,采用高电压进行电力传输。输电线路的电压越高,电力的输送距离就越远,输送的功率就越大。当输送功率一定时,提高输电电压就可相应地减少输电线路中的电流,从而减少线路上的电压损失和电能损耗,也可减少导线的截面及有色金属的消耗量。

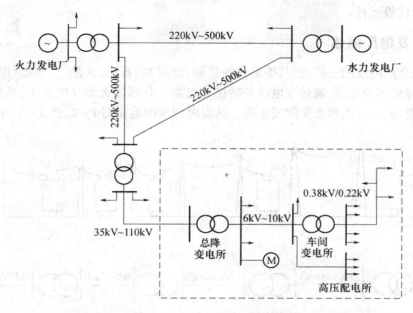

图 1-1　电力系统组成示意图

1.2　中国电网概况

1.2.1　中国电网发展趋势

中国大部分能源资源分布在西部地区,而东部沿海地区经济发达,电力负荷增长迅速。开发西部的水电和火电基地,实行"西电东送"是国家的一项长期战略。近 10 年来,山西、内蒙古西部火电基地向京津唐电网送电,葛洲坝水电站通过 ±500kV 直流线路向上海送电,南方互连电网将天生桥水电站和云南、贵州、广西的水电站所发的电送往广东等省的"西电东送"措施已经取得一定成效。随着西部大开发战略的实施,内蒙古西部、山西、陕西、宁夏、河南西部火电基地的建设,黄河上游、金沙江、澜沧江、红水河、乌江等大型水电站的开发,以及"西电东送"输电大通道的开辟,将加大"西电东送"的能力并促进电网的快速发展。

电网是电力能源的载体。加强电网建设是拓展电力市场,提高电力工业整体效益的重要举措。

中国电网发展分为 3 个步骤进行:

（1）加紧实施 7 个跨省大区电网之间以及大区电网与 5 个独立省网之间的互连。

（2）2010 年前后,建成以三峡电网为中心连接华中、华东、川渝的中部电网;华北、东北、西北 3 个电网互连形成的北部电网;以及云南、贵州、广西、广东 4 省（自治区）的南部联合电网。同时,北部、中部、南部 3 大电网之间实现局部互连,初步形成全国统一的联合电网的格局。

（3）2020 年前后,随着长江和黄河上游以及澜沧江、红水河上一系列大型水电站的开发,西部和北部大型火电厂和沿海核电站的建设,以及一大批长距离、大容量输电工程的实施,电网结构进一步加强,真正形成全国统一的联合电网。在全国统一电网中充分实现西部水电东送,北部火电南送的能源优化配置。此外,北部与俄罗斯、南部与泰国之间也可能实现周边电网互连和能源优势互补。

1.2.2 发电厂概述

发电厂是生产电能的工厂,把其他形式的能源,如煤炭、石油、天然气、水能、原子核能、风能、太阳能、地热、潮汐能等,通过发电设备转换为电能。我国以火力发电为主,其次是水力发电、原子能发电、风能发电和太阳能发电等。从发电到供配电如图1-2,图1-3所示。

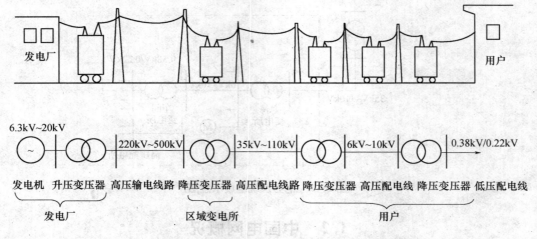

图1-2 从发电厂到用户的发、输、配电过程

1. 火力发电厂

火力发电厂,简称火电站或火电厂,是指用煤、油、天然气等为燃料的发电厂。我国的火电厂以燃煤为主。为了提高燃料的效率,现代火电厂都将煤块粉碎成煤粉燃烧。煤粉在锅炉的炉膛内充分燃烧,将锅炉内的水烧成高温、高压的水蒸气,推动汽轮机转动,带动与它连轴的发电机发电。其能量转换过程是:燃料的化学能→热能→机械能→电能。现代火电厂一般都考虑了"三废"(废水、废气、废渣)的综合利用,并且不仅发电,而且供热。这类兼供热能的火电厂称为热电厂或热电站。

2. 水力发电厂

水力发电厂,简称水电厂或水电站,它是把水的势能和动能转变成电能的发电厂,主要分为堤坝式水力发电厂和引水道式水力发电厂。图1-4为这两种水电厂工作示意图。当控制水流的闸门打开时,水流沿进水管进入水轮机蜗壳室,冲动水轮机,带动发电机发电。其能量转换过程是:水流势能→机械能→电能。由于水电厂的发电容量与水电厂所在地点上下游水位差及流过水轮机水量的乘积成正比,所以建造水电厂必须用人工的方法来提高水位。最常用的方法是在河流上建筑一个很高的拦河坝,形成水库,提高上游水位,使坝的上下游形成尽可能大的落差,电厂就建在堤坝的后面。这类水电厂即为堤坝后式水电厂。我国一些大型水电厂包括三峡水电站都属于这种类型。三峡水电站建成后坝高185m,水位175m,总装机容量为1820万kW,年发电量可达847亿kW·h(度),居世界首位。另一种提高水位的方法,是在具有相当坡度的弯曲河段上游筑一低坝,拦住河水,然后利用沟渠或隧道,将上游水流直接引至建在河段末端的水电厂。这类水电厂就是引水道式水电厂。还有一类水电厂是上述两种方式的综合,由高坝和引水渠道分别提高一部分水位。这类水电厂称为混合式水电厂。

4

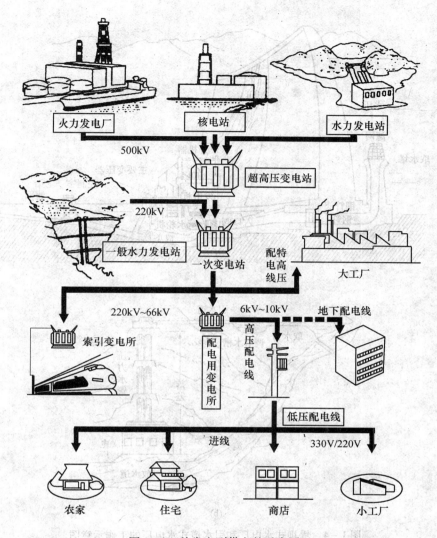

图 1-3 从发电到供电的示意图

3. 原子能发电厂

原子能发电厂又称核电站,如我国秦山核电站、大亚湾核电站,是利用核裂变能量转化为热能,再按火力发电厂方式发电的,只是它的"锅炉"为原子能反应堆,以少量的核燃料代替了大量的煤炭。其能量转换过程是:核裂变能→热能→机械能→电能。由于核能是巨大的能源,而且核电站的建设具有重要的经济和科研价值,所以世界上很多国家都很重视核电建设,核电占整个发电量的比重逐年增长。

4. 风力发电厂

风能作为一种清洁的可再生能源,越来越受到世界各国的重视。其蕴藏量巨大,全球风能资源总量约为 2.74×10^9 MW,其中可利用的风能为 2×10^7 MW。中国风能储量很大、分布面广,仅陆地上的风能储量就有约 2.53 亿 kW,开发利用潜力巨大。2008 年中国新增风电装机容量达到 719.02 万 kW,新增装机容量增长率达到 108.4%,累计装机容量跃过 1300 万 kW 大关,达到 1324.22 万 kW。内蒙古、新疆、辽宁、山东、广东等地风能资源丰富,风电产业发展较快。风力发电如图 1-5 所示。随着中国风电装机的国产化和发电的规模化,风电成本可望再

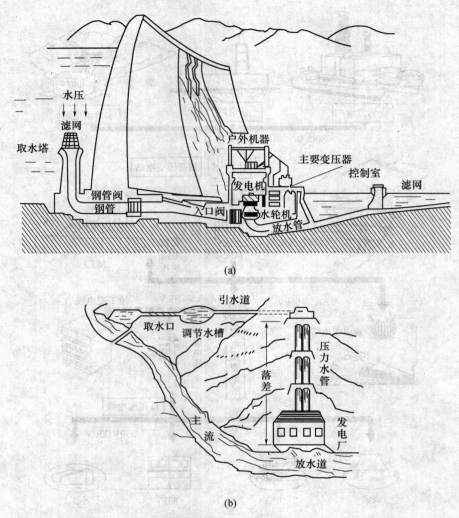

图 1-4 堤坝式水电厂和引水道式水电厂的工作示意图

（a）堤坝式水力发电厂；（b）引水道式水力发电厂。

降低。因此风电开始成为越来越多投资者的逐金之地。风电场建设、并网发电、风电设备制造等领域成为投资热点，市场前景看好。

5. 太阳能光伏发电

太阳能发电分为光热发电和光伏发电。通常说的太阳能发电指的是太阳能光伏发电，简称"光电"。光伏发电是利用半导体界面的光生伏特效应而将光能直接转变为电能的一种技术。这种技术的关键元件是太阳能电池。太阳能电池经过串联后进行封装保护可形成大面积的太阳电池组件，配合功率控制器等部件就形成了光伏发电装置。主要用于三大方面：一是为无电场合提供电源；二是太阳能日用电子产品，如各类太阳能充电器、太阳能路灯等；三是并网发电。2008 年北京奥运会部分用电是由太阳能发电和风力发电提供的。图 1-6 所示为太阳能屋顶发电站光伏发电系统分为独立光伏系统和并网光伏系统。独立光伏电站包括边远地区的村庄供电系统，太阳能户用电源系统，通信信号电源、阴极保护、太阳能路灯等各种带有蓄电池的可以独立运行的光伏发电系统。

(a)

(b)

图1-5 风力发电

(a) 新疆风力发电厂；(b) 直立式风力发电。

图1-6 太阳能屋顶发电站

据预测,太阳能光伏发电在 21 世纪会占据世界能源消费的重要席位,不但要替代部分常规能源,而且将成为世界能源供应的主体。2006 年的光伏行业调查表明,到 2010 年,光伏产业的年发展速度将保持在 30% 以上。年销售额将从 2004 年的 70 亿美元增加到 2010 年的 300 亿美元。目前,太阳能电池主要有单晶硅、多晶硅、非晶态硅三种。单晶硅太阳能电池变换效率最高,已达 20% 以上,但价格也最贵。非晶态硅太阳电池变换效率最低,但价格最便宜,今后最有希望用于一般发电的将是这种电池。一旦它的大面积组件光电变换效率达到 10%,每瓦发电设备价格降到 1 美元 ~ 2 美元时,便足以同现在的发电方式竞争。估计本世纪末便可达到这一水平。

1.3　电力系统的电压等级

1. 额定电压

电气设备的额定电压是能使发电机、变压器和用电设备在正常运行时获得最佳技术效果的电压。电气设备的额定电压在我国早已统一化、标准化,发电机和用电设备的额定电压分成若干标准等级,电力系统的额定电压也与电气设备的额定电压相对应,统一组成了电力系统的标准电压等级。

3kV 及以下高压主要用于发电、配电及高压用电设备;110kV 及以上超高压主要用于较远距离的电力输送。目前,我国已建成多条 500kV 的超高压输电线路。

GB/T 156—2007 标准修改采用 IEC 60038:2002,代替 GB 156—2003,是一项重要的基础标准,规定了不同系统和设备的标准电压值,较广泛地适用于交流输、配、用电系统及其设备等。规定的 3kV 及以上的设备与系统额定电压和与其对应的设备最高电压见表 1 - 1 所列。表中供电设备额定电压为发电机和变压器二次绕组的额定电压;受电设备的额定电压为变压器一次绕组和受电设备的额定电压。供、受电设备额定电压是不完全一致的。国家标准规定,供电设备额定电压高出系统和受电设备额定电压 5%,用于补偿正常负荷时的线路电压损失,从而使受电设备获得接近于额定的电压。变压器常接在电力系统的末端,相当于系统的负荷,故规定变压器一次绕组的额定电压与用电设备相同。当变压器距发电机很近时(如发电厂的升压变压器等),规定其一次绕组的额定电压与发电机相同。同理,当变压器靠近用户,即配电距离较近时,可选用二次绕组的额定电压比用电设备的额定电压高出 5% 的变压器;否则,应选用变压器二次绕组的额定电压高出电力网和用电设备额定电压 10% 的变压器,因为电力变压器二次绕组的额定电压均指空载电压,高出的 10% 用来补偿正常负荷时变压器内部阻抗和网络阻抗造成的电压损失。

表 1 - 1　三相交流 3kV 及以上的设备与系统的额定电压和与其对应的设备最高电压

受电设备与系统额定电压/kV	供电设备额定电压/kV	设备最高电压/kV
3	3.15	3.5
6	6.3	6.9
10	10.5	11.5
	13.8*	
	15.75*	
	18*	
	20*	

受电设备与系统额定电压/kV	供电设备额定电压/kV	设备最高电压/kV
35		40.5
63		69
110		126
220		252
330		363
500		550
750		

注：(1) 对应于750kV的设备最高电压待定。

(2) 带"＊"者只用作发电机电压

2. 供电系统电压等级的确定

电压等级的确定在供电设计中是十分重要的,电压等级的确定是否合理将直接影响到供电系统设计的技术、经济上的合理性。因为电压的高低影响着电网有色金属消耗量、电能损耗、电压损失、建设投资费用以及企业今后的发展等,所以电网电压等级的选择一般应考虑多种方案,进行技术、经济上的比较后方能最后确定。方案比较时,需要考虑的主要技术、经济指标如下:

（1）技术指标:主要包括电能质量、供电的可靠性、配电的合理性及适应将来发展的情况等。

（2）经济指标:主要包括基建投资（线路、变压器和开关设备等）、有色金属消耗量、年电能损失费（包括线路及变压器的年电能损耗费）及年维修费等。

当经济指标相差不大时,各种电压线路送电容量与距离的参考值见表1-2。

表1-2 各种电压线路送电容量与距离的参考值

电网电压 /kV	架空线路		电缆线路	
	输送容量/MW	输送距离/km	输送容量/MW	输送距离/km
0.22	<0.06	<0.15	<0.1	<0.20
0.38	<0.1	<0.25	<0.175	<0.35
3.0	<1.0	1~3	<1.5	<1.8
6.0	<2.0	5~10	<3.0	<8
10.0	<3.0	8~15	<5.0	<10
35	<10	20~70		
110	<50	50~150		

在有总降压变电站（35kV~110kV受电）的工矿企业里,经验证明当6kV用电设备的负载占企业总负载的30%~40%时,企业内部配电电压采用6kV为适宜。

1.4 供电系统及接线方式

1. 供电系统在电力系统中的地位与作用

企业供电系统处于电力系统的末端,经过1级~2级降压后直接向负荷供电,因此接线相

9

对简单。它作为电力系统的一个组成部分，必然要反映电力系统各方面的理论和要求，并恰当地运用在工矿企业供电的设计、运行维护中，因此它要受到电力系统工作情况的影响和制约。但工矿企业供电系统和电力系统又有所不同，它主要反映工矿企业用户的特点和要求。例如，工矿企业的电力负荷的统计计算，电能的合理经济利用，减少用地面积的新型变电站结构，大型及特种设备的供电，厂内采用集中控制和调度技术的合理性问题等。这些问题有的与电力系统的安全和经济运行关系密切，有的是为了保证用户的高质量用电。近些年来，由于能源紧缺，计划用电、节约用电、安全用电受到了普遍重视，工矿企业供电的讨论内容也较过去更为广泛。例如，供电方案的可行性研究，低能耗高性能、便于安装维护快速施工的新型电气设备及配电电器的选用，我国现行接地运行方式与国际标准协调的研讨，以及计算机用于工矿企业供电系统的辅助设计及监控等，这些都已在国内引起了激烈的讨论。随着用电负荷及设备容量的不断增大、高精设备的广泛应用，用户对电能质量的要求也更高。因此，电能质量的改善、功率因数的提高、谐波危害的抑制和消除、用电管理、电能的优化分配、完善的监控和保护等问题显得更为重要。

2. 确定供电系统的一般原则

在设计供电系统时，需要对方案进行技术、经济上的比较，即使在变电所容量及位置选定后，也还会有不同的配电方案。

影响整个供电系统设计的方案很多，例如，电压的高低，距离电源的远近，负荷的大小和配置，可靠性及备用容量要求，运行方式及其灵活性，大型用电设备及其工作情况，检修维护要求等。在比较时，无论哪种方案都必须在可靠性、电能质量及对工业生产的生产效果、安全等方面达到相同的基本要求。

确定供电系统的一般原则是：

（1）供电可靠性。供电可靠性是指供电系统不间断供电的可靠程度。应根据负荷等级来保证其不同的可靠性。不可片面地强调供电可靠而造成不应有的浪费。在设计时，不考虑双重事故。

（2）操作方便、运行安全灵活。供电系统的接线应保证在正常运行和发生事故时操作和检修方便、运行维护安全可靠。为此，应简化接线，减少供电层次和操作程序。

（3）经济合理。接线方式在满足生产要求和保证供电质量的前提下应力求简单，以减少投资和运行费用，并应提高供电安全性。提高经济性的有效措施之一，就是高压线路尽量深入负荷中心。

（4）具有发展的可能性。接线方式应保证便于将来发展，同时能适应分期建设的需要。

1.5 电网中性点运行方式

中性点不接地方式，即电力系统的中性点不与大地相接。供电系统的中性点运行方式是指电源或变压器中性点采用什么方式接地。通常分为以下几种：

（1）不接地方式：又称中性点绝缘；

（2）直接接地方式：中性点直接与接地装置连接；

（3）电阻接地方式：中性点经过不同数值的电阻与接地装置连接，接地电阻在数十欧时称为低电阻接地方式，在数百欧以上时称为高电阻接地方式；

（4）消弧线圈接地方式：中性点经电抗器（称消弧线圈）与接地装置连接。电抗器有分接头,可用来调节电抗值,以便系统单相接地时,电抗电流能补偿输电线路的对地分布电容电流,使接地点的电流减少,电弧易于熄灭,故称消弧线圈。

电力系统的中性点是指发电机或变压器的中性点。考虑到电力系统运行的可靠性、安全性、经济性及人身安全等因素,电力系统中性点常采用不接地、经消弧线圈接地和直接接地三种运行方式。

1. 中性点不接地的电力系统

电力系统中的三相导线之间和各相导线对地之间都存在着分布电容。设三相系统是对称的,则各相对地均匀分布的电容可由集中电容 C 表示,线间电容电流数值较小,可不考虑,如图 1-7(a)所示。

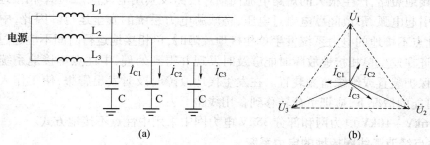

(a)　　　　　　　　　　(b)

图 1-7　正常运行时中性点不接地的电力系统

(a) 电路图;(b) 相量图。

系统正常运行时,三个相电压 $\dot{U}_1$、$\dot{U}_2$、$\dot{U}_3$ 是对称的,三相对地电容电流 $\dot{I}_{C1}$、$\dot{I}_{C2}$、$\dot{I}_{C3}$,也是对称的,其相量和为 0,所以中性点没有电流流过。各相对地电压就是其相电压,如图 1-7(b)所示。

当系统任何一相绝缘受到破坏而接地时,各相对地电压、对地电容电流都要发生改变。当故障相(如第 3 相)完全接地时,如图 1-8(a)所示。

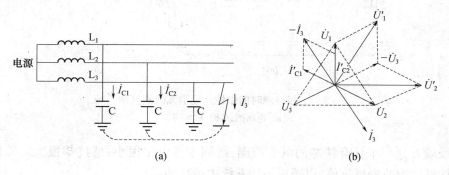

(a)　　　　　　　　　　(b)

图 1.8　一相接地时的中性点不接地系统

(a) 电路图;(b) 相量图。

接地的第 3 相对地电压为 0,即 $\dot{U}'_3 = 0$

非接地相的第 1 相对地电压:$\dot{U}'_1 = \dot{U}_1 + (-\dot{U}_3) = \dot{U}_{13}$

非接地的第 2 相对地电压:$\dot{U}'_2 = \dot{U}_2 + (-\dot{U}_3) = \dot{U}_{23}$

即非接地两相对地电压均升高√3倍,变为线电压,如图 1-8(b)所示。第 3 相接地时,由于第 1、2 两相对地电压升高 $\sqrt{3}$ 倍，使得该两相对地电容电流 I_{C0} 也相应地增大 $\sqrt{3}$ 倍，即 $I'_{C1} = I'_{C2} = \sqrt{3}I'_{C0}$。

由图 1 - 8(b)可知，第 3 相接地点接地电容电流为

$$I_{C3} = I_3 = \sqrt{3}I'_{C1} = \sqrt{3} \times \sqrt{3}I_{C0} = 3I_{C0}$$

即中性点不接地系统单相接地电容电流为正常运行时每相对地电容电流的 3 倍。由图 1 - 8(b)的相量图还可看出，系统的三个线电压无论相位和量值均未发生变化，因此系统中所有用电设备仍可继续运行。

值得指出：一是这种单相接地状态不允许长时间运行，否则如果另一相又发生接地故障，则形成两相接地短路，产生很大的短路电流而损坏线路及其用电设备；二是单相接地电容电流会在接地点引起电弧，形成间歇电弧过电压，将威胁电力系统的安全运行。因此，中国电力规程规定，中性点不接地的电力系统发生单相接地故障时，单相接地运行时间不应超过 2h。

为了保证在发生单相接地故障时能够及时发现并得到处理，中性点不接地系统一般都装有单相接地保护装置或绝缘监测装置。在发生接地故障时及时发出警报，使工作人员尽快排除故障，在可能的情况下，应把负荷转移到备用线路上去。

在中国 6kV ~ 10kV 电力网和部分 35kV 电力网中采用中性点不接地方式。

2. 中性点经消弧线圈接地的电力系统

在中性点不接地系统中，当单相接地电流超过规定数值时，电弧不能自行熄灭。一般采用经消弧线圈接地措施来减小接地电流，使故障电弧自行熄灭。这种方式称为中性点经消弧线圈接地方式，如图 1 - 9 所示。

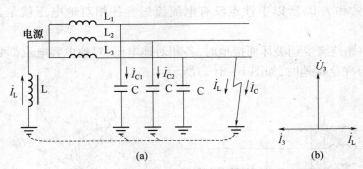

图 1 - 9 一相接地时的中性点经消弧线圈接地系统
(a) 电路图；(b) 相量图。

消弧线圈 L 是一个具有铁芯的电感线圈，线圈本身电阻很小，感抗却很大。通过调节铁芯气隙和线圈匝数改变感抗值，以适应不同系统中运行的需要。

在正常运行情况下，三相系统是对称的，中性点电流为 0，消弧线圈中没有电流通过。当发生一相接地(如第 3 相)时，就把相电压 U_3 加在消弧线圈上，使消弧线圈有电感电流 I_L 流过。因为电感电流 I_L 和接地电容电流 I_C 相位相反，因此在接地处互相补偿。如果消弧线圈电感选用得合适，会使接地电流减到很小，而使电弧自行熄灭。这种系统和中性点不接地系统发生单相接地故障时，接地电流均较小，故统称为小电流接地系统。

中性点经消弧线圈接地系统，与中性点不接地系统一样，当发生单相接地故障时，接地相电压为 0，三个线电压不变，其他两相电压也将升高 $\sqrt{3}$ 倍，因而单相接地运行也同样不允许超

过 2h。

目前在 35kV ~ 60kV 的电力网中多采用这种接地方式。在 35kV 电力网中单相接地电流大于 5A;在 6kV ~ 10kV 电力网中,单相接地电流大于 30A,其中性点均要求采用经消弧线圈接地方式。

3. 中性点直接接地的电力系统

在电力系统中采用中性点直接接地方式,即把中性点直接和大地相接。这种方式可以防止中性点不接地系统中单相接地时产生的间歇电弧过电压。

在中性点直接接地系统中,如发生单相接地,则接地点和中性点通过大地构成回路,形成单相短路,其单相短路电流 I_K 比线路正常负荷电流要大许多倍,使保护装置动作或使熔断器熔断,将短路故障切除,其他无故障部分继续正常运行。因而中性点直接接地系统,又称为大电流接地系统,如图 1 – 10 所示。

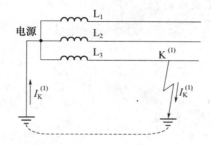

图 1 – 10   一相接地的中性点直接接地系统

中性点直接接地系统发生单相接地时,既不会产生间歇电弧过电压,也不会使非接地相电压升高。因此这种系统中供用电设备的相绝缘只需按相电压设计。这样对超高压系统而言,可以大大降低电网造价,具有较高的经济技术价值;在低压配电系统中,可以减少对人身及设备的危害。但是,每次发生单相接地故障时,都会使保护装置跳闸或熔断器熔断,从而中断供电,使供电可靠性降低。为了提高供电可靠性,克服单相接地必须切断故障线路这一缺点,目前在中性点直接接地系统中广泛采用自动重合闸装置。当发生单相接地故障时,保护装置自动切断线路,经过一定时间自动重合闸装置动作,将线路合闸。若是瞬时接地故障,则线路接通恢复供电;若属持续性接地故障,则保护装置再次切断线路。

目前,中国的 110kV 及以上电力网均采用中性点直接接地方式,380V/220V 低压配电系统也采用中性点直接接地方式。

思考题与习题

1. 简述工业企业供电系统的构成。
2. 为什么有不同电压等级的电网? 统一规定各种电气设备的额定电压有什么意义?
3. 同一电压等级的发电机、变压器、用电设备及电网的额定电压有无差别? 差别的原因是什么?
4. 双回路独立电源的含义是什么? 什么条件下适合采用双回路或者环形供电系统?
5. 简述桥式接线的种类、特点及适用场合。
6. 简述供电系统中性点运行方式的种类、特点及适用场合。

7. 某电力系统如图 1 – 11 所示,试标出变压器一、二次侧及发电机的额定电压。

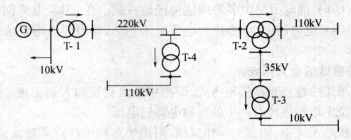

图 1 – 11

8. 为什么说太阳能发电是最理想的新能源?
9. 风力发电厂包括哪些主要设备?
10. 发电并网条件是什么?

第2章 工厂电力负荷及其计算

本章是工厂供电系统运行分析和设计计算的基础,工厂电力负荷计算是正确选择供电系统中导线、开关电器、变压器、无功补偿装置等电气设备的基础,也是为继电保护的整定提供技术参数,保障供电系统安全可靠运行必不可少的重要环节。首先介绍工厂电力负荷及其相关概念;然后重点讲述负荷计算的两种常用计算方法,即需要系数法和二项式系数法;最后介绍全厂计算负荷的确定和尖峰电流的计算。

2.1 工厂的电力负荷与负荷曲线

2.1.1 工厂的电力负荷及对供电的要求

电气设备所消耗的功率或线路中流过的电流称为电力负荷。工厂的电力负荷,根据其在国民经济中的重要性及对供电可靠性的要求,按 GB 50052—1995《供配电系统设计规范》规定,可分为三个等级。

1. 一级负荷

符合下列情况之一时,应为一级负荷:

(1) 中断供电将造成人身伤亡时。

(2) 中断供电将在政治、经济上造成重大损失。例如,重大设备损坏,重大产品报废,用重要原料生产的产品大量报废,国民经济中重点企业的连续生产过程被打乱需要长时间才能恢复等。

(3) 中断供电将影响有重大政治、经济意义的用电单位的正常工作。例如,重要交通枢纽、重要通信枢纽、重要宾馆、大型体育场馆、经常用于国际活动的大量人员集中的公共场所等用电单位中的重要电力负荷。

此外,在一级负荷中,当中断供电将发生中毒、爆炸和火灾等情况的负荷,以及特别重要的场所不允许中断供电的负荷,应视为特别重要的负荷。特别重要的负荷又称为保安负荷,如事故照明、通信系统、火灾报警装置、保证安全生产的计算机及自动控制装置等。

一级负荷要求有两个独立电源供电,独立电源是指这两个电源之间无直接联系,如果其中一个电源因故障而停止供电,另一个电源将不受影响,能继续供电。对于特别重要的负荷(保安负荷)还必须备有应急电源,如蓄电池、能快速启动的柴油发电机、不间断电源装置(UPS)等。

2. 二级负荷

符合下列情况之一时,应为二级负荷:

(1) 中断供电将在政治、经济上造成较大损失。例如,主要设备损坏,大量产品报废,连续生产过程被打乱需较长时间才能恢复,重点企业大量减产等。

(2) 中断供电将影响重要用电单位的正常工作。例如,交通枢纽、通信枢纽等用电单位中的重要电力负荷以及中断供电将造成大型影剧院、大型商场等较多人员集中的重要的公共场所秩序混乱时。

二级负荷应由双回线路供电,且双回线路应尽可能引自不同的变压器或母线段。当负荷较小或取得双回线路确有困难时,也可由一路专用架空线路供电。

3. 三级负荷

三级负荷为一般电力负荷,所有不属于上述一、二级负荷者均属三级负荷,如化工厂的机修辅助车间等。

三级负荷属不重要负荷,对供电电源无特殊要求,允许较长时间停电,可用单回线路供电。

2.1.2 工厂用电设备的工作制

工厂用电设备种类很多,它们的用途和工作的特点也不相同,按其工作制不同可分为连续工作制、短时工作制、断续周期工作制三类。在负荷计算时,不能将用电设备的额定功率简单地直接相加,而需将不同工作制的用电设备额定功率换算成统一规定的工作制条件下的功率。

1. 连续工作制

这类工作制的设备在恒定负荷下运行,已运行时间长到足以使之达到热平衡状态,绝大多数用电设备都属于此类工作制。如通风机、水泵、空气压缩机、电动机发电机组、电炉和照明灯等。机床电动机的负荷,一般变动较大,但其主电动机一般也是连续运行的。

2. 短时工作制

这类工作制的设备在恒定负荷下运行的时间短,而停歇时间长(长到足以使设备温度冷却到周围介质的温度),如机床上的某些辅助电动机(如进给电动机)、控制闸门的电动机等。

3. 断续周期工作制

这类工作制的设备有规律的,时而工作,时而停歇,反复运行,其工作周期一般不超过10min,无论工作或停歇,均不足以使设备达到热平衡,如电焊机和吊车电动机、电焊用变压器等。

此类工作制的设备,通常用暂载率(又称负荷持续率)来描述其工作性质。暂载率为一个周期内工作时间与工作周期的百分比值,用 ε 表示:

$$\varepsilon = \frac{t}{T} \times 100\% = \frac{t}{t + t_0} \times 100\% \tag{2-1}$$

式中:t 为工作时间;t_0 为停歇时间; T 为工作周期,不应超过 10min。

断续周期工作制设备的额定容量(铭牌功率)P_N,是对应于某一标称负荷持续率 ε_N 的,如果实际运行的负荷持续率 $\varepsilon \neq \varepsilon_N$,则实际容量 P_e 应按同一周期内等效发热条件进行换算。如果设备在 ε_N 下的容量为 P_N,则换算到实际 ε 下的容量 P_e 为

$$P_e = \sqrt{\frac{\varepsilon_N}{\varepsilon}} P_N \tag{2-2}$$

2.1.3 负荷曲线

负荷曲线表征电力负荷随时间的变动情况,它反映了用户用电的特点和规律。负荷曲线绘制在直角坐标系上,纵坐标表示负荷(有功功率或无功功率),横坐标表示对应的时间(一般以 h 为单位)。

负荷曲线按负荷对象分,有工厂的、车间的或某类设备的负荷曲线;按负荷性质分,有有功和无功负荷曲线;按所表示的负荷变动时间分,有年的、月的、日的或工作班的负荷曲线。

1. 日负荷曲线

日负荷曲线表示负荷在一昼夜间(0h~24h)的变化情况,图2-1是一班制工厂的日有功负荷曲线。

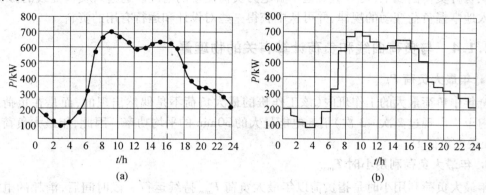

图2-1 日有功负荷曲线

(a) 折线形负荷曲线;(b) 梯形负荷曲线。

日负荷曲线可用测量的方法绘制,绘制方法如下:

(1) 以某个检测点为参考点,在24h中各个时刻记录有功功率表的读数,逐点绘制而成折线形状,称折线形负荷曲线,如图2-1(a)所示。

(2) 通过接在供电线路上的电度表,每隔一定的时间间隔(一般为30min)将其读数记录下来,求出30min的平均功率,再依次将这些点画在坐标上,把这些点连成梯形负荷曲线,如图2-1(b)所示。

为便于计算,负荷曲线多绘成梯形,横坐标一般按0.5h分格,以便确定"0.5h最大负荷"(将在后面介绍)。当然,其时间间隔取得越短,曲线越能反映负荷的实际变化情况。日负荷曲线与横坐标所包围的面积代表全日所消耗的电能。

2. 年负荷曲线

年负荷曲线反映负荷全年(8760h)的变化情况,如图2-2所示。

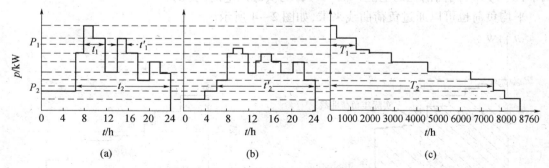

图2-2 年负荷持续时间曲线的绘制

(a) 夏季日负荷曲线;(b) 冬季日负荷曲线;(c) 年负荷持续时间曲线。

年负荷曲线又分为年运行负荷曲线和年持续负荷曲线。年运行负荷曲线可根据全年日负荷曲线间接制成;年持续负荷曲线的绘制,要借助1年中有代表性的冬季日负荷曲线和夏季

17

日负荷曲线。通常用年持续负荷曲线来表示年负荷曲线,绘制方法如图 2-2 所示。其中,夏季和冬季在全年中占的天数视地理位置和气温情况而定。一般在北方,近似认为冬季 200 天,夏季 165 天;在南方,近似认为冬季 165 天,夏季 200 天。图 2-2 是南方某用户的年负荷曲线。

从各种负荷曲线上,可以直观地了解电力负荷变动的情况。通过对负荷曲线的分析,可以更深入地掌握负荷变动的规律,并可从中获得一些对设计和运行有用的资料。

2.1.4 与负荷曲线和负荷计算有关的物理量

1. 年最大负荷 P_{max}

全年中负荷最大的工作班内(该工作班的最大负荷不是偶然出现的,而是在负荷最大的月份内至少出现过 2 次~3 次)消耗电能最大的 30min 的平均功率。因此,年最大负荷也称为 30min 最大负荷 P_{30}。

2. 年最大负荷利用小时 T_{max}

年最大负荷利用小时是指负荷以年最大负荷 P_{max} 持续运行一段时间后,消耗的电能恰好等于该电力负荷全年实际消耗的电能,这段时间就是年最大负荷利用小时,如图 2-3 所示,阴影部分即为全年实际消耗的电能。

如果以 W 表示全年实际消耗的电能,则有

$$T_{max} = \frac{W}{P_{max}} \tag{2-3}$$

因此,年最大负荷利用小时 T_{max} 是一个假想时间。T_{max} 也是反映工厂负荷是否均匀的一个重要参数。该值越大,则负荷越平稳。如果年最大负荷利用小时为 8760h,说明负荷常年不变(实际上不可能)。T_{max} 与用户的性质和生产班制有关,例如,一班制工厂,$T_{max} = 1800h \sim 3000h$;两班制工厂,$T_{max} = 3500h \sim 4800h$;三班制工厂,$T_{max} = 5000h \sim 7000h$;居民用户 = 1200h ~ 2800h。

3. 平均负荷 P_{av}

平均负荷是指电力负荷在一段时间内消耗功率的平均值,显然

$$P_{av} = W_t/t \tag{2-4}$$

式中:W_t 为 t 时间内消耗的电能(kW·h);t 为实际用电时间(h)。

平均负荷也可以通过负荷曲线来求,如图 2-4 所示。

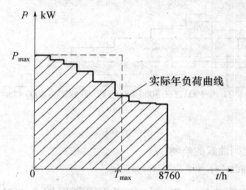

图 2-3 年最大负荷与年最大负荷利用小时

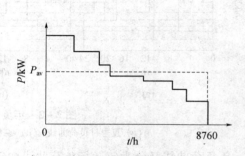

图 2-4 年平均负荷

18

年负荷曲线与两坐标轴所包围的图形面积(全年消耗的电能)恰好等于虚线与两坐标轴所包围的面积。因此平均负荷为

$$P_{av} = W_t / 8760 \qquad (2-5)$$

4. 负荷系数 K_L

负荷系数又称为负荷率或负荷曲线填充系数,是指平均负荷与最大负荷之比,它表征了负荷曲线不平坦的程度,也就是负荷变动的程度。负荷系数又分为有功负荷系数 α 和无功负荷系数 β:

$$\alpha = P_{av} / P_{max}, \beta = Q_{av} / Q_{max} \qquad (2-6)$$

一般工厂 $\alpha = 0.7 \sim 0.75, \beta = 0.76 \sim 0.8$。负荷系数越接近 1,表明负荷变动越缓慢;反之,则表明负荷变动激烈。

对单个用电设备或用电设备组,负荷系数则是指其平均有功负荷 P_{av} 和它的额定容量 P_N 之比,它表征了该设备或设备组的容量是否充分被利用,即

$$K_L = P_{av} / P_N \qquad (2-7)$$

2.2 工厂电力负荷的计算

2.2.1 计算负荷的概念

工厂供电系统运行时的实际负荷并不等于所有用电设备额定功率之和。这是因为用电设备不可能全部同时运行,每台设备也不可能全部满负荷,各种用电设备的功率因数也不可能完全相同。因此,工厂供电系统在设计过程中,必须找出这些用电设备的等效负荷。所谓等效,是指这些用电设备在实际运行中所产生的最大热效应与等效负荷产生的热效应相等,产生的最大温升与等效负荷产生的最高温升相等。按照等效负荷,从满足用电设备发热的条件来选择用电设备,用以计算的负荷功率或负荷电流称为"计算负荷",即计算负荷是通过负荷的统计计算求出的、用来按发热条件选择供电系统中各元件的负荷值。

计算负荷是根据已知的用电设备安装容量确定的、预期不变的最大假想负荷。这个负荷是设计时作为选择供配电系统供电线路的导线截面、变压器容量、开关电器及互感器等的额定参数的依据。

在设计计算中是将"30min 最大负荷"作为计算负荷的,用 P_{30} 来表示有功计算负荷,用 Q_{30} 表示无功计算负荷、用 S_{30} 表示视在计算负荷,用 I_{30} 表示计算电流。因为年最大负荷 $P_{max}(Q_{max}、S_{max})$ 是以最大负荷工作班,30min 平均最大负荷 $P_{30}(Q_{30}、S_{30})$ 绘制的,所以计算负荷、年最大负荷、30min 平均最大负荷三者之间有如下关系:

$$P_{30} = P_{max}, Q_{30} = Q_{max}, S_{30} = S_{max}, I_{30} = I_{max} \qquad (2-8)$$

求计算负荷的工作称为负荷计算,负荷计算就是求取有功计算负荷 P_{30}、无功计算负荷 Q_{30}、视在计算负荷 S_{30} 及计算电流 I_{30} 四个参数。

2.2.2 用电设备组计算负荷的确定

计算负荷的确定是工厂供电设计中很重要环节,计算负荷的确定是否合理,直接影响到电气设备选择的合理性、经济性。如果计算负荷确定得过大,将使电气设备选择得过大,造成投资

和有色金属的浪费;而计算负荷确定得过小,则电气设备运行时电能损耗增加,并产生过热,使其绝缘过早老化,甚至烧毁,造成经济损失。因此,在供电设计中,应根据不同的情况,选择正确的计算方法来确定计算负荷。

目前,广泛采用确定计算负荷的方法有需要系数法、二项式系数法。其中以需要系数法应用最为广泛,它适合于不同类型的各种企业,计算结果也基本符合实际。由于需要系数法的系数是按照车间以上的负荷情况来确定的,故也适用于变配电所的负荷计算。二项式系数法考虑了用电设备中几台功率较大的设备工作时对负荷影响的附加功率,计算结果往往偏大,一般适用于低压配电支干线和配电箱的负荷计算。

使用需要系数法和二项式系数法进行负荷计算时,都必须根据设备名称、类型、数量查取需要系数和二项式系数(见附表1),然后分别按需要系数法和二项式系数法的基本公式求出有功计算负荷 P_{30}、无功计算负荷 Q_{30},再根据电路理论的相关知识求得视在计算负荷 S_{30} 及计算电流 I_{30}。

1. 设备容量的确定

要进行负荷计算,应首先确定设备容量 P_e。确定各种用电设备容量 P_e 的方法如下:

(1) 长期工作制、短期工作制的设备容量 P_e 等于其铭牌功率 P_N。

(2) 断续周期工作制,如起重机用的电动机有功功率 P_N 应该统一换算到暂载率 $\varepsilon_N = 25\%$ 时的有功功率,对电焊机则应统一换算到暂载率 $\varepsilon_N = 100\%$ 时的有功功率(这是因为实用上推荐的需要系数等常用系数是对应这种暂载率的)。具体换算如下:

对吊车电动机:要求统一换算到 $\varepsilon = 25\%$ 时的功率,即

$$P_e = \sqrt{\varepsilon_N / \varepsilon_{25}} P_N = 2\sqrt{\varepsilon_N} P_N \qquad (2-9)$$

对电焊机:要求统一换算到 $\varepsilon = 100\%$ 时的功率,即

$$P_e = \sqrt{\varepsilon_N / \varepsilon_{100}} S_N \cos\varphi = \sqrt{\varepsilon_N} S_N \cos\varphi \qquad (2-10)$$

式中:P_N、S_N 为设备铭牌给出的额定功率(kW)和额定容量(kV·A);ε_N 为设备铭牌给出的额定暂载率;ε_{25} 为吊车电动机标准暂载率,$\varepsilon_{25} = 0.25$;ε_{100} 为电焊机标准暂载率,$\varepsilon_{100} = 1.0$;$\cos\varphi$ 为设备的功率因数。

(3) 照明设备的设备容量:

① 不用镇流器的照明设备(如白炽灯、碘钨灯)的设备容量就是其额定功率,即

$$P_e = P_N \qquad (2-11)$$

② 用镇流器的照明设备(如荧光灯、高压汞灯)的设备容量要包括镇流器中的功率损失,即

荧光灯: $$P_e = 1.2P_N \qquad (2-12)$$

高压汞灯、金属卤化物灯: $$P_e = 1.1P_N \qquad (2-13)$$

③ 照明设备的设备容量还可按建筑物的单位面积容量法估算,即

$$P_e = \omega S / 1000 \qquad (2-14)$$

式中:ω 为建筑物单位面积的照明容量(W/m²);S 为建筑物的面积(m²)。

2. 需要系数法

1) 基本公式及含义

按需要系数法进行负荷计算的基本过程是首先确定计算范围(如某低压干线上的所有设

备);其次将不同的工作制下用电设备的额定功率 P_N 换算到同一工作制下,经换算后的额定功率也称为设备容量 P_e;再次将工艺性质相同的并有相近需要系数的用电设备合并成组,计算出每一组用电设备的计算负荷;最后汇总各级计算负荷得到总的计算负荷。其基本公式为

$$P_{30} = K_d P_e \tag{2-15}$$

式中:K_d 为需要系数;P_{30} 为计算负荷;P_e 为设备容量。

考虑需要系数 K_d 的原因有:用电设备的设备容量是指输出容量,它与输入容量之间有一个平均效率 η_N;用电设备不一定满负荷运行,因此引入负荷系数 K_L;用电设备本身及配电线路有功率损耗,所以引入一个线路平均效率 η_{wL};用电设备组的所有设备不一定同时运行,故引入一个同时系数 K_Σ。故需要系数可表达为

$$K_d = \frac{K_\Sigma K_L}{\eta_N \eta_{WL}} \tag{2-16}$$

从上式可知,需要系数 K_d 是包含了上述几个影响计算负荷的因素综合而成的一个系数。实际上,需要系数不仅与用电设备组的工作性质、设备台数、设备效率、线路损耗等因素有关,而且与工人的技术熟练程度、生产组织等多种因素有关。附表 1 列出了各种用电设备组的需要系数值,供参考。

若进行计算的负荷有多种,则可将用电设备按其设备性质不同分成若干组,对每一组选用合适的需要系数,计算出每组用电设备的计算负荷,然后由各组计算负荷求总的计算负荷。所以需要系数法一般用来求多台三相用电设备的计算负荷。

2)计算负荷的确定

(1)单组用电设备组的计算负荷。单组用电设备组是指用电设备性质相同的一组设备,即 K_d 相同,如均为通风机。图 2-5 中 D 层面各组用电设备组的计算负荷即为单组用电设备组的计算负荷。采用需要系数进行负荷计算时,首先由基本公式求得其有功计算负荷 P_{30},然后再求出其他计算负荷 Q_{30}、S_{30} 及 I_{30},计算公式如下:

$$P_{30} = K_d P_e \tag{2-17}$$

$$Q_{30} = P_{30} \tan\varphi \tag{2-18}$$

$$S_{30} = \sqrt{P_{30}^2 + Q_{30}^2} \tag{2-19}$$

$$I_{30} = \frac{S_{30}}{\sqrt{3} U_N} \tag{2-20}$$

式中:K_d 为需要系数;P_e 为设备容量;$\tan\varphi$ 为设备功率因数角的正切值。其中 K_d、$\tan\varphi$ 查附表 1 可得。

例 2-1 已知某化工厂机修车间采用 380V 供电,低压干线上接有冷加工机床 34 台,其中 11kW1 冷加工机床台,4.5kW 冷加工机床 8 台,2.5kW 冷加工机床 15 台,1.7kW 冷加工机床 10 台。试求该机床组的计算负荷?

解:该设备组的总容量为

$$P_{e\Sigma} = 11 \times 1 + 4.5 \times 8 + 2.8 \times 15 + 1.7 \times 10 = 106(\text{kW})$$

查附表 1 得

$$K_d = 0.16 \sim 0.2(\text{取} 0.2), \tan\varphi = 1.73, \cos\varphi = 0.5$$

有功计算负荷为

$$P_{30} = 0.2 \times 106 = 21.2(\text{kW})$$

无功计算负荷为

$$Q_{30} = 21.2 \times 1.73 = 36.68(\text{kvar})$$

视在计算负荷为

$$S_{30} = \sqrt{21.2^2 + 36.68^2} = 42.4(\text{kV·A})$$

计算电流为

$$I_{30} = \frac{42.4}{\sqrt{3} \times 0.38} = 64.4(\text{A})$$

（2）多组用电设备组的计算负荷。低压干线一般是给多组不同工作制的用电设备供电的，如通风机组、机床组、水泵组等，因此，低压干线上的计算负荷可以看作多组用电设备组的计算负荷。其计算也可用图2-5的工厂供电系统说明，低压干线的计算负荷即图中C点的计算负荷。其计算方法是，首先分别计算出D层面每组（如机床组、通风机组等）的计算负荷；然后将每组有功计算负荷 $P_{30(i)}$、无功计算负荷 $Q_{30(i)}$ 分别相加，再乘上同时系数，即可得到C点的总的有功计算负荷 P_{30} 和无功计算负荷 Q_{30}；最后确定视在计算负荷 S_{30} 和计算电流 I_{30}，即

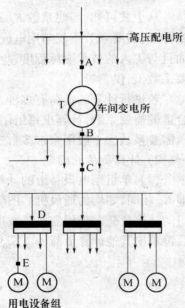

$$P_{30} = K_{\sum \text{p}} \sum_{i=1}^{n} P_{30(i)} \qquad (2-21)$$

$$Q_{30} = K_{\sum \text{q}} \sum_{i=1}^{n} Q_{30(i)} \qquad (2-22)$$

$$S_{30} = \sqrt{P_{30}^2 + Q_{30}^2} \qquad (2-23)$$

$$I_{30} = \frac{S_{30}}{\sqrt{3} U_{\text{N}}} \qquad (2-24)$$

图2.5　工厂供电系统中各点
电力负荷的计算

式中：$P_{30(i)}$、$Q_{30(i)}$ 分别为D层面不同工作制用电设备组的有功和无功的计算负荷；K_{Σ} 为考虑到各用电设备组最大负荷不可能同时出现而引入的同时系数，一般取 $K_{\Sigma} = 0.85 \sim 0.97$，视负荷多少而定。

应特别注意，由于各组的 $\cos\varphi$ 不相同，因此低压干线视在计算负荷 S_{30} 与计算电流 I_{30} 不能用各组的 $S_{30(i)}$ 与 $I_{30(i)}$ 之和来进行计算。

至于车间低压母线上计算负荷的确定，也就是确定图2-5中B点的计算负荷，类似于C点可看作多组用电设备组的计算负荷的确定。由于考虑到各低压干线最大负荷不一定同时出现，因此在确定B点的计算负荷时，也引入一个同时系数，一般取 $K_{\Sigma} 0.8 \sim 0.9$。计算公式与上面的相类似。

例2-2　一机修车间的380V线路上，接有金属切削机床电动机20台共50kW，其中较大容量电动机有7.5kW电动机2台，4kW电动机2台，2.2kW电动机8台；另外，接1.2kW通风机2台；2kW电阻炉1台。试求该车间的计算负荷（设同时系数 $K_{\Sigma \text{p}}$、$K_{\Sigma \text{q}}$ 均为0.9）。

解:(1)冷加工机床:

查附表 1 可得

$$K_{d1} = 0.2, \cos\varphi_1 = 0.5, \tan\varphi_1 = 1.73$$

$$P_{30(1)} = K_{d1}P_{e1} = 0.2 \times 50 = 10(\text{kW})$$

$$Q_{30(1)} = P_{30(1)}\tan\varphi_1 = 10 \times 1.73 = 17.3(\text{kvar})$$

(2)通风机:

查附表 1 可得

$$K_{d2} = 0.8, \cos\varphi_2 = 0.8, \tan\varphi_2 = 0.75$$

$$P_{30(2)} = K_{d2}P_{e2} = 0.8 \times 2.4 = 1.92(\text{kW})$$

$$Q_{30(2)} = P_{30(2)}\tan\varphi_2 = 1.92 \times 0.75 = 1.44(\text{kvar})$$

(3)电阻炉:

查附表 1 可得

$$K_{d3} = 0.7, \cos\varphi_3 = 1, \tan\varphi_3 = 0$$

因为只有 1 台设备,故其计算负荷等于设备容量,即

$$P_{30(3)} = P_{e3} = 2\text{kW}$$

$$Q_{30(3)} = 0$$

车间计算负荷为

$$P_{30} = K_{\Sigma P}\sum_{i=1}^{3} P_{30(i)} = 0.9 \times (10 + 1.92 + 2) = 12.5(\text{kW})$$

$$Q_{30} = K_{\Sigma q}\sum_{i=1}^{3} Q_{30(i)} = 0.9 \times (17.3 + 1.44 + 0) = 16.9(\text{kvar})$$

$$S_{30} = \sqrt{P_{30}^2 + Q_{30}^2} = \sqrt{12.5^2 + 16.9^2} = 21.02(\text{kV·A})$$

$$I_{30} = \frac{S_{30}}{\sqrt{3}U_N} = \frac{21.02}{\sqrt{3} \times 0.38} = 31.94(\text{A})$$

按一般工程设计说明书的要求,以上计算可列电力负荷计算表,见表 2-1。

表 2-1　例 2-2 电力负荷计算表

序号	用电设备组名称	设备台数	设备容量/kW	需要系数 K_d	$\cos\varphi$	$\tan\varphi$	计算负荷 P_{30}/kW	Q_{30}/kvar	S_{30}/(kV·A)	I_{30}/A
1	冷加工机床	20	50	0.2	0.5	1.73	10	17.3		
2	通风机	2	2.4	0.8	0.8	0.75	1.92	1.44		
3	电阻炉	1	2	0.7	1	0	3	0		
合　计		23	55.4				14.92	18.74		
		$K_{\Sigma P} = k_{\Sigma q} = 0.9$					12.5	16.9	21.02	31.94

应用需要系数法进行负荷计算时还要注意,需要系数值与用电设备的类别和工作状态有

关,计算时一定要正确判断,否则会造成错误。例如,机修车间的金属切削机床电动机应属于小批生产的冷加工机床电动机,各类锻造设备应属热加工机床,起重机、行车或电葫芦等都属吊车等。

3. 二项式系数法

1)基本公式及含义

采用需要系数法来求计算负荷,其特点是,简单方便,计算结果较符合实际,而且长期使用已积累了各种设备的需要系数,因此是世界各国普遍采用的基本方法。但是,把需要系数看作与一组设备中设备台数的多少及容量是否相差悬殊等都无关的固定值,考虑不够全面。实际上只有当设备台数较多、总容量足够大、没有特大型用电设备时,附表1中的需要系数的值才较符合实际。所以,需要系数法普遍应用于求用户、全厂和大型车间变电所的计算负荷,而在确定设备台数较少而容量差别悬殊的分支干线的计算负荷时,通常采用另一种方法,即二项式系数法。

采用二项式法进行负荷计算时,既考虑了用电设备组的平均负荷,又考虑了几台最大用电设备引起的附加负荷。其基本公式为

$$P_{30} = bP_e + cP_x \qquad (2-25)$$

式中:b、c 为二项式系数;bP_e 为用电设备组的平均负荷,其中 P_e 是用电设备组的设备总容量;cP_x 为用电设备组中容量最大的 x 台用电设备所增加的附加负荷,其中 P_x 是 x 台容量最大的用电设备容量之和。

附表1列出了部分用电设备组的二项式系数。查表时注意,当用电设备组的设备总台数 $n \geq 2x$ 时,则最大容量设备台数按表取值;当用电设备组的设备总台数 $n < 2x$ 时,则最大容量设备台数按 $x = n/2$ 取,且按"四舍五入"法取整;当只有一台设备时,可认为 $P_{30} = P_e$。

2)计算负荷的确定

(1)单组用电设备组的计算负荷。在计算图 2-5 中 D 点用电设备组的计算负荷时,即为单组用电设备组的负荷计算。下面以例题的方式说明如何利用二项式系数法确定该点的计算负荷。首先由式(2-25)确定 P_{30} 后,然后可与需要系数法一样,分别应用式(2-18)~式(2-20)即可求出 Q_{30}、S_{30}、I_{30}。

例 2-3 用二项式系数法计算例 2-1 的计算负荷。

解:查附表1,取

$$b = 0.14, c = 0.4, x = 5, \cos\varphi = 0.5, \tan\varphi = 1.73$$

由例 2-1 已得出
$$P_e = 106\text{kW}$$

而
$$P_x = 11 \times 1 + 4.5 \times 4 = 29\text{kW}$$

有功计算负荷为
$$P_{30} = 0.14 \times 106 + 0.4 \times 29 = 26.44(\text{kW})$$

无功计算负荷为
$$Q_{30} = 26.44 \times 1.73 = 45.8(\text{kvar})$$

视在计算负荷为
$$S_{30} = \sqrt{26.44^2 + 45.8^2} = 52.88(\text{kV}\cdot\text{A})$$

24

计算电流为

$$I_{30} = \frac{52.9}{\sqrt{3} \times 0.38} = 80.38(\text{A})$$

（2）多组用电设备组的计算负荷。采用二项式法确定多组用电设备总的计算负荷时（如图 2-5 中 C 点低压干线的计算负荷），也应考虑各组用电设备的最大负荷不同时出现的因素。但不是计入一个同时系数，而是在各组用电设备中取其中一组最大的附加负荷 $(cP_x)_{\max}$，再加上各组的平均负荷 bP_e，即

$$P_{30} = \sum_{i=1}^{n} (bP_e)_i + (cP_x)_{\max} \tag{2-26}$$

$$Q_{30} = \sum_{i=1}^{n} (bP_e \tan\varphi)_i + (cP_x)_{\max} \tan\varphi_{\max} \tag{2-27}$$

式中：$(bP_e)_i$ 为各用电设备组的平均功率；cP_x 为每组用电设备组中 x 台容量较大的设备的附加负荷；$(cP_x)_{\max}$ 为附加负荷最大的一组设备的附加负荷；$\tan\varphi_{\max}$ 为最大附加负荷设备组对应的功率因数角的正切值。由式（2-26）、式（2-27）求出 P_{30}、Q_{30} 后，仍然可按式（2-19）、式（2-20）可求得 S_{30} 和 I_{30}。

例 2-4 试用二项式法确定例 2-2 所述机修车间 380V 线路的计算负荷。

解：先求出各组的平均功率 bP_e 和附加负荷 cP_x。

（1）金属切削机床电动机组：

查附表 1，取

$$b_1 = 0.14, c_1 = 0.4, x_1 = 5, \cos\varphi_1 = 0.5, \tan\varphi_1 = 1.73$$

则

$$(bP_e)_1 = 0.14 \times 50 = 7(\text{kW})$$

$$(cP_x)_1 = 0.4(7.5 \times 2 + 4 \times 2 + 2.2 \times 1) = 10.08(\text{kW})$$

（2）通风机组：

查附表 1，取

$$b_2 = 0.65, c_2 = 0.25, x_2 = 5, \cos\varphi_2 = 0.8, \tan\varphi_2 = 0.75$$

因为 $n = 2 < 2x_2$，

取 $x_2 = n/2 = 1$，则

$$(bP_e)_2 = 0.65 \times 2.4 = 1.56(\text{kW})$$

$$(cP_x)_2 = 0.25 \times 1.2 = 0.3(\text{kW})$$

（3）电阻炉：

$$(bP_e)_3 = 2(\text{kW})$$

$$(cP_x)_3 = 0$$

显然，在 3 组用电设备中，第 1 组的附加负荷 $(cP_x)_1$ 最大，故总计算负荷为

$$P_{30} = \sum_{i=1}^{3} (bP_e)_i + (cP_x)_1 = (7 + 1.56 + 2) + 10.08 = 20.64(\text{kW})$$

$$Q_{30} = \sum_{i=1}^{3} (bP_e \tan\varphi)_i + (cP_x)_1 \tan\varphi_1$$

$$= (7 \times 1.73 + 1.56 \times 0.75 + 0) + 10.08 \times 1.73 = 30.72(\text{kvar})$$

$$S_{30} = \sqrt{P_{30}^2 + Q_{30}^2} = \sqrt{20.64^2 + 30.72^2} = 37.01(\text{kVA})$$

$$I_{30} = \frac{S_{30}}{\sqrt{3}U_N} = \frac{30.01}{\sqrt{3 \times 0.38}} = 56.23(\text{A})$$

以上计算过程也可列出电力负荷计算表,见表 2-2。

表 2-2　例 2-4 电力负荷计算表

序号	用电设备组名称	台数		容量/kW		二项式系数		$\cos\varphi$	$\tan\varphi$	计算负荷			
		n	x	P_e	P_x	b	c			$P_{30}/$ kW	$Q_{30}/$ kvar	$S_{30}/$ (kV·A)	$I_{30}/$ A
1	冷加工机床	20	5	50	25.2	0.14	0.4	0.5	1.73	7 + 10.08	29.55		
2	通风机	2	1	2.4	1.2	0.65	0.25	0.8	0.75	1.56 + 0.3	1.40		
3	电阻炉	1	0	2	0	0.7	0	1	0	1.4 + 0			
合计		23	6	55.4						20.64	30.72	37.01	56.23

4. 单相计算负荷的确定

在工厂的用电设备中,除了广泛应用三相设备(如三相交流电机)外,还有不少单相用电设备(如照明、电焊机、单相电炉等)。这些单相用电设备有的接在相电压上,有的接在线电压上,常常将这些单相设备容量换算成三相设备容量,以便确定其计算负荷。其具体方法如下。

(1) 如果单相用电设备的容量小于三相设备总容量的 15%,则按三相平衡负荷计算,不必换算。

(2) 对于接在相电压上的单相用电设备,应尽量使各单相负荷均匀分配在三相上,然后将安装在最大负荷相上的单相设备容量乘以 3,即为等效三相设备容量。

(3) 对于同一线电压上的单相设备,等效三相设备容量为该单相设备容量的 $\sqrt{3}$ 倍。

(4) 如果单相设备既接在线电压,又接在相电压上,应先将接在线电压上的单相设备容量换算为接在相电压上的单相设备容量,然后分相计算各相的设备容量和计算负荷。而总的等效三相有功计算负荷就是最大有功计算负荷相的有功计算负荷的 3 倍,总的等效三相无功计算负荷就是对应最大有功负荷相的无功计算负荷的 3 倍,最后再按式(2-19)、式(2-20)计算出 S_{30} 和 I_{30}。

5. 照明计算负荷的确定

照明供电系统是工厂供电系统的一个组成部分。电气照明负荷也是工厂电力负荷的一部分。良好的照明环境是保证工厂安全生产,提高劳动生产率,提高产品质量,改善职工劳动环境,保障职工身体健康的重要方面。工厂的电气照明设计,应根据生产性质、厂房自然条件等因素选择合适的光源和灯具,进行合理的布置,使工作场所的照明度达到规定的要求。

照明设备通常都是单相负荷,在设计安装时应将它们均匀地分配到三相上,力求减少三相负荷不平衡状况。通常,车间的照明设备容量都不会超过车间三相设备容量的 15%。因此,可在确定了车间照明设备总容量后,按需要系数法单独计算车间照明设备的计算负荷,照明设备组的需要系数及功率因数值按表2-3选取,负荷计算公式如前述的需要系数法。

表2-3　照明设备组的需要系数和功率因数

光源类别	需要系数 K_d	功率因数 $\cos\varphi$				
		白炽灯	荧光灯	高压汞灯	高压钠灯	金属卤化物
生产车间办公室	0.8~1	1	0.9	0.45~0.65	0.45	0.4~0.61
变配电所、仓库	0.5~0.7	1	0.9	0.45~0.65	0.45	0.4~0.61
生活区宿舍	0.6~0.8	1	0.9	0.45~0.65	0.45	0.4~0.61
室外	1	1	0.9	0.45~0.65	0.45	0.4~0.61

2.2.3　供电系统的功率损耗和电能损耗

为了合理选择工厂变电所各种主要电气设备的规格型号,必须确定工厂总的计算负荷 S_{30} 和 I_{30}。在前述的内容中,已经用需要系数法或二项式系数法确定了低压干线或车间低压母线的计算负荷,但要确定全厂的计算负荷,还要考虑线路和变压器的功率损耗。另外,由于变压器和线路是供配电系统中常年运行的设备,所以其产生的电能损耗相当可观,也应当引起重视。

1. 线路的功率损耗

因为线路具有电阻和电抗,所以其功率损耗包括有功和无功两部分。

1)有功功率损耗

有功功率损耗是电流流过线路电阻所引起的,其计算公式为

$$\Delta P_{\mathrm{WL}} = 3I_{30}^2 R_{\mathrm{WL}} \times 10^{-3} (\mathrm{kW}) \tag{2-28}$$

式中:I_{30} 为线路的计算电流(A);R_{WL} 为线路每相的电阻(Ω),$R_{\mathrm{WL}} = R_0 L$,其中,R_0 为线路单位长度的电阻(Ω/km);L 为线路的计算长度(km)。

2)无功功率损耗

无功功率损耗是电流流过线路电抗所引起的,其计算公式为

$$\Delta Q_{\mathrm{WL}} = 3I_{30}^2 X_{\mathrm{WL}} \times 10^{-3} (\mathrm{kW}) \tag{2-29}$$

式中:I_{30} 为线路的计算电流(A);X_{WL} 为线路每相的电抗(Ω),$X_{\mathrm{WL}} = X_0 L$,其中,X_0 为线路单位长度的电抗(Ω/km),一般对架空线路,其值为 $0.4\Omega/\mathrm{km}$ 左右,对电缆线路,其值为 $0.08\Omega/\mathrm{km}$ 左右;L 为线路的计算长度(km)。

2. 变压器的功率损耗

因变压器同样具有电阻和电抗,所以其功率损耗也包括有功功率损耗和无功功率损耗两部分。

1)有功功率损耗

变压器的有功功率损耗又由如下两部分组成:

(1)铁损 ΔP_{Fe}。铁损是变压器主磁通在铁芯中产生的有功损耗。变压器空载时的损耗为空载损耗,由铁损和一次绕组中的有功损耗产生,因空载电流 I_0 很小,在一次绕组中产生的有功功率损耗也很小,可忽略不计,故空载损耗 ΔP_0 可认为就是铁损,所以铁损又称为空载损耗。

(2) 铜损 ΔP_{Cu}。铜损是变压器负荷电流在一次、二次绕组的电阻中产生的有功损耗,其值与负荷电流(或功率)的平方成正比。变压器负载试验(旧称短路试验)时,一次侧施加的电压 U_k 很小,铁芯中的主磁通很小,在铁芯中产生的有功功率损耗可略去不计,故变压器的负载损耗 ΔP_k 可认为就是额定电流下的铜损 $\Delta P_{Cu.N}$。

因此,变压器的有功功率损耗可写为

$$\Delta P_T = \Delta P_{Fe} + \Delta P_{Cu} = \Delta P_{Fe} + \Delta P_{Cu.N}\left(\frac{S_{30}}{S_N}\right)^2 \approx \Delta P_0 + \Delta P_k\left(\frac{S_{30}}{S_N}\right)^2 \qquad (2-30)$$

或

$$\Delta P_T \approx \Delta P_0 + \Delta P_k\beta^2 \qquad (2-31)$$

式中:S_N 为变压器的额定容量;S_{30} 为变压器的计算负荷;β 为变压器的负荷率($\beta = S_{30}/S_N$)。

2) 无功功率损耗

变压器的无功功率损耗由如下两部分组成:

(1) ΔQ_0。ΔQ_0 是变压器空载时,由产生主磁通的励磁电流所造成的,与绕组电压有关,与负荷无关。其值与励磁电流(或近似与空载电流)成正比,即式中,$I_0\%$ 为变压器空载电流占额定电流的百分数。

$$\Delta Q_0 \approx \frac{I_0\%}{100}S_N \qquad (2-32)$$

(2) ΔQ。ΔQ 是变压器负荷电流在一次、二次绕组电抗上所产生的无功功率损耗,其值也与电流的平方成正比。因变压器绕组的电抗远大于电阻,故可认为其在额定电流时的值与阻抗电压成正比,即

$$\Delta Q_N \approx \frac{U_k\%}{100}S_N \qquad (2-33)$$

式中:$U_k\%$ 为变压器的阻抗电压百分数。

因此,变压器的无功功率损耗为

$$\Delta Q_T = \Delta Q_0 + \Delta Q = \Delta Q_0 + \Delta Q_N\left(\frac{S_{30}}{S_N}\right)^2 \approx S_N\left(\frac{I_0\%}{100} + \frac{U_k\%}{100}\left(\frac{S_{30}}{S_N}\right)^2\right) \qquad (2-34)$$

或

$$\Delta Q_T \approx S_N\left(\frac{I_0\%}{100} + \frac{U_k\%}{100}\beta^2\right) \qquad (2-35)$$

以上各式中,ΔP_0、ΔP_k、$I_0\%$ 和 $U_k\%$ 均可由变压器产品目录中查得。

在负荷计算中,变压器功率损耗还可采用下列简化公式进行近似计算。

对于 SJL_1 型号的变压器,有

$$\Delta P_T \approx 0.002S_{30}, \Delta Q_T \approx 0.08S_{30} \qquad (2-36)$$

对于 SL_7 型号的低损耗变压器,有

$$\Delta P_T \approx 0.015S_{30}, \Delta Q_T \approx 0.06S_{30} \qquad (2-37)$$

式中:S_{30} 均是变压器二次侧的视在计算负荷。

3. 供配电系统的电能损耗

在供配电系统中,因负荷随时间不断变化,其电能损耗计算困难,通常利用年最大负荷损耗小时 τ 来近似计算线路和变压器的有功电能损耗。当线路或变压器中以最大计算电流 I_{30} 流过 τ 小时后所产生的电能损耗,恰与全年流过实际变化的电流时所产生的电能损耗相等。可见,τ 是一个假想时间,它与年最大负荷利用小时 T_{max} 及负荷功率因数有一定关系。

如图 2-6 即为不同功率因数下的 τ 与 T_{max} 的关系。当 $\cos\varphi = 1$,且线路电压不变时,有

$$\tau = \frac{T_{max}^2}{8760} \tag{2-38}$$

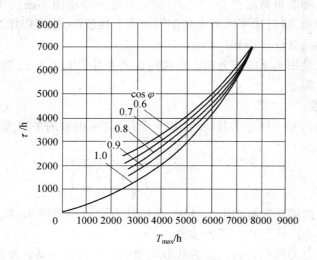

图 2-6 τ 与 T_{max} 的关系曲线

1)线路的电能损耗

$$\Delta W_{a-WL} = 3I_C^2 R_{WL}\tau \times 10^{-3} \tag{2-39}$$

2)变压器的电能损耗

(1)由于铁损引起的电能损耗为

$$\Delta W_{a1} = \Delta P_{Fe} \times 8760 \approx \Delta P_0 \times 8760 \tag{2-40}$$

(2)由于铜损引起的电能损耗为

$$\Delta W_{a2} = \Delta P_{Cu}\tau = \Delta P_{Cu.N}\beta^2 \approx \Delta P_k\beta^2\tau \tag{2-41}$$

因此,变压器全年的电能损耗为

$$\Delta W_a = \Delta W_{a1} + \Delta W_{a2} \approx \Delta P_0 \times 8760 + \Delta P_k\beta^2\tau \tag{2-42}$$

2.2.4 无功功率的补偿

工厂中的用电设备多为感性负载,在运行过程中,除了消耗有功功率外,还需要大量的无功功率在电源至负荷之间交换,导致功率因数降低,所以一般工厂的自然功率因数都比较低,它给工厂供配电系统造成不利影响。

根据我国制定的按功率因数调整收费的办法要求,高压供电的工业用户和高压供电装有带

负荷调压装置的电力用户,功率因数应达到0.9以上,其他用户功率因数应在0.85以上,当功率因数低于0.7时,电力部门不予供电。因此,工厂在改善设备运行性能,合理调整运行方式提高自然功率因数的情况下,都需要安装无功功率补偿装置,提高工厂供配电系统的功率因数。

1. 工厂的功率因数

功率因数是供用电系统的一项重要的技术经济指标,它反映了供用电系统中无功功率消耗量在系统总容量中所占的比重,反映了供用电系统的供电能力。根据测量方法和用途的不同,工厂的功率因数常有以下几种。

1)瞬时功率因数

工厂的功率因数随着负荷的性质、大小的变化和电压波动而不断变化着。功率因数的瞬时值称为瞬时功率因数,瞬时功率因数由功率因数表直接读出,也可以用瞬间测取的有功功率表、电流表、电压表的读数计算得到。

瞬时功率因数只是用来了解和分析工厂用电设备在生产过程中无功功率的变化情况,以便采取相应的补偿对策。

2)平均功率因数

平均功率因数是指某一规定的时间内(如1个月)功率因数的平均值,即

$$\cos\varphi = \frac{W_p}{\sqrt{W_p^2 + W_q^2}} \frac{1}{\sqrt{1 + \left(\frac{W_q}{W_p}\right)^2}} \qquad (2-43)$$

式中:W_p 为某一时间内消耗的有功电能(kW·h),从有功电度表读出;W_q 为某一时间内消耗的有无功电能(kvar·h),从无功电度表读出。

平均功率因数是电力部门每月向企业收取电费时作为调整收费标准的依据。

3)最大负荷时功率因数

依据最大负荷 P_{max}(计算负荷 P_{30})所确定的功率因数,称为最大负荷时的功率因数,即

$$\cos\varphi = P_{30}/S_{30} \qquad (2-44)$$

凡未装任何补偿设备时的功率因数称为自然功率因数;装设人工补偿后的功率因数称为补偿后功率因数。

2. 提高功率因数的方法

提高功率因数的方法很多,一般可分为两大类,即提高自然功率因数的方法和人工补偿无功功率提高功率因数的方法。但自然功率因数的提高往往有限,一般还需采用人工补偿装置来提高功率因数。目前,人工补偿提高功率因数一般有四种方法:并联电力电容器组、采用同步调相机、采用可控硅静止无功补偿器和采用进相机。在工厂供配电系统中,人工补偿无功功率提高功率因数的方法通常是并联电力电容器组。

在供电系统中采用并联电力电容器组或其他无功补偿装置来提高功率因数时,需要考虑补偿装置的装设地点,不同的装设地点,其无功补偿效益有所不同。对于用户供电系统,电力电容器组的设置有高压集中补偿、低压成组补偿和分散就地补偿三种方式,参见9.2.4节。

3. 无功补偿容量的计算

从图2-7可以明显看出,功率因数的提高与无功功率和视在功率变化的关系。在有功功率 P_{30} 不变的情况下,加装无功补偿装置后,无功功率 Q_{30} 减少到 Q'_{30},视在功率 S_{30} 也相应地减

少到 S'_{30}，则功率因数从 $\cos\varphi$ 提高到 $\cos\varphi'_{30}$，此时 $Q_{30} - Q'_{30}$ 就是无功功率补偿的容量 Q_C，即

$$Q_C = Q_{30} - Q'_{30} = P_{30}(\tan\varphi - \tan\varphi') \qquad (2-45)$$

式中：$\tan\varphi$、$\tan\varphi'$ 分别为补偿前、后功率因数角的正切值。

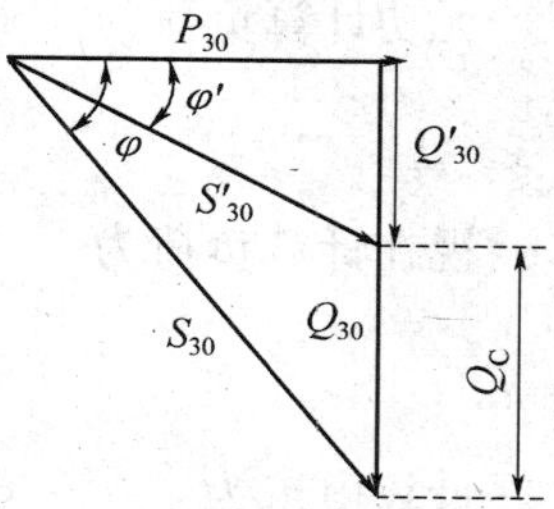

图 2-7 功率因数的提高

4. 高压集中补偿所需电容器台数的确定

三相系统中，当单个电容器的额定电压与电网的电压相同时，电容器应按三角形接法；当低于电网电压时，应将若干个电容器串联后接成三角形。这时，可算出三相所需的单相电容器总台数为

$$N = \frac{Q_C}{q_C\left(\dfrac{U}{U_{N.C}}\right)^2} \qquad (2-46)$$

式中：Q_C 为三相所需总电容器容量（kvar）；q_C 为单台（柜）电容器容量（kvar），见表 2-4；U 为电网的工作电压（电容器安装处的实际电压）（V）；$U_{N.C}$ 为电容器额定电压（V）。

每相电容器的台数为

$$n = \cdot \frac{N}{3} \qquad (2-47)$$

算出 N 后，对于 6kV ~ 10 kV 为单母线不分段的变电所，考虑高压为单相电容器，故实际取值应为 3 的倍数；对于 6kV ~ 10 kV 为单母线分段的变电所，由于电容器组应分两组安装在各段母线上，故每相电容器台数应取双数，此时单相电容器实际总台数 N 应为 6 的整数倍。

表2.4　常用电力电容器技术数据

型　号	额定电压/kV	标称容量/kvar	标称电容/μF	相数	质量/kg
YY0.4-12-1	0.4	12	240	1	21
YY0.4-24-1	0.4	24	480	1	40
YY0.4-12-3	0.4	12	240	3	21
YY0.4-24-3	0.4	24	480	3	40
YY6.3-12-1	6.3	12	0.962	1	21
YY6.3-24-1	6.3	24	1.924	1	40
YY10.5-12-1	10.5	12	0.347	1	21
YY10.5-24-1	10.5	24	0.694	1	40

5. 无功补偿后工厂计算负荷的确定

工厂或车间装设了无功补偿并联电容器后，能使装设地点前的供电系统减少相应的无功损耗。装设了无功补偿装置后，在确定补偿装置装设地点以前的总计算负荷时，应扣除无功补偿的容量。

补偿后计算负荷可按以下公式确定：

有功计算负荷为

$$P'_{30} = P_{30} \qquad (2-48)$$

无功计算负荷为

$$Q'_{30} = Q_{30} - Q_C \qquad (2-49)$$

视在计算负荷为

$$S'_{30} = \sqrt{P'^2_{30} + Q'^2_{30}} \qquad (2-50)$$

计算电流为

$$I'_{30} = S'_{30}/(\sqrt{3}U_N) \qquad (2-51)$$

例 2 - 5 某化工厂变电所有一台低损耗变压器,其低压侧有功计算负荷为 1387kW,无功计算负荷为 982kvar。按规定工厂(高压侧)的功率因数不得低于 0.9,试问该厂变压器低压侧要补偿多大的无功容量才能满足功率因数的要求?

解: 未补偿前:

低压侧

$$S_{30(2)} = \sqrt{P^2_{30(2)} + Q^2_{30(2)}} = \sqrt{1387^2 + 982^2} = 1699(kV \cdot A)$$

$$\cos\varphi_{(2)} = \frac{P_{30(2)}}{S_{30(2)}} = \frac{387}{1699} = 0.82$$

显然,低压侧的功率因数较低,考虑到变压器也要消耗一定的无功功率,若高压侧的功率因数不得低于 0.9,则低压侧应取 $\cos\phi'_{(2)} = 0.92 \sim 0.93$(经验数据),才能满足要求。现取 0.93,则低压侧无功补偿容量为

$$Q_C = P_{30(2)}(\tan\varphi - \tan\varphi') = 1387 \times [\tan(\arccos 0.82) - \tan(\arccos 0.93)]$$

$$= 1387 \times 0.303 = 420(kvar)$$

补偿后:

低压侧 $P'_{30(2)} = 1387kW$ 不变

$$Q'_{30(2)} = Q_{30(2)} - Q_C = 982 - 420 = 562(kvar)$$

$$S'_{30(2)} = \sqrt{P'^2_{30(2)} + Q'^2_{30(2)}} = \sqrt{1387^2 + 562^2} = 1496.5(kV \cdot A)$$

变压器损耗为

$$\Delta P_T \approx 0.015 S'_{30(2)} = 0.015 \times 1496.5 = 22.5(kW)$$

$$\Delta Q_T \approx 0.06 S'_{30(2)} = 0.06 \times 1496.5 = 89.8(kvar)$$

高压侧

$$S'_{30(1)} = \sqrt{(P'_{30(2)} + \Delta P_T)^2 + (Q'_{30(2)} + \Delta Q_T)^2}$$

$$= \sqrt{(1387 + 22.5)^2 + (562 + 89.8)^2}$$

$$= 1552.9(kV \cdot A)$$

工厂功率因数为

$$\cos\varphi'_{(1)} = \frac{P'_{30(1)}}{S'_{30(1)}} = \frac{(1387 + 22.5)}{1552.9} = 0.908 > 0.9$$

可见,满足要求。

2.2.5 全厂计算负荷的确定

确定工厂总计算负荷的方法很多,本书只介绍工厂需要系数法、按年产量和单位产品耗电量计算法及逐级计算法。

1. 工厂需要系数法

将全厂用电设备的总容量 $\sum P_e$(备用容量不计入)乘以工厂需要系数 K_d(附表2)就可以得到全厂的计算负荷 P_{30},然后根据工厂的功率因数 $\cos\varphi$,由式(2-18)~式(2-20)求出全厂的无功计算负荷 Q_{30}、视在计算负荷 S_{30} 和计算电流 I_{30}。

2. 按年产量和单位产品耗电量计算法

将工厂全年生产量 A 乘以单位产品耗电量 α,就可以得到工厂全年耗电量,即

$$W_a = A\alpha \times 10^3 (\text{kW} \cdot \text{h}) \tag{2-52}$$

然后再将工厂全年耗电量 W_a 除以最大负荷利用小时 T_{max},就可以得到工厂的有功计算负荷,即

$$P_{30} = W_a / T_{max} (\text{kW}) \tag{2-53}$$

而 Q_{30}、S_{30} 和 I_{30} 的计算与上述需要系数法相同。

3. 逐级计算法

如图2-5所示的工厂供电系统示意图,确定全厂计算负荷时,应从用电末端逐级向上推至电源进线端,其计算方法和步骤如下:

(1)确定用电设备的设备容量(图中 E 点)。

(2)确定用电设备组的计算负荷(图中 D 点)。

(3)确定车间低压干线(图中 C 点)或车间变电所低压母线(图中 B 点)的计算负荷。计算时应注意,当干线或低压母线上接的用电设备组较多时,应考虑各用电设备组最大负荷不可能同时出现而引入的同时系数 $K_{\Sigma 1}$ 或各低压干线最大负荷不一定同时出现的同时系数 $K_{\Sigma 2}$;如果在低压进线上装有无功补偿用的电容器组时,在确定低压进线上无功功率时还应减去无功补偿容量。

(4)确定车间(或小型工厂)变电所高压侧的计算负荷。车间(或小型工厂)变电所高压侧计算负荷应等于车间(或小型工厂)变电所低压进线的计算负荷再加上变压器的功率损耗。

(5)若没有总降压变电所,则根据上述过程确定总降压变压器低压侧的计算负荷。

(6)确定全厂总计算负荷。将总降压变电所低压母线上的计算负荷加上总降压变压器的功率损耗(或高压配电所高压母线上的计算负荷),即可确定全厂总的计算负荷。

2.3 尖峰电流及其计算

尖峰电流 I_{pk} 是指单台或多台用电设备持续 1s~2s 的短时最大负荷电流。它是由于电动机启动、电压波动等原因引起的,它与计算电流不同,计算电流是指 30min 最大电流,尖峰电流比计算电流大得多。

计算尖峰电流的目的是选择熔断器,整定低压断路器和继电保护装置,计算电压波动及检验电动机自启动条件等。

1. 单台设备尖峰电流的计算

对于只接单台电动机或电焊机的支线,其尖峰电流就是其启动电流,即

$$I_{pk} = I_{st} = K_{st} I_N \tag{2-54}$$

式中:I_N 为用电设备的额定电流;I_{st} 为用电设备的启动电流;K_{st} 为用电设备的启动电流倍数,可查产品样本或设备铭牌。

2. 多台设备尖峰电流的计算

对接有多台电动机的配电线路,其尖峰电流可按下式确定:

$$I_{pk} = I_{30} + (I_{st} - I_N)_{max} \tag{2-55}$$

式中:$(I_{st} - I_N)_{max}$ 为用电设备中 $(I_{st} - I_N)$ 最大的那台设备的电流差值;I_{30} 为全部设备投入时,线路上的计算电流,即 $I_{30} = K_\Sigma \sum I_N$;$K_\Sigma$ 为多台设备的同时系数,按台数的多少可取 $0.7 \sim 1$。

例 2-6　有一条 380V 的线路,供电给 4 台电动机,负荷资料如表 2-5 所列,试计算该 380V 线路上的尖峰电流。

表 2-5　电动机负荷资料

电动机参数	电动机			
	1M	2M	3M	4M
额定电流 I_N/A	5.8	5	35.8	27.6
启动电流 I_{st}/A	40.6	35	197	193.2

解:取 $K_\Sigma = 0.9$,则

$$I_{30} = K_\Sigma \sum I_N = 0.9 \times (5.8 + 5 + 35.8 + 27.6) = 66.78(A)$$

由表 2-5 知,4M 的 $(I_{st} - I_N) = 193.2 - 27.6 = 165.6(A)$,为最大,所以

$$I_{pk} = I_{30} + (I_{st} - I_N)_{max} = 66.78 + (193.2 - 27.6) = 232.4(A)$$

小　结

本章介绍了负荷曲线的基本概念、类别及有关物理量,电力负荷的分级及有关概念;讲述了用电设备容量的确定方法,重点介绍了负荷计算的两种方法,即需要系数法和二项式系数法,功率因数及其补偿;讨论了供配电系统的功率损耗与电能损耗的计算,尖峰电流及其计算。

(1) 负荷曲线是表征电力负荷随时间变动情况的一种图形。按照时间单位的不同,分日负荷曲线和年负荷曲线。

(2) 与负荷曲线有关的物理量有年最大负荷、年最大负荷利用小时、平均负荷和负荷系数。

(3) 需要系数法适用于求多组三相用电设备的计算负荷,二项式法适用于确定设备台数较少而容量差别较大的分支干线的较少负荷。要求掌握三相负荷和单相负荷的计算方法。

(4) 负荷计算时,应计入供配电线路和变压器的功率损耗和电能损耗。要求掌握线路及变压器的功率损耗和电能损耗的计算方法。

(5) 提高功率因数的方法有提高自然功率因数和人工补偿两大类,人工补偿最常用的是并联电容器组,要求能熟练计算补偿容量。

（6）确定工厂总计算负荷主要有工厂需要系数法、按年产量和单位产品耗电量计算法和逐级计算法。要求重点掌握采用逐级计算法进行负荷计算。

（7）尖峰电流是指单台或多台用电设备持续 $1s \sim 2s$ 的短时最大负荷电流。要求会进行尖峰电流的计算。

思考题与习题

1. 电力负荷按其重要性分哪几级？各级负荷对供电电源有什么要求？

2. 什么是平均负荷和负荷系数？什么是年最大负荷和年最大负荷利用小时数？

2. 什么是用电设备的设备容量？各工作制用电设备的设备容量如何确定？

4. 什么叫计算负荷？为什么计算负荷通常采用 $30min$ 最大负荷？

5. 确定用电设备组计算负荷的需要系数法和二项式法各有什么特点？各适用于哪些场合？

6. 如何分配单相（220V、380V）用电设备，使计算负荷最小？如何将单相负荷简便地换算为三相负荷？

7. 进行无功功率补偿、提高功率因数有什么意义？如何确定无功补偿容量？

8. 什么叫尖峰电流？尖峰电流的计算有什么用处？

9. 某车间有吊车 1 台，设备铭牌上给出其额定功率 $P_N = 9kW$，$\varepsilon_N = 15\%$，试问其设备容量为多少？

10. 某车间 380V 线路供电给下列设备：长期工作的设备有 75kW 的电动机 2 台，4kW 的电动机 3 台，3W 的电动机 10 台；反复短时工作的设备有 42kV·A 的电焊机 1 台（额定暂载率为 60%，$\cos\varphi = 0.62$，$\cos\varphi_N = 0.85$），10t 吊车 1 台（在暂载率为 40% 的条件下，其额定功率为 396kW，$\cos\varphi_N = 0.5$）。试确定它们的设备容量。

11. 某车间设有小批量生产的冷加工机床电动机 40 台，总容量 122kW，其中较大容量的有 10kW 电动机 1 台，7kW 电动机 3 台，4.5kW 电动机 3 台，2.8kW 电动机 12 台。试分别用需要系数法和二项式系数法确定其计算负荷？

12. 某金工车间采用 220V/380V 三相四线制供电，车间内设有冷加工机床 48 台，共 192kW；吊车 2 台，共 10kW（$\varepsilon_N = 25\%$）；通风机 2 台，共 9kW；车间照明共 8.2kW。试求该车间的计算负荷？

13. 某降压变电所装有一台 S9－630/10 型电力变压器，其二次侧（380V）的有功计算负荷为 420kW，无功计算负荷为 350kvar。试求此变电所一次侧的计算负荷及其功率因数。如果功率因数未达到 0.90，试问此变电所低压母线上应装设多大并联电容器容量才能达到要求？

14. 某车间有一条 380V 线路供电给表 2－6 所列的 4 台电动机。试计算其尖峰电流（$K_\Sigma = 0.9$）。

表 2－6　电动机负荷资料

电动机参数	电动机			
	1M	2M	3M	4M
额定电流 I_N/A	35	14	56	20
启动电流 I_{st}/A	148	85	160	135

第3章 短路电流计算

本章介绍短路电流暂态过程的分析;无限大容量电源系统及有限容量电源系统短路电流的计算;大容量电动机对短路电流的影响;复杂供电系统短路电流的计算;不对称短路的分析及不对称短路电流的计算;短路电流的电动力、热效应分析等。

在供配电系统的设计和运行中,不仅要考虑系统的正常运行状态,还要考虑系统的不正常运行和故障情况,最严重的故障是短路故障。短路是指不同相之间,相对中性线或地线之间的直接金属性连接或经小阻抗连接。本章讨论和计算供配电系统在短路故障情况下的电流(简称短路电流),短路电流计算的目的主要是供母线、电缆、设备的选择和继电保护整定计算之用。

3.1 短路概述

1. 短路的种类

所谓"短路",是指电力系统正常运行情况以外的相与相之间或相与地(或中性线)之间的接通。在正常运行时,除中性点以外,相与相或相与地之间是绝缘的。

三相交流系统的短路种类主要有三相短路、两相短路、单相短路和两相接地短路。

三相短路是指供配电系统三相导体间的短路,用 $K^{(3)}$ 表示,如图 3-1(a)所示。

两相短路是指三相供配电系统中任意两相导体间的短路,属不对称短路,用 $K^{(2)}$ 表示,如图 3-1(b)所示。两相短路的发生概率为 10% ~ 15%。

单相短路是指供配电系统中任一相经大地与中性点或与中线发生的短路,用 $K^{(1)}$ 表示,如图 3-1(c)、(d)所示。

两相接地短路是指中性点不接地系统中,任意两相发生单相接地而产生的短路,用 $K^{(1,1)}$ 表示,如图 3-1(e)、(f)所示。

在上述各种短路中,三相短路属对称短路,其他短路属不对称短路。因此,三相短路可用对称三相电路分析,不对称短路采用对称分量法分析,即把一组不对称的三相量分解成三组对称的正序、负序和零序分量来分析研究。在电力系统中,发生单相短路的可能性最大,发生三相短路的可能性最小,但通常三相短路的短路电流最大,危害也最严重,所以,短路电流计算的重点是三相短路电流计算。单相短路也是一种不对称短路。它的危害虽不如其他短路形式严重,但在中性点直接接地系统中,发生的概率最高,占短路故障的 65% ~ 70%。

2. 短路的原因

短路发生的主要原因是电力系统中电气设备载流导体的绝缘损坏。造成绝缘损坏的原因主要有设备长期运行,绝缘材料的自然老化,操作过电压、雷电过电压等造成的绝缘被击穿,以及掘沟时损伤电缆使绝缘受到机械损伤等。

运行人员不遵守操作规程发生的误操作,如带负荷拉、合隔离开关,检修线路或设备后未

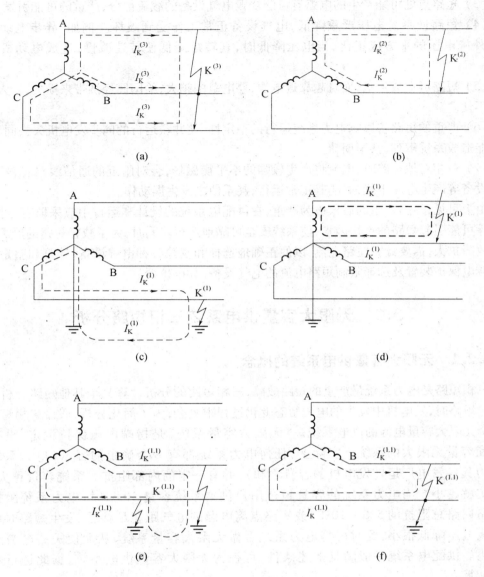

图 3-1　短路的种类

（a）三相短路；（b）两相短路；（c）单相短路；

（d）单相短路；（e）两相接地短路；（f）两相接地短路。

拆除地线就合闸供电等，另外，如鸟兽、风筝跨越在裸露导体上，或藻类植物生长造成的相导体间净距减少也是引起短路的原因。

3.　短路的危害

发生短路时，由于短路回路的阻抗很小，产生的短路电流较正常电流大数十倍，有时可能高达数万安甚至数十万安。同时系统电压降低，离短路点越近，电压降低越大；三相短路时，短路点的电压可能降到 0。因此，短路将造成严重危害。

（1）短路产生很大的热量，导体温度升高，将绝缘损坏。

（2）短路产生巨大的电动力，使电气设备受到机械损坏。

（3）短路点处可能产生的电弧有可能烧毁电气设备的载流部分，严重的可能引发火灾。

（4）短路使系统电压严重降低，电气设备正常工作受到破坏。例如，异步电动机的转矩与外施电压的平方成正比，当电压降低时，其转矩降低使转速减慢，造成电动机过热而烧坏。

（5）短路可造成停电，而且越靠近电源，停电范围越大，给国民经济带来损失，给人民生活带来不便。

（6）严重的短路将影响电力系统运行的稳定性，使并联运行的同步发电机失去同步，严重的可能造成系统解列，甚至崩溃。

（7）单相对地短路时，电流将产生较强的不平衡磁场，会对附近的通信线路、信号系统及电子设备等产生电磁干扰，影响其正常运行，甚至使之发生误动作。

由上可见，短路产生的后果极为严重，在供配电系统的设计和运行中应采取有效措施，设法消除可能引起短路的一切因素，使系统安全可靠地运行。同时，为了减轻短路的严重后果和防止故障扩大，需要计算短路电流，以便正确地选择和校验各种电气设备、计算和整定保护短路的继电保护装置及选择限制短路电流的电气设备（如电抗器）等。

3.2　无限大容量供电系统三相短路分析

3.2.1　无限大容量供电系统的概念

三相短路是电力系统最严重的短路故障，三相短路的分析计算又是其他短路分析计算的基础。短路时，发电机中发生的电磁暂态变化过程很复杂；为了简化分析，假设三相短路发生在一个无限大容量电源的供电系统。"无限大容量系统"是指端电压保持恒定，没有内部阻抗和容量无限大的系统。实际上，任何电力系统都有一个确定的容量（电力系统的容量即为其各发电厂运转发电机的容量之和），并有一定的内部阻抗。系统容量越大，系统内阻抗就越小。当电力系统的容量超过用户供电系统容量50倍时，电力系统阻抗不超过短路回路总阻抗的5%～10%，或短路点离电源的电气距离足够远，发生短路时电力系统母线电压降低很小，此时可将电力系统看做无限大容量系统，从而使短路电流计算大为简化。供配电系统一般满足上述条件，可视为无限大容量供电系统，据此进行短路分析和计算。

3.2.2　无限大容量供电系统三相短路暂态过程

图3-2是电源为无限大容量系统的供电系统发生三相短路的系统图和三相电路图。图中：r_K、x_K分别为短路回路的电阻和电抗；r_1、x_1分别为负载的电阻和电抗。由于三相电路对称，可取一相等效电路进行分析，如图3-2（c）所示。

1. 正常运行

设电源相电压

$$u_\varphi = U_{\varphi m}\sin(\omega t + \alpha)$$

正常运行电流为

$$i = I_m\sin(\omega t + \alpha - \varphi) \tag{3-1}$$

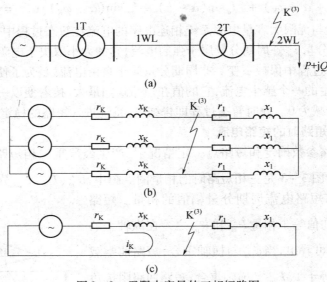

图 3-2 无限大容量的三相短路图

（a）系统图；（b）三相电路图；（c）等效电路图。

式中

$$I_{m} = U_{\varphi m}/\sqrt{(r_{K} + r_{1})^{2} + (x_{K} + x_{1})^{2}}$$
$$\varphi = \arctan(x_{K} + x_{1})/(r_{K} + r_{1})$$

2. 三相短路分析

当发生三相短路时，图 3-2（b）所示的电路将被分成两个独立的回路，一个仍与电源相连接，另一个则成为没有电源的短接回路。在这个没有电源的短接回路中，电流将从短路发生瞬间的初始值按指数规律衰减到 0。在衰减过程中，回路磁场中所储藏的能量，将全部转化成热能。与电源相连的回路，由于负荷阻抗和部分线路阻抗被短路，所以电路中的电流要突然增大。但是，由于电路中存在着电感，根据楞次定律，电流又不能突变，因而引起一个过渡过程，即短路暂态过程，最终达到一个新稳定状态。

下面分析短路电流的变化，短路电流 i_{K} 应满足微分方程，即

$$L_{K}\frac{di_{K}}{dt} + r_{K}i_{K} = U_{\varphi m}\sin(\omega t + \alpha) \tag{3-2}$$

式（3-2）是非齐次一阶微分方程，其解包括特解和通解两部分，即

$$i_{K} = I_{pm}\sin(\omega t + \alpha - \varphi_{K}) + i_{np0}e^{-\frac{t}{\tau}} \tag{3-3}$$

式中：$I_{pm} = U_{pm}\sqrt{r_{K}^{2} + x_{K}^{2}}$ 为短路电流周期分量幅值；$\varphi_{K} = \arctan(x_{K}/r_{K})$ 为短路回路阻抗角；$\tau = L_{K}/r_{K}$ 为短路回路时间常数；i_{np0} 为短路电流非周期分量初值，i_{np0} 由初始条件决定。式（3-3）中的前一部分为非齐次微分方程的特解，属于周期分量；又称为稳态分量；后一部分为齐次微分方程的通解，属于非周期分量，又称为暂态分量或自由分量。

根据楞次定律可知，当 $t = 0$ 时（发生三相短路的瞬间），电流不能突变，即在短路瞬间，短路前工作电流与短路后短路电流相等：

$$I_{m}\sin(\alpha - \varphi) = I_{pm}\sin(\alpha - \varphi_{K}) + i_{np0} \tag{3-4}$$
$$i_{np0} = I_{m}\sin(\alpha - \varphi) - I_{pm}\sin(\alpha - \varphi_{K}) \tag{3-5}$$

将式（3-5）代入式（3-3），得

$$i_K = I_{pm}\sin(\omega t + \alpha - \varphi_K) + [I_m\sin(\alpha - \varphi) - I_{pm}\sin(\alpha - \varphi_K)]e^{-\frac{t}{\tau}} = i_p + i_{np} \qquad (3-6)$$

由此可以看出,与无限大容量电源系统相连电路的电流在暂态过程中包含有两个分量:周期分量 i_p 和非周期分量 i_{np}。周期分量属于强制电流,它的大小取决于电源电压和短路回路的阻抗,其幅值在暂态过程中保持不变。非周期分量属于自由电流,是为了使电感回路中的磁链和电流不突变而产生的一个感生电流,它的值在短路瞬间最大,接着便以一定的时间常数按指数规律衰减,直到衰减为 0。此时暂态过程即告结束,系统进入短路的稳定状态。

3. 最严重三相短路时的短路电流

下面讨论在电路参数确定和短路点一定情况下,产生最严重三相短路时的短路电流(最大瞬时值)的条件。图 3-3 是三相短路时的相量图。图中,$\dot{U}_m$、$\dot{I}_m$、$\dot{I}_{pm}$ 分别表示电源电压幅值、工作电流幅值和短路电流周期分量幅值的相量。短路电流非周期分量的初值等于相量 $\dot{I}_m$ 和 $\dot{I}_{pm}$ 之差在纵轴上的投影。从图 3-3 中可看出,当 $\dot{U}_m$ 与横轴重合,短路前空载 $\dot{I}_m = 0$ 或功率因数等于 1,$\dot{I}_m$ 与横轴重合;短路回路阻抗角 $\varphi_k = 90°$,$\dot{I}_{pm}$ 与纵轴重合时,短路电流非周期分量初值达到最大。综上所述,最严重短路电流的条件为:

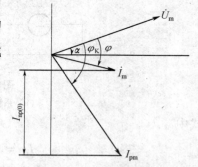

图 3-3　三相短路时的相量图

(1)短路前电路空载或 $\cos\varphi = 1$;

(2)短路瞬间电压过零,即 $t = 0$ 时,$\alpha = 0°$ 或 $180°$;

(3)短路回路纯电感,即 $\varphi_K = 90°$。

将 $I_m = 0$,$\alpha = 0$,$\varphi_K = 90°$ 代入式(3-6),得

$$i_K = -I_{pm}\cos\omega t + I_{pm}e^{-\frac{t}{\tau}} = -\sqrt{2}I_p\cos\omega t + \sqrt{2}I_pe^{-\frac{t}{\tau}} \qquad (3-7)$$

式中:I_p 为短路电流周期分量有效值。

无限大容量电源系统发生三相短路前后电流、电压的变化曲线如图 3-4 所示,与无限大容量电源系统相连电路的电流在暂态过程中包含两个分量:周期分量和非周期分量。应当

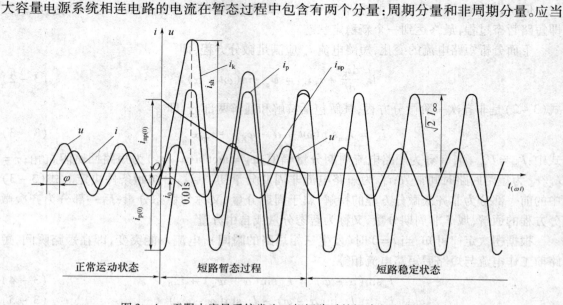

图 3-4　无限大容量系统发生三相短路时的短路电流波形图

40

指出,三相短路时只有其中一相电流最严重,短路电流计算也是计算最严重三相短路时的短路电流。

3.2.3 三相短路电流的有关参数

1. 短路电流周期分量有效值

由式(3-3)短路电流周期分量幅值 I_{pm},可得短路电流周期分量有效值 I_p。式中,电源电压为线路额定电压的1.05倍,即线路首末两端电压的平均值,称线路平均额定电压,用 U_{av} 表示,从而短路电流周期分量有效值为

$$I_p = \frac{U_{av}}{\sqrt{3}Z_K} \tag{3-8}$$

式中:$U_{av} = 1.05 U_N (kV)$;$Z_K = \sqrt{r_K^2 + x_K^2}(\Omega)$ 为短路回路总阻抗。

2. 次暂态短路电流

次暂态短路电流是短路电流周期分量在短路后第一个周期的有效值,用 I'' 表示。在无限大容量系统中,短路电流周期分量不衰减,即

$$I'' = I_p \tag{3-9}$$

3. 短路全电流有效值

由于短路电流含有非周期性分量,短路全电流不是正弦波,短路过程中短路全电流的有效值 $I_{K(t)}$,是指以该时间 t 为中心的一个周期内,短路全电流瞬时值的均方根值,即

$$I_{K(t)} = \sqrt{\frac{1}{T}\int_{t-\frac{T}{2}}^{t+\frac{T}{2}} i_K dt} = \sqrt{\frac{1}{T}\int_{t-\frac{T}{2}}^{t+\frac{T}{2}} (i_p + i_{np})^2 dt} \tag{3-10}$$

式中:i_K 为短路全电流瞬时值;T 为短路全电流周期。

为了简化上式计算,假设短路电流非周期分量 i_{np} 在所取周期内恒定不变,即其值等于在该周期中心的瞬时值 $i_{np(t)}$;周期分量 i_p 的幅值也为常数,其有效值为 $I_{p(t)}$。在该周期内非周期分量的有效值即为该时间 t 时的瞬时值 $i_{np(t)}$;周期分量有效值为 $I_{p(t)}$。

做如上假设后,式(3-10)经运算,短路全电流有效值为

$$I_{K(t)} = \sqrt{I_{p(t)}^2 + i_{np(t)}^2} \tag{3-11}$$

4. 短路冲击电流和冲击电流有效值

短路冲击电流 i_{sh} 是短路全电流的最大瞬时值,短路全电流最大瞬时值出现在短路后半个周期,即 $t = 0.01s$ 时,由式(3-7)得

$$i_{sh} = i_{p(0.01)} + i_{np(0.01)} = \sqrt{2}I_p(1 + e^{-\frac{0.01}{\tau}}) = \sqrt{2}k_{sh}I_p \tag{3-12}$$

式中:$k_{sh} = 1 + e^{-\frac{0.01}{\tau}}$ 为短路电流冲击系数。对于纯电阻性电路,$k_{sh} = 1$;对于纯电感性电路,$k_{sh} = 2$。因此,$1 \leq k_{sh} \leq 2$。

短路冲击电流有效值 I_{sh} 是短路后第一个周期的短路全电流有效值。由式(3-10)可得

$$I_{sh} = \sqrt{I_{p(0.01)}^2 + i_{np(0.01)}^2}$$

或

$$I_{sh} = \sqrt{1 + 2(k_{sh} - 1)^2} I_p \qquad (3-13)$$

为计算方便,在高压系统发生三相短路时,一般可取 $k_{sh} = 1.8$,因此有

$$i_{sh} = 2.55 I_p \qquad (3-14)$$
$$I_{sh} = 1.52 I_p \qquad (3-15)$$

在低压系统发生三相短路时,可取 $k_{sh} = 1.3$,因此有

$$i_{sh} = 1.84 I_p \qquad (3-16)$$
$$I_{sh} = 1.09 I_p \qquad (3-17)$$

5. 稳态短路电流有效值

稳态短路电流有效值是指短路电流非周期分量衰减完后的短路电流有效值,用 I_∞ 表示。在无限大容量系统中,$I_\infty = I_p$。

因此,无限大容量系统发生三相短路时,短路电流的周期分量有效值保持不变。在短路电流计算中,通常用 I_K 表示周期分量的有效值,以下简称短路电流,即

$$I'' = I_p = I_\infty = I_K = \frac{U_{av}}{\sqrt{3} Z_K} \qquad (3-18)$$

6. 三相短路容量

在短路计算和电气设备选择时,常遇到短路容量的概念,其定义为短路点的额定电压 U_{av} 与短路电流周期分量 I_K 所构成的三相视在功率,即

$$S_K = \sqrt{3} U_{av} I_K \qquad (3-19)$$

计算短路容量的目的是在选择开关设备时,用来校验其分断能力。

综上所述,无限大容量系统发生三相短路时,求出短路电流周期分量有效值,即可计算有关短路的所有物理量。

3.3 无限大容量供电系统三相短路电流的计算

短路电流的计算方法有欧姆法(又称有名值法)、标幺制法(又称相对单位制法)和短路容量法(又称兆伏安法)。用常规的有名值法计算短路电流时,必须将所有元件的阻抗归算到同一电压级才能进行计算,而供配电系统通常具有多个电压等级,因此有名值法显得麻烦和不便。因此,通常采用标幺制法,以简化计算,便于比较分析。故本节仅讲述短路电流标幺值计算方法,其余计算方法请参见有关书籍。

3.3.1 标幺制

用相对值表示元件的物理量,称为标幺制。任意一个物理量的有名值与基准值的比值称为标幺值,标幺值没有单位。即

$$标幺值 = \frac{物理量的有名值(MV \cdot A、kV、kA、\Omega)}{物理量的基准值(MV \cdot A、kV、kA、\Omega)} \qquad (3-20)$$

标幺值用上标[*]表示,基准值用下标[d]表示,则容量、电压、电流、阻抗的标幺值分别为

$$\begin{cases} S^* = \dfrac{S}{S_d} \\[2mm] U^* = \dfrac{U}{U_d} \\[2mm] I^* = \dfrac{I}{I_d} \\[2mm] Z^* = \dfrac{Z}{Z_d} \end{cases} \qquad (3-21)$$

基准电压 U_d、基准电流 I_d 和基准阻抗 Z_d 也应遵守功率方程 $S_d = \sqrt{3}U_d I_d$ 和电压方程 $U_d = \sqrt{3}I_d Z_d$。因此,4 个基准值中只有两个是独立的,通常选定基准容量和基准电压,按下式求出基准电流和基准阻抗

$$I_d = \frac{S_d}{\sqrt{3}U_d} \qquad (3-22)$$

$$Z_d = \frac{U_d}{\sqrt{3}I_d} = \frac{U_d^2}{S_d} \qquad (3-23)$$

基准值可以任意选定,工程设计中为计算方便通常取基准容量 $S_d = 100\text{MV} \cdot \text{A}$,取线路平均额定电压为基准电压,即 $U_d = U_{av} \approx 1.05 U_N$。线路的额定电压和基准电压对照值见表 3 - 1。

表 3 - 1   线路的额定电压和基准电压(kV)

额定电压(U_N)	0.38	6	10	35	110	220	500
基准电压(U_d)	0.4	6.3	10.5	37	115	230	550

由于基准容量从一个电压等级换算到另一个电压等级时,其数值不变,而基准电压从一个电压等级换算到另一个电压等级时,其数值就是另一个电压等级的基准电压。

下面用如图 3 - 5 所示的多级电压的供电系统加以说明。短路发生在 4WL,选基准容量为 S_d,各级基准电压分别为 $U_{d1} = U_{av1}$,$U_{d2} = U_{av2}$,$U_{d3} = U_{av3}$,$U_{d4} = U_{av4}$,则线路 1WL 的电抗 X_{1WL} 归算到短路点所在电压等级的电抗 X'_{1WL} 为

$$X'_{1WL} = X_{1WL} \left(\frac{U_{av2}}{U_{av1}} \right)^2 \left(\frac{U_{av3}}{U_{av2}} \right)^2 \left(\frac{U_{av4}}{U_{av3}} \right)^2$$

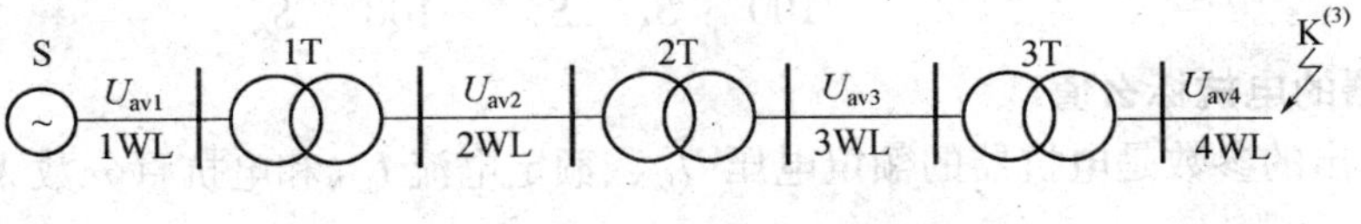

图 3 - 5   多级电压的供电系统示意图

1WL 的标幺值电抗为

$$X_{1WL}^* = \frac{X'_{1WL}}{Z_d} = X'_{1WL}\frac{S_d}{U_{d4}^2} = X_{1WL} \left(\frac{U_{av2}}{U_{av1}} \right)^2 \left(\frac{U_{av3}}{U_{av2}} \right)^2 \left(\frac{U_{av4}}{U_{av3}} \right)^2 \frac{S_d}{U_{d4}^2} = X_{1WL}\frac{S_d}{U_{av1}^2}$$

即

$$X_{1WL}^* = X_{1WL} \frac{S_d}{U_{d1}^2}$$

以上分析表明,用基准容量和元件所在电压等级的基准电压计算的阻抗标幺值,和将元件的阻抗换算到短路点所在的电压等级,再用基准容量和短路点所在电压等级的基准电压计算的阻抗标幺值相同,即变压器的变比标幺值等于1,从而避免了多级电压系统中阻抗的换算。短路回路总电抗的标幺值可直接由各元件的电抗标幺值相加而得。这也是采用标幺制计算短路电流所具有的计算简单、结果清晰的优点。

3.3.2 短路回路元件的标幺值阻抗

计算短路电流时,需要计算短路回路中各个电气元件的阻抗及短路回路的总阻抗。

1. 线路的电阻标幺值和电抗标幺值

线路给出的参数是长度 l(km)、单位长度的电阻 R_0 和电抗 X_0(Ω/km)。其电阻标幺值和电抗标幺值分别为

$$R_{WL}^* = \frac{R_{WL}}{Z_d} = R_0 l \frac{S_d}{U_d^2} \tag{3-24}$$

$$X_{WL}^* = \frac{X_{WL}}{Z_d} = X_0 l \frac{S_d}{U_d^2} \tag{3-25}$$

式中:S_d 为基准容量(MV·A);U_d 为线路所在电压等级的基准电压(kV)。

线路的 R_0,X_0 可查阅附表7,X_0 也可采用表3-2所列的平均值。

表3-2 电力线路单位长度的电抗平均值

线 路 名 称	X_0/(Ω/km)	线 路 名 称	X_0/(Ω/km)
35kV~220kV 架空线路	0.4	35kV 电缆线路	0.12
3kV~10kV 架空线路	0.38	3kV~10kV 电缆线路	0.08
0.38kV/0.22kV 架空线路	0.36	1kV 以下电缆线路	0.06

2. 变压器的电抗标幺值

变压器给出的参数是额定容量 S_N(MV·A)和阻抗电压 $U_K\%$,由于变压器绕组的电阻 R_T 较电抗 X_T 小得多,在变压器绕组电阻上的压降可忽略不计,因而其电抗标幺值为

$$X_T^* = \frac{X_T}{Z_d} = \frac{U_K\%}{100} \cdot \frac{U_d^2}{S_N} \Big/ \frac{U_d^2}{S_d} = \frac{U_K\%}{100} \cdot \frac{S_d}{S_N} \tag{3-26}$$

3. 电抗器的电抗标幺值

电抗器给出的参数是电抗器的额定电压 U_{LN}、额定电流 I_{LN} 和电抗百分数 $X_L\%$,其电抗标幺值为

$$X_L^* = \frac{X_L}{Z_d} = \frac{X_L\%}{100} \cdot \frac{U_{LN}}{\sqrt{3}I_{LN}} \Big/ \frac{U_d^2}{S_d} = \frac{X_L\%}{100} \cdot \frac{U_{LN}}{\sqrt{3}I_{LN}} \cdot \frac{S_d}{U_d^2} \tag{3-27}$$

式中:U_d 为电抗器安装处的基准电压。

4. 电力系统的电抗标幺值

电力系统的电抗相对很小,一般不予考虑,看做无限大容量系统。但若供电部门提供电力

系统的电抗参数,常计及电力系统电抗,再看做无限大容量系统,这样计算的短路电流更为精确。

1)已知电力系统电抗有名值 X_s

系统电抗标幺值为

$$X_s^* = X_s \frac{S_d}{U_d^2} \tag{3-28}$$

2)已知电力系统出口断路器的断流容量 S_{oc}

将系统变电所高压馈线出口断路器的断流容量看做系统短路容量来估算系统电抗,即

$$X_s^* = X_s \frac{S_d}{U_d^2} = \frac{U_d^2}{S_{oc}} \cdot \frac{S_d}{U_d^2} = \frac{S_d}{S_{oc}} \tag{3-29}$$

3)已知电力系统出口处的短路容量 S_K

系统的电抗标幺值为

$$X_s^* = \frac{S_d}{S_K} \tag{3-30}$$

5. 短路回路的总阻抗标幺值

短路回路的总阻抗标幺值 Z_K^* 由短路回路总电阻标幺值 R_K^* 和总电抗标幺值 X_K^* 决定,即

$$Z_K^* = \sqrt{R_K^{*2} + X_K^{*2}} \tag{3-31}$$

若 $R_K^* < \frac{1}{3} X_K^*$ 时,可忽略电阻,即 $Z_K^* = X_K^*$。通常,高压系统的短路计算中,由于总电抗远大于总电阻,故只计及电抗而忽略电阻;在计算低压系统短路时,往往需计及电阻。

3.3.3 三相短路电流计算

无限大容量系统发生三相短路时,短路电流的周期分量的幅值和有效值保持不变,短路电流的有关物理量 I''、I_{sh}、i_{sh}、I_∞ 和 S_K 都与短路电流周期分量有关。因此,只要计算出短路电流周期分量的有效值,短路其他各量按前述公式很容易求得。

1. 三相短路电流周期分量有效值

$$I_K = \frac{U_{av}}{\sqrt{3} Z_K} = \frac{U_d}{\sqrt{3} Z_K^* Z_d} = \frac{U_d}{\sqrt{3} Z_K^*} \cdot \frac{S_d}{U_d^2} = \frac{S_d}{\sqrt{3} U_d} \cdot \frac{1}{Z_K^*} \tag{3-32}$$

由于 $I_d = S_d / \sqrt{3} U_d$,$I_K = I_K^* I_d$,上式即为

$$I_K = I_d / Z_K^* = I_d I_K^* \tag{3-33}$$

$$I_K^* = \frac{1}{Z_K^*} \tag{3-34}$$

式(3-34)表示,短路电流周期分量有效值的标幺值等于短路回路总阻抗标幺值的倒数。实际计算中,由短路回路总阻抗标幺值求出短路电流周期分量有效值的标幺值(简称短路电流标幺值),再计算短路电流的有效值。

2. 冲击短路电流

由式(3-12)和式(3-13)可得冲击短路电流和冲击短路电流有效值为

$$i_{sh} = \sqrt{2} k_{sh} I_K \tag{3-35}$$

$$I_{\text{sh}} = \sqrt{1 + 2(k_{\text{sh}} - 1)^2} I_{\text{K}} \qquad (3-36)$$

或

$$i_{\text{sh}} = 2.55 I_{\text{K}}, \quad I_{\text{sh}} = 1.52 I_{\text{K}} \quad (\text{高压系统}) \qquad (3-37)$$

$$i_{\text{sh}} = 1.84 I_{\text{K}}, \quad I_{\text{sh}} = 1.09 I_{\text{K}} \quad (\text{低压系统}) \qquad (3-38)$$

3. 三相短路容量

由式(3-19)可得三相短路容量为

$$S_{\text{K}} = \sqrt{3} U_{\text{av}} I_{\text{K}} = \sqrt{3} U_{\text{d}} \frac{I_{\text{d}}}{Z_{\text{K}}^*} = S_{\text{d}} I_{\text{K}}^* = S_{\text{d}} S_{\text{K}}^* \qquad (3-39)$$

或

$$S_{\text{K}} = \frac{S_{\text{d}}}{Z_{\text{K}}^*} \qquad (3-40)$$

上式表示,三相短路容量在数值上等于基准容量与三相短路电流标幺值或三相短路容量标幺值的乘积,三相短路容量标幺值等于三相短路电流的标幺值。

在短路电流具体计算中,首先,应根据短路计算要求画出短路电流计算系统图,该系统图应包含所有与短路计算有关的元件,并标出各元件的参数和短路点;其次,画出计算短路电流的等效电路图,每个元件用一个阻抗表示,电源用一个小圆表示,并标出短路点,同时标出元件的序号和阻抗值,一般分子标序号,分母标阻抗值;然后选取基准容量和基准电压,计算各元件的阻抗标幺值,再将等效电路化简,求出短路回路总阻抗的标幺值,简化时电路的各种简化方法都可以使用,如串联、并联、△—Y或Y—△变换、等电位法等;最后按前述公式,由短路回路总阻抗标幺值计算短路电流标幺值,再计算短路各量,即短路电流、冲击短路电流和三相短路容量。

例3-1 某供电系统如图3-6(a)所示。已知电力系统出口断路器的断流容量为500MV·A。试用标幺值法求K-1及K-2点的短路电流及短路容量。

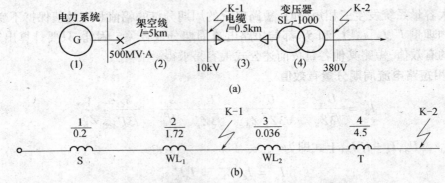

图3-6 例3-1的供电系统图和等效电路图
(a)供电系统图;(b)等效电路图。

解: (1)选定基准值:

$$S_{\text{d}} = 100 \text{MV·A}, U_{\text{d1}} = 10.5 \text{kV}, U_{\text{d2}} = 0.4 \text{kV}$$

$$I_{\text{d1}} = \frac{S_{\text{d}}}{\sqrt{3} U_{\text{d1}}} = \frac{100}{\sqrt{3} \times 10.5} = 5.5 (\text{kA})$$

$$I_{\text{d2}} = \frac{S_{\text{d}}}{\sqrt{3} U_{\text{d2}}} = \frac{100}{\sqrt{3} \times 0.4} = 144 (\text{kA})$$

（2）绘出等效电路图,如图3-6(b)所示,并求各元件电抗标幺值:

电力系统电抗标幺值为

$$X_{\mathrm{S}}^* = \frac{100}{S_{\mathrm{oc}}} = \frac{100}{500} = 0.2$$

查表3-2得10kV架空线路的 $X_0 = 0.38\Omega/\mathrm{km}$,则架空线路电抗标幺值为

$$X_{\mathrm{WL1}}^* = X_0 l_1 \frac{S_{\mathrm{d}}}{U_{\mathrm{d1}}^2} = 0.38 \times 5 \times \frac{100}{10.5^2} = 1.72$$

10kV电缆线路的 $X_0 = 0.08\Omega/\mathrm{km}$,则电缆线路电抗标幺值为

$$X_{\mathrm{WL2}}^* = X_0 l_2 \frac{S_{\mathrm{d}}}{U_{\mathrm{d1}}^2} = 0.08 \times 0.5 \times \frac{100}{10.5^2} = 0.036$$

变压器电抗标幺值为

$$X_{\mathrm{T}}^* = \frac{U_{\mathrm{K}}\%}{100} \cdot \frac{S_{\mathrm{d}}}{S_{\mathrm{N}}} = \frac{4.5 \times 100 \times 10^3}{100 \times 1000} = 4.5$$

（3）计算短路电流和短路容量。

K-1点短路时总电抗标幺值为

$$X_{\sum 1}^* = X_{\mathrm{S}}^* + X_{\mathrm{WL1}}^* = 0.2 + 1.72 = 1.92$$

K-1点短路时的三相短路电流和三相短路容量分别为

$$I_{\mathrm{K-1}}^{(3)} = \frac{I_{\mathrm{d1}}}{X_{\sum 1}^*} = \frac{5.5}{1.92} = 2.86(\mathrm{kA})$$

$$I''^{(3)} = I_{\infty}^{(3)} = I_{\mathrm{K-1}}^{(3)} = 2.86(\mathrm{kA})$$

$$i_{\mathrm{sh}}^{(3)} = 2.55 I_{\mathrm{K-1}}^{(3)} = 2.55 \times 2.86 = 7.29(\mathrm{kA})$$

$$S_{\mathrm{K-1}}^{(3)} = \frac{S_{\mathrm{d}}}{X_{\sum 1}^*} = \frac{100}{1.92} = 52.08(\mathrm{MV \cdot A})$$

K-2点短路时总电抗标幺值为

$$X_{\sum 2}^* = X_{\mathrm{S}}^* + X_{\mathrm{WL1}}^* + X_{\mathrm{WL2}}^* + X_{\mathrm{T}}^* = 0.2 + 1.72 + 0.036 + 4.5 = 6.456$$

K-2点短路时的三相短路电流及本相短路容量分别为

$$I_{\mathrm{K-2}}^{(3)} = \frac{I_{\mathrm{d2}}}{X_{\sum 2}^*} = \frac{144}{6.456} = 22.3(\mathrm{kA})$$

$$I''^{(3)} = I_{\infty}^{(3)} = I_{\mathrm{K-2}}^{(3)} = 22.3(\mathrm{kA})$$

$$i_{\mathrm{sh}}^{(3)} = 1.84 I_{\mathrm{K-2}}^{(3)} = 1.84 \times 22.3 = 41.0(\mathrm{kA})$$

$$S_{\mathrm{K-2}}^{(3)} = \frac{S_{\mathrm{d}}}{X_{\sum 2}^*} = \frac{100}{6.456} = 15.5(\mathrm{MV \cdot A})$$

例3-2 设供电系统图如图3-7(a),数据均标在图上,试求 K_1 及 K_2 处的三相短路电流。

解:先选定基准容量 $S_{\mathrm{d}}(\mathrm{MV \cdot A})$ 和基准电压 $U_{\mathrm{d}}(\mathrm{kV})$,根据式(3-22)求出基准电流值。 S_{d} 或选100MV·A,或选系统中某个元件的额定容量。有几个不同电压等级的短路点就要选同样多个基准电压,自然也有同样多个基准电流值。基准电压应选短路点所在区段的平均电压值。

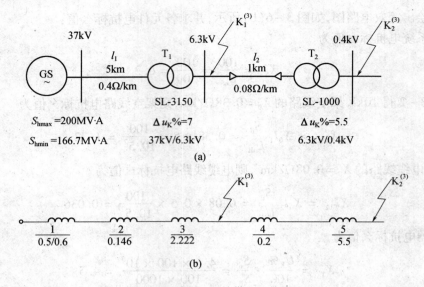

图 3 – 7 例 3 – 2 的供电系统图

（a）电路图 ；（b）等效电路图。

（1）本题选 $S_d = 100(\text{MV} \cdot \text{A})$

取 $U_{d1} = 6.3\text{kV}$ 则：

$$I_{d1} = \frac{100}{\sqrt{3} \times 6.3} = 9.16(\text{kA})$$

取 $U_{d2} = 0.4\text{kV}$ 则：

$$I_{d2} = \frac{100}{\sqrt{3} \times 0.4} = 144.34(\text{kA})$$

例中 M 表示最大运行方式，m 表示最小运行方式。最大运行方式及最小运行方式下，系统电抗 X_M 及 X_m 分别为

$$X_{1M}^* = \frac{S_d}{S_{K \cdot \max}^{(3)}} = \frac{100}{200} = 0.5$$

$$X_{1m}^* = \frac{S_d}{S_{K \cdot \min}^{(3)}} = \frac{100}{166.7} = 0.6$$

线路 l_1：

$$X_2^* = X_1 l_1 \frac{S_d}{U_{av1}^2} = 0.4 \times 5 \times \frac{100}{37^2} = 0.146$$

变压器 T_1：

$$X_3^* = \frac{\Delta u_{K1}\%}{100} \times \frac{S_d}{S_{N1}} = \frac{7}{100} \times \frac{100}{3.15} = 2.222$$

线路 l_2：

$$X_4^* = X_2 l_2 \frac{S_d}{U_{av2}^2} = 0.08 \times 1 \times \frac{100}{6.3^2} = 0.2$$

变压器 T_2：

$$X_5^* = \frac{\Delta u_{K2}\%}{100} \times \frac{S_d}{S_{N2}} = \frac{5.5}{100} \times \frac{100}{1} = 5.5$$

（2）画等效电路图，如图 3-7(b)所示。

（3）求电源点至短路点的总阻抗：

$$K_1^{(3)} \text{ 点}: X_{\Sigma 1 \cdot M}^* = X_{1M}^* + X_2^* + X_3^* = 0.5 + 0.146 + 2.22 = 2.868$$

$$X_{\Sigma 1 \cdot m}^* = X_{1m}^* + X_2^* + X_3^* = 0.6 + 0.146 + 2.22 = 2.968$$

（4）求短路电流的周期分量，冲击电流及短路容量。

最大运行方式时：

$$I_{K1 \cdot M}^{(3)*} = \frac{1}{X_{\Sigma 1 \cdot M}^*} = \frac{1}{2.868} = 0.349$$

$$I_{K1 \cdot M}^{(3)} = I_{K1 \cdot M}^{(3)*} \times I_{d1} = 0.349 \times 9.16 = 3.197 (\text{kA})$$

$$i_{sh1}^{(3)} = 2.55 I_{K1 \cdot M}^{(3)} = 2.55 \times 3.197 = 8.152 (\text{kA})$$

$$S_{K1}^{(3)} = I_{K1 \cdot M}^{(3)*} \times S_d = 0.349 \times 100 = 34.9 (\text{MV} \cdot \text{A})$$

最小运行方式时：

$$I_{K1 \cdot M}^{(3)*} = \frac{1}{X_{\Sigma 1 \cdot m}^*} = \frac{1}{2.968} = 0.337$$

$$I_{K1 \cdot m}^{(3)} = I_{K1 \cdot m}^{(3)*} \times I_{d1} = 0.337 \times 9.16 = 3.086 (\text{kA})$$

对于 $K_2^{(3)}$ 处：

$$X_{\Sigma 2 \cdot M}^* = X_{\Sigma 1 \cdot M}^* + X_4^* + X_5^* = 2.868 + 0.2 + 5.5 = 8.568$$

$$X_{\Sigma 2 \cdot m}^* = X_{\Sigma 1 \cdot m}^* + X_4^* + X_5^* = 8.668$$

$$I_{K2 \cdot M}^{(3)*} = \frac{1}{8.568} = 0.117, I_{K2 \cdot m}^{(3)*} = \frac{1}{8.668} = 0.115$$

$$I_{K2 \cdot M}^{(3)} = 0.117 \times 144.34 = 16.89 (\text{kA})$$

$$I_{K2 \cdot m}^{(3)} = 0.115 \times 144.34 = 16.60 (\text{kA})$$

$$i_{sh2 \cdot M}^{(3)} = 1.84 \times 16.89 = 31.08 (\text{kA})$$

$$i_{sh2 \cdot m}^{(3)} = 1.84 \times 16.60 = 30.54 (\text{kA})$$

$$I_{sh2 \cdot M}^{(3)} = 1.09 I_{K2 \cdot M}^{(3)} = 18.41 (\text{kA})$$

$$S_{K2 \cdot M}^{(3)} = I_{K2 \cdot M}^{(3)*} \cdot S_d = 0.117 \times 100 = 11.7 (\text{MV} \cdot \text{A})$$

$$S_{K2 \cdot m}^{(3)} = I_{K2 \cdot m}^{(3)*} \cdot S_d = 0.115 \times 100 = 11.5 (\text{MV} \cdot \text{A})$$

从例 3-1 及例 3-2 可以看出，用简化的计算方法，误差的大小决定于：系统阻抗在总阻抗中所占的比例，以及变压器额定容量的大小。

另外，上面两例说明：用标么值法计算短路电流比有名值法公式简明、清晰、数字简单，特别是在大型复杂、短路点多的系统中，优点更为突出。所以标么值法在电力工程计算中应用广泛。

3.3.4 电动机对三相短路电流的影响

供配电系统发生三相短路时,从电源到短路点的系统电压下降,严重时短路点的电压可降为0。接在短路点附近运行的电动机的反电势可能大于电动机所在处系统的残压,此时电动机将和发电机一样,向短路点馈送短路电流。同时,电动机迅速受到制动,它所提供的短路电流很快衰减,一般只考虑电动机对冲击短路电流的影响,如图3-8所示。

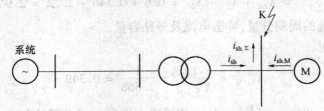

图3-8 电动机对冲击短路电流的影响示意图

电动机提供的冲击短路电流可按下式计算:

$$i_{sh.M} = \sqrt{2}k_{sh.M} \cdot \frac{E''^*_M}{X''^*_M}I_{N.M} \tag{3-41}$$

式中:$k_{sh.M}$为电动机的短路电流冲击系数,低压电动机取1.0,高压电动机取1.4~1.6;E''^*_M电动机的次暂态电势标幺值;X''^*_M为电动机的次暂态电抗标幺值;E''^*_M/X''^*_M为电动机的次暂态短路电流标幺值,E''^*_M和X''^*_M数值见表3-3;$I_{N.M} = \dfrac{P_{N.M}}{\sqrt{3}U_{N.M}\cos\varphi \cdot \eta}$为电动机额定电流。

实际计算中,只有当高压电动机单机或总容量大于1000kW,低压电动机单机或总容量大于100kW,在靠近电动机引出端附近发生三相短路时,才考虑电动机对冲击短路电流的影响。

表3.3 电动机有关参数

电动机种类	同步电动机	异步电动机	调相机	综合负载
E''^*_M	1.1	0.9	1.2	0.8
X''^*_M	0.2	0.2	0.16	0.35

因此,考虑电动机的影响后,短路点的冲击短路电流为

$$i_{sh.\Sigma} = i_{sh} + i_{sh.M} \tag{3-42}$$

3.4 单相和两相短路电流的计算

实际中除了需要计算三相短路电流,还需要计算不对称短路电流,用于继电保护灵敏度的校验。不对称短路电流的计算一般要采用对称分量法,这里介绍无限大容量系统两相短路电流和单相短路电流的实用计算方法。

3.4.1 单相短路电流的计算

在工程计算中,大接地电流系统或低压三相四线制系统发生单相短路时,单相短路电流可

用下式进行计算：

$$I_K^{(1)} = \frac{U_{av}}{\sqrt{3}Z_{P-0}} = \frac{U_d}{\sqrt{3}Z_{P-0}} \qquad (3-43)$$

式中：U_{av} 为短路点的平均额定电压；U_d 为短路点所在电压等级的基准电压；Z_{P-0} 为单相短路回路相线与大地或中线的阻抗。

同时，有

$$Z_{P-0} = \sqrt{(R_T + R_{P-0})^2 + (X_T + X_{P-0})^2} \qquad (3-44)$$

式中：R_T、X_T 分别为变压器单相的等效电阻和电抗；R_{P-0}，X_{P-0} 分别为相线与大地或中线回路的电阻和电抗。

在无限大容量系统中或远离发电机处短路时，单相短路电流较三相短路电流小。

3.4.2　两相短路电流的计算

图 3-9 所示的无限大容量系统发生两相短路时，其短路电流可由下式求得：

$$I_K^{(2)} = \frac{U_{av}}{2Z_K} = \frac{U_d}{2Z_K} \qquad (3-45)$$

式中：U_{av} 为短路点的平均额定电压；U_d 为短路点所在电压等级的基准电压；Z_K 为短路回路一相总阻抗。

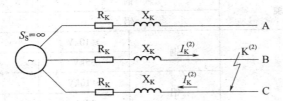

图 3-9　无限大容量系统发生两相短路

将式(3-43)和式(3-8)三相短路电流计算公式相比，可得两相短路电流与三相短路电流的关系，并同样适用于冲击短路电流，即

$$I_K^{(2)} = \frac{\sqrt{3}}{2}I_K^{(3)} \qquad (3-46)$$

$$i_{sh}^{(2)} = \frac{\sqrt{3}}{2}i_{sh}^{(3)} \qquad (3-47)$$

$$I_{sh}^{(2)} = \frac{\sqrt{3}}{2}I_{sh}^{(3)} \qquad (3-48)$$

因此，无限大容量系统短路时，两相短路电流较三相短路电流小。

3.5　短路电流的效应

通过短路计算可知，供电系统发生短路时，短路电流是相当大的。如此大的短路电流通过电器和导体,一方面要产生很高的温度,即热效应;另一方面要产生很大的电动力,即电动效应。这两类短路效应,对电器和导体的安全运行威胁很大,必须充分注意。

3.5.1 短路电流的热效应

1. 路时导体的发热过程与发热计算

当电力线路发生短路时,极大的短路电流通过导体。由于短路后线路的保护装置很快动作将故障线路切除,所以短路电流通过导体的时间很短(一般不会超过2s~3s),其热量来不及向周围介质中散发。因此,可以认为全部热量都用来升高导体的温度了。

根据导体的允许发热条件,导体在短路时最高允许温度见表3-4所列。如果导体和电器在短路时的发热温度不超过允许温度,则认为其短路热稳定度满足要求。

表3-4　导体在短路时的最高允许温度

导体种类和材料			短路最高允许温度/℃
母线	铜		300
	铝		200
交联聚乙烯绝缘电缆	铜		250
	铝		200
聚氯乙烯绝缘导线和电缆	铜		160
	铝		160
橡胶绝缘导线和电缆	铜		150
	铝		150
油浸纸绝缘电缆	铜	≤10kV	250
		35kV	175
	铝	≤10kV	200
		35kV	175

一般采用短路稳态电流来等效计算实际短路电流所产生的热量。由于通过导体的实际短路电流并不是短路稳态电流,因此需要假定一个时间。在此时间内,假定导体通过短路稳态电流时所产生的热量,恰好与实际短路电流在实际短路时间内所产生的热量相等。这一假想时间称为短路发热的假想时间,用 t_{ima} 表示。

短路发热假想时间可用下式近似计算:

$$t_{ima} = t_K + 0.05 \qquad\qquad (3-49)$$

当 $t_K > 1s$ 时,可以认为 $t_{ima} = t_K$。

短路时间 t_K 为短路保护装置实际最长的动作时间 t_{op} 与断路器的断路时间 t_{oc} 之和,即

$$t_K = t_{oc} + t_{op}$$

对于一般高压油断路器,可取 $t_{oc} = 0.2s$;对于高速断路器,可取 $t_{oc} = 0.1s \sim 0.15s$。

实际短路电流通过导体在短路时间内产生的热量等效为

$$Q_K = I_\infty^2 R t_{ima} \qquad\qquad (3-50)$$

2. 路热稳定度的校验

（1）对于一般电器，有

$$I_t^2 \geq I_\infty^{(3)2} t_{\mathrm{ima}} \qquad\qquad (3-51)$$

式中：I_t 为电器的热稳定试验电流（有效值），可从产品样本中查得；t 为电器的热稳定试验时间，可从产品样本中查得。

（2）对于母线及绝缘导线和电缆等导体，有

$$S \geq S_{\min} = \frac{I_\infty^{(3)}}{C} \sqrt{t_{\mathrm{ima}}} \qquad\qquad (3-52)$$

式中：C 为导体的短路热稳定系数，可查附表 8；$S_{\min}$ 为导体的最小热稳定截面积（mm^2）。

例 3-3 已知某车间变电所 380V 侧采用 80mm×10mm 铝母线，其三相短路稳态电流为 36.5kA，短路保护动作时间为 0.5s，低压断路器的断路时间为 0.05s。试校验此母线的热稳定度。

解：查附表 8，得 $C = 87$。

因为

$$t_{\mathrm{ima}} = t_{\mathrm{K}} + 0.05 = t_{\mathrm{oc}} + t_{\mathrm{op}} + 0.05 = 0.05 + 0.5 + 0.05 = 0.6(\mathrm{s})$$

所以有

$$S_{\min} = \frac{I_\infty^{(3)}}{C} \sqrt{t_{\mathrm{ima}}} = \frac{36500}{87} \times \sqrt{0.6} = 325(\mathrm{mm}^2)$$

由于母线的实际截面 $S = 80 \times 10 = 800(\mathrm{mm}^2)$，大于 $S_{\min} = 325\mathrm{mm}^2$，因此该母线满足短路热稳定的要求。

3.5.2 短路电流的电动效应

供电系统短路时，短路电流特别是短路冲击电流将使相邻导体之间产生很大的电动力，有可能使电器和载流导体遭受严重破坏。为此，要使电路元件能承受短路时最大电动力的作用，电路元件必须具有足够的电动稳定度。

1. 短路时最大电动力

在短路电流中，三相短路冲击电流 $i_{\mathrm{sh}}^{(3)}$ 为最大。可以证明三相短路时，$i_{\mathrm{sh}}^{(3)}$ 在导体中间相产生的电动力最大，其电动力 $F^{(3)}$ 可用下式表示：

$$F^{(3)} = \sqrt{3} \times i_{\mathrm{sh}}^{(3)2} \times \frac{L}{a} \times 10^{-7}(\mathrm{N}) \qquad\qquad (3-53)$$

式中：L 为导体两支承点间的距离，即档距（m）；a 为两导体间的轴线距离（m）。

校验电器和载流导体的动稳定度时，通常采用 $i_{\mathrm{sh}}^{(3)}$ 和 $F^{(3)}$。

2. 短路动稳定度的校验

电器和导体的动稳定度的校验，需根据校验对象的不同而采用不同的校验条件。

（1）对于一般电器，有

$$i_{\max} \geq i_{\mathrm{sh}}^{(3)} \qquad\qquad (3-54)$$

或

$$I_{\max} \geqslant I_{sh}^{(3)} \qquad (3-55)$$

式中：$i_{\max}$、$I_{\max}$分别为电器极限通过电流的峰值和有效值,可由有关手册或产品样本查得。

（2）对于绝缘子,有

$$F_{al} = F_c^{(3)} \qquad (3-56)$$

式中 F_{al} 为绝缘子的最大允许载荷,可由有关手册或产品样本查得。$F_c^{(3)}$ 为短路时作用于绝缘子上的计算力。如图 3-10 所示,母线在绝缘子上平放,则 $F_c^{(3)} = F^{(3)}$；母线在绝缘子上竖放,则 $F_c^{(3)} = 1.4 F^{(3)}$。

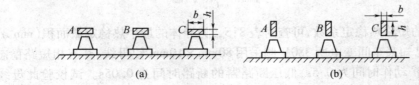

图 3-10　母线的放置方式
（a）水平平放；（b）水平竖放。

（3）对母线等硬导体,有

$$\sigma_{al} \geqslant \sigma_c \qquad (3-57)$$

式中：σ_{al} 为母线材料的最大允许应力 Pa。硬铜母线为 140MPa,硬铝母线为 70MPa；σ_c 为母线通过 $i_{sh}^{(3)}$ 时所受到的最大计算应力,即 $\sigma_c = M/W$；M 为母线通过三相短路冲击电流时所受到的弯曲力矩（N·m）（当母线的档数 ≤ 2 时,$M = F^{(3)}L/8$；当档数 > 2 时,$M = F^{(3)}L/10$。其中 L 为导线的档距（m）；W 为母线截面系数（m^3）,$W = b^2 h/6$。

对于电缆,因其机械强度较高,可不必校验其短路动稳定度。

例 3-4　已知某车间变电所 380V 侧采用 80mm × 10mm 铝母线,水平平放,竖放相邻两母线间的轴线距离 $a = 0.2m$,档距 $L = 0.9m$,档数大于 2,它上面接有一台 500kW 的同步电动机,$\cos\varphi = 1$ 时,$\eta = 94\%$,母线的三相短路冲击电流为 67.2kA。试校验此母线的动稳定度。

解：计算电动机反馈冲击电流,取 $k_{sh.M} = 1$,$E''_M{}^* = 1.1$,$X''_M{}^* = 0.2$,则

$$i_{sh.M} = \sqrt{2} k_{sh.M} \cdot \frac{E''_M{}^*}{X''_M{}^*} I_{N.M} = \sqrt{2} \times 1 \times \frac{1.1}{0.2} \times \frac{500}{\sqrt{3} \times 380 \times 1 \times 0.94} = 6.3 (kA)$$

母线在三相短路时承受的最大电动力为

$$F^{(3)} = \sqrt{3}(i_{sh}^{(3)} + i_{sh.M})^2 \frac{L}{a} \times 10^{-7}$$

$$= \sqrt{3} \times (67.2 + 6.3)^2 \times \frac{0.9}{0.2} \times 10^{-7} = 4210.5$$

母线在 $F^{(3)}$ 作用下的弯曲力矩

$$M = F^{(3)}L/10 = 4210.5 \times 0.9/10 = 379 (N \cdot m)$$

截面系数为

$$W = b^2 h/6 = 0.08^2 \times 0.01/6 = 1.07 \times 10^{-5} (m^3)$$

应力为

$$\sigma_c = M/W = 379/1.07 \times 10^{-5} = 35.4 (\text{MPa})$$

而铝母线的允许应力为

$$\sigma_{al} = 70\text{MPa} > \sigma_c$$

所以该母线满足动稳定要求。

小 结

本章简述了短路的种类、原因和危害,分析了无限大容量系统三相短路的暂态过程,着重讲述了用标幺制计算短路回路元件阻抗和三相短路电流的方法,讨论了短路电流的电动力效应和热效应。

(1)短路的种类有三相短路、两相短路、单相短路和两相接地短路4种。除三相短路属对称短路外,其他短路均属不对称短路。

(2)为简化短路计算,提出了无限大容量系统的概念,即系统的容量无限大、系统阻抗为零和系统的端电压在短路过程中维持不变。这是个假想的系统,但供配电系统短路时,可将电力系统视为无限大容量系统。

(3)无限大容量系统发生三相短路时,短路电流由周期分量和非周期分量组成。短路电流周期分量在短路过程中保持不变。从而 $I'' = I_p = I\infty = I_K = U_{av}/(\sqrt{3}Z_K)$,使短路计算十分简便。应了解次暂态短路电流、稳态短路电流、冲击短路电流、短路全电流和短路容量的物理意义。

(4)采用标幺制计算三相短路电流,避免了多级电压系统中的阻抗变转,计算方便,结果清晰。短路电流的标幺值等于短路阻抗标幺值的倒数,短路容量的标幺值等于短路电流的标幺值,且等于短路总阻抗标幺值的倒数。应掌握基准值的选取、短路元件阻抗标幺值的计算和三相短路电流的计算方法和步骤。

(5)三相短路电流产生的电动力最大,并出现在三相系统的中相,以此作为校验短路动稳定的依据。短路发热计算复杂,通常采用稳态短路电流和短路假想时间计算短路发热,利用 $A = f(\theta)$ 关系曲线确定短路发热温度,以此作为校验短路热稳定的依据。

思考题与习题

1. 什么叫短路?短路的类型有哪些?造成短路故障的原因是什么?短路有什么危害?

2. 什么叫无限大容量系统?它有什么特征?为什么供配电系统短路时,可将电源看做无限大容量系统?

3. 无限大容量系统三相短路时,短路电流如何变化?

4. 产生最严重三相短路电流的条件是什么?

5. 什么是次暂态短路电流?什么是冲击短路电流?什么是稳态短路电流?它们与短路电流周期分量有效值有什么关系?

6. 什么叫标幺制?如何选取基准值?

7. 如何计算三相短路电流?

8. 电动机对短路电流有什么影响?

9. 在无限大容量系统中,两相短路电流与三相短路电流有什么关系?

10. 什么叫短路电流的电动力效应? 如何计算?

11. 什么叫短路电流的热效应? 如何计算?

12. 试求图 3 – 11 所示供电系统中 K_1 和 K_2 点分别发生三相短路时的短路电流、冲击短路电流和短路容量?

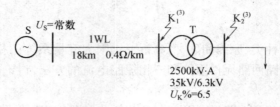

图 3 – 11　题 12 图

13. 试求图 3 – 12 所示供电系统中 K_1 和 K_2 点分别发生三相短路时的短路电流、冲击短路电流和短路容量?

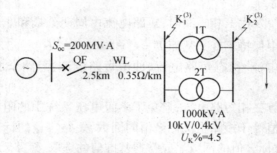

图 3 – 12　题 13 图

14. 试求图 3 – 13 所示无限大容量系统中 K 点发生三相短路时的短路电流、冲击短路电流和短路容量,以及变压器 2T 一次流过的短路电流。各元件参数如下:

变压器 1T:$S_N = 31.5\mathrm{MV \cdot A}$, $U_K\% = 10.5$, $10.5\mathrm{kV}/121\mathrm{kV}$;

变压器 2T、3T:$S_N = 15\mathrm{MV \cdot A}$, $U_K\% = 10.5$, $110\mathrm{kV}/6.3\mathrm{kV}$;

线路 1WL、2WL:$l = 100\mathrm{km}$, $X_0 = 0.4\Omega/\mathrm{km}$;

电抗器 L:$U_{NL} = 6\mathrm{kV}$, $I_{NL} = 1.5\mathrm{kA}$, $X_{NL}\% = 8$。

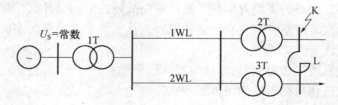

图 3 – 13　题 14 图

15. 试求图 3 – 14 所示系统中 K 点发生三相短路时的短路电流、冲击短路电流和短路容量。已知线路单位长度电抗 $X_0 = 0.4\Omega/\mathrm{km}$,其余参数如图 3 – 14 所示。

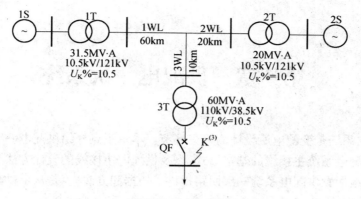

图 3 - 14　题 15 图

16. 在题 12 中,若 6kV 的母线接有一台 400kW 的同步电动机,$\cos\varphi = 0.95$,$\eta = 0.94$,试求 K_2 点发生三相短路时的冲击短路电流。

第4章 供配电一次系统

供配电一次系统是变配电所设计的第一环节。本章重点介绍供配电一次设备和一次设备的选择原则、供配电系统主接线的基本形式,以及供配电主接线的设计方法。本章所讲述的内容为合理、有效地配置供配电系统一次回路提供了依据和方法,也是从事供配电设计与运行工作必备的基础知识。

4.1 供配电设备概述

供配电系统的主要工作是合理地输送与分配电能,在满足用户对电能的要求的同时,还要保证电力系统运行的安全性和经济性要求,因此供配电系统需要合理地变换电压等级,在系统运行过程中不断监视主要设备的状况,适时切换设备和线路,及时处理异常状况和切除故障设备。这些工作主要是由供配电一次设备和二次设备完成的。

4.1.1 供配电一次设备

承担直接生产、输送和分配电能的设备称为一次设备。由一次设备相互连接,构成发电、输电、配电或进行其他生产的电气回路称为一次回路或一次接线系统,也称为主接线。一次设备按功能分为如下几类:

(1)生产和变换设备:包括将机械能转换为电能的发电机,变换电压等级的变压器,将高电压、大电流转换为低电压、小电流以供二次设备测量的互感器等。

(2)开关设备:用来控制一次回路的接通和断开,包括高低压断路器、隔离开关、负荷开关、重合器、分段器、磁力启动器等。

(3)保护设备:用来对一次回路过电压或过电流进行保护的设备,包括限制短路电流的电抗器、高低压熔断器、避雷器等。

(4)载流导体:传输电能的软、硬导体,如各种类型的架空线路和电力线缆等。

(5)补偿设备:用来补偿无功功率,如并联电容器等。

(6)成套设备:将有关一次设备及二次设备按电路接线方案的要求,组合为一体的电气装置,如高低压开关柜、低压配电箱等。

4.1.2 供配电二次设备

二次设备是指对一次设备的工作进行监测、控制、调节、保护以及为运行、维护人员提供运行工况或生产指挥信号所需的低压电气设备,如电测仪表、控制开关、继电器、控制电缆等。由二次设备相互连接,构成对一次设备进行监测、控制、调节和保护的电气回路称为二次回路或二次接线系统。二次设备按功能分为如下几类:

(1)测量仪表:用于测量经互感器变换后的低电压、小电流从而得到系统运行的电气参数的各种电压表、电流表、电能表、功率表等。

（2）继电保护装置：用于监控一次系统运行，迅速反应异常事故和切除故障，以达到对一次回路进行保护和控制的各种继电器、信号和控制回路、微机保护装置等。

（3）直流操作电源：用以供给二次设备的直流电源，如蓄电池组、硅整流直流电源、直流发电机等。

4.1.3 一次设备选择的一般原则

供配电系统中的一次设备除了要适应工作场所的温度、湿度和腐蚀等条件，并能在额定的电压、电流、频率等条件下安全可靠地工作外，还应该在电力线路发生短路故障时，能够承受短路电动力和短路电流的发热，从而不损坏设备，各种开关设备还应具有足够的断流能力以保证短路时能可靠地切除故障设备。

电气设备不管用途和工作环境有何差异，它们的选择原则都应遵循以下三个原则：

1. 按正常工作条件选择原则

1）额定电压的选择

所选电气设备的最高允许工作电压 U_{alm} 不得低于其所在线路的最高运行电压 U_{sm}，即

$$U_{alm} \geqslant U_{sm} \qquad (4-1)$$

在实际选择时可按电气设备的额定电压不得低于其所在线路的额定电压进行，即

$$U_N \geqslant U_{W.N} \qquad (4-2)$$

2）额定电流的选择

电气设备的额定电流 I_N 不得小于其所在线路在各种运行方式下的最大持续工作电流（最大负荷电流）I_{max}，即

$$I_N \geqslant I_{max} \qquad (4-3)$$

需要注意的是，电气设备的额定电流 I_N 是指在额定环境温度 θ_0 下的长期允许电流，若环境温度 θ 不等于额定境温度 θ_0，则应用下式进行修正：

$$I'_N = I_N \sqrt{\frac{\theta_{al} - \theta}{\theta_{al} - \theta_0}} = KI_N \qquad (4-4)$$

式中：θ_{al} 为电气设备的长期允许发热温度；θ_0 对裸导线为 25℃，对断路器、隔离开关等一次设备为 40℃；$K = \sqrt{\dfrac{\theta_{al} - \theta}{\theta_{al} - \theta_0}}$ 为温度修正系数，可查相关技术手册得到。

3）按电气设备的工作环境选择相应型号

电气设备的选择除满足经济性的要求外，还应满足防火、防爆、防尘、防腐蚀等环境要求。例如，在对化工厂、高层建筑等消防要求较高的场所应安装干式电力变压器，而对室外独立变电所等可采用油浸变压器。

2. 按短路条件校验原则

1）按短路条件校验动稳定性

所选择的电气设备，应该能够承受最大三相短路冲击电流 $i_{sh}^{(3)}$ 所产生的电动力而不损坏，满足动稳定的条件是：

$$i_{max} \geq i_{sh}^{(3)} \quad 或 \quad I_{max} \geq I_{sh}^{(3)} \tag{4-5}$$

式中：i_{max}和I_{max}分别为电气设备所允许通过的极限电流的峰值和有效值，可查手册得到。

2）按短路条件校验动稳定性

所选择的电气设备，在通以最大稳态短路电流时，其热效应不应超过允许值，即

$$Q_{al} \geq Q_k^{(3)} \tag{4-6}$$

式中：Q_{al}为电气设备所允许的热效应；$Q_k^{(3)}$为最大三相稳态短路电流产生的热效应。

因为在发生短路故障时，继电保护装置会很快切除故障线路，因此对于电气设备，通常按下式校验热稳定性：

$$I_t^2 t \geq I_\infty^{(3)} t_{ima} \tag{4-7}$$

式中：I_t为电气设备在热稳定时间t内所允许通过的热稳定电流；t_{ima}为短路假想时间，可查相关技术资料得到。

3. 开关设备断流能力校验原则

断路器、熔断器等开关设备担负着切断短路电流的任务，在通过最大三相短路电流时必须可靠切断，即当最大短路电流通过时开关设备不应出现持续飞弧、引燃、损坏、熔融等现象。

开关设备的断流能力校验可按下式进行：

$$S_{oc} \geq S_{K.max} \quad 或 \quad I_{oc} \geq I_{K.max}^{(3)} \tag{4-8}$$

式中：S_{oc}、I_{oc}分别为开关设备的额定开断容量和开断电流，可查相关资料得到；$S_{K.max}$、$I_{K.max}^{(3)}$分别为最大三相短路容量和最大三相短路电流周期分量的有效值。

表4-1是列出高低压电气设备选择项目和校验项目。

表4-1 高低压电气设备选择项目和校验项目

设备名称	选择项目				校验项目			
	额定电压/kV	额定电流/A	装置类型（户内/户外）	准确度级	短路电流		开断能力/kA	二次容量
					热稳定	动稳定		
高压断路器	√	√	√	×	√	√	√	×
高压负荷开关	√	√	√	×	√	√	√	×
高压隔离开关	√	√	√	×	√	√	×	×
高低压熔断器	√	√	√	×	-	-	√	×
电流互感器	√	√	√	√	√	√	-	√
电压互感器	√	-	√	√	×	×	-	√
母线	-	√	√	×	√	√	×	×
电缆	√	√	×	×	√	√	×	×
支柱绝缘子	√	-	√	×	×	√	×	×
穿墙套管	√	√	√	×	√	√	×	×
压刀开关	√	√	√	×	-	-	√	×
低压负荷开关	√	√	√	×	×	×	√	×
低压断路器	√	√	√	×	√	-	√	×
电容器	√	×	×	×	×	×	×	×

注：①表中"√"表示必须校验，"×"表示不必校验，"-"表示可不校验。

②选择变电所高压侧的电气设备时，应取变压器高压侧额定电流。

③对发电机、变压器回路的断路器，应选断路器前或后短路时的短路电流较大者为短路计算点；对互感器的断流能力应依据熔断器的具体类型而定；对高压负荷开关，最大开断电流应大于它可能开断的最大过负荷电流

60

4.1.4 电弧的基本知识

当电力线路接通或断开时,在触头间产生的强烈的气体放电现象叫电弧。电弧又分为交流电弧、直流电弧和脉冲电弧。本节主要介绍交流电弧的产生与熄灭。

如果电路电压大于 20V,电流大于 100mA,则电气设备分断时触头间便会产生电弧,电弧属于气体放电现象,它使开关设备的触头间隙充满自由电子和高温、高电导率的离子,从而使设备失去绝缘性,严重时不仅对触头有很大的破坏作用,而且使断开电路的时间延长,甚至使开关设备失去开断能力,进而危及电力系统的安全运行。因此,从事供配电系统设计需要了解电弧的产生原因及熄灭电弧的方法。

1. 电弧的产生和熄灭过程

电弧的形成是触头间的中性质子(分子和原子)被游离的过程。开关触头刚分离时,动、静触头间距离 d 很小,因此电场强度 E 很高($E = U/d$)。当电场强度超过 $3 \times 10^6 V/m$ 时,阴极表面的电子就会被电场力拉出而形成触头空间的自由电子,这种游离方式称为强电场发射。

从阴极表面发射出来的自由电子和触头间原有的少数电子,在电场力的作用下向阳极作加速运动,途中不断地和中性质点相碰撞。只要电子的运动速度 v 足够高,使得电子的动能大于中性质点的游离能,就可能从中性质点中打出电子,形成自由电子和正离子,这种现象称为碰撞游离。新形成的自由电子也向阳极作加速运动,同样地会与中性质点碰撞而发生游离,其情形类似于原子弹的链式反应,碰撞游离连续进行的结果导致触头间充满了自由电子和正离子,具有很大的导电性,在外加电压作用下,触头间隙的介质被击穿而产生电弧,电路再次被导通。

触头间电弧燃烧的间隙称为弧隙。电弧形成后,弧隙间的高温可达 10000℃ 以上,气体中性质子的不规则热运动速度增加。当具有足够动能的中性质子相互碰撞时,将被游离而形成自由电子和正离子,这种现象称为热游离。因此,即使触头分开的距离 d 增大使得电场强度 E 减小,触头间仍然能够以依靠热游离产生足够多的自由电子和正离子来维持电弧的燃烧。电弧产生与维持的过程如图 4 – 1 所示。

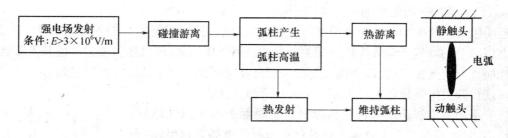

图 4 – 1　电弧的产生与维持过程

从电弧产生的物理过程可以知道,如果要熄灭电弧,关键在于减少触头间自由电子和正离子的数量。一方面带电质子会在电弧间隙逸出到周围的介质中,逸出的速度与周围介质的温度和带电质子浓度成反比,这种现象称为扩散;将电弧拉长或利用气体、液体吹弧,都可以降低周围介质的温度和带电质子浓度达到加强扩散作用的目的。另一方面,触头间的自由电子和正离子之间会因相互接触而形成中性质子,从而降低导电性,这种现象称为复合。因为自由电子的速度远大于正离子的速度,因此二者直接复合的概率是很低的,复合的主要方式是自由电子先依附于中性质子形成慢速的负离子,负离子再与正离子复合成中性质子;降低温度可以使带电质子的运动速度降低,从而增加复合的概率。扩散和复合统称为去游离。

游离和去游离是电弧中同时存在的两个相反的过程,要熄灭电弧,可以从减弱游离和加强去游离两方面入手。

2. 开关设备熄灭交流电弧的方法

供配电系统运行中存在的电弧主要是交流电弧。交流电弧电流与交流电流一样,每半个周期会过零一次,在电弧电流过零时,弧隙温度急剧下降,去游离大大增强,热游离相对减弱。同时,在电弧电流过零后大约 0.1μs 的时间内,由于弧隙的电极极性发生了改变,弧隙中剩余的带电质子的运动方向也相应改变,质量小的自由电子立即向新的阳极运动,而比电子质量大1000 多倍的正离子则原地未动,导致在新的阴极附近形成了一个只有正电荷的离子层,这个正离子层电导很低,能耐受有 150V ~ 250V 的电压,称为起始介质强度,这种现象称为近阴极效应。由于弧隙温度的降低和近阴极效应,使得在电弧电流过零时的弧隙介质强度逐渐恢复,导电性降低,电弧会暂时熄灭。

但是,实践证明,因为电流过零的时间是非常短暂的,在过零时,电弧的热惯性使得热游离仍然存在,弧隙间仍存在一定的剩余电导,同时,随着过零后弧隙电压会很快恢复到电源电压(由于电路中电容的存在使电压不能跃变,弧隙电压的恢复是一个过渡过程),在弧隙两端电压的作用下,弧隙中仍有剩余电流通过而产生能量输入,这个时候如果输入能量大于散失能量,则弧隙温度会再度升高,使热游离加强,电弧会重燃,这种现象称为热击穿;热击穿后,如果某一时刻弧隙上的电压超过弧隙介质所能承受的电压,将会使弧隙重新击穿而使电弧重燃,这种现象称为电击穿。电弧重燃一般都要经过热击穿与电击穿两个阶段。

综上所述,交流电弧在电流过零时暂时熄灭后能否重燃,取决于弧隙介质强度的恢复和弧隙电压恢复的速度,如果在某一时刻恢复电压超过介质强度,则电弧会重燃;相反,如果在电弧电流过零后的任意时刻内介质强度都高于恢复电压,则电弧最终熄灭,触头间隙变成绝缘性质。交流电弧的熄灭条件可用下式描述:

$$u_j(t) > u_h(t) \tag{4-9}$$

式中:$u_j(t)$ 为弧隙介质强度的耐受电压;$u_h(t)$ 为弧隙恢复电压。

近阴极效应产生的起始介质强度与电极材料和温度有关,但是一般不超过 250V,因此对万伏电压以上的高压断路器等高压开关电器的灭弧作用不大,所以还需要设计各种灭弧装置,使用性能优良的灭弧介质,以加强弧隙的去游离并降低弧隙电压的恢复速度,达到熄灭电弧的目的。现代开关电气设备主要采用以下几种灭弧方法:

(1)采用耐高温金属材料作为触头。金属触头的导热性越好,熔点越高,触头表面的电子就越不容易被触头间的电场力拉出,从而从根本上抑制各类游离作用,有利于熄灭电弧。

(2)用液体、气体或磁场吹弧。用液体、气体吹弧,可使电弧的温度在气流或油流中被迅速冷却,同时能将带电质子吹到周围介质中,加强去游离作用,增加介质强度的恢复速度。吹弧的方式分为横吹和纵吹,原理如图 4 - 2 所示。与弧柱轴线垂直的吹法叫横吹,与弧柱轴线平行的吹法叫纵吹。横吹就是把电弧拉长、吹断,使其熄灭,纵吹使电弧冷却变细最后熄灭。将横吹和纵吹相结合效果更好。

磁吹灭弧是利用磁场对电弧的电动力,使电弧产生运动来加强

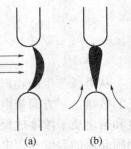

图 4 - 2 吹弧方法
(a)横吹;(b)纵吹。

去游离作用,以提高间隙的灭弧能力。

(3)加快触头分离速度(迅速拉长电弧)。触头分离速度越快,弧隙间的电场强度降低得越快,能抑制游离作用,还能够迅速拉长电弧的长度和表面积,一方面有利于吹弧,另一方面有利于电弧的冷却和扩散作用,从而加快电弧的熄灭。例如,拉开刀开关时动作要迅速,以拉长电弧。

(4)采用优良的灭弧介质。电弧周围介质的传热性能越好,介电强度和热容量越大,越有利于去游离作用,越容易熄灭电弧。常用的灭弧介质为 SF_6,其无毒、无味,不易燃烧,无腐蚀作用,而且不含碳元素和氧元素,具有极好的绝缘性能和抗氧化性能,绝缘强度大约是空气的5倍;SF_6 呈负电性,其氟原子具有很强的吸附自由电子的能力,能迅速捕捉触头间的自由电子称为负离子,加强了复合作用,因此在电流过零使电弧暂时熄灭后,能够迅速使触头间绝缘,达到熄灭电弧的目的。在电弧高温的作用下,SF_6 会分解出有毒的氟、硫及氟硫化合物。如果 SF_6 纯度较高,则电弧消失后这些分解物又还原为 SF_6;若含有杂质,则会产生具有较强的腐蚀性的化合物。因此,使用 SF_6 作为灭弧介质的触头一般都设计成具有自动净化吸附作用。

真空也是一种良好的绝缘和灭弧介质。真空中的中性质子很少,从而使发生碰撞游离的概率大大降低,即使有少数自由电子和正离子产生,因为真空中的离子浓度很低,有利于扩散作用,因此真空具有很强的介质强度恢复速度。

有些介质还会在电弧高温下分解出气体,在高压喷嘴的作用下产生吹弧作用。

(5)采用多断口灭弧。将开关触头分成多个断口串联,从而将一个电弧分割成多个串联电弧,使每个断口上的电弧电压和弧隙恢复电压降低,而且电弧被拉得更长,更有利于电弧的冷却和吹弧。

4.2 变电所主要一次设备

4.2.1 变压器

变压器是变电所中主要的一次设备,其主要功能是升高或降低电压,以利于电能的合理输送、分配和使用。发电厂发出的电力往往需经远距离传输才能到达用电地区。为了获得较低的线路压降和线路损耗,需要采用较高的输电电压,所以要用升压变压器将发电机端的电压升高以后再输送出去;另一方面,在受电端又必须用降压变压器将高压降低到配电系统电气设备工作的电压等级。通常将35kV ~ 110kV 进线,降压至10kV 或6kV,再向各车间变电所和高压用电设备配电的变压器称为主变压器;而将10kV 电压等级的双线组变压器称为配电变压器,其高压端额定电压为10kV,低压输出端额定电压为400V,通常接有3挡 ~ 5挡的调压开关。配电前用的各级变压器称为输电变压器。

1. 变压器的分类及型号选择

(1)文字符号:TM。

(2)图形符号:双绕组变压器为—◯◯—,三绕组变压器为—◯◯◯—。

(3)变压器的分类:

① 按用途分类:输电变压器、配电变压器、联络变压器、特种变压器(电炉变压器、整流变后瓷、工频试验变压器、调压器、矿用变压器、冲击变压器、电抗器、互感器)等。

② 按相数分类:单相变压器、三相变压器。

③ 按冷却介质分类：干式变压器、液（油）浸变压器及充气变压器等。

④ 按冷却方式分类：自然冷却式、风冷式、水冷式、强迫油循环风（水）冷方式及水内冷式等。

⑤ 按导电材质分类：铜线变压器、铝线变压器及半铜半铝、超导等变压器。

⑥ 按调压方式分类：无载调压变压器、有载调压变压器。

⑦ 按中性点绝缘水平分类：全绝缘变压器、半绝缘（分级绝缘）变压器。

变压器的型号表示及含义如下：

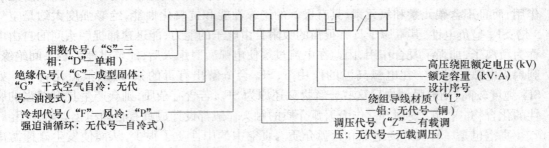

例如，SZ7 - 5000/35 表示三相铜绕组油浸式（自冷式）有载调压变压器，设计序号为 7，容量为 5000kV·A，高压绕组额定电压为 35kV。

（4）型号选择的原则：

① 应尽可能地选择低损耗的节能变压器，这是因为在整个配电系统的电能损耗中，变压器的损失占总损失的 40% ~ 50% ，因而高损耗变压器已被淘汰，不再采用。10kV 配电变压器宜采用 S9 系列或 S10 系列，S11 系列是新型低损耗环保型产品，绕组采用铜线绕制，箱体和绝缘采用新的设计和工艺，损耗性能参数已达到国际先进水平。

② 在多尘或有腐蚀性气体严重影响变压器安全的场所，应选择密闭型变压器或防腐型变压器；供电系统中没有特殊要求和民用建筑独立变电所常采用三相油浸自冷电力变压器（S9、S10 - M、S11、S11 - M 等）。

③ 对于高层建筑、地下建筑、发电厂、化工等对消防要求较高的单位或场所，宜采用干式电力变压器（SC、SCZ、SG3、SG10、SC6 等）。

④ 电网电压波动较大的，为改善电能质量应采用有载调压电力变压器（SZ7、SFSZ、SGZ3 等）。

2. 变压器台数的确定

变压器在电气设备投资中所占的比重很大，合理地选择变压器台数，对供电可靠性、节能、投资和企业成本核算都有直接影响。确定变压器台数的一般原则应综合考虑下列因素：负荷容量、负荷性质和负荷等级对供电可靠性的要求，用电部门发展规划和基建投资，以及是否有利于变压器的经济运行。

一般而言，变电所装设的变压器台数越多，接线运行越灵活，供电可靠性也越高；但投资和运行费用也相应地增加。因此，只要能够满足可靠性要求，对一般不重要负荷的变电所或者可以从低压取得备用电源的三级负荷，以选用一台变压器为宜。而在下述情况下，可以考虑选用两台或两台以上的变压器：

（1）在一、二级负荷比重较大的总降压变电所中，应选择两台主变压器，以满足用电负荷对可靠性的要求。

（2）负荷极不均衡，昼夜负荷变化很大时，为降低电能损耗应设置两台变压器，当负荷较小时只运行其中一台变压器。

（3）工厂有大型冲击负荷（如高压电弧炉）时，为了改善电压质量，减小母线电压波动，除主变压器外可设专用变压器。

（4）工厂用电设备要求多种配电电压等级时（石油、矿山、化工厂等有许多要求 660V 低压配电电压，又有 10kV 和 6kV 高压用电设备），可设置多台变压器。

（5）车间变电所负荷容量超过目前生产的单台变压器最大容量时，须使用两台变压器。

（6）工厂分批分期建设时，为了节省初期投资和提高变压器经济运行效率，可以选用多台变压器。

3. 变压器容量的确定

变压器容量的确定，需综合考虑现有负荷情况、变压器实际使用环境、工厂未来发展规模、短期过负荷要求、发生事故时的过负荷能力等因素，在保证电能质量的要求下，应尽量减少投资、运行费用和有色金属耗用量。在选择容量上，可采用综合费用分析法、最佳效益法等，一般以能满足负荷最大值为标准，同时考虑容量利用率，根据实际情况投入不同容量的变压器。

1）变压器的实际容量

电力变压器的额定容量是指它在规定的环境温度条件下，在规定的使用年限内能够保证变压器正常运行的最大载荷视在功率，它与变压器所采取的冷却方式有关，可查相关技术手册得到。一般规定，如果变压器安装地点的年平均气温 $\theta_{0.av} > 20℃$ 时，则年平均气温每升高 $1℃$，变压器的容量应相应减小 1%。因此，变压器的实际容量应计入一个温度校正系数 K_θ。

对室外变压器，其实际容量为

$$S_T = K_\theta S_N = \left(1 - \frac{\theta_{0.av} - 20}{100}\right)S_N \qquad (4-10)$$

式中：S_N 为变压器的额定容量。

对室内变压器，由于散热条件较差，因此其容量比室外要减小约 8%，即

$$S_T = K_\theta S_N = \left(0.92 - \frac{\theta_{0.av} - 20}{100}\right)S_N \qquad (4-11)$$

2）变压器容量确定的原则

（1）装单台变压器时，其额定容量 S_N 应能满足全部用电设备的计算负荷 S_c，而且考虑到用电部门发展规划和基建投资引起的用电负荷增加，应留有一定的容量裕度，即

$$S_N \geq (1.15 \sim 1.4)S_c \qquad (4-12)$$

（2）装多台变压器时，任一台主变压器单独运行时，应能满足全部一、二级负荷 $S_{c(I+II)}$ 的需要，即

$$S_N \geq S_{c(I+II)} \qquad (4-13)$$

（3）以变压器的容量利用率为选择依据，配电变压器的负载率为 $0.6 \sim 0.7$ 时，效率最高，此时变压器的容量称为经济容量。如果负荷比较稳定，且装有两台或多台主变压器时，其中任意一台主变压器容量 S_N 应满足总计算负荷的 $60\% \sim 70\%$ 的要求，即

$$S_N \geq (0.6 \sim 0.7)S_c \qquad (4-14)$$

（4）35kV 变电所单台主变压器的容量一般选 3150kV·A、4000kV·A、6300kV·A 或 8000kV·A；车间变电所中使用的单台变压器容量不宜超过 1250kV·A；二层楼以上的干式变压器，其容量不宜大于 630kV·A。

（5）同一电压等级的主变压器单台容量的规格不宜超过三种，同一电压等级的变压器最好采用相同的容量规格，以方便运行和检修。

（6）一般来讲，变压器容量和台数的确定是与变电所主接线方案一起确定的，在设计主接线方案时，也要考虑到用电单位对变压器台数和容量的要求。

例 4-1 某总降压变电所(35kV/10kV),总计算负荷为 1500kV·A,其中一、二级负荷为 800kV·A。试选择变压器的台数和容量。

解: 根据变压器台数确定原则(1),该总降压变电所有较大的一、二级负荷,应选择安装两台主变压器。

根据变压器容量确定原则(2),任一台主变压器单独运行时,要满足全部一、二级负荷级的要求,即

$$S_N \geq 800 \text{kV·A}$$

且任一台主变压器的额定容量 S_N 应满足总计算负荷的 60%～70% 的要求,即

$$S_N \geq (0.6 \sim 0.7) \times 1500 = (900 \sim 1050) \text{kV·A}$$

因此,可选两台容量均为 1250kV·A 的变压器,具体型号为 S9-1250/10。

3) 变压器的过负荷能力

变压器容量是按最大计算负荷选择的,但在运行中,其负荷是经常变化的,因此变压器运行时大部分时间实际上没有充分发挥其负荷能力。所以,变压器在必要时完全可以短时过负荷运行,过负荷运行是指变压器运行时的视在功率超过了铭牌上规定的额定功率,变压器的过负荷能力是指它在较短时间内所能输出的最大容量。过负荷运行往往使变压器温度升高,促使绝缘老化加快,从而降低使用寿命。

过负荷分为正常过负荷和事故过负荷两种,前者是指在正常供电情况下,用户用电量增加而引起的,后者是因为事故原因引起的。所谓正常过负荷,就是认为在一个时间周期(通常是24h)内,过负荷时因温升引起的绝缘寿命的过度损失可由其他负荷较轻时间来补偿,在这种情况下可认为是与正常环境温度下施加额定负载时是等效的,换句话说,即变压器在过负荷运行期间造成的寿命损失,可以由其他负荷较轻时间运行获得的寿命增加来补偿,使得变压器的总寿命(20年～30年)不变,变压器在必要时完全可以安全地过负荷运行。而事故过负荷运行通常大大超出变压器的额定容量,使变压器温度升高很多,内部有放电声和不正常的噪声,油面上升并出现炭质,有渗漏油现象,大大降低使用寿命,时间长的话甚至会损坏变压器,所以通常不允许长时间事故过负荷运行。

过负荷运行时应遵循以下原则:

(1) 对于油浸式变压器,一般说来,其允许正常过负荷为:室外变压器不得超过20%,室内变压器不得超过30%。

(2) 干式变压器通常不考虑正常过负荷运行。

(3) 在事故情况下,可以允许变压器在短时间内较大幅度地过负荷运行,事故过负荷允许值按表 4-2 的规定执行。

表 4-2 电力变压器事故过负荷允许值

油浸式变压器	过负荷率/%	30	45	60	75	100	200
	允许过负荷时间/min	120	80	45	20	10	1.5
干式变压器	过负荷率/%	10	20	30	40	50	60
	允许过负荷时间/min	75	60	45	32	16	5

4.2.2 高压断路器

高压断路器是供配电系统中地位最重要、功能最强大、结构最复杂的一种开关设备。高压

断路器的最主要特点是其具有完善的灭弧装置,能够可靠、快速地熄灭短路大电流引起的电弧,因此它不仅可以根据系统运行的需要,将高压电路的部分设备和线路在带负荷运行情况下切除或投入,提高系统运行的经济性与可靠性,而且当系统发生故障时,它和保护装置、自动装置相配合,可以自动、迅速地跳闸而将该故障部分从系统中切除,以减少停电范围,防止事故扩大,从而保护系统中各类电气设备不受损坏,保证系统无故障部分安全运行。

高压断路器由通断元件、中间传动机构、操动机构、绝缘支承件和基座五个部分组成。通断元件是断路器的核心部分,主电路的接通和断开由它来完成;操动机构接到操作指令后,经中间传动机构传送到通断元件,通断元件执行命令,使主电路接通或断开。通断元件包括触头、导电部分、灭弧介质和灭弧室等,一般安放在绝缘支承件上,使带电部分与地绝缘,而绝缘支承件则安装在基座上。

1. 高压断路器的型号

(1) 文字符号:QF。

(2) 图形符号 ─✕╱─。

(3) 型号表示及含义:

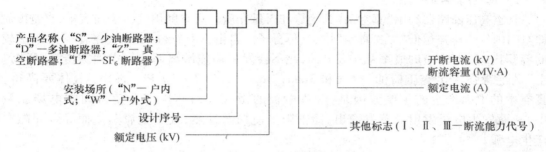

例如,ZN24 – 10/1250 – 20 代表真空户内断路器,设计序号24,额定电压10kV,额定电流1250A,开断电流20kA;而LN2 – 35Ⅱ代表SF₆户内断路器,计序号2,额定电压35kV,断流能力Ⅱ级(25 kA)。

除了额定电压、额定电流、开断电流等技术参数外,高压断路器还具有一些重要参数:

(1) 热稳定电流:又称额定短时耐受电流,指在规定的持续时间内,断路器所能承受的最大热效应对应的短路电流有效值,其持续时间与额定电压有关,通常110kV 及以下为 4s,220kV 及以上为 2s。热稳定电流在数值上取断路器的额定短路开断电流,但是它反映的是断路器承受短路热效应的能力。

(2) 动稳定电流:又称极限通过电流峰值,指断路器在闭合位置时,所能通过的最大短路电流,它反映断路器在短路冲击电流作用下,所能承受的电动力大小,由导电及绝缘等部件的机械强度所决定。

(3) 额定关合电流。断路器在接通电路时,电路中可能预伏有短路故障,此时将断路器关合,可能触头尚未接触,触头间隙就被击穿,会产生很大的短路电流。一方面由于短路电流的电动力减弱了合闸的操作力,减慢断路器合闸的速度,甚至会造成触头弹跳无法合闸现象;另一方面由于触头尚未接触前发生预击穿而产生电弧,可能使触头熔焊,从而使断路器造成损伤。断路器能够可靠关合的电流最大峰值,称为额定关合电流。额定关合电流和动稳定电流在数值上是相等的,两者都等于额定开断电流的 2.55 倍,由断路器的灭弧装置的性能以及操动机构的合闸动力所决定。

（4）开断时间。指从接到分闸指令触头分离瞬间开始，到电弧完全熄灭为止所经过的时间。开断时间＝固有分闸时间＋燃弧时间。固有分闸时间指断开操作开始瞬间到三相的触头都分开瞬间为止的时间间隔，燃弧时间指从第一个电弧产生的瞬间起到三相电弧最终熄灭的瞬间止的时间间隔。开断时间反映了断路器断开故障的速度，由灭弧装置的性能以及操动机构的分闸动力所决定，通常希望开断时间越短越好。

（5）合闸时间：指从接到合闸命令起到三相触头都完全接触为止的时间，其长短由操动机构及中间机构的机械特性决定。需要注意的是，有时在合闸时，动、静触点接触时会发生接触—分开—接触的弹跳现象，称为合闸弹跳。

（6）操作循环：这也是表征断路器操作性能的指标。架空线路的短路故障大多是暂时性的，短路电流切断后，故障即迅速消失。因此，为了提高供电的可靠性和系统运行的稳定性，断路器应能承受一次或两次以上的关合、开断或关合后立即开断的动作能力。此种按一定时间间隔进行多次分、合的操作称为操作循环。

以上各技术参数可查阅相关型号的断路器技术手册得到。

2. 高压断路器的分类

1）真空高压断路器

真空高压断路器利用"真空"作为绝缘和灭弧介质。真空度用气体压强表示，真空度越高即空间内气体压强越低。在"真空"中，气体分子的自由行程为约 10^3 mm，在真空灭弧室较小的容积内，发生碰撞的概率几乎是 0，因此不会发生碰撞游离而使真空间隙击穿，所以"真空"的绝缘强度比变压器油、空气和 3 atm（1 atm ＝ 1.013 × 10^5 Pa）的 SF_6 气体要高得多。真空中的电弧产生的主要原因是：触头电极的微观表面凸出部分使得间隙电场能量集中，从而发生电子发射或蒸发逸出，撞击阳极使局部发热，放出金属蒸气而导致间隙击穿产生电弧。

需要注意的是，并不是真空度越高断路器的间隙绝缘强度越大，绝缘强度与真空度的关系曲线呈 V 字形，即充气压力过高或过低，都会降低极间间隙绝缘强度（降低气体间隙的击穿电压），如图 4 - 3 所示。一般来说，当气体压力降低到 $1.31 × 10^{-2}$ Pa 时，绝缘强度进入平坦区，但是当气体压力降低到 10^{-8} Pa 以下时，绝缘强度又开始下降，所以真空断路器的真空度通常设置在 10^{-2} Pa ～ 10^{-8} Pa 之间。真空断路器的关键部件是真空灭弧室，其结构如图 4 - 4 所示，由外壳、波纹管、触头、屏蔽罩等组成。

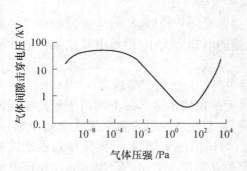

图 4 - 3 气体压强与绝缘强度的关系

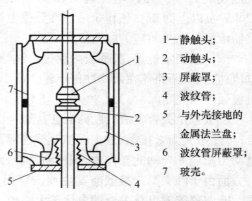

1—静触头；
2 动触头；
3 屏蔽罩；
4 波纹管；
5 与外壳接地的金属法兰盘；
6 波纹管屏蔽罩；
7 玻壳。

图 4 - 4 真空断路器灭弧室结构

真空断路器中的电弧主要是在金属蒸气中形成的,因此将触头设计为特殊形状,一般采用横向或纵向触头,其中横向触头使得电流通过时产生一个横向磁场,该磁场将形成真空电弧的金属蒸气沿触头表面切线的方向的吹到屏蔽罩内壁上,冷却凝结成电弧生成物。一方面将热量通过屏蔽罩散发出去,降低热游离作用;另一方面可拉长电弧,当电弧在自然过零暂时熄灭后,触头间的介质强度迅速恢复。电流过零后,外加电压虽然恢复,但触头间隙不会再被击穿,真空电弧在电流第一次过零时就能完全熄灭。纵向触头磁场沿触头表面的垂直方向(近似与电弧轴向同向),可以将电弧分成很多个细弧,扩大了电弧表面积,因此大电流的真空断路器多采用纵向触头。

值得注意的是,有实验表明,真空断路器在开断大电流后,其真空绝缘强度常常会下降,为了提高真空断路器的耐压性能,通常对其触头作如下处理:

(1)选择熔点高、热传导率小、机械强度和硬度大的触头材料,目前使用最广泛的是铜—铬合金。

(2)预先对触头作"老练处理",即向触头间隙施加高电压,并通过反复放电,使触头表面附着的金属或绝缘微粒熔化、蒸发。

(3)改善触头外形,减少凸起,减弱触头间的电场强度。

真空断路器的优点在于:灭弧室密封,电弧和金属热蒸气不外泄,且不容易因潮气、灰尘、有害气体等影响而降低它的性能;操作机构简单,整体体积小,重量轻;开断能力较强;灭弧时间短,触头损耗小,寿命长,适合于需要频繁开断的场合;灭弧介质不含有油或气体,不产生有害气体,安全防爆。

缺点在于:运行中不易监测真空度;容易产生操作过电压;在开断感性电流时,会出现电流截断现象造成较高的过电压,因此要加装过电压吸收装置,造成维护量增加和费用上升;容易吸附粉尘,对工厂变配电场所的环境要求较高。

2)油断路器

油断路器是以油作为灭弧介质的断路器,按其油量的多少又分为多油和少油两大类,其中多油断路器因为体积大、维护困难,现在已经被淘汰。目前在工厂 6kV~35kV 户内配电所中广泛应用的是我国自行设计的 SN10 系列高压少油断路器,按其断流容量分有 Ⅰ、Ⅱ、Ⅲ 型,断流容量分别为 300MV·A、500MV·A 和 750MV·A。

SN10 - 10 型高压少油断路器的外形图及内部结构的剖面图如图 4 - 5 和 4 - 6 所示。

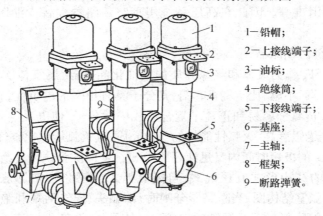

1—铅帽;
2—上接线端子;
3—油标;
4—绝缘筒;
5—下接线端子;
6—基座;
7—主轴;
8—框架;
9—断路弹簧。

图 4 - 5　SN10 - 10 型少油断路器外形结构

69

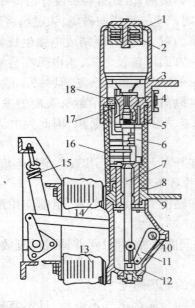

1—铝帽;	10—转轴;
2—油气分离器;	11—拐臂;
3—上接线端子;	12—基座;
4—油标;	13—下支柱绝缘子;
5—插座式静触头;	14—上支柱绝缘子;
6—灭弧室;	15—断路弹簧;
7—动触头;	16—绝缘筒;
8—中间滚动触头;	17—逆止阀;
9—下接线端子;	18—绝缘油。

图 4 - 6 SN10 - 10 型少油断路器内部剖面结构

少油断路器的灭弧原理是：当断路器开断电路产生电弧时，电弧的高温使其附近的绝缘油蒸发汽化和分解，形成灭弧能力很强的气体(主要是氢气)和压力较高的气泡，气泡推动油层迅速向四周运动，加强了电弧的冷却，同时在灭弧室中利用高速气流对电弧进行强烈气吹(纵吹、横吹、环吹、纵横吹等)而使电弧很快熄灭，灭弧过程中产生的油气混合物在油气分离室中旋转分离，气体从顶部排气孔排出，而油则沿内壁流回灭弧室。

少油断路器在运行时，必须经常检查油标，发现漏油、渗油、油面过低，有不正常声音等现象时，应停运检查并采取相应措施。

少油断路器的优点在于：体积小、重量轻、易于制造和维修、价格低、使用方便，目前在工厂 6kV ~ 35kV 户内配电所中得到广泛应用。

其缺点在于：在发生故障时可能引起油箱的爆炸和燃烧；工作中会散发出有害气体；灭弧时间较长，动作较慢，检修周期短，不适用于频繁开合断路器的场合；受单元断口的电压限制，发展特高压等级有困难等。因此在高压系统用真空断路器代替少油断路器已经成为一种趋势。

3）六氟化硫(SF_6)断路器

采用惰性气体 SF_6 作为灭弧和绝缘介质的无油化断路器，属气体吹弧式断路器。SF_6 无色、无臭、无腐蚀、无毒、不燃、比空气重 5 倍，其分子具有很强的电负性，在电弧中能捕捉自由电子而形成负离子，负离子容易和正离子复合形成中性分子，使电弧空间的导电性能很快消失，因此它是一种绝缘强度高、灭弧性能好的气体介质，其灭弧能力比空气高 100 倍，且灭弧后其分解物能在 $0.1\mu s$ 的极短时间内又迅速还原为 SF_6，使间隙很快恢复绝缘。

断路器灭弧室的结构形式有压气式、自能灭弧式(旋弧式、热膨胀式)和混合灭弧式，图 4 - 7 为压气式灭弧室结构图，当断路器分闸时，动触头、压气活塞和绝缘喷嘴一起运动，动静触头分开后产生电弧，活塞迅速移动时使 SF_6 气体受压缩，产生气流通过喷嘴，对电弧进行吹弧，使大量新鲜的 SF_6 分子不断和电弧接触，更加迅速地使电弧熄灭。

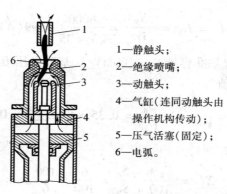

1—静触头；
2—绝缘喷嘴；
3—动触头；
4—气缸（连同动触头由
操作机构传动）；
5—压气活塞（固定）；
6—电弧。

图 4-7　SF₆ 断路器灭弧室工作示意图

六氟化硫断路器的主要优点是：开断速度快,适用于需频繁操作的场所；开断容量大,断路器的开断电流目前已达到 80kA；维护量小,修检周期可长达 10 年以上；无火灾和爆炸危险；灭弧室断口耐压高,目前已达到单断口 245kV、50kA 的水平,因此断路器的结构简单、紧凑、占地面积小。

其主要缺点在于：密封性能要求更严,价格昂贵。

3. 高压断路器的选择与校验

1）高压断路器的适用场合

（1）根据变电所的位置,选择户内型还是户外型断路器。

（2）少油断路器重量轻、体积小、节约油和钢材、价格低,但不适用于能频繁操作的场合,多用于 6kV ~ 35kV 的室内配电所。

（3）真空断路器安全性好、结构简单、无污染,在 35kV 配电系统及以下电压等级系统中占主导地位,但价格昂贵。

（4）SF₆ 断路器目前在高压和超高压系统中得到了广泛应用。适用于需频繁操作及有易燃、易爆危险物的场所；但要求加工精度高,对其密封性能要求严格,价格昂贵。

2）高压断路器的选择与校验

高压断路器除了按电压、电流、装置类型选择型号,并校验热、动稳定性外,还应校验其开断能力。高压断路器具体选择与校验的项目可参考表 4-1 进行。

例 4-2　如图 4-8 所示无限大容量供电系统中,若系统和断路器电抗可忽略,继电保护时间为 1.1s,若 K_1 点发生三相短路,试选择断路器 QF 的型号并进行校验。（线路的单位长度电抗为 $X_0 = 0.35\Omega/\text{km}$）

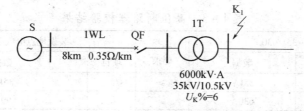

图 4-8　高压断路器的选择及校验

解：（1）额定电流计算。变压器一次侧的最大工作电流按变压器的额定电流计算：

$$I_C = I_{1N} = \frac{S_N}{\sqrt{3}U_N} = \frac{6000}{\sqrt{3} \times 35} = 99(A)$$

（2）短路电流计算。取基准容量 $S_d = 100MV \cdot A$，基准电压 $U_d = U_{av} = 1.05U_N$，则 K_1 点三相短路时，线路的电抗标幺值为

$$X_1^* = X_0 \cdot l_1 \cdot \frac{S_d}{U_{d1}^2} = 0.35 \times 8 \times \frac{100}{37^2} = 0.205$$

变压器的电抗标幺值为

$$X_2^* = \frac{U_K\%}{100} \cdot \frac{S_d}{S_N} = \frac{6}{100} \times \frac{100}{6} = 1$$

回路总阻抗标幺值为

$$X_{K1}^* = X_1^* + X_2^* = 1.205$$

K_1 点所在电压级的基准电流为

$$I_{d2} = \frac{S_d}{\sqrt{3}U_{d2}} = \frac{100}{\sqrt{3} \times 10.5} = 5.5(kA)$$

K_1 点短路时的短路各量为

$$I_{K_1}^* = \frac{1}{X_{K_1}^*} = \frac{1}{1.205} = 0.83$$

$$I_{K_1}^{(3)} = I_{d2}I_{K_1}^* = 5.5 \times 0.83 = 4.565(kA)$$

$$i_{sh \cdot K_1}^{(3)} = 2.55I_{K_1}^{(3)} = 11.64kA$$

$$S_{K_1}^{(3)} = \frac{S_d}{X_{K_1}^*} = 100 \times 0.83 = 83(MV \cdot A)$$

K_1 点短路时在 1T 一次侧产生的穿越电流为

$$I'^{(3)}_{K_1} = \frac{I_{K_1}^{(3)}}{K} = I_{K_1}^{(3)} \cdot \frac{U_{d2}}{U_{d1}} = 4.565 \times \frac{10.5}{37} = 1.295(kA)$$

式中：K 为变压器 1T 的变化

1T 一次侧产生的三相短路冲击电流为

$$i'^{(3)}_{sh \cdot K_1} = 2.55 \times I'^{(3)}_{K_1} = 3.303(kA)$$

（3）断路器选择及校验。根据选择条件和相关数据，选用 SN10 - 35I/630 型高压断路器，选择校验结果见表 4 - 3 所示。由选择校验结果可知，所选断路器合乎要求。

表 4 - 3　高压断路器校验结果

序号	SN10 - 35I/630			选择要求	装设地点电气条件		结论
	项目	校验名称	数据		项目	数据	
1	U_N	额定电压	35kV	≥	$U_{W.N}$	35kV	合格
2	I_N	额定电流	630A	≥	I_C	99A	合格
3	$I_{OC.N}$	开断电流	16kA	≥	$I'^{(3)}_{K_1}$	1.295kA	合格
4	I_{max}	动稳定	40kA	≥	$I'^{(3)}_{K_1}$	3.303kA	合格
5	$I_t^2 \times 4$	热稳定	$16^2 \times 4 = 1024(kA^2 \cdot s)$	≥	$I_\infty^2 \times t_{ima}$	$(1.295)^2 \times (1.1+0.1) = 2.012(kA^2 \cdot s)$	合格

72

4.2.3 高压隔离开关

高压隔离开关是供配电系统中使用最广泛的开关设备,具有明显的分段间隙,其主要作用是隔离高压电源,保证电气设备和线路在检修时与电源有明显的断开间隙以保护人员和设备的安全。隔离开关的主要特点是:没有专门的灭弧装置,因此不允许带负荷开断或投切电路,也不能用于切断短路电流。隔离开关与断路器配合,可以倒母线操作,即将设备或线路从一组母线切换到另一组母线上。在一定条件下,隔离开关可以通断以下一些负荷电流较小的电力设备:

(1)电压互感器和避雷器。

(2)符合规程规定的电压等级和容量的空载变压器。旧规程规定户外、户内型隔离开关分别只能通断容量 560kV·A 和 320kV·A 的空载变压器;对于新型变压器,以变压器的空载电流不超过 2A 为限。

(3)具有一定长度的空载线路。对架空线路,以空载电流不超过 5A,线路长度不超过 10km 为限;对电缆电路,则要根据具体的环境情况进行分析。

因此,在高压成套配电装置中,隔离开关常用作电压互感器、避雷器、配电所用变压器及计量柜的高压控制电器。

1. 高压隔离开关的型号

(1)文字符号:QS。

(2)图形符号:⊣〳 。

(3)型号表示及含义:

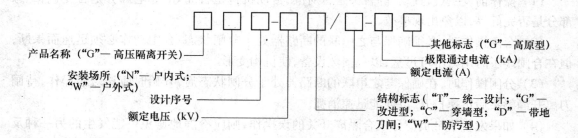

例如,GN8 - 10T/400 代表户内型隔离开关,设计序号 8,额定电压 10kV,额定电流 400A,而 GW13 - 35/630 代表户外型隔离开关,额定电压 35kV,额定电流 630A。

除图中所列技术参数外,高压隔离开关的重要技术参数还有热稳定电流和动稳定电流。在使用时须校验动稳定性与热稳定性,方法同高压断路器,但是高压隔离开关主要用于电气隔离而不能分断正常负荷和短路电流,因此不需要校验开断电流。

2. 高压隔离开关的分类

1)户内型隔离开关

户内型隔离开关通常分为三极式和单极式两种。三极式有三个闸刀,可用于隔离三相线路;单极式只有一个闸刀,用于隔离单相线路。高压隔离开关主要由导电部分(动、静触头)、绝缘部分(包括升降绝缘子和支柱绝缘子,用于将金属触头与传动机构、底座隔离)和底座部分,图 4 - 9 为三极式户内型隔离开关结构。

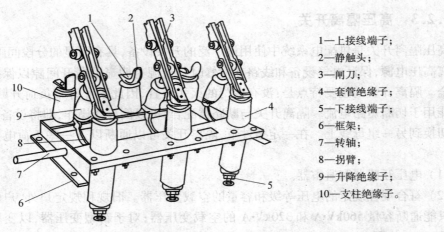

1—上接线端子;
2—静触头;
3—闸刀;
4—套管绝缘子;
5—下接线端子;
6—框架;
7—转轴;
8—拐臂;
9—升降绝缘子;
10—支柱绝缘子。

图 4 - 9   GN8 - 10 型高压隔离开关外形结构

2) 户外型隔离开关

户外型隔离开关关按其绝缘支柱机构的不同分为单柱式、双柱式和三柱式。主要用于35kV 及以上系统,为了应付恶劣环境,通常要求其具有较高的绝缘和机械强度,在寒冷地区,有些户外型隔离开关还带有破冰机构。

3. 高压隔离开关的操作

1) 高压隔离开关的手动操作原则

高压隔离开关的合闸和分闸操作,都必须在不带负荷或负荷在隔离开关允许的操作范围之内时才能进行。手动操作隔离开关具有如下原则:

(1) 操作前,注意检查动、静触头是否对准,传动机构是否完好,导电部分是否变色,绝缘部分是否完好等,以免出现事故。

(2) 合闸操作时,必须确保与之串联的断路器处于分闸状态;合闸动作必须迅速而果断,但在合闸终了时用力不可过猛,以免损坏设备,使机构变形。

(3) 分闸操作时,在确保与之串联的断路器处于分闸状态后,开始时应该缓慢操作,待闸刀离开静触头后迅速拉开,以便能迅速消弧。

(4) 如果发生了带负荷分或合隔离开关的误操作,则应冷静地避免可能发生的另一种反方向的误操作,即若发现带负荷误合闸后,不得再立即拉开,当发现带负荷分闸时,若已拉开,不得再合(若拉开一点,发觉有火花产生时,可立即合上)。

随着电力系统自动化水平的提高,使用电动操作的高压隔离开关应用越来越广泛,使操作变得简单可靠,但仍然需要日常巡视与例行检查。

2) 线路停、送电倒闸操作的原则

电气设备分为运行(高压断路器和高压隔离开关均合闸)、热备用(高压断路器分闸,高压隔离开关合闸)、冷备用(高压断路器和高压隔离开关都分闸)、检修等四种状态。通过操作隔离开关、断路器以及挂、拆接地线将电气设备从一种状态转换为另一种状态,或使系统改变了原有的运行方式,称为倒闸操作。

线路停、送电倒闸操作的原则是:接通电路时,先闭合母线侧(电源侧)隔离开关,再闭合负荷侧隔离开关,最后闭合断路器;切断电路时,先断开断路器,后断开负荷侧隔离开关,最后断开母线侧隔离开关。这是因为带负荷操作过程中要产生电弧,而隔离开关没有灭弧功能,所以隔离开关不允许带负荷操作。为了达到这一目的,往往在断路器和隔离开关间加装电动式或机械式闭锁装置,其作用是使断路器在合闸位置时,将隔离开关锁住,使其无法拉开,而在隔离开关断开时,断路器又合不上,因此不会造成隔离开关带负荷分闸或合闸操作。

4.2.4 高压负荷开关

高压负荷开关在供配电系统中主要用于关合或断开负荷电流和过负荷电流,负荷开关在装有热脱扣器时,在过负荷情况下会自动跳闸,但是其只具有简单的灭弧装置,因此不能断开短路电流。负荷开关与隔离开关一样,在分闸状态下可见明显的断口,能够在电气设备和线路在检修时断开电源以保护人员和设备的安全,因此可以认为负荷开关是性能介于断路器和隔离开关之间的一种开关设备。

1. 高压负荷开关的型号

(1)文字符号:QL。

(2)图形符号: ┴╱ 。

(3)型号表示及含义:

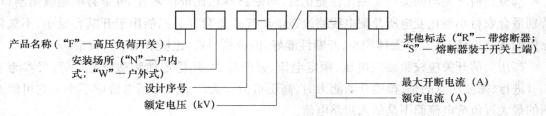

负荷开关按其安装场所分为户内式和户外式,按灭弧方式分为压气式、产气式、真空式和六氟化硫式。例如,FN3-10RT代表户内型高压负荷开关,设计序号3,额定电压10kV,带熔断器,其灭弧装置为压气式。图4-10为其外形结构。

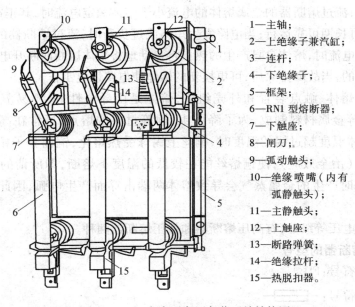

1—主轴;
2—上绝缘子兼汽缸;
3—连杆;
4—下绝缘子;
5—框架;
6—RN1型熔断器;
7—下触座;
8—闸刀;
9—弧动触头;
10—绝缘喷嘴(内有弧静触头);
11—主静触头;
12—上触座;
13—断路弹簧;
14—绝缘拉杆;
15—热脱扣器。

图4-10 FN3-10RT户内型高压负荷开关结构图

2. 高压负荷开关的分类

（1）压气式负荷开关：利用活塞和汽缸在开断电路过程中产生的压缩空气，通过绝缘喷嘴吹弧，使电弧熄灭。

（2）真空负荷开关：以真空作为灭弧介质，常见型号有 FZN 21 – 12D/T630 – 2 等，具有开断能力大、安全可靠、无污染、可频繁操作、结构简单、维护周期长等优点。

（3）SF$_6$ 负荷开关：以 SF$_6$ 为灭弧介质和绝缘介质；具有绝缘性能好、安全可靠、操作方便、可频繁开断等优点，常用于关合和开断负荷电流及过载电流，也可用作关合和开断空载长线、空载变压器及电容器组等。

（4）产气式负荷开关：利用聚四氯乙烯、三聚氢胺、耐压有机玻璃等产气材料在电弧作用下产生的 H$_2$、O$_2$、CO 等气体吹弧。是国内目前产量最多、使用最广泛的一种负荷开关。但随着开断次数增加，灭弧管内的产气材料会逐渐烧光，因此要不断更换灭弧管，不适用于频繁操作的场合。

3. 高压负荷开关的选择与校验

真空负荷开关与同类产品相比性能优良，与断路器相比价格便宜，可带有明显隔离断口。特别适合农村小型化变电所及配电线路改造。产气式负荷开关只能用于开断容量小，不频繁操作的场合。SF$_6$ 负荷开关体积小，开断性能好，但价格昂贵，比较适用于大城市。

高压负荷开关应校验额定电压、额定电流、开断能力、热稳定性和动稳定性等，可参考表 4 – 1 进行，需要注意的是，校验开断能力时，高压负荷开关的最大开断电流应不小于它可能开断的最大过负荷电流而不是最大短路电流。

4.2.5　高压熔断器

熔断器是最简单的保护设备，用于电路的短路或过负荷保护。熔断器串联于电路之中，电路正常运行时，流过熔断器的金属熔体的电流小于熔体额定电流时，其正常发热温度不会熔断熔体，熔断器可长期可靠运行；当电路发生短路或过负荷时，流过熔断器的金属熔体的电流超过其熔体额定电流时，熔体自身产生的热量将自动地将熔体熔断而断开电路，达到保护线路或电气设备的目的，当故障排除后，可更换新的熔体使电路恢复工作。

熔断器由熔体、触点装置和外壳组成，熔体是由导电性好、不易氧化的铅、锡、铅锡合金、锌、银、铜等金属材料制成，为了降低银、铜等材料的熔点，通常在高熔点熔体表面焊上小锡球，当熔体温度超过锡的温度时，铜丝上锡球受热熔化，铜锡分子相互渗透形成熔点较低的铜锡合金（冶金效应），使铜熔丝能在较低的温度下熔断，即所谓的"冶金效应"。由于金属熔体熔化时产生的金属蒸气会导致熔体两端击穿而产生电弧，因此熔断器需要具备灭弧能力。

熔断器按电压等级分，有高压熔断器和低压熔断器两种。

1. 高压熔断器的型号

（1）文字符号：FU。

（2）图形符号：▭。

（3）型号表示及含义：

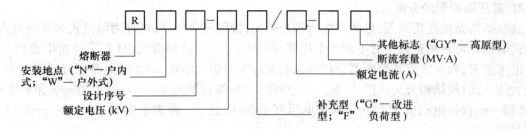

其他标志（"GY"—高原型）

断流容量（MV·A）

额定电流（A）

补充型（"G"—改进型；"F"—负荷型）

熔断器

安装地点（"N"—户内式；"W"—户外式）

设计序号

额定电压（kV）

除了额定电压、额定电流、最大开断电流等参数外，高压熔断器还具有以下重要参数：

（1）熔体的额定电流：指熔体允许长期通过而不熔化的最大电流，应不大于熔断器的额定电流。

（2）极限开断电流：指熔断器能可靠分断的最大短路电流。

（3）最小熔化电流 $I_{\min}$：在通过最小熔化电流值时，熔体必须熔化，但熔化时间应近似趋于无穷大，在实际运行中，由于腐蚀以及熔体附近部件熔化温度较低等原因，如果熔断器长期运行在最小熔化电流下，会造成熔体过早熔断或者触头等部件温度过高，所以一般规定 $I_{\min}$ 大于额定电流，二者之比称为熔断系数，通常为 1.2 ~ 1.5。

（4）弧前电流—时间特性：从电流流过熔体开始，到熔体汽化产生电弧为止所经过的时间称为熔断器的弧前时间。当电流较大时，熔体熔断所需的时间就较短，而电流较小时，熔体熔断所需用的时间就较长，弧前电流—时间特性指熔断器熔体的熔化时间与通过电流之间的关系曲线，由制造厂家给出，又称安—秒特性，呈反时限特性，如图 4 – 11 所示，图中给出了两个额定电流不同的熔体的安—秒特性曲线。其中熔体 1 的额定电流大于熔体 2 的额定电流。

（5）最小开断电流：指能够使熔断器可靠熔断的最小短路电流，也就是说如果故障电流太小也不能使熔断器可靠开断。最小开断电流用额定电流倍数来表示。

（6）负荷开关—熔断器组合的交接电流。应当注意的是，由于最小开断电流的限制，熔断器对程度不重的过负荷电流基本不能保护，因此通常将负荷开关和熔断器进行组合，由负荷开关承担轻度过负荷保护，这一任务通常由负荷开关的热脱扣器实施，而由熔断器承担重度过负荷和短路故障的保护，这就要求熔断器的保护特性与热脱扣器的保护特性要互相配合，二者之间的动作电流分界点称为交接电流，如图 4 – 12 所示。当电流较小时，负荷开关先动作；而电流较大时，熔断器先动作。在选用负荷开关—熔断器组合电器时，要求组合电器的额定交接电流要大于实际用途的最大交接电流，最大交接电流可按如下定义：在熔断器的最大安—秒特性曲线（基于电流偏差 + 6.5%）上，时间坐标为最小的脱扣器触发的负荷开关分闸时间加上 0.02s（外部继电器的最小操动时间）所对应的电流值，如图 4 – 12 所示。

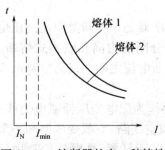

图 4 – 11　熔断器的安—秒特性

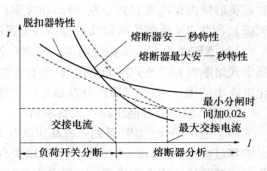

图 4 – 12　负荷开关—熔断器组合的交接电流

2. 高压熔断器的分类

高压熔断器按使用地点,分为户内式和户外式;按限流作用分,可分为限流式和非限流式,限流式熔断器可在短路发生后不到半个周期,即短路电流未达到最大值(短路冲击电流值)时就将电弧熄灭,而非限流式熔断器须在电弧电流过零时熄灭电弧,即此时短路电流已经至少达到最大值一次;按结构分为跌落式、插入式、母线式等;按保护对象,可分为 T 型——保护变压器,M 型——保护电动机,P 型——保护电压互感器,C 型——保护电容器和 G 型——不指定保护对象。

1) RN 系列户内高压限流式熔断器

(1) 适用场合。RN 系列高压熔断器主要用于户内 3kV ~ 35kV 电力系统的短路和过负荷保护,其中 RN1、RN3、RN5 型的额定电流大于 25A,主要用于电力变压器和电力线路的短路保护,RN2、RN4 型的额定电流为 0.5A,为保护电压互感器的专用熔断器。

(2) 结构和工作原理。图 4 – 13 和图 4 – 14 分别为 RN1、RN2 型高压熔断器的外形和熔管内部结构图。主要由熔管、触点座、动作指示器、绝缘子和底座构成。熔管一般采用具有较高机械强度和耐热性能的瓷质管,熔丝上焊有小锡球,由单根或多根镀银的细铜丝并联绕成螺旋状并埋放在石英砂中,石英砂形成大量细小的固体介质狭沟。短路或过负荷致使温度上升时,铜丝上的锡球因熔点较低率先熔化,铜锡分子相互渗透形成熔点较低的铜锡合金,使铜熔丝能在较低的温度下熔断。动作指示器在熔体熔断时弹出,提示熔断器动作。

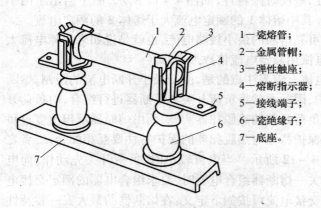

1—瓷熔管;
2—金属管帽;
3—弹性触座;
4—熔断指示器;
5—接线端子;
6—瓷绝缘子;
7—底座。

图 4 – 13　RN1 及 RN2 型高压熔断器外形

1—管帽;
2—瓷管;
3—工作熔体;
4—指示熔体;
5—锡球;
6—石英砂填料;
7—熔断指示器
(熔断后弹出状态)。

图 4 – 14　熔管内部结构剖面图

(3) 灭弧原理。当短路电流发生时,几根并联铜丝熔断时可将粗电弧分成多条细电弧,同时石英砂狭沟对电弧起到分割、冷却和吸附(带电离子)的作用,具有很强的去游离作用(狭沟灭弧),因此 RN 系列熔断器具有很强的灭弧能力。

(4) XRNT 全范围保护熔断器。XRNT 全范围保护熔断器是一种新型限流高压熔断器,由喷射式熔断器和限流式熔断器组成,综合了限流式熔断器分断能力高和喷射式熔断器最小熔化电流小的优点,能够可靠地开断最小熔化电流至额定开断电流之间的任何故障电流。

2) RW 系列户外高压跌落式熔断器

(1) 适用场合。RW 系列户外高压跌落式熔断器主要作为配电变压器或电力线路的短路保护和过负荷保护,在一定条件下也可以关合、断开空载架空线路、空载变压器和小负荷电流。跌落式熔断器适用于环境空气无导电粉尘和无腐蚀性气体,无易燃、易爆等危险物品环境,年

度温差变比在 ±40℃ 以内的户外场所。常用型号有 RW3、RW4、RW7、RW9、RW10、RW11 和 PRWG 等,其中,RW10 - 35/0.5 是户外 35kV 电压互感器专用保护熔断器。

(2)结构和工作原理。图 4 - 15 为 RW4 - 10(G)型跌落式熔断器结构,其结构主要由上静触头、上动触头、熔管、熔丝、下动触头、下静触头、绝缘子和底板等组成。熔管上端的动触头借助管内熔丝张力拉紧后,利用绝缘棒,先将下动触头卡入下静触头,再将上动触头推入上静触头内锁紧,接通电路。短路或过负荷使熔体熔断时,在熔管的上、下动触头弹簧片的作用下,熔管迅速跌落,形成断开间隙,使电路断开,切除故障段线路或者故障设备。

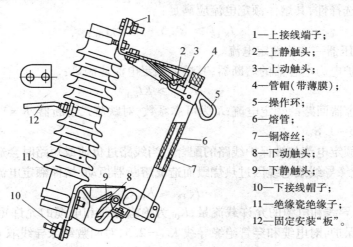

1—上接线端子;
2—上静触头;
3—上动触头;
4—管帽(带薄膜);
5—操作环;
6—熔管;
7—铜熔丝;
8—下动触头;
9—下静触头;
10—下接线帽子;
11—绝缘瓷绝缘子;
12—固定安装"板"。

图 4 - 15   RW4 - 10(G)型外形结构

(3)灭弧原理。熔管由产气管和保护管组成,当熔体熔化产生电弧后,产气管由于电弧燃烧而分解出大量的高压气体,从熔管两端喷出,形成对电弧的纵吹作用而迅速熄灭电弧,其灭弧能力不强,灭弧速度不快,不能在短路电流达到冲击值之前熄灭电弧。

(4)PRWG 全范围保护熔断器。PRWG 全范围保护熔断器是一种新型跌落式高压熔断器,由喷射式熔断器和限流式熔断器组成,解决了传统跌落式熔断器熔管尺寸不合适,容易松动或转动不灵活,开断容量小,熔管易老化、变形等缺陷。

3. 高压熔断器的选择与校验

1)高压熔断器的选择

除按前面所述的各类高压熔断器的适用场合选择熔断器类型外,还应遵循以下原则:

(1)高压熔断器的额定电压应大于或等于安装处的线路额定电压。需要注意的是,RN 系列限流型熔断器的额定电压应等于线路的额定电压,这种情况下此类熔断器熔断产生的最大过电压倍数限制在规定的 2.5 倍相电压之内,此值并未超过同一电压等级电器的绝缘水平,若熔断器的工作电压低于其额定电压,则过电压有可能超过电器的绝缘水平造成事故。

(2)对保护线路的熔断器,熔断器的额定电流 $I_{N.FU}$ 应不小于熔体的额定电流 $I_{N.FE}$,同时其熔体的额定电流不小于线路的计算电流 I_c,即同时满足以下两式:

$$I_{N.FU} \geq I_{N.FE} \qquad\qquad (4-15)$$

$$I_{N.FE} \geq I_c \qquad\qquad (4-16)$$

(3)为防止因高压电动机正常启动等原因造成的尖峰电流 I_{pk}(持续时间 1s ~ 2s)引起熔断器熔断,熔体的额定电流应躲过线路的尖峰电流,即

$$I_{\text{N. FE}} \geq KI_{\text{pk}} \tag{4-17}$$

式中:K 为计算系数,因熔体的熔断需要一定时间,而尖峰电流持续时间很短,因此 K 通常小于 1。对单台电动机的线路:当电动机启动时间 $t_{\text{st}} < 3s$ 时,取 $K = 0.25 \sim 0.35$;当重载启动时 ($t_{\text{st}} = 3s \sim 8s$),取 $K = 0.35 \sim 0.5$;当 $t_{\text{st}} > 8s$ 或电动机为频繁启动、反接制动时,取 $K = 0.5 \sim 0.6$。对供给多台电动机的线路:取 $K = 0.5 \sim 1$。

（4）对保护变压器的熔断器,其熔体额定电流应躲过变压器正常过负荷电流、变压器低压侧的电动机等设备自启动产生的冲击电流、变压器合闸时产生的励磁涌潮,同时为满足上、下级保护动作的选择性,其熔体额定电流应满足:

$$I_{\text{N. FE}} \geq (1.5 \sim 2.0)I_{\text{1N. T}} \tag{4-18}$$

式中:$I_{\text{1N. T}}$ 为变压器一次侧额定电流。

（5）对保护电力电容器的熔断器,其熔体额定电流应满足:

$$I_{\text{N. FE}} \geq KI_{\text{C. E}} \tag{4-19}$$

式中:$I_{\text{C. E}}$ 为电容器回路的额定电流;K 为可靠系数,对跌落式熔断器,$K = 1.35 \sim 1.5$,对限流型熔断器,$K = 1.5 \sim 1.8$。

（6）熔体额定电流与被保护线路的配合。当线路过负荷或短路时会造成线路或电缆温度上升,为防止绝缘导线或电缆因过热烧毁而造成熔断器拒动,熔体额定电流应满足:

$$I_{\text{N. FE}} \leq K_{\text{OL}}I_{\text{al}} \tag{4-20}$$

式中:I_{al} 为绝缘导线和电缆的允许载流量;K_{OL} 为绝缘导线和电缆的允许短时过负荷系数。若熔断器作短路保护,对电缆和穿管绝缘导线 $K_{\text{OL}} = 2.5$,对明敷绝缘导线取 $K = 1.5$;若熔断器作过负荷保护时可取 $K = 0.8 \sim 1$;对有爆炸危险的场合,为防止线路过热,应取下限值 $K = 0.8$。

如果所选择的熔体额定电流不满足被保护线路的配合要求,可选择额定电流较大的熔断器型号,或适当加大绝缘导线和电缆的截面。

（7）熔断器的级间配合。为防止发生越级熔断、扩大事故范围,上、下级(供电干、支线)线路的熔断器间应有良好配合,即应具有选择性。若下级线路或设备发生故障,保护下级的熔断器应熔断而保护上级线路的熔断器不应熔断,只有下级的熔断器因故障不发生熔断时,上级熔断器才会熔断,此时上级熔断器为下级线路的后备保护。如图 4-16 所示电路,若 K_1 点短路,则 FU_1 应先熔断,且 FU_2 不动作,当 FU_1 不动作时,FU_2 才动作。选用时,应根据安—秒特性曲线选择上级熔断器的熔断时间为下级熔断器的熔断时间的 3 倍,或上级熔体额定电流为下级的 1.6 倍 ~2 倍即可满足选择性的要求。

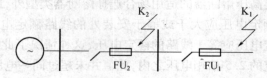

图 4-16　熔断器的级间配合

2）高压熔断器的校验

限流型熔断器不需要校验热稳定性和动稳定性,而非限流型熔断器在选择时根据需要进行动、热稳定性校验,二者都需要校验断流能力:

（1）对限流型熔断器,因其可在短路电流达到最大前灭弧,其断流能力应满足:

$$I_{\text{OC}} \geq I''^{(3)} \tag{4-21}$$

80

式中：$I''^{(3)}_{sh}$ 为熔断器安装处三相次暂态短路电流有效值。

（2）对非限流型熔断器，由于其不能在短路电流达到最大前灭弧，因此其断流能力上限必须能承受最大三相短路冲击电流，即

$$I_{oc \cdot max} \geq I^{(3)}_{sh} \qquad (4-22)$$

式中：$I^{(3)}_h$ 为熔断器安装处最大三相短路冲击电流有效值。

（3）对断流能力有下限的熔断器，为防止开断小故障电流时，可能因短路电流小于熔断器的断流能力下限，造成产气不足而无法熄灭电弧的情况，要求断流能力下限小于安装处的最小两相短路电流，即

$$I_{oc \cdot min} \leq I^{(2)}_{K \cdot min} \qquad (4-23)$$

式中：$I^{(2)}_{K \cdot min}$ 为最小运行方式下熔断器所保护的线路末端两相短路电流的有效值。

4.2.6　母线

母线在电力系统中主要承担汇集、传输和分配电能的重要任务。母线是将电气装置中各截流分支回路连接在一起的导体，由于电压等级及要求不同，所使用导体的类型也不相同。

1. 母线的型号和分类

母线按材料分为铜母线和铝母线。按结构形式分为硬母线和软母线，硬母线又分为矩形母线和管形母线。矩形母线一般使用于主变压器至配电室内，其优点是施工安装方便，运行中变化小，载流量大，但造价较高；管形母线可防微风振动，结构简单，占地面积小。软母线通常用于室外空间较大的场合，这样即使导线有所摆动也不会造成线间距离不够，软母线施工简便，造价低廉。

2. 母线的选择和校验

母线因为都是用支柱绝缘子固定的，因此对电压等级无要求。母线的选择主要应满足以下原则：

1）型号的选择

（1）母线材料的选择。当通过电流较大时，可选择铜母线，以减少母线电阻，同时铜母线的允许载流量也较大，热稳定较好。电流较小时尽量选择铝母线，以节约投资。在对铝有较严重腐蚀场所，可选用铜质材料的硬裸导体。

（2）母线形式的选择。回路正常工作电流在 400A 及以下时，一般选用矩形导体。在 400A ~ 8000A 时，一般选用槽形导体。35kV 及以下变电所的室内配电装置一般选用矩形铝母线。110kV ~ 220kV 的变电所，通常选用管形母线。

2）母线截面积的选择

（1）按计算电流选择。母线的允许载流量应不小于汇集到母线上的计算电流，即

$$I_{al} \geq I_c \qquad (4-24)$$

式中：I_{al} 为母线的允许载流量；I_c 为汇集到母线上的计算电流。注意，I_{al} 是按母线在环境温度为 25℃ 的条件下计算的，若环境温度不是 25℃，则应乘以相应的修正系数。

（2）按经济电流密度选择。在负荷较大，母线较长的情况下，为减少母线的电能损耗，减少投资，应按经济电流密度选择母线截面，即

$$S_{ec} = I_c / j_{ec} \qquad (4-25)$$

式中：S_{ec} 为经济截面积（mm^2），j_{ec} 为经济电流密度（A/mm^2）。

3）母线的动稳定校验

当发生短路时，母线要承受很大的电动力，母线所承受的应力为

$$\sigma_c = M/W \qquad (4-26)$$

式中：σ_c 为短路冲击电流 $i_{sh}^{(3)}$ 产生的最大计算应力（MPa）；M 为发生三相短路时短路冲击电流 $i_{sh}^{(3)}$ 产生的力矩（$N \cdot cm^2$）；W 为母线截面系数（cm^3）。

$$M = F_c^{(3)} l/10 \qquad (4-27)$$

式中：$F_c^{(3)}$ 为中间相受到的最大计算电动力；l 为母线支持绝缘子之间的距离（档距）。

当矩形母线水平放置和垂直放置时，W 分别为

$$W = bh^2/6 \quad 或 \quad W = b^2h/6 \qquad (4-28)$$

式中：b 为母线的宽度；h 为母线的厚度。

母线的动稳定校验公式为

$$\sigma_{al} \geqslant \sigma_c \qquad (4-29)$$

式中：σ_{al} 为母线材料允许的最大应力，其中硬铝母线为70MPa，硬铜母线为 140 MPa。

4）母线的热稳定校验

母线出口处发生三相短路时，必须按下式校验其热稳定：

$$S \geqslant S_{min} = \frac{I_K^{(3)}}{C} \sqrt{t_{ima}} \times 10^3 \qquad (4-30)$$

式中：S_{min} 为母线的最小截面积（mm^2）；$I_K^{(3)}$ 为三相短路稳态电流（A）；t_{ima} 为短路假想时间，一般为 2s～3s；C 为母线常数（$A \cdot s^{0.5}/mm^2$），当短路前导体的温度为70℃时，硬铝母线的母线常数为 $87A \cdot s^{0.5}/mm^2$，硬铜母线的母线常数为 $171A \cdot s^{0.5}/mm^2$，当短路前导体的温度不是70℃时，需要进行修正。

4.2.7 避雷器

避雷器是一种能释放雷电或过电压的能量以限制过电压幅值，又能截断续流，不致引起系统接地短路的保护设备，通常接于带电导线与地之间，与被保护设备并联。

1. 避雷器的符号

文字符号：F。图形符号：⏚。

2. 避雷器的工作原理

在正常情况下，避雷器中无工频电流流过，对工频电压呈高阻状态，一旦线路被雷电击中传来雷电侵入波，使过电压值达到规定的动作电压时，避雷器被击穿，相当于短路状态，使得雷电流通过引下线和接地装置迅速流入大地，从而限制了过电压的水平。当雷电侵入波消失后，避雷器能够自动恢复高阻状态，自动切断工频续流（避雷器击穿后，在系统的工频电压的作用下流过避雷器的电流）。

3. 避雷器的分类

国内使用的避雷器主要类型有间隙避雷器、管型避雷器、阀型避雷器、氧化锌避雷器等。氧化锌避雷器由于具有良好的非线性、动作迅速、残压低、通流容量大、无续流、结构简单、可靠性高、耐污能力强等优点，因而是传统碳化硅阀型避雷器的更新换代产品，在电站及变电所中得到了广泛的应用。保护间隙、管型避雷器在工厂变电所中使用较少。

1）间隙避雷器

间隙避雷器又称保护间隙，由两个相距一定距离的电极构成，间隙避雷器与被保护设备并

联,通过调整两个电极间的距离,使得电极间的击穿放电电压低于被保护设备的绝缘耐受电压。当雷电波入侵时,电极间隙先于被保护设备击穿,形成电弧接地,使得雷电流通过引下线和接地装置流入大地,限制了被保护设备电压的升高。由于间隙避雷器的灭弧能力较差,因此在工厂配电系统中较为少见,通常用于线路和变电所进线段的保护。

2)管型避雷器

管型避雷器由内、外两个间隙和产气管组成,当间隙被击穿,雷电流流入大地使过电压消失后,在工频续流电弧的作用下,产气管产生大量气体,通过纵吹灭弧,使工频续流电弧在过零时熄灭,恢复间隙的绝缘性。管型避雷器切断工频电流有上、下限的限制,工频电流过大容易使产气管炸裂,过小则产生的气体量太小不足以灭弧,因此其使用受到限制,通常只用于线路保护和变电所的进线段保护。

3)阀型避雷器

阀型避雷器由叠装于密封瓷套(电压等级高的避雷器产品具有多节瓷套)内的火花间隙和阀片(非线性电阻,常见的由碳化硅钢片组成)串联构成,阀片的伏安特性关系可用下式描述:

$$U = CI^{\alpha} \tag{4-31}$$

式中:C 为与材料有关的常数;α 为非线性系数,其值小于 1,通常在 0.2 左右。

可见,电流越大,阀片的电阻越小,且具有非线性。火花间隙的主要作用是正常工作时将阀片与母线隔离,当雷电波入侵时,火花间隙被击穿,雷电流经阀片流入大地,由于避雷器的冲击放电电压低于被保护设备的绝缘耐压,从而保护了电气设备。当过电压消失后,在间隙中有工频续流,但此时因阀片电流大大减少,因此阀片电阻值急剧升高,使间隙电弧在过零时熄灭。

阀型避雷器按灭弧方式又可分为普通型和磁吹型。普通型的火花间隙由许多间隙串联组成,放电分散性小,伏—秒特性平坦,灭弧性能好。磁吹型利用磁场驱动电弧,使电弧的去游离加强来提高灭弧性能,从而具有更好的保护性能。

阀型避雷器保护性能好,广泛用于交、直流系统,保护发电、变电设备的绝缘。其中 FS 型通流容量小,主要用于保护 3kV ~ 10kV 配电系统中的设备;FZ 型通流容量较大,主要用于保护发电厂、总降压变电所的变压器等设备。

4)氧化锌避雷器

氧化锌避雷器的阀片由氧化锌(Z_nO)制成,其非线性系数 α 比碳化硅小得多,具有很好的非线性伏安特性。正常工作时,氧化锌阀片具有极高的电阻,相当于绝缘;而在过电压时,氧化锌阀片电阻很小,相当于短路状态,因此残压就小。且过电压消失后,阀片电阻在极短时间内就可以恢复到绝缘状态,工频续流被大大限制,其伏安特性曲线如图 4-17 所示。

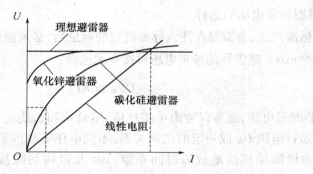

图 4-17　氧化锌、碳化硅和理想避雷器伏安特性的比较

基本型氧化锌避雷器型号的表示和含义如下：

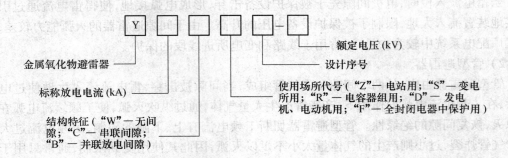

由于新型金属氧化锌避雷器保护性能优于碳化硅避雷器，已在逐步取代传统的阀型避雷器，广泛用于交、直流系统中，用于保护发电、变电设备的绝缘，尤其适合于中性点有效接地的110kV 及以上电网。

氧化锌避雷器主要技术参数有：

（1）标称放电电流：给避雷器施加波形为 8μs/20μs 的标准雷电波冲击 10 次时，避雷器所能耐受的最大冲击电流峰值。避雷器的标称放电电流分 1kA、1.5kA、2.5kA、5kA、10kA 和20kA 共 6 个等级。

（2）额定电压：能施加在避雷器指定端，而不引起避雷器特性变化和使避雷器动作的最大工频电压有效值。按 IEC 标准规定，避雷器在注入标准规定的能量后，必须能耐受相当于额定电压数值的暂时过电压至少 10s。

（3）持续运行电压：指允许持久施加在避雷器端子间的工频电压有效值。

（4）冲击电流残压：指避雷器受放电电流击穿时，避雷器两端的残余电压，因避雷器与被保护设备并联，因此冲击电流残压 就是过电压来袭时，被保护设备承受的最高电压。可分为标称放电电流残压（波形 8μs/20μs，峰值 5kA、10kA、15kA、20kA）和操作冲击放电电流残压（ 波形30μs/60μs，峰值 1.5kA、2kA、3kA）。

4. 避雷器的选择

1）避雷器类型的选择

根据被保护对象选择避雷器的类型。因为氧化锌避雷器远优于传统避雷器，因此应尽量选用，以下选择方法也主要针对氧化锌避雷器而言。

2）避雷器额定电压的选择

按 IEC 标准规定，避雷器在注入标准规定的能量后，必须能耐受相当于额定电压数值的暂时过电压至少 10s。避雷器的额定电压可按下式选择：

$$U_{\text{N.F}} \geqslant KU_{\text{t}} \qquad\qquad (4-32)$$

式中：U_{t} 为暂时过电压，通常仅考虑单相接地、甩负荷和长线电容效应引起的暂时过电压，与系统的最高运行电压 U_{m} 成一定的比例关系，不同电压等级的系统和接地方式的比例关系见表 4-4；K 为切除单相接地故障时间系数，10s 及以内切除故障 $K=1.0$，10s 以上切除故障 $K=1.3$。

表4-4 无间隙氧化锌避雷器额定电压和持续运行电压

系统接地方式		持续运行电压/kV		额定电压/kV	
		相对地	中性点	相对地	中性点
有效接地	110kV	$U_{\mathrm{m}}/\sqrt{3}$	$0.45U_{\mathrm{m}}$	$0.75U_{\mathrm{m}}$	$0.57U_{\mathrm{m}}$
	230kV	$U_{\mathrm{m}}/\sqrt{3}$	$(0.13\sim0.45)U_{\mathrm{m}}$	$0.75U_{\mathrm{m}}$	$(0.17\sim0.57)U_{\mathrm{m}}$
不接地	3kV~20kV	$1.1U_{\mathrm{m}}$	$0.64U_{\mathrm{m}}$	$1.38U_{\mathrm{m}}$	$0.8U_{\mathrm{m}}$
	35kV~66kV	U_{m}	$U_{\mathrm{m}}\sqrt{3}$	$1.25U_{\mathrm{m}}$	$0.72U_{\mathrm{m}}$
经消弧线圈接地		U_{m}	$U_{\mathrm{m}}/\sqrt{3}$	$1.25U_{\mathrm{m}}$	$0.72U_{\mathrm{m}}$
低电阻		$0.8U_{\mathrm{m}}$		U_{m}	
高电阻		$1.1U_{\mathrm{m}}$	$1.1U_{\mathrm{m}}/\sqrt{3}$	$1.38U_{\mathrm{m}}$	$0.8U_{\mathrm{m}}$

注:U_{m}表示系统的最高运行电压。

例4-3 某110kV设备的系统,绝缘水平为450kV,若选择氧化锌避雷器作为保护,故障在10s内切除,试确定避雷器的参数。

解:110kV系统的最高电压为126kV,则选择避雷器参数为:

(1)额定电压:按表4-4,取相对地电压$0.75U_{\mathrm{m}}=0.75\times126=94.5$kV,因此避雷器额定电压取100kV。

(2)标称放电电流:根据被保护设备的电压等级,取10kA。

(3)雷电冲击电流残压:根据设备绝缘水平450kV,取雷电过电压配合系为1.4,则避雷器的雷电冲击电流残压不得超过$450/1.4=321.4$(kV),可取260kV。最终选择避雷器型号为Y10W-100/260,其技术参数满足要求。

4.2.8 高压成套设备

高压成套设备是按一定的接线方案将相关一、二次设备(如变压器、高压断路器、高压隔离开关和负荷开关、高压熔断器、互感器、电容器、电抗器、避雷器、母线、进出线套管、电缆终端、监测仪表等)进行合理配置并有机地组合于金属封闭外壳内,具有相对完整使用功能的电气设备。高压成套设备常见的有金属封闭开关设备(高压开关柜)、气体绝缘金属封闭开关设备(充气柜)等。

1. 高压开关柜

高压开关柜是以空气或复合绝缘材料作为绝缘介质的高压成套配电设备,通常用于发电厂和变配电所中作为控制和保护发电机、变压器或高压线路之用,也可作为大型高压交流电动机的启动和保护之用。早期的高压开关柜是半封闭式的,因母线外露防护性能差已被淘汰,现在生产的高压开关柜均为金属封闭式。

1)高压开关柜的型号和分类

我国旧系列高压开关柜型号的表示和含义如下:

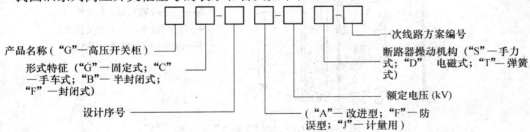

新系列高压开关柜全型号的表示和含义如下：

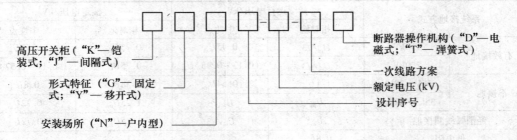

高压开关柜（"K"—铠装式；"J"—间隔式）

形式特征（"G"—固定式；"Y"—移开式）

安装场所（"N"—户内型）

断路器操作机构（"D"—电磁式；"T"—弹簧式）

一次线路方案

额定电压（kV）

设计序号

（1）按安装地点分为户内式（N）和户外式。

（2）按主电气设备的功能分为断路器柜、互感器柜、计量柜、F－C回路柜和环网柜等。F－C回路柜的主电气设备为高压限流型熔断器—高压接触器组合电器；环网柜的主电气设备为负荷开关—熔断器的组合电器。

（3）按柜内整体结构可分为铠装式（K）、间隔式（J）和箱式（X）：

① 铠装式：铠装式高压开关柜中的主要设备，如断路器、进线母线、继电仪表、电缆接线盒等都被安放在由接地的金属隔板制成的独立小室内。这些小室组装完成后栓接在一起。

② 间隔式：柜内部分组件和铠装式一样，安装在独立的隔间内，但是有些隔间的隔板不是由金属而是由绝缘板制成的，常见型号为JYN型。

③ 箱式：一般只有一个封闭的金属外壳，柜内隔室很少甚至不分隔室，如XGN型。

以上三种结构中，铠装式可以将事故时产生的电弧通过金属隔板引到地上，因此可靠性和安全性最好；而箱式结构简单，价格便宜，但是安全性最差。

（4）按柜内组件是否固定可分为固定式（G）和移开式（Y）：

① 固定式：柜内的所有组件都是固定安装的，结构简单，价格便宜。

② 移开式：又称手车式（型式代号C），柜内的主要电气设备，如断路器、互感器、避雷器、继电器等安装在可移动的小车上，小车上的电气设备通过插入式触头连接。当需要对电气设备进行更换或检修时，只需要将小车抽出柜体进行检修，也可以将备用小车推入柜体继续工作，具有检修方便、恢复供电时间短的优点。常见型号有KYN、JYN等。需要注意的是，移开式开关柜中没有隔离开关，因为断路器在小车抽出后能形成断开点，故不需要隔离开关。

图4－18和4－19分别为GC－10（F）型高压开关柜和GG－1A（F）－07S型高压开关柜的结构图。

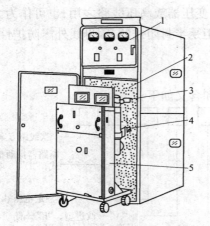

1—仪表屏；
2—手车室；
3—上触头（兼起隔离开关作用）；
4—下触头（兼起隔离开关作用）；
5—SN10－10型断路器手车。

图4－18　GC－10（F）型高压开关柜

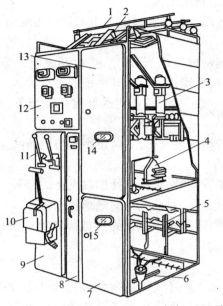

1—母线；
2—母线隔离开关（QS1，GN8－10 型）；
3—少油断路器（QF，SN10－10 型）；
4—电流互感器（TA，LQJ－10 型）；
5—线路隔离开关（QS2，GN6－10 型）；
6—电缆头；
7—下检修门；
8—端子箱门；
9—操作板；
10—断路器的手动操作机构（CS2 型）；
11—隔离开关的操作机构手柄；
12—仪表继电器屏；
13—上检修门；
14、5—观察窗口。

图 4－19　GG－1A（F）－07S 型高压开关柜（断路器柜）

（5）按母线组数可分为单母线式和双母线式，6kV～35kV 供配电系统的主接线通常采用单母线式，若要求提高供电可靠性，可采用双母线式。

2）高压开关柜的"五防"功能

高压开关柜应具备"五防"功能：防止误分、合断路器或负荷开关；防止带负荷分、合隔离开关；防止带电挂接地线；防止带接地线关合开关设备；防止人员进入带电隔间。

（1）移开式高压开关柜的"五防"闭锁：

① 只有当断路器或负荷开关处于分闸位置时，手车才可以抽出或插入。

② 只有当手车处于工作位置（一、二次回路都接通）或试验位置（一次回路断开、二次回路接通，供测试二次设备）时，断路器或负荷开关才能进行分、合操作，当手车处于试验/工作位置之间时，辅助触点断开，切断断路器的合闸回路，使其不能合闸。

③ 只有当接地开关处于分闸位置时，手车才能进入工作位置，或从工作位置退回到试验/断开位置，从而防止带接地线误合断路器或负荷开关。

④ 只有手车处于试验/断开位置时，才允许合上接地开关，防止带电误合接地开关。

⑤ 接地开关处于分闸位置时，下门及后门无法打开，防止误入带电隔间。

（2）固定式高压开关柜的"五防"闭锁

除了与移开式高压开关柜的闭锁要求相同点之外，还应注意：

① 只有当断路器或负荷开关处于分闸位置时，才允许分、合隔离开关。

② 只有当断路器或负荷开关两侧的隔离开关都处于合闸位置或分闸位置时，才允许分、合断路器或负荷开关。

3）高压开关柜的技术参数

（1）额定电压。

（2）额定电流：指柜内母线的最大工作电流。

（3）额定短时耐受电流：指柜内母线及主回路的热稳定电流，热稳定持续时间通常为 4s。

（4）额定峰值耐受电流：指柜内母线及主回路的动稳定电流。

（5）额定关合峰值电流：在数值上等于动稳定电流。

（6）额定绝缘水平：用 1min 工频耐受电压有效值和雷电冲击耐受电压峰值表示。

4）高压开关柜的选择

选择高压开关柜时，应注意使其技术参数（额定电压、额定电流、断流能力等）不小于其所在的工作回路的电气条件，还要根据产品使用环境选择高压开关柜的类型。

（1）根据负荷等级选择开关柜的类型，一般一、二级负荷选择移开式开关柜，三级负荷选择固定式开关柜。

（2）在地面质量较差或地面施工要求较高的场合，为了防止小车与地面的摩擦，可选用中置式（Z）移开式开关柜，其小车在轨道上运行。

（3）根据主接线方案选择开关柜的回路方案号，然后选择柜内设备的型号。

（4）绝缘水平的选择。原则上电压等级越高，对开关柜的绝缘要求越高。

（5）合理配置柜内二次设备的直流电源，以避免一次回路的故障影响二次设备的直流电源，使二次设备失去效用而造成事故的扩大。

2. 充气柜

充气柜（柜式气体绝缘金属封闭开关设备）是将气体绝缘金属封闭开关设备技术与常规高压开关柜技术相结合而产生的高压成套设备，早期多采用圆筒式结构，将电气设备都放置在充有 0.02MPa～0.05MPa 的 SF_6、N_2 或 SF_6/N_2 混合绝缘气体的接地金属圆筒中，现在已研制出与常规高压开关柜外形相似的充气柜。

充气柜由于采用 SF_6 等气体作为绝缘介质，其绝缘性能远高于采用空气绝缘的普通高压开关柜，因此可以将体积做得很小；同时，不易受外界恶劣环境的影响，可全工况运行。具有运行可靠，检修周期长等优点，但是价格较贵。

4.2.9　低压断路器

低压断路器是指工作在 1200V 以下的低压电路中，起控制和保护作用的断路器，它与高压断路器一样具有完善的灭弧装置，因此既可以带负荷通断短路或过负荷电流，又可以在欠压或失压情况下自动跳闸。

1. 低压断路器的结构

低压断路器由触头、灭弧装置、操作机构和脱扣器等部分组成，如图 4-20 所示。

1）触头系统

触头系统包括主触头和辅助触头。主触头用于实现对电路的分、合操作，应能可靠地分断极限短路电流。辅助触头供给信号装置反映断路器位置，或供给控制装置提供电路连锁用。

2）灭弧装置

低压断路器一般采用金属栅片式灭弧装置，由使触头迅速分离的强力弹簧机构和灭弧室构成。

3）操作机构

操作机构由传动机构和实现传动机构与触头系统联系的自由脱扣机构组成。

4）脱扣器

低压断路器中的各种保护功能是由脱扣器实现的，脱扣器根据线路故障的情况，控制操作机构使断路器跳闸，脱扣器根据保护功能的不同可以分为：

（1）热脱扣器：用于过载保护，由膨胀系数差异很大的双金属片构成，当线路或设备长时

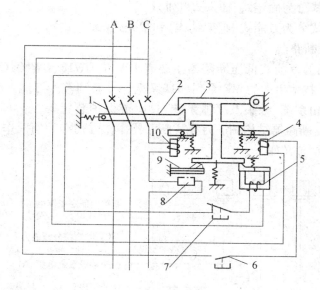

图 4 – 20　低压断路器原理结构接线示意图

1—主触头；2—跳钩；3—锁扣；4—分励脱扣器；5—失压脱扣器；
6、7—脱扣按钮；8—加热电阻器；9—热脱扣器；10—过流脱扣器。

间过载引起发热时,双金属片因膨胀系统不同而发生弯曲,通过操作机构推动脱扣机构释放主触头使断路器跳闸。

（2）过流脱扣器:用于短路或过负荷保护保护,电磁式过流脱扣器由铁芯、油管、线圈等组成,在线路短路时,由于脱扣器铁芯受电磁力的作用上升,推动操作机构使断路器跳闸,具有短路瞬时动作特性。新型智能式过流脱扣器还具有延时动作特性。一般断路器还具有短路锁定（防跳）功能,用以防止故障未排除时的重合闸。

（3）分励脱扣器:用于远距离控制断路器跳闸。

（4）失压或欠压脱扣器:用以监控电压波动,当电网电压低于设定值（35% ～70%）时,电磁力不足以克服其反作用弹簧的拉力,而使传动机构推动自由脱扣器使断路器跳闸,为防止电压快速波动使断路器反复分、合,失压或欠压脱扣器还具有延时动作特性。

2. 低压断路器的型号和分类

低压断路器的文字符号和图形符号与高压断路器一致。

1）低压断路器的主要技术参数

除了额定电压、额定频率、额定电流、额定分断能力、极限分断能力、热稳定电流和热稳定电流等与高压断路器相同的技术参数外,还具有壳架等级额定电流、过流保护脱扣器时间—电流特性曲线、极数和操作方式等参数。

2）低压断路器的分类

（1）按保护对象分为配电保护型（保护线路、电缆和设备）、电动机保护型（用于电动机的启动或停止,以及过负荷、短路和欠电压保护）、家用（照明、电器）保护型和漏电保护型（防止人身伤害）。

（2）按灭弧介质分为空气型和真空型。

（3）按保护特性分为选择型与非选择型。

（4）按安装方式分为固定式、插入式和抽屉式。

（5）按结构形式分为万能式（框架结构）和塑壳式（装置式）。

3）万能式低压断路器

目前，我国使用的万能式低压断路器主要有 DW15、DW18、DW40、CB11（DW48）、DW914 系列，以及引进国外技术生产的 ME 系列、AH 系列、AE 系列等。万能式断路器的内部结构主要由机械操作和脱扣系统、触头及灭弧系统、过电流保护装置等三大部分组成，图 4 - 21 为 DW10 型万能式低压断路器结构图。万能式断路器操作方式有手柄操作、电动机操作、电磁操作等。其型号及表示含义如下：

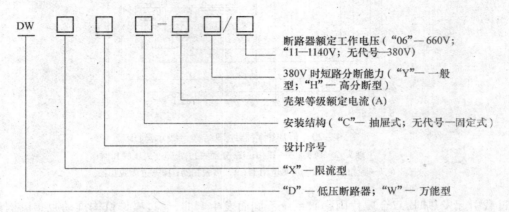

断路器额定工作电压（"06"—660V；"11—1140V；无代号—380V）

380V 时短路分断能力（"Y"— 一般型；"H"— 高分断型）

壳架等级额定电流（A）

安装结构（"C"— 抽屉式；无代号—固定式）

设计序号

"X"—限流型

"D"—低压断路器；"W"— 万能型

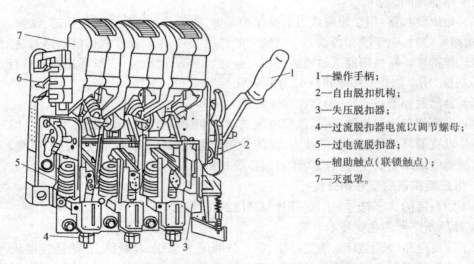

1—操作手柄；

2—自由脱扣机构；

3—失压脱扣器；

4—过流脱扣器电流以调节螺母；

5—过电流脱扣器；

6—辅助触点（联锁触点）；

7—灭弧罩。

图 4 - 21　DW10 型万能式低压断路器

万能式断路器容量较大，可装设多种脱扣器，辅助接点的数量也多，不同的脱扣器组合可形成不同的保护特性，故可作为选择性或非选择性或具有反时限动作特性的电动机保护。它通过辅助接点可实现远方遥控和智能化控制。

4）塑壳式低压断路器

目前，我国常用的塑壳式低压断路器主要有 DZ20、DZ15、DZX10 系列及引进国外技术生产的 H 系列、5060 系列、3VE 系列、TO 和 TG 系列。其型号及表示含义如下：

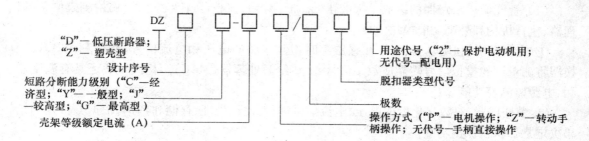

"D"—低压断路器；
"Z"—塑壳型
　　设计序号
短路分断能力级别（"C"—经
济型；"Y"—一般型；"J"
—较高型；"G"—最高型）
壳架等级额定电流（A）

用途代号（"2"—保护电动机用；
无代号—配电用）
脱扣器类型代号
极数
操作方式（"P"—电机操作；"Z"—转动手
柄操作；无代号—手柄直接操作

塑壳式断路器所有机构及导电部分都装在塑料壳内，在塑壳正面中央有操作手柄，手柄有分闸、自由脱扣、分闸/再扣三个位置，在壳面中央有分合位置指示。手柄处于向上为合闸位置，此时断路器处于闭合状态；当断路器故障跳闸后，手柄处于中间称为自由脱扣位置；当操作断路器分闸时，手柄处于向下的分闸位置，如果断路器因故障使手柄置于自由脱扣位置时，需将手柄扳到分闸位置（这时叫再扣位置）时，断路器才能进行合闸操作。图4-22为DZ10型塑壳式低压断路器的结构。

塑壳式低压断路器一般用于配电馈线控制和保护、小型配电变压器的低压侧出线总开关、动力配电终端控制和保护，以及住宅配电终端的控制和保护，也可用于各种生产机械的电源开关。

5）智能低压断路器

随着供配电系统自动化技术的发展，智能低压断路器逐渐得到推广应用。目前，在我国使用的智能型低压断路器型号主要有万能型的DW45、CB11等。

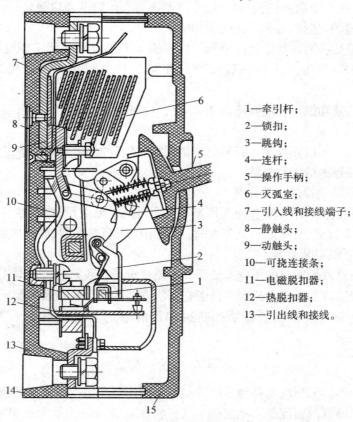

1—牵引杆；
2—锁扣；
3—跳钩；
4—连杆；
5—操作手柄；
6—灭弧室；
7—引入线和接线端子；
8—静触头；
9—动触头；
10—可挠连接条；
11—电磁脱扣器；
12—热脱扣器；
13—引出线和接线。

图4-22　DZ10型塑壳式低压断路器结构图

（1）智能低压断路器的组成。智能化低压断路器的核心是智能脱扣器，由检测模块、微处理器、执行机构和外围功能模块组成。

① 检测模块：利用电压、电流互感器实时检测线路的电压和电流信号，然后利用 A/D 变换器将测量到的模拟信号转换成数字信号，上传给微处理器（MCU）。检测模块还具有温度监测、电源监测等功能。

② 微处理器：对数字化后的电压、电流信号进行分析、处理、存储和判别，根据分析判别结果决定是否执行保护功能。

③ 执行机构：当微处理器发出跳闸指令后，由执行机构推动脱扣件脱扣。

④ 围功能模块：主要包括显示模块、键盘模块、通信模块、EEPROM（数据掉电保护）模块等。

（2）智能低压断路器的优点：

① 完善的保护功能。智能断路器使用微处理器对测量信号进行分析后，通过对执行机构发送指令来实现对脱扣器的控制，并且可以通过键盘或编码器很容易地整定动作电流、动作时限等各种保护参数，因此可以很方便地实现长延时、短延时、瞬时三段保护功能，以及过压、欠压、失压、断相、失流、逆相序、单相接地保护等功能。而且在上、下级线路保护的选择性整定上，智能断路器因其全范围调节的优点，比传统的断路器要方便和准确得多。

② 强大的通信功能。智能化断路器可以通过 RS–485 串口、Modbus 现场总线等通信接口与主控计算机进行双向通信，有些智能断路器还具有因特网通信接口，可以实时上传数据和接收指令，具有遥测、遥控、遥调和遥信等"四遥"功能。

③ 可靠的记忆功能。智能化断路器可以根据要求来设置存储三相电压、电流、有功和无功功率、电能、频率、失压、欠压时间和长短、断路器动作时间和次数等历史数据，并具有掉电保存功能。

④ 故障自诊断功能。智能断路器能够对自身的各组件进行监测，当出现故障时可发出警报并断开断路器。

⑤ 试验功能。可以在线模拟各种故障情况，调试各种保护参数的整定值。

3. 低压断路器的选择和校验

1）低压断路器选择的一般原则

（1）根据需要保护的对象选择低压断路器的型号（配电型、电动机保护型、家用型等）。额定电流在 600A 以下，且短路电流不大时，可选用塑壳型断路器；额定电流较大，短路电流也较大时，应选用万能型断路器。

（2）低压断路器的额定电压应不低于其安装地点所在线路的额定电压。

（3）低压断路器的额定电流应不低于它所能安装的最大脱扣器的额定电流。

（4）低压断路器过电流脱扣器和热脱扣器的额定电流应不小于所在线路的计算电流，即

$$I_{\text{N.OR}} \geq I_c \quad \text{或} \quad I_{\text{N.TR}} \geq I_c \tag{4–33}$$

（5）低压断路器欠压脱扣器和分励脱扣器的额定电压应等于线路的额定电压。

（6）低压断路器的断流能力不应小于其安装地点的线路的最大三相短路电流，对万能型断（DW）断路器，其分断时间在 0.02s 以上时，应该有

$$I_{OC} \geqslant I_K^{(3)} \qquad\qquad (4-34)$$

式中：$I_K^{(3)}$ 为线路最大三相短路电流有效值。

对塑壳型断(DZ)断路器,其分断时间在 0.02s 以下时,应该有

$$I_{OC} \geqslant I_{sh}^{(3)} \qquad\qquad (4-35)$$

式中：$I_{sh}^{(3)}$ 为线路最大三相短路冲击电流有效值。

2）低压断路器过电流脱扣器的整定

低压断路器通常带有多种类型的脱扣器,需要分别进行选择和整定。在选择时先选择脱扣器的额定电流,再进行动作电流和动作时限的整定。其中过电流脱扣器的动作电流按其额定电流的整数倍整定。

（1）瞬时过电流脱扣器动作电流的整定。为防止因电动机启动等原因造成尖峰电流 I_{PK}（持续时间 1s~2s 的短时最大负荷电流）引起断路器误动作,瞬时过电流脱扣器的动作电流 $I_{OP(0)}$ 应躲过线路的尖峰电流,即

$$I_{OP(0)} \geqslant K_{rel} I_{pk} \qquad\qquad (4-36)$$

式中：K_{rel} 为可靠系数。对动作时间在 0.02s 以上的 DW 系列断路器 1.35；对动作时间在 0.02s 及以下的 DZ 系列断路器取 2~2.5。

（2）短延时过电流脱扣器动作电流和时间的整定。为防止尖峰电流引起的断路器误动,短延时过电流脱扣器的动作电流 $I_{OP(s)}$ 应躲过线路的尖峰电流 I_{pk},即

$$I_{OP(s)} \geqslant K_{rel} I_{pk} \qquad\qquad (4-37)$$

式中：K_{rel} 为可靠系数,取 1.2。

短延时过电流脱扣器的动作时间一般不超过 1s,通常可整定为 0.2s、0.4s 及 0.6s 三级,某些新型断路器的动作时限更低。

（3）长延时过电流脱扣器动作电流和时间的整定。长延时过电流脱扣器一般用于过负荷保护,其动作时限大于尖峰电流的持续时间,因此其动作电流不需要躲过尖峰电流,只需躲过线路的计算电流,即

$$I_{OP(1)} \geqslant K_{rel} I_c \qquad\qquad (4-38)$$

式中：K_{rel} 为可靠系数,取 1.1。

长延时脱扣器动作时间应躲过线路允许过负荷的持续时间,一般大于 1h,其动作特性通常为反时限,即过负荷电流越大,动作时间越短。

（4）上、下级低压断路器选择性的配合。为防止发生越级跳闸,扩大事故范围,上、下级线路的断路器间应有良好的配合,即应具有选择性。若下级线路或设备发生故障,保护下级的断路器应跳闸,而保护上级线路的断路器不应跳闸,只有下级的断路器因自身故障不动作时,上级断路器才会动作,为满足选择性的要求,上、下级断路器的动作电流应满足

$$I_{OP(1)} \geqslant 1.2\, I_{OP(2)} \qquad\qquad (4-39)$$

式中：$I_{OP(1)}$ 为上级断路器动作电流；$I_{OP(2)}$ 为下级断路器动作电流。

在动作时间的选择上,上级断路器的动作时间应比下级断路器的动作时间大一级（0.2s）。

（5）过电流脱扣器与被保护线路的配合。当线路过负荷或短路时,为防止绝缘导线或电缆因过热烧毁而使低压断路器的过电流脱扣器拒动的事故发生,要求过流脱扣器在绝缘导线

或电缆过热前动作,所以,其动作电流应满足:

$$I_{OP} \leq K_{OL} I_{al} \qquad (4-40)$$

式中:I_{al}为绝缘导线或电缆的允许载流量;K_{OL}为绝缘导线或电缆的允许短时过负荷系数,对瞬时和短延时过电流脱扣器取4.5,对长延时过电流脱扣器取1,对保护有爆炸性气体区域内的线路取0.8。

如果所选择的过电流脱扣器动作电流不满足被保护线路的配合要求,可依据具体情况重新整定过电流脱扣器的动作电流,或适当加大绝缘导线或电缆的截面。

3)低压断路器热脱扣器的整定

热保护脱扣器用于作线路的过载保护,为防止线路的最大计算负荷电流引起断路器误动,其动作电流$I_{OP.TR}$应大于线路的最大计算电流,即

$$I_{OP.TR} \geq K_{rel} I_c \qquad (4-41)$$

式中:K_{rel}为可靠系数,通常取1.1,但一般应通过实际测试进行调整。

4)低压断路器灵敏度的校验

为保证低压断路器在其保护区内的线路发生最小短路故障时不会发生拒动,还应满足保护对灵敏度的要求,保护灵敏度可按下式进行校验:

$$K_S = \frac{I_{k.min}}{I_{OP}} > 1.3 \qquad (4-42)$$

式中:I_{OP}为低压断路器瞬时或短延时过电流脱扣器的动作电流;K_S为保护最小灵敏度,一般取1.3;$I_{k.min}$为被保护线路末端在系统最小运行方式下的最小短路电流。对TT、TN(中性点不接地)系统取单相短路电流或单相接地电流;对IT(中性点不接地)系统取两相短路电流。

例4-4 一台三相电动机由380V的三相四线线路供电。电动机的额定电流为80A,启动电流为360A,线路首端的最大三相短路电流为20kA,线路末端的最小单相短路电流为8kA。线路采用BX-500型穿塑料管明敷的导线(允许载流量为345A,环境温度为25℃),试选择低压断路器用于瞬时过电流保护并校验保护的各项参数。

解: 低压断路器用于电动机保护,选择DZ20型塑壳断路器,因为线路的最大三相短路电流为20kA,线路计算电流为80A,所以过电流脱扣器的额定电流选择为100A,故初步选择DZ20J-200/100型断路器。

(1)瞬时脱扣器动作电流整定。

① 对DZ型断路器s可靠系数K_{rel}取2:

$$I_{OP(0)} \geq K_{rel} I_{pk} = 2 \times 360 = 720(A)$$

因此,选定8倍整定倍数的瞬时脱扣器,即$I_{OP(0)} = 8 \times 100 = 800(A)$,即可满足躲过尖峰电流的要求。

② 与被保护线路配合:$I_{OP(0)} = 8 \times 100 = 800(A) < 4.5 I_{al} = 4.5 \times 345 = 1552.5(A)$,满足要求。

(2)断流能力和灵敏度校验。

① 断流能力,DZ20J-200型断路器在380V时为$I_{OC} = 35kA > 20kA$,满足要求。

② 保护灵敏度：$K_s = \dfrac{I_{k.min}}{I_{OP}} = \dfrac{8 \times 10^3}{800} = 10 > 1.3$ 满足灵敏度要求。

4.2.10　低压熔断器和低压负荷开关

低压熔断器主要用于 1200V 以下的线路或电气设备的短路和过负荷保护，其种类比较多，低压熔断器的型号及含义如下：

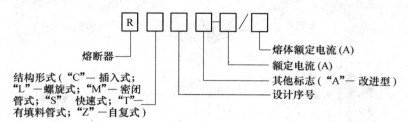

1. 低压熔断器

1) 低压熔断器的分类

常用低压熔断器按结构形式：

（1）RC1A 系列瓷插入式：由底座、瓷盖、触点和熔丝组成。主要用于额定电流 200A 及以下、额定电压 380V 及以下的交流线路末端，作为电气设备的短路及过载保护。

（2）RL1 型螺管式熔断器：由底座、瓷帽、熔管组成。熔体装在熔管内，内装有石英砂，因此具有限流特性。当熔体熔断时，可通过瓷帽上的玻璃窗口观察到熔管一端明显的熔断指示（红色），其结构如图 4-23 所示。这种熔断器的在熔体熔断后，只要重新更换熔体就可以再次使用，比较方便，广泛应用于 500V 及以下的配电线路及电动机的短路和过载保护。

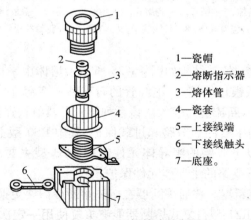

1—瓷帽
2—熔断指示器
3—熔体管
4—瓷套
5—上接线端
6—下接线触头
7—底座。

图 4-23　RL1 型螺管式熔断器

（3）RT 系列有填料封闭管式熔断器：由瓷熔管、栅状铜熔体、触头、底座组成，其结构如图 4-24 所示。RT 系列熔断器的熔体为多根并联的栅状铜片，具有变截面小孔，上面焊有锡桥，以利用"冶金效应"降低铜片的熔点，其结构如图 4-24（a）所示。当短路电流通过使熔体时，熔体将在变截面小孔处熔断成多个较短的段，从而将长电弧变成多个短弧，再通过瓷熔管内填充的石英砂的冷却与复合作用，使得电弧很快熄灭，因此该型熔断器属于限流型熔断器，其断流能力较强，广泛应用于保护性能要求较高的低压配电系统中。当熔体熔断后，同样可以观察到红色的熔断指示器，此时需及时更换整个熔管，因此不是很方便，也不够经济。

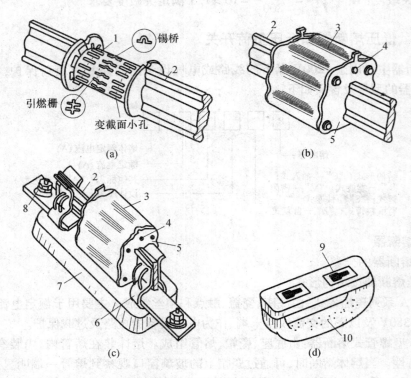

图 4 – 24　RT 系列低压熔断器结构图

（a）熔体；（b）熔管；（c）熔断器；（d）绝缘操作手柄。

1—栅状铜熔体；2—触刀；3—瓷熔管；4—熔断指示器；5—盖板；6—弹性触座；

7—瓷质底座；8—接线端子；9—扣眼；10—绝缘拉手手柄。

（4）RS 系列快速熔断器：其结构如图 4 – 25 所示。熔体由采用变截面工艺的银片制成，同样利用"冶金效应"降低银片的熔点，绝缘管的石英砂和变截面银片具有较强的灭弧能力，因此也属于限流型熔断器，断流能力较大。该系列熔断器具有快速熔断特性，主要用于耐受过电流能力很差的半导体功率器件的短路和过载保护，其中 RS0 型主要用于额定电压 750V 及以下、额定电流 480A 及以下线路的半导体元件保护，RS3 型主要用于额定电压 1000V 及以下、额定电流 700A 及以下线路的半导体元件保护。

（5）RZ1 型自复式熔断器。普通熔断器在熔体熔断后需要更换熔体甚至整个熔管才能再次使用，我国设计生产的 RZ1 型自复式熔断器能够重复使用一定次数，较为方便和经济，其结构如图 4 – 26 所示。该型熔断器的熔体由金属钠、钾等具有非线性电阻特性的材料制成，在短路电流高温的作用下熔体熔化成高温的金属蒸气，呈高阻状态，从而切断短路电流，此时高温高压的金属蒸气推动活塞外移以降低管内压力，当故障恢复后随着温度的降低钠熔体又自动恢复到固态的低电阻状态供电，因而无需更换熔体。

（6）NGT 系列快速熔断器：该系列熔断器是引进德国技术生产的一种高分断能力熔断器，其断流能力在 100kA 以上，外形和结构与 RS 系列熔断器类似，但功耗只有 RS 系列的70％。现广泛应用于保护半导体器件及其成套装置的短路和过载保护。

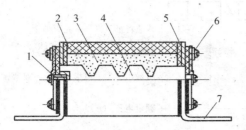

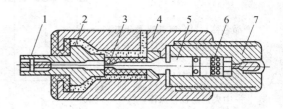

图 4 – 25 RS 系列快速熔断器

1—熔断指示器；2—绝缘管；3—石英砂；

4—熔体；5—绝缘垫；6—盖板；7—导电板。

图 4 – 26 RZ1 型自复式熔断器

1—接线端子；2—云母玻璃；3—瓷管；4—不锈钢外壳；

5—钠熔体；6—氩气；7—接线端子。

2）低压熔断器的选择

应根据前述各类低压熔断器的特点，结合安装环境要求选择低压熔断器的类型。低压熔断器和高压熔断器一样，不需要校验热稳定和动稳定性，但是在选择熔体的额定电流和额定电压时需要满足所在线路的电气条件，并且需要校验断流能力和与线路的配合，最后，上、下级线路之间的熔断器还要考虑选择性问题（一般选择上级熔断器的熔断时间为下级熔断器的 3 倍，或者熔体额定电流为下级的 1.6 倍 ~ 2 倍即可）。低压熔断器的选择计算同高压熔断器。

例 4 – 5 某电动机由一条 380V 三相四线制线路供电。电动机的额定电流为 40A，启动电流为 180A，属于重载启动。线路最大三相短路电流为 18kA，环境温度为 25℃。拟采用 BLV – 500（3 × 10）型导线穿钢管敷设，导线的允许载流量 $I_{al} = 55A$。试选择进行短路保护的熔断器并校验熔断器的各项技术指标。

解：保护额定电流小于 200A 的低压电动机，可选用 RL1 型低压熔断器。

（1）选择熔体的额定电流，需要满足大于线路的计算电流，即

$$I_{N.FE} \geq I_c = 40A$$

还需要躲过尖峰电流，因电动机属于重载启动，所以选计算系数 $K = 0.4$，即

$$I_{N.FE} \geq KI_{pk} = 0.4 \times 180 = 72(A)$$

可选择 RL1 – 100/80 型熔断器，其 $I_{N.FE} = 80A$，$I_{N.FU} = 100A$，断流能力 $I_{oc} = 50kA$。

（2）校验熔断器的各项保护功能指标：

① 断流能力：$I_{oc} = 50kA > 18kA$，满足要求。

② 与线路配合：熔断器仅作短路保护，短时过负荷系数 K_{OL} 可取 2.5，即

$$I_{N.FE} = 80A < 2.5 I_{al} = 2.5 \times 55 = 137.5(A)，满足配合要求。$$

2. 低压负荷开关

1）低压刀开关

不带灭弧罩的低压刀开关只能用于在无负荷情况下通断低压线路，主要用于隔离低压电源。带金属栅片灭弧罩的刀开关可以通断一定的过负荷电流，作为不频繁地通断照明设备或小型电动机线路之用。低压刀开关的型号及含义如下：

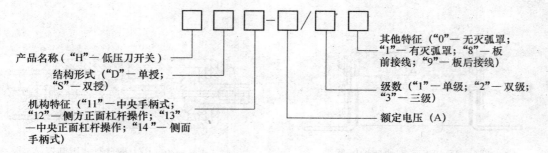

产品名称（"H"—低压刀开关）

结构形式（"D"—单授；"S"—双授）

机构特征（"11"—中央手柄式；"12"—侧方正面杠杆操作；"13"—中央正面杠杆操作；"14"—侧面手柄式）

其他特征（"0"—无灭弧罩；"1"—有灭弧罩；"8"—板前接线；"9"—板后接线）

级数（"1"—单级；"2"—双级；"3"—三级）

额定电压（A）

2）低压负荷开关—熔断器组合

低压负荷开关是在刀开关的基础上，增加外壳、快速操作机构、灭弧室和熔断器等辅助部件组成的，带熔断器的负荷开关称为负荷开关—熔断器组合电器。

负荷开关—熔断器组合电器由负荷开关来关、合正常负荷电流和过负荷电流，由熔断器来分断短路电流，在低压成套设备和低压环网供电单元中得到了广泛应用。

低压负荷开关可分为开启式和封闭式两种，其型号的表示和含义如下：

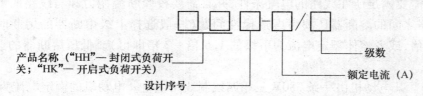

产品名称（"HH"—封闭式负荷开关；"HK"—开启式负荷开关）

设计序号

级数

额定电流（A）

开启式负荷开关主要用于额定电压380V以下、额定电流60A以下的照明、电热等设备的不频繁带负荷操作和短路保护。

封闭式负荷开关用金属或电工绝缘材料制成的外壳封闭起来。主要用于额定电流200A以下的配电装置、电动机等设备的不频繁带负荷操作和短路保护之用，具有机械连锁保护功能，其外门只在开关处于分闸状态时才能打开。

3）低压负荷开关的选择

根据负荷开关所在线路的电气条件选择开关的型号，并按表4-1的要求进行各种校验外，对负荷开关—熔断器组合电器还应校验转移电流和交接电流，交接电流的概念在4.2.5节"高压熔断器部分"已经介绍过，此处主要介绍转移电流。

为防止三相线路中某一相熔断器熔断后造成线路的缺相运行（通常是由三相熔断器的安—秒特性不一致引起），通常要求在负荷开关和熔断器之间设置联动装置，只要任意一相熔断器熔断，则全部三相的负荷开关都自动跳闸。这样一来，若短路电流过小使某一相熔断器熔断而其余两相熔断器未能熔断，就会导致其余两相的短路电流变为由负荷开关开断，因负荷开关灭弧能力差，可能会导致事故发生，这种现象称为电流转移，定义刚好使电流转移现象出现的三相短路电流为转移电流。

由转移电流的定义可知，若三相短路电流大于转移电流，则三相熔断器都会在负荷开关跳闸前全部熔断，短路电流都由熔断器开断。若三相短路电流小于转移电流，则最先熔断的熔断器对应相的短路电流由熔断器开断，其余两相由负荷开关开断。

因此，选择负荷开关—熔断器组合电器时，转移电流的校验应满足：熔断器的额定最小开断电流不应大于组合电器的转移电流，否则可能会出现电流转移现象。若熔断器的额定最小开断电流不满足校验条件，则负荷开关的额定断流能力应大于组合电器的转移电流，这样即使出现电流转移现象,负荷开关也可以可靠地灭弧。

4.2.11 低压成套设备

低压成套设备是指按一定的接线方案将多个低压一、二次设备(如变压器、低压断路器、低压隔离开关和负荷开关、低压熔断器、互感器、电容器、电抗器、母线、进出线套管、电缆终端、监测仪表等)组装在金属柜内,用于在低压供电系统从事电能的控制、保护、测量、转换和分配等任务的成套配电装置。低压开关柜广泛应用于生产、生活领域和公共场所,在我国大部分的电能都是由低压成套设备进行传输和分配的。

1. 低压成套设备的分类

低压成套设备按照负荷等级和重要性可以分为以下三级:

(1) 一级配电设备:又称动力配电中心,俗称低压开关柜或低压配电屏。该级低压成套设备通常安装在变电所内,紧靠配电变压器的低压侧,主要用于把电能分配给下级配电设备。

(2) 二级配电设备:又称动力配电柜,该级设备通常安装在工厂的生产车间等用电负荷中心,把上级配电设备传输来的电能对附近的电动机等用电设备进行分配,同时还应具有测量、控制和保护功能。

(3) 三级配电设备:俗称配电箱,主要分散配置在各个生产、生活场所,对照明、小容量电动机等设备进行电能分配、控制和保护。

2. 低压开关柜(低压配电屏)

1) 低压开关柜的型号和分类

我国新系列低压开关柜的型号及含义如下:

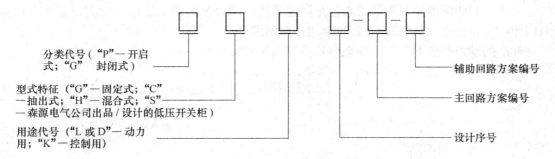

我国低压配电系统中目前使用的低压开关柜主要有 PGL、GGD、GCK、GHK 等型号,在使用时要根据它们各自的特点进行选择。

例如,GGD 封闭固定式低压开关柜适用于额定频率为 50Hz、额定工作电压 380V 及以下、额定工作电流 3150A 及以下的低压配电系统中,作为照明、电动机等设备的电能转换、分配与控制之用,广泛应用于发电厂、变电站、厂矿企业等场合。其断路器多采用新型的 DW15 型,具有分断能力高、稳定性好、电气接线方案灵活、组合方便、结构新颖及防护等级高等特点,但价格较为昂贵。

GCS 抽出式低压开关柜采用以基本模数为单位的单元组合,可以按用户任意要求增减单元数,减小了传统固定式结构给设计人员和用户带来的麻烦,同时缩短了设计、生产的周期;而且采用接地的金属隔板,将开关柜分成母线室、功能单元室、电缆室等功能不同的单元室,隔室之间也用接地的金属板隔离,互不干扰,能有效地防止故障的扩大。该型低压开关柜具有回路多、使用灵活、体积小、占地少等优点,广泛用于额定电压 380V 及以下、额定电流 4000A 及以下的低压配电系统中。

2）低压开关柜的主要技术参数

（1）额定电压和额定绝缘电压：额定电压表示开关柜所在线路的最高电压，低压开关柜主回路的额定电压有 220V、380V 和 660V 这 3 个等级；额定绝缘电压是指在规定条件下，用来衡量开关柜及其不同电位部分的绝缘强度、电气间隙和爬电距离的标准电压值。

（2）额定频率：通常为 50 Hz。

（3）额定电流：水平母线额定电流（接收上级线路输送电能的母线的额定电流），分 630A、800A、1000A、1200A、1600A、2000A、2500A、3150A、4000A、5000A 这 10 个等级。垂直母线额定电流（向下级线路和设备馈电的母线额定电流），分 400、630A、800A、1000A、1600A、2000A 这 6 个等级。

（4）额定短路开断电流。与低压开关柜中的开关设备的断流能力有关。

（5）母线动稳定电流和热稳定电流：又称母线额定峰值耐受电流（分 30kA、63kA、105kA、176kA、220kA 这 3 个等级）和额定短时耐受电流（分为 15kA、30kA、50kA、80kA、100kA 这 5 个等级，热稳定时间 1s），用于校验母线的动、热稳定性。

（6）防护等级：指防止外界异物进入柜内接触到带电部位，或防止水分进入柜内的能力。

3）低压开关柜的选择

选择低压开关柜时，应注意使其主要技术参数（额定电压、额定电流、断流能力等）不小于其安装的工作回路的电气条件，还要根据产品的特点选择低压开关柜的类型。

（1）根据主接线方案选择开关柜的回路方案号，然后选择柜内设备的型号。

（2）绝缘水平的选择。原则上电压等级越高，对开关柜的绝缘要求就越高。

3. 配电箱

动力和照明配电箱通常装设在各车间建筑内。动力配电箱主要用于动力设备配电，也可兼向照明设备配电；而照明配电箱主要用于照明配电。

标准的动力和照明配电箱的全型号的表示和含义如下：

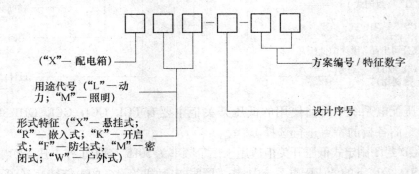

用户也可根据对供电的具体要求与空间位置定做非标准的动力和照明配电箱。

4.3 供配电主接线

供配电主接线又称一次接线，是指将母线、变压器、开关设备、互感器、避雷器、无功补偿装置等一次设备按要求有序地连接起来，以完成电能的输送与分配的电路。主接线表示了一次设备之间的连接关系以及变电所与电力系统之间的关系，但不表示电力设备和变电所在电力系统中的实际地理位置。主接线图中通常用单线图表示三相线路，在接线图中还应将电力设备及其规格和型号标注出来。

供配电主接线的方式,应根据其在电力系统中的地位和作用确定,只有根据可靠性、安全性、经济性和灵活性的原则确定主接线的方案后,才能合理地选择供配电系统的电气设备。

4.3.1 供配电主接线的基本要求

1. 供电可靠性的要求

主接线的设计方案,应尽量避免因设备或线路故障造成电力系统的崩溃或非同步运行,同时要保证电力系统运行的稳定性,避免电压波动等现象。

(1) 要保证断路器检修时,不影响供电。

(2) 母线或电气设备故障时,应尽可能地减少停电线路的数目和停电时间。

(3) 母线或电气设备故障时,要保证对一、二级负荷的供电不会受到影响。具体设计时可采用两个独立电源供电,采用有载调压变压器等方案。

(4) 在满足可靠性和实际用电需求的前提下,主接线的设计应尽可能简单,因为线路上的电气设备越多、接线越复杂,发生故障和误操作的可能性就越大。

需要注意的是,主接线的接线方式对不同变电所、线路和用户的可靠性影响不是相同的,在实际设计时需要综合考虑。

2. 供电安全性的要求

(1) 主接线的设计,应符合国家标准有关技术规范的要求。

(2) 应保证在任何可能的运行方式下,以及检修方式下运行人员的安全性与设备的安全性。具体设计时应尽量选用单相变压器;架空线路之间应尽量避免交叉。

3. 灵活性的要求

主接线的设计,应能满足不同运行方式的要求,可按调度的要求的切除或投入线路和变压器,同时应尽量方便人员对线路或设备进行操作和检修。还要考虑经济的发展和电网的远景规划,设计方案应为供配电系统在未来 5 年~10 年内的发展留下扩建的余地。

4. 经济性的要求

在满足安全、可靠、灵活性的前提下,主接线的设计应尽量简单,以节约有色金属和设备的投资。

(1) 变电所初期建设时,在满足供电负荷要求的前提下,应合理选择变压器的台数和容量,以节约初期投资和运行费用。

(2) 主接线的设计方案中,应为配电装置的合理布置创造条件,以减小占地面积。

4.3.2 供配电主接线的基本形式

母线是一次系统中用于汇集、分配和传送电能的载体,母线将同一电压等级的发电机、进出线回路、变压器和各种电气设备进行连接。因此,供配电主接线方式分为有母线和无母线两大类。

有母线分类包括单母线接线和双母线接线。单母线接线又分为单母线不分段接线、单母线分段接线、单母线带旁路母线接线、单母线分段带旁路母线接线等方式;双母线又分为双母线不分段接线、双母线带旁路母线分段接线。无母线方式分线路—变压器组、桥式接线、多角形接线等,桥式接线又分为内桥式接线和外桥式接线。

4.3.2.1 线路—变压器组接线

线路—变压器组接线方式是将发电机组直接与变压器相连接,如图 4-27 所示。

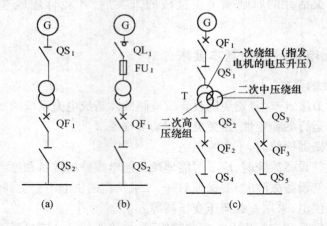

图 4-27 线路—变压器组接线
(a) 单电源—双绕组变压器接线(高压侧装设隔离开关);
(b) 单电源—双绕组变压器接线(高压侧装设负荷开关—熔断器组合);
(c) 单电源—三绕组变压器接线(高压侧装设隔离开关和断路器)。

这种接线方式接线最为简单,节省用电设备,运行费用低,但是当进行检修或任意设备发生故障时,都会导致全部停电,因此只适用于容量较小的三级负荷。

根据变压器高压侧具体情况的不同,高压侧可装设不同的开关设备:

(1) 图 4-27(a) 中因发电机出口不设母线,输出电能均能通过变压器送至电网,因此不会存在发电机空载运行的情况,所以可以不用装设出口断路器,只装设隔离开关 QS_1 即可对发电机运行进行调试。

(2) 当变压器容量小于 1250kV·A,且高压侧短路容量不超过高压熔断器的断流容量时,可采用负荷开关—熔断器组合,如图 4-27(b) 所示。

(3) 图 4-27(c) 中为了对三绕组变压器的二次侧的高、中压绕组在联合运行的情况下进行发电机的投、切操作,应在发电机组侧装设隔离开关和断路器。

4.3.2.2 单母线接线

单母线接线方式只有一条母线,所有的电源进线回路和出线回路都通过一只隔离开关和和一只断路器并列挂接在该母线上。各回路中的断路器用来对该回路进行短路保护和投切控制,隔离开关用于在检修时保证停运设备或线路与带电部分可靠分离,在投切设备或线路时,必须严格遵循断路器和隔离开关倒闸操作的原则(详见 4.2.3 节)。

1. 单母线不分段接线

单母线不分段接线方式一般有 1 路~2 路电源进线,而有多路出线,其接线方式如图 4-28所示。此种接线方式比较简单,设备少,操作方便,若某路出线发生故障或需要检修,则只要断开该路出线对应的断路器和线路隔离开关(QS_L)即可,例如,图 4-28(b) 中的 1#出线回路发生短路故障,则 QF_3 自动跳闸把故障线路断开,而不影响电源进线和其他出线回路的作用,若需要检修 QF_3,则在 QF_3 分闸后,断开其两侧的 $3QS_L$ 和 $3QS_B$ 即可进行检修。

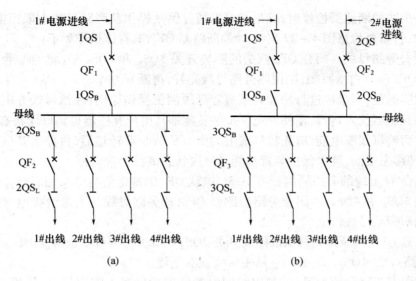

图 4 - 28　单母线不分段接线
(a) 单电源单母线不分段；(b) 双电源单母线不分段。

但是,若母线或母线隔离开关(QS_B)发生故障或需要检修时,则必须停止整个系统的供电,运行可靠性和灵活性较差,只适用于出线回路较少,有备用电源的二级负荷或小容量的三级负荷,通常单电源进线的35kV 及以下系统出线不多于5 回,110kV 及以上系统出线不多于2 回。

2. 单母线不分段带旁路母线接线

为解决单母线分段接线方式,在某出线回路断路器检修时该线路必须停运的缺点,可采用单母线不分段带旁路母线接线的方式,该方式设置了一个旁路母线,每个出线回路安装一个旁路隔离开关 QS_P 用于隔离或连接旁路母线(正常运行时将线路与旁路母线断开),所用出线回路共用一个旁路断路器 QF_P,其结构如图 4 - 29 所示。

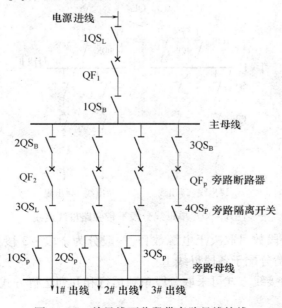

图 4 - 29　单母线不分段带旁路母线接线

当某一出线的断路器检修时,该出线可以通过倒闸操作从旁路母线上取得电能而能继续运行。例如,若需要检修图 4-29 出线 1#的断路器 QF_2,其具体操作如下:

(1)检查旁路母线。闭合 QF_P 两头的隔离开关 $3QS_B$ 和 $4QS_P$ 后,将 QF_P 合闸,给旁路母线充电,若 QF_P 没有自动跳闸,则说明旁路母线完好,再断开 QF_P。

需要说明的是,对母线进行操作必须遵守母线倒闸操作原则:在给母线充电前,应先将该母线的电压互感器投入运行,以使继电保护装置能够从电压互感器得到母线状态,从而控制断路器工作。而给母线断电前,应先将母线上的所有负荷全部转移后,再停运其电压互感器,这样,在负荷转移完成前,继电保护装置都能对母线状态进行正常监控。

(2)闭合 1#出线的旁路隔离开关 $1QS_P$,确认 QF_P 的整定值与 QF_2 相同后,闭合 QF_P 两头的隔离开关 $3QS_B$ 和 $4QS_P$,再闭合旁路断路器 QF_P,让旁路母线从主母线得电,使得出线 1 同时从主母线和旁路母线得电。

(3)断开 QF_2,再断开其两头的隔离开关 $2QS_B$ 和 $3QS_L$,则可安全检修 QF_2。此时 1#出线经 $1QS_P$、旁路母线、$4QS_P$、QF_P、$3QS_B$ 从主母线获取电能。

此种接线方式运行较为灵活,当出线回路断路器检修时不需要停电,适用于出线回路较多,给重要负荷供电的变电所采用。但是,当主母线或主母线隔离开关故障和检修时,仍需要全部停电。近年来,随着检修周期较长的 SF_6 断路器广泛应用,为检修出线回路断路器而设置的旁路母线重要性逐渐降低,使用率已逐渐减少。

3. 单母线分段不带旁路母线接线

为改善不分段接线方式在母线故障引起全部设备停运的缺陷,若采用多个电源供电,可利用分段断路器 QF_D 将母线适当分为多段,如图 4-30 所示。过去有时也用隔离开关分段,但因倒闸操作步骤繁琐,已不再采用。

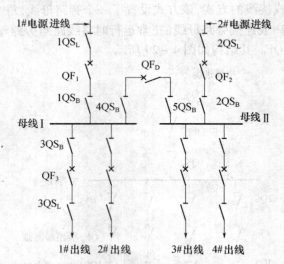

图 4-30 单母线分段不带旁路母线接线

此种接线方式的分段数目取决于电源数目,一般分为 2 段~3 段比较合适。应尽量将电源、出线回路与负荷均衡分配于各段母线上。

单母线分段带旁路接线方式可采取分段单独运行和并列运行方式。

1)分段单独运行

此方式在正常运行时,分段断路器 QF_D 断开,各段母线互不影响,相当于单母线不分段接线的运行状态,各段母线的电气系统互不影响。当任一段母线发生故障或检修时,仅停止对该段母线所带负荷的供电。当任一路电源线路故障或检修时,则可经倒闸操作用另一电源恢复该段母线的供电。例如,在图 4-30 中,若 1#电源线路故障,而 2#电源的容量能支持所有出现回路的负荷,则可先闭合 QF$_D$ 两端的隔离开关 5QS$_B$ 和 4QS$_B$,再闭合 QF$_D$,则母线 I 段可从 2#电源取得电能。

2）并列运行

此方式在正常运行时,分段断路器 QF$_D$ 及其两端的隔离开关均处于合闸状态,母线 I 和母线 II 都从两个电源取电。若某一路电源检修,则断开该回路的断路器和隔离开关即可,此时母线 I 和母线 II 都从另一电源取电(前提是该电源容量够大),所有出线回路都不会停电。若某一段母线故障或检修时,则分段断路器 QF$_D$ 跳闸,保证了正常母线段的运行不受影响。例如,在图 4-30 中,若需检修母线隔离开关 1QS$_B$,则将 QF$_D$ 分闸,再将 QF$_1$ 分闸,此时母线 II 由 2#电源供电,其上挂接的出线回路不受影响。

单母线分段接线方式供电可靠性高,运行灵活,操作简单,但是需要多投资一套断路器和隔离开关设备,而且在某一母线故障或检修时,仍有部分出线回路停电。通常适用于安装 2 台主变压器,给一、二级负荷供电的 6kV ~ 220kV 变电所,一般 10kV 及以下出线回路不超过 8回,35kV 出线回路不宜超过 6 回,110kV 及以上出线回路不宜超过 4 回。

4. 单母线分段带旁路母线接线

单母线分段带旁路接线方式如图 4-31 所示。此种接线方式中,分段断路器 QF$_D$ 兼做旁路断路器 QF$_P$。正常运行时 4QS$_B$、5QS$_B$ 和 QF$_D$ 合闸,系统处于单母线分段并列运行方式,而5QS$_P$、6QS$_P$ 和 QS$_D$ 分闸,使得旁路母线不带电。此种运行方式可以在任一条出线回路断路器检修时不停止对该回路的供电。例如,若需要检修图 4-31（a）中的 1#出线回路的断路器

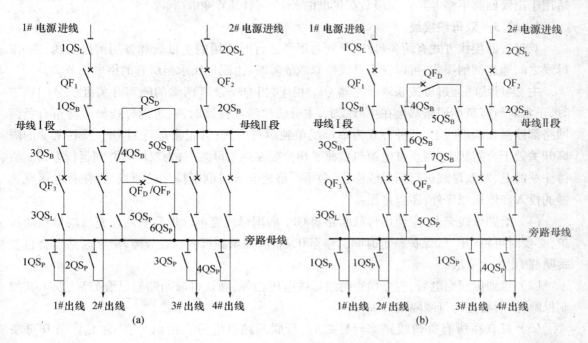

图 4-31 单母线分段带旁路母线接线

（a）分段断路器兼做旁路断路器；（b）分段断路器和旁路断路器分开。

QF_3,采取的具体操作步骤如下:

(1)检查旁路母线。闭合 QS_D,然后先后断开 QF_D、$4QS_B$,再闭合 $5QS_P$,最后合上 QF_P,若 QF_P 没有自动跳闸,则说明旁路母线完好,断开 QF_P。

(2)闭合 1#出线的旁路隔离开关 $1QS_P$,再闭合旁路断路器 QF_P,让旁路母线从母线 II 得电,使得 1#出线从旁路母线和母线 II 同时得电。

(3)断开 QF_3,再断开其两头的隔离开关 $3QS_L$ 和 $3QS_B$,即可对 QF_3 安全进行检修。此时1#出线经 $1QS_P$、旁路母线、$5QS_P$、QF_P、$5QS_B$ 挂接于母线 II 上正常运行,即在检修 QF_3 的过程中1#出线的负荷没有中断供电。

若在步骤(1)中,断开的是 $5QS_B$,闭合的是 $6QS_P$,则经上述操作后,1#出线经 $1QS_P$、旁路母线、$6QS_P$、$4QS_B$ 挂接于母线 I 上正常运行。

图 4-31(a)中的接线方式,只需要用一只断路器即可实现旁路和分段功能,但是在线路较多,线路断路器检较修繁琐时,可采用如图 4-31(b)中分段断路器 QF_D 和旁路断路器 QF_P 分开的方式,这样需多装设一只断路器,但是运行较为灵活,其操作步骤如下:

(1)先后闭合 $6QS_B$、$5QS_P$ 和 QF_P,若 QF_P 没有自动跳闸,则旁路母线完好,断开 QF_P。

(2)闭合 1#出线的旁路隔离开关 $1QS_P$,再闭合旁路断路器 QF_P,让旁路母线从母线 I 得电,使得 1#出线从旁路母线和母线 I 同时得电。

(3)断开 QF_3,再断开其两头的隔离开关 $3QS_L$ 和 $3QS_B$,即可对 QF_3 安全进行检修。此时1#出线经 $1QS_P$、旁路母线、$5QS_P$、QF_P、$6QS_B$ 挂接于母线 I 上正常运行。若在步骤(1)中闭合的是 $7QS_B$,则 1#出线从母线 II 得电。

单母线分段带旁路母线的接线方式的可靠性比单母线分段接线方式更高,运行更为灵活,适用于出线回路不多,给一、二级负荷供电的 35kV ~ 110kV 变电所。

4.3.2.3 双母线接线

双母线的接线方式有两条母线,分别为正常运行时使用的主母线和备用的副母线,主、副母线之间通过倒闸操作,可以在主母线检修或故障时,由副母线承担所有的供电任务。

主、副母线间通过母线联络断路器 QF_L 相连,当 QF_L 及其两端的隔离开关处于分闸状态时,正常时所有负荷回路都接在主母线上,主母线故障或检修时,通过倒母线操作将所有负荷回路都连接在副母线上,此种方式为单母线单独运行方式;若正常运行时 QF_L 及其两端的隔离开关处于合闸状态,则所有电源与负荷平均分配在两条母线上,为双母线并列运行方式。值得注意的是,对双母线进行倒母线操作,必须严格遵守母线倒闸操作的原则,除注意电压互感器的投入和停运顺序外,还应遵循:

(1)给副母线充电,应使用母联断路器 QF_L 向副母线充电。母联断路器充当副母线的保护,必要时可将 QF_L 的保护整定时间调整至 0,这样,如果副母线存在故障,母联断路器会自动跳闸,防止扩大事故。

(2)给副母线充电后,应先检查两组母线电压相等,确认母联断路器已合好后,取下其控制保险,然后再进行母线隔离开关操作。

(3)只有在所有负荷线路都转移之后,母联断路器电流表指示为零,才允许断开母联断路器。在倒母线过程中,最好将母联断路器的操作电源断开,这样就不会出现母联断路器误跳闸。

1. 双母线不分段接线

双母线不分段接线方式如图4-32所示，其优点在于检修任意母线时不会中断供电，检修任意回路的母线隔离开关时，只需要对该回路断电。

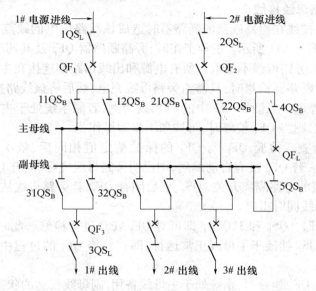

图4-32 双母线不分段接线

1）检修母线

以图4-32为例，若正常时按主母线工作，副母线作为备用的单母线方式运行，则11QS$_B$及21QS$_B$合闸，12QS$_B$及22QS$_B$处于分闸状态。当主母线检修时，可以通过以下步骤将所有出线回路挂接到副母线上：

（1）副母线检查。先闭合QF$_L$两端的隔离开关4QS$_B$和5QS$_B$，再闭合QF$_L$，若QF$_L$没有自动跳闸，说明副母线正常，此时主、副母线都同时从两个电源得电。

（2）闭合12QS$_B$和22QS$_B$（此时主、副母线等电位，因此可以直接闭合隔离开关），再断开11QS$_B$和12QS$_B$。

（3）将所有出线回路挂接到副母线上。以1#出线为例，先闭合32QS$_B$，再断开31QS$_B$。按此步骤将其他所有出线都挂接到副母线上。

（4）断开QF$_L$，再断开其两端的隔离开关4QS$_B$和5QS$_B$，则主母线完全失电，可对其进行检修。此时所有电源和负荷回路都挂接在副母线上按单母线方式运行。

2）检修母线隔离开关

以图4-32为例，若正常运行时，QF$_L$及其两端的隔离开关都合闸，11QS$_B$和22QS$_B$合闸，12QS$_B$和21QS$_B$分闸，系统处于双母线并列运行方式，如果要检修主母线隔离开关11QS$_B$，可以通过以下步骤进行：

（1）将所有出线回路挂接到副母线上。以1#出线为例，先闭合32QS$_B$，再断开31QS$_B$。按此步骤将其他所有出线都挂接到副母线上。

（2）断开QF$_1$，再依次断开QF$_L$及其两端的隔离开关，则主母线完全失电，且11QS$_B$与电源隔离，可对其进行检修。此时所有负荷回路和2#电源回路都挂接在副母线，按单母线方式运行。

双母线不分段接线方式可靠性高，运行灵活，扩建方便；但是需要大量的母线隔离开关，投资较大，进行倒母线操作时步骤较为繁琐，容易造成误操作，而且在检修任一条回路的断路器

107

时,该回路仍需要停电(虽然可用母联断路器替代线路断路器工作,但是仍要短时停电)。主要适用于 6kV ~ 10kV 短路容量大,有出线电抗器的系统,35kV 出线回路超过 8 回的系统,以及 110kV ~ 220kV 出线回路超过 4 回的系统。

2. 双母线带旁路母线接线

为了克服双母线接线在检修线路的断路器时造成该线路停电的缺点,可采用双母线带旁路母线接线方式,如图 4－33 所示。正常工作时,旁路断路器 QF_P 及其两端的隔离开关 $6QS_B$、$7QS_B$ 和 $4QS_P$ 都断开,旁路母线不带电。所有电源和出线回路都连接在主、副母线上。

当任一条线路的断路器检修时,只需给旁路母线充电,然后将该线路挂接在旁路母线上即可,不需要让该线路停电。以图 4－33 中的 1#出线为例,若原系统处于主母线投运,副母线备用的单母线运行方式,则当 QF_3 检修时,可按如下步骤操作:

(1) 旁路母线检查。检验 QF_P 与 QF_3 的保护整定值相同后,依次闭合 $6QS_B$、$4QS_P$ 和 QF_P,向旁路母线充电,若 QF_P 没有自动跳闸,则说明旁路母线完好,断开 QF_P。

(2) 闭合 1#出线的旁路隔离开关 $1QS_P$,然后闭合 QF_P,让旁路母线从主母线得电,使得出线从旁路母线和主母线同时得电。

(3) 依次断开 QF_3、$1QS_P$ 和 $31QS_B$,即可对 QF_3 安全进行检修。此时 1#出线经 $1QS_P$、旁路母线、$4QS_P$、QF_P、$6QS_B$ 挂接于主母线正常运行,即在检修 QF_3 的过程中 1#出线的负荷没有中断供电。

需要强调的是,若 QF_3 检修时,系统处于主母线备用,副母线投运的状态,则步骤(1)应闭合 $7QS_B$ 而不是 $6QS_B$,即旁路断路器接入的母线应与被代替线路断路器接入的母线一致(保持双母线的正常运行方式固定不变,被带线路原来在哪组母线运行,旁路断路器就应该接到哪组母线上)。

通常情况下,为了节省断路器,在出线回路较少(220kV 5 回以下、110kV 6 回时,可用母联断路器 QF_L 兼任旁路断路器 QF_P,常用的接线方式有多种,如图 4－34 所示。

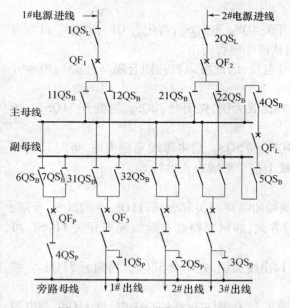

图 4－33 双母线带旁路母线接线

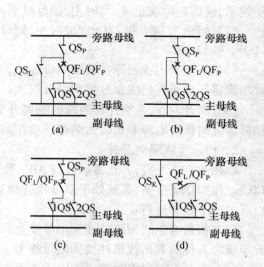

图 4－34 母联断路器兼旁联断路器
(a) 两组母线带旁路;(b) 副母线带旁路;
(c) 主母线带旁路;(d) 设有旁路跨条。

图 4 – 34(a)中,则若 QS_P 断开,则 QF_L 充当母联断路器,主、副母线间通过 1QS、QF_L、QS_L 联络。若 QS_L 断开,QS_P 闭合,主、副母线都可以经 QF_P 和 QS_P 给旁路母线充电。

图 4 – 34(b)中,若 QS_P 断开,则 QF_L 充当母联断路器,当检修线路断路器时,断开 1QS,旁路母线经 QS_P、QF_P、2QS 挂接在副母线上。

图 4 – 34(c)与图 4 – 34(b)刚好相反,旁路母线只能经 QS_P、QF_P、1QS 挂接在主母线上。

图 4 – 34(d)中,跨条隔离开关 QS_K 断开时,QF_L 充当母联断路器,当 QS_K 合闸后,旁路母线经 QS_K、主母线、2QS、QF_P、1QS、副母线得电。

双母线带旁路母线接线方式大大提高了系统的可靠性,在检修母线或线路断路器时都不用停电,一般用于出线回路 5 回及以上的 220kV 系统,或出线 7 回及以上的 110kV 系统。

3. 双母线分段接线

1)双母线分段不带旁路母线接线

双母线分段接线又分为双母线单分段和双母线双分段形式,如图 4 – 35 所示。

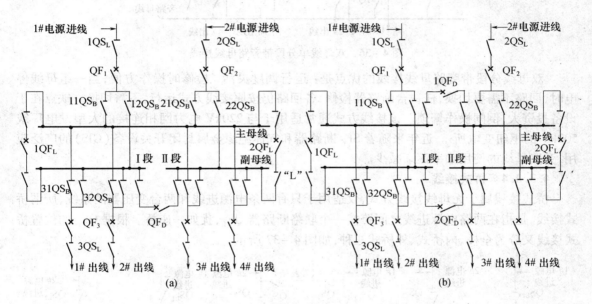

图 4 – 35　双母线分段接线

(a)双母线单分段;(b)双母线双分段。

双母线分段接线主要适用于进出线较多,容量较大的系统中,例如,进出线为 10 回 ~ 14 回的 220kV 系统;在 6kV ~ 10kV 配电装置中,若进出线回路数或母线上电源回路较多,且输送的功率较大,短路电流较大时,通常采用双母线分段接线方式,并且在分段断路器处串联母线电抗器。

2)双母线分段带旁路母线接线

为了提高运行可靠性,使得在任一条线路断路器检修时继续保持该线路的运行,除主、副母线外,还可以设置旁路母线,因为主母线采用分段方式,所以通常设置两个旁路断路器。接线方式可分为双母线单分段带旁路母线方式(进出线回路在 12 回 ~ 16 回时采用)和双母线双分段带旁路母线方式(进出线回路在 17 回及以上时采用),图 4 – 36 为双母线单分段带旁路母线接线,读者自行思考双母线双分段带旁路母线接线方式。

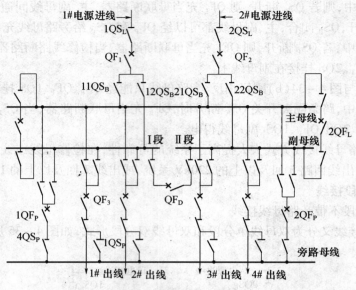

图 4 – 36　双母线单分段带旁路母线接线

双母线分段带旁路母线接线的优点是：运行调度灵活，检修时操作方便，当一组母线停电时，回路不需要切换，任一台断路器检修，各回路仍按原接线方式运行，不需切换。缺点在于设备投资大，倒闸操作繁琐。该接线方式通常适用于与 220kV 电力网相连接的大型发电厂或 500kV 的枢纽变电所。近年来随着 SF_6 断路器和气体绝缘金属封闭开关设备（GIS）的广泛应用，旁路母线的使用频率逐渐减少。

4.3.2.4　桥式接线

桥式接线属于无母线接线方式，仅适用于只有两条电源进线和两台变压器的系统，所谓桥式接线，是指在两路电源进线之间跨接一个联络断路器 QF_L，犹如一座桥。根据 QF_L 的位置桥式接线又分为全桥、内桥式、外桥式三种，如图 4 – 37 所示。

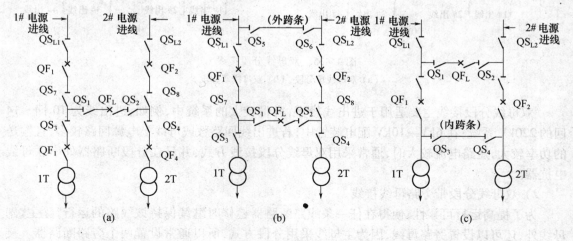

图 4 – 37　桥式接线
（a）全桥式接线；（b）内桥式接线；（c）外桥式接线。

1）全桥式接线

全桥又称双断路器桥，与单母线分段接线方式比较类似，运行灵活，在线路、变压器故障或

110

检修时都可以方便操作,适用于线路、变压器操作频繁,有穿越功率的中间变电所。但是全桥式接线需要多装设两个断路器,投资较大,因此较为少见。

2)内桥式接线

内桥式接线将联络断路器 QF_L 跨接在线路断路器的内侧,即线路断路器与变压器之间。为了在线路或变压器检修时不影响其他回路,可以考虑设置外跨条,正常运行时跨条断开。

当任一条线路发生故障或检修时,将其线路断路器断开,然后将联络断路器 QF_L 闭合,则该线路变压器由另一电源经联络断路器供电。例如,图 4 – 37(b)中,若 1#电源线路检修,可经如下步骤将变压器 1T 由 2#电源线路供电(假设正常时系统为单独运行,QF_L 断开):依次断开 QF_1、QS_7 和 QS_{L1},再依次闭合 QS_1、QS_2 和 QF_L,此时即可对 1#电源线路上的设备进行检修,而变压器 1T 由 2#电源线路经 QF_L 继续供电。

内桥式接线在变压器故障或检修时,需要同时操作线路断路器和联络断路器以及相应隔离开关,步骤比较繁琐,例如,图 4 – 37(b)中若变压器 1T 检修,可经如下步骤操作(假设正常时系统为并列运行,QF_L 合闸):

(1)闭合跨条隔离开关 QS_3 和 QS_4。

(2)断开 QF_L,再断开 QF_1,最后断开 1T 高压侧的隔离开关 QS_3,即可对 1T 进行检修。

(3)闭合 QF_1,再闭合 QF_L,断开跨条隔离开关 QS_3 和 QS_4,此时 2T 由双电源供电。

因内桥式接线检修变压器时步骤多,容易发生误操作,而检修线路比较方便,因此适用于满足以下条件的 35kV ~ 220kV 终端变电所:

(1)输电线路较长,线路故障或检修机会多。

(2)变压器负荷平稳,不需要频繁操作。

(3)没有穿越功率(由电源进线经中间变电站,又转送到其他变电站的功率)。因为采用内桥式接线时,穿越功率会通过全部 3 台断路器,任一台断路器检修都会影响整个系统的正常运行。

3)外桥式接线

外桥式接线将联络断路器 QF_L 跨接在线路断路器的外侧,即线路断路器与电源之间。外桥式接线可以设置内跨条,以提高运行灵活性,正常工作时跨条断开。

当任一台变压器发生故障或检修时,将其变压器断路器断开,然后将联络断路器 QF_L 闭合,则另一线路变压器由双电源经联络断路器供电。例如,图 4 – 37(c)中,若变压器 1T 检修,可经如下步骤操作(假设正常时系统为单独运行,QF_L 断开):依次断开 QF_1 和 QS_3,再依次闭合 QS_2、QS_1 和 QF_L,此时即可对 1TF 进行检修,而 2T 由双电源供电。

外桥式接线在线路故障或检修时,需要同时操作变压器断路器和联络断路器以及相应隔离开关,步骤较为繁琐,例如,图 4 – 37(c)中若 1#电源线路检修,可经如下步骤操作(假设正常时系统为并列运行,QF_L 合闸):

(1)闭合跨条隔离开关 QS_3 和 QS_4。

(2)断开 QF_L,再断开 QF_1,最后断开电源线路的隔离开关 QS_{L1},即可对 1#电源线路上的设备进行检修。

(3)闭合 QF_1,再闭合 QF_L,断开跨条隔离开关 QS_3 和 QS_4,此时 1T 和 2T 都由 2#电源供电。

因外桥式接线检修线路时步骤较多,容易发生误操作,而检修变压器比较方便,因此适用于满足以下条件的 35kV ~ 220kV 中间变电所:

(1)输电线路较短,线路故障或检修机会少。

(2)变压器采取经济运行,需要频繁切换。

（3）有较大的穿越功率。

总体而言,桥式接线使用断路器少,而且不设母线,因此投资少,也能够容易地发展为单母线分段接线方式;但其可靠性较差,运行方式也不够灵活,一般适用于35kV～220kV,双回路供电、有两台变压器的变电所。

4.3.3 供配电所主接线方案选择

变配电所是供配电系统的枢纽,起接收电能、变换电压等级、分配电能的作用,在供配电系统中占有非常重要的地位。变电所根据规模和电压等级的不同,分为总降压变电所和车间变电所。车间变电所又根据有无总降压变电所或高压配电所,分为非独立车间变电所和独立车间变电所。配电所根据配电电压等级的高低,分为高压配电所和低压配电所。

变配电所主接线方案的选择是供配电系统设计的重要内容,它直接关系到系统运行的可靠性、安全性、经济性与灵活性,并且对电气设备的选择、配电装置布置、继电保护和控制方式的拟订都有较大的影响。因此,变配电所主接线的设计必须根据电力系统、发电厂或变电站的具体情况,通过全面分析与技术经济比较,选择最合理的主接线方案。

1. 总降压变电所主接线方案

大中型企业的总降压变电所通常采用35kV～110kV电源进线,将电压降至6kV～10kV后分配给车间变电所,其主变压器台数通常为2台及以上。35kV～110kV变电所高压侧宜采用断路器较少或不用断路器的接线方式。以35kV/10kV变电所为例,其主接线的选择可采用:

（1）当只设一台主变压器,负荷为容量不大的三级负荷,出线回路为5回及以下时,可采用变压器高压侧线路—变压器组、低压侧单母线分段接线,如图4-38所示。

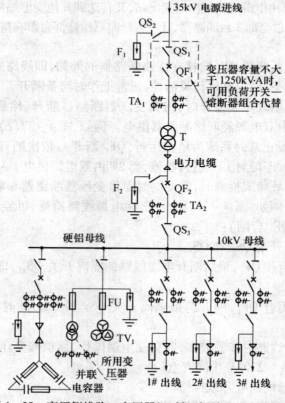

图4-38 高压侧线路—变压器组、低压侧单母线主接线图

（2）单电源进线、主变压器台数为 2 台、部分负荷为二级负荷,出线回路不超过 6 回时,可采用变压器高压侧单母线不分段、低压侧单母线分段接线,如图 4 - 39 所示。

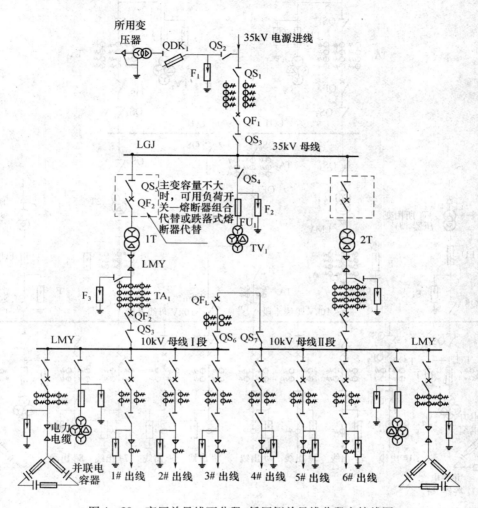

图 4 - 39　高压单母线不分段、低压侧单母线分段主接线图

（3）当有 2 回电源进线、两台主变压器、对可靠性要求不高、变压器不经常切换且变电所不需要扩建时,可采用高压侧内桥式接线、低压侧单母线分段接线,如图 4 - 40 所示。这种接线方式使用断路器少、布置简单造价低,但是可靠性不高。对于需要频繁操作线路和变压器的总降压变电所,可在图 4 - 40 中主变压器和主变隔离开关 QS_6 之间加装断路器,变成高压侧全桥式接线,低压侧单母线分段接线方式,可提高系统运行的灵活性。

（4）当有 2 回及以上电源进线,负荷等级较高,对可靠性要求高,出线回路为 4 回 ~ 12 回时可采用高、低压侧都为单母线分段接线方式,如图 4 - 41 所示。

（5）35kV ~ 63kV 线路为 8 回及以上时,可采用双母线接线;110kV 线路为 6 回及以上时,宜采用双母线接线。

（6）在采用单母线、单母线分段或双母线的 35kV ~ 110kV 主接线中,当不允许停电检修断路器时,可设置旁路母线;若采用检修周期长的 SF_6 断路器时不宜设旁路母线。

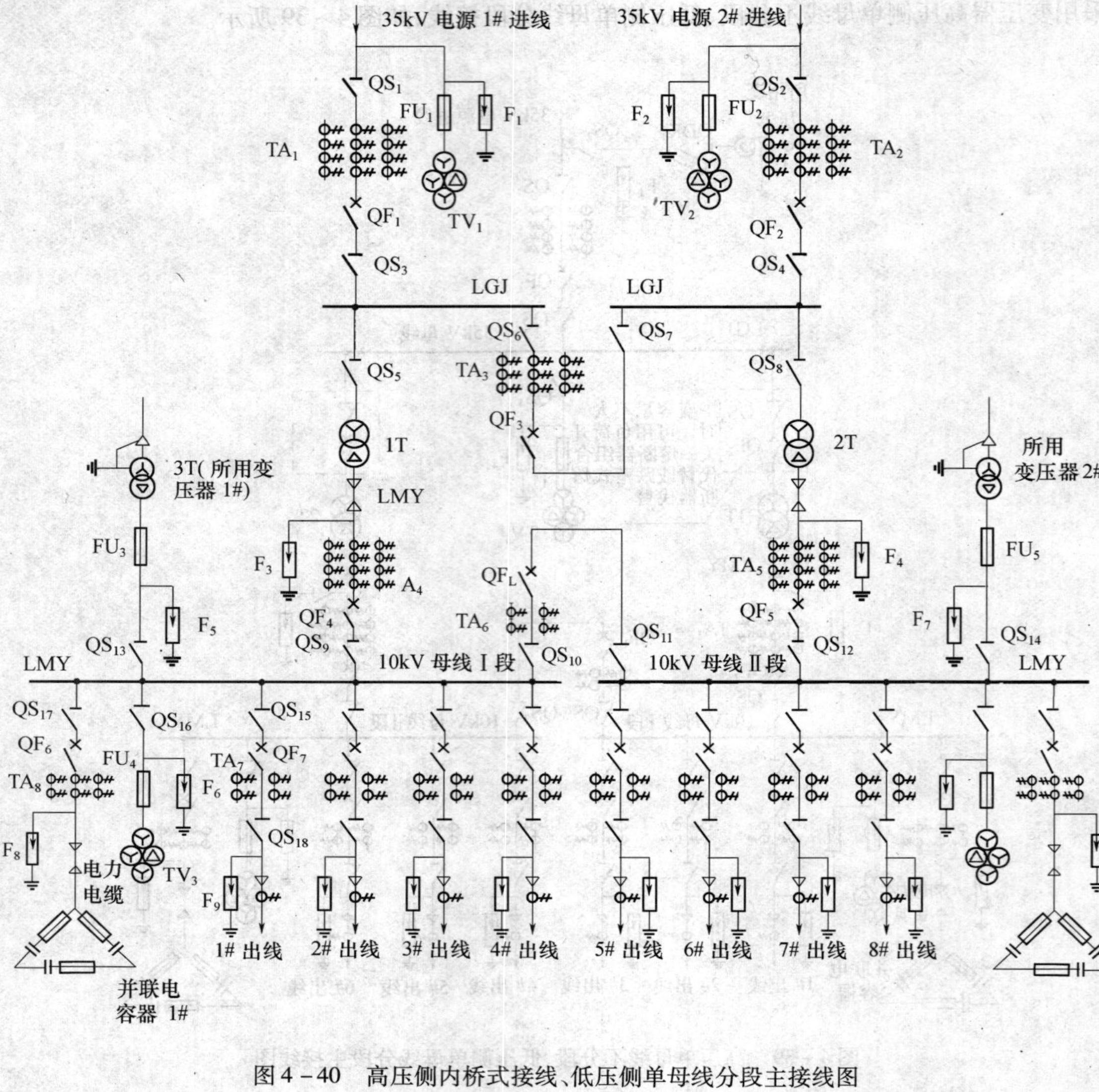

图 4 - 40　高压侧内桥式接线、低压侧单母线分段主接线图

2. 非独立车间变电所主接线方案

车间变电所是将 6kV ~ 10kV 的配电电压降为 380V/220V 的低压用电,再提供给用电设备的终端变电所。非独立车间变电所是指其电源进线由总降压变电所或高压配电所的出线引入的车间变电所。因为非独立车间变电所高压侧的开关电器、保护装置和测量仪表一般都安装在总降压变电所或高压配电所的高压配电室内,因此其电源进线处可不装设高压开关,或只简单地装设高压隔离开关、熔断器(室外则装设跌落式熔断器),以 10kV/0.4kV 非独立车间变电所为例,其主接线的选择可采用:

(1) 对三级负荷供电的非独立车间变电所,可采用高压侧线路—变压器组、低压侧单母线不分段接线方式,高压侧可不装高压开关或只装设简单的隔离开关,为提高操作灵活性,也可以装设负荷开关—熔断器组合。当电源进线采用电力电缆时,高压侧可不装避雷器,其结构如图 4 - 42 所示。

114

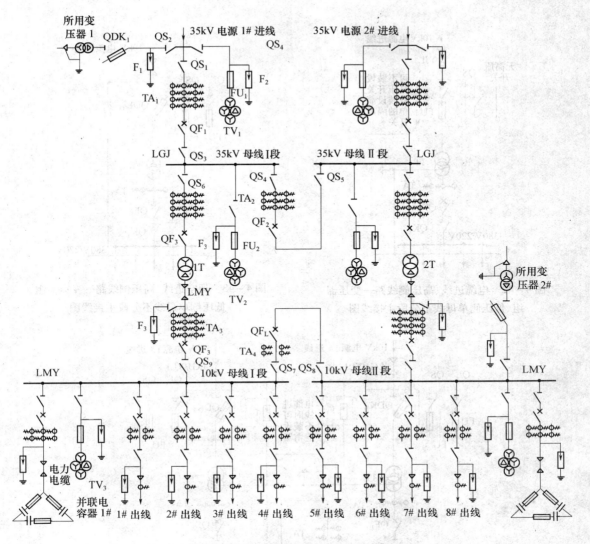

图 4 – 41　高、低压侧均为单母线分段主接线图

（2）若图 4 – 42 中的电源进线采用架空线路，则其高压侧必须装设避雷器，且高压侧的熔断器宜选择跌落式熔断器，也可选择负荷开关—熔断器组合或隔离开关—熔断器组合，如图 4 – 43 所示。

（3）当有 2 回电源进线、2 台主变压器时，可采用高压侧线路—变压器组、低压侧单母线分段接线方式，如图 4 – 44 所示。

3. 独立车间变电所主接线方案

当没有总降压变电所或高压配电所时，车间变电所的高压侧必须具备齐全的高压开关设备、保护装置和测量仪表等设备，此时的车间变电所可称为独立车间变电所，其主接线的选择可采用：

（1）单电源进线、一台容量为 500kV·A 以下的主变压器、给三级负荷供电的独立车间变电所，可采用高压侧线路—变压器组、低压侧单母线不分段的接线方案，高压侧的开关设备可采用隔离开关—熔断器、跌落式熔断器，如果要提高操作的方便性，也可采用负荷开关—熔断

115

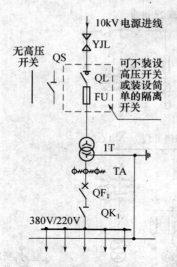

图 4-42　电缆进线、高压侧线路—变压器
组、低压侧单母线不分段主接线图

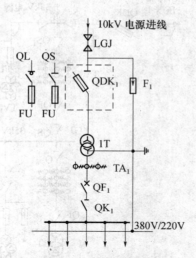

图 4-43　架空进线、高压侧线路—变压器组、
低压侧单母线不分段主接线图

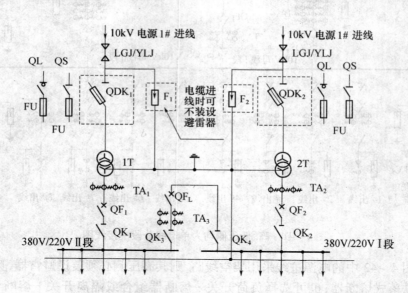

图 4-44　双回进线、高压侧线路—变压器组、低压侧单母线分段主接线图

器组合(可带负荷操作),其结构如图 4-45 所示。当变压器容量较大时,为提高操作可靠性和灵活性,可采用隔离开关—断路器作为开关设备,如图 4-46 所示。

(2) 单电源进线、一台主变压器、给三级和部分二级负荷供电的独立车间变电所,可采用高压侧单母线不分段、低压侧单母线分段的接线方式,如图 4-47 所示。

(3) 双电源进线、两台主变压器、给一级和二级负荷供电的独立车间变电所,可采用高压侧线路—变压器、低压侧单母线分段的接线方式,这种接线方式具有操作灵活可靠的优点,如图 4-48 所示。

(4) 双电源进线、两台主变压器、给一级和二级负荷供电的独立车间变电所,若进出线回路较多,可采用高低压侧都为单母线分段的接线方式,如图 4-49 所示。

116

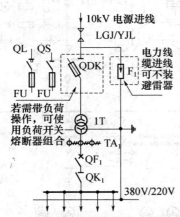

图 4-45 高压侧采用跌落式溶断器或
负荷开关—熔断器组合的独立
车间变电所主接线图

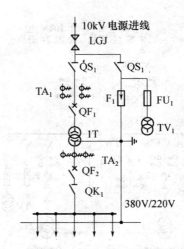

图 4-46 架空进线、高压侧线路—
变压器组、低压侧单母线不分段接线

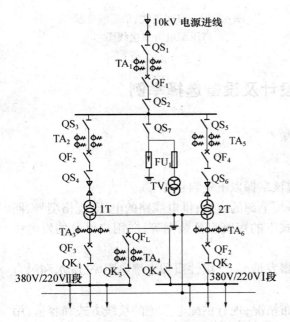

图 4-47 双回进线、高压侧线路—变压器组、
低压侧单母线分段独立车间变电所主接线图

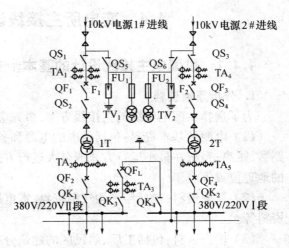

图 4-48 高压侧线路—变压器组、低压侧
单母线分段独立车间变电所主接线图

4. 高压配电所主接线方案

高压配电所的任务是从电力系统接收高压电能,并向各车间变电所及高压用电设备进行配电。高压配电所在进出线回路较多,负荷等级较高时,通常采用单母线分段接线方案;高压配电所在可靠性要求比较高的情况下,其出线的高压开关宜采用隔离开关—断路器组合,如图4-50为10kV双回路进线单母线分段高压配电所的主接线图。

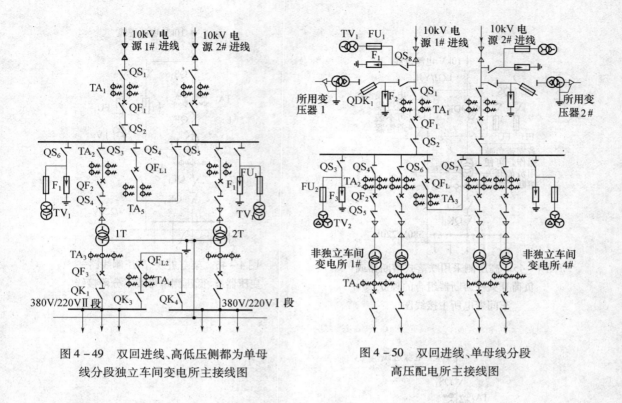

图 4-49　双回进线、高低压侧都为单母　　　　　图 4-50　双回进线、单母线分段
线分段独立车间变电所主接线图　　　　　　　高压配电所主接线图

4.4　变电所主接线设计及设备选择举例

4.4.1　供配电主接线设计的基本步骤

1. 分析原始资料

为了选择供配电系统的主接线方案,事先应该掌握以下资料:

(1)电源的基本资料:包括供电的电源和备用电源的容量;供电线路的电压、规格型号、回路数、距离;系统在最小运行方式或最大运行方式下的短路容量数据等;向用户供电的发电厂的地理位置等。

(2)气象资料:包括年平均气温资料、雷电爆发情况、土壤性质和土壤电阻率、降水和风力资料等。

(3)用户资料:包括工厂、居民区的建筑分布情况;现有供配电系统的接线方式和容量;用户的负荷等级、最大负荷、年耗电量等资料。

2. 主变压器的选择

拟定出主变压器的选择方案,包括台数、容量、绕组、调压方式、冷却方式、损耗、运行方式等。

3. 拟定初步主接线方案

根据系统运行的要求,通过分析原始资料,为各个电压等级的系统初步拟订数个技术上可行的主接线方案,其中包括母线的连接方式及电压等级、出线回数等。各主接线方案都应该满足供电可靠性的要求。

118

4. 确定最终的主接线方案

对拟订的各方案进行灵活性、经济性、技术可行性,以及今后的扩容和发展趋势等多方面进行综合比较,选出最佳的方案的作为最终方案。

5. 短路电流计算

根据选定的主变压器和主接线方案,计算各种运行方式下的短路电流。

6. 选择主要的电气设备

根据短路电流计算的结果选择诸如断路器、隔离开关、负荷开关、电压和电流互感器、避雷器等设备。

7. 绘制电气主接线图

按工程要求,绘制电气主接线图图纸,图中应采用新的国家标准规定的图形符号和文字代号,并将所有设备的型号、技术参数、母线及电缆截面、高低压成套设备的型号等标注在图上。

4.4.2 35kV/10kV 变电所主接线设计及设备选择举例

某城镇现需建 35kV/10kV 总降压变电所一座,给附近的企业、居民、农业生产用电供电。试选择变电所的主接线方案,并选择主要电气设备。

1. 电源及用户的原始资料

1)进出线回路概况

该变电所 35kV 电源进线 2 回,由一座 220kV/35kV 区域变电所的 35kV 出线供电,每回 35kV 出线长 20km,采用 LGJ – 150 型架空线路供电,导线间几何均距为 1m(每千米电抗为 0.373Ω)。变电所 10kV 侧出线共 8 回,全电缆出线。其中 2 回供给地方工业企业(二级负荷),总负荷为 4800kV·A;其他 6 回出线作为城区独立变电所进线,总负荷为 3600kV·A,其中二级负荷占 20%,其余为三级负荷。

2)系统阻抗

可认为 35kV 侧电源为无穷大容量系统,系统出口短路容量 $S_K \approx 320MV \cdot A$。

3)气象和地理资料概况

该地区最热月平均温度为 26℃,年平均气温 15℃,绝对最高气温为 39℃,土壤温度为 19℃。该变电所位于镇郊荒地上,地势平坦、交通便利、无环境污染。

4)变电所主要负荷。

该变电所主要用电设备包括通信设备、照明设备、操作电源设备、生活用电设备等,其负荷为 40kV·A 左右。

2. 变压器的选择

1)主变压器台数的选择

对于总降压变电所,为提高供电的可靠性,避免一台主变压器故障或检修时影响供电,需设置两台主变压器,为方便运行,两台主变压器的型号应相同。

2)主变容量的选择

(1)用户负荷情况。由原始资料可知,该变电所用户负荷等级为二、三级,其中二级负荷 $S_{cII} = 4800 + 3600 \times 0.2 = 5520(kV \cdot A)$,三级负荷 $S_{cIII} = 3600 \times 0.8 = 2880(kV \cdot A)$,总负荷 $S_c = 4800 + 3600 = 8400(kV \cdot A)$。

(2)主变容量的选择。任一台主变压器单独运行时,应满足总计算负荷 70% 的要求,即主变压器容量不小于 $8400 \times 0.7 = 5880(kV \cdot A)$;同时任一台主变压器单独运行时要满足全部二级负荷的要求,即主变压器容量不小于5520kV·A。因此,可选择两台容量均为6300kV·A的变压器。

3)主变压器型号的选择

(1)主变压器相数的选择。因变电所处于镇郊,运输方便,所以应选择三相变压器,以节约场地和资金,降低变压器的损耗和维护的难度。

(2)绕组和接线形式的选择。该变电所有二个电压等级,所以选用双绕组变压器,为满足并列运行的要求,连接方式必须和系统电压相位一致,35kV侧采用Y形连接,10kV侧采用Δ形连接。

(3)调压方式的选择。普通型变压器调压范围小,而且不能在运行时调压,为了保证供电质量,应选择有载调压变压器。

(4)冷却方式的选择。主变压器一般采用的冷却方式有自然风冷却、强迫油循环风冷却、强迫油循环水冷却。因主变容量较小,应采用自冷方式,以节约成本。

综上所述,选择两台SZ9-6300/35节能型自冷式有载调压变压器,其主要技术参数为:额定电压$(35 \pm 3 \times 2.5\%)$kV/10.5kV,额定容量6300kV·A,额定电流104A/348A,阻抗电压百分数$U_K\% = 7.5$。

4)所用变压器的选择

变电所的所用电是变电所的重要负荷,在所用电设计时应综合考虑可靠性、经济性、灵活性以及变电所发展规划等方面的要求。

(1)所用变台数的确定。一般变电所装设一台所用变压器,对于装有两台以上主变压器的变电所中应装设两台容量相等的所用变压器,互为备用,因此本变电所选用两台所用变压器,分别安装在10kV母线侧。

(2)所用变容量的选择。应按变电所所用负荷进行选择,任一台所用电压器单独运行时,都应满足变电所用电负荷的要求,因此选择两台容量为50kV·A的所用变压器,其具体型号为SC9-50/10〔$(10.5 \pm 4 \times 2.5\%)$kV/0.4kV,阻抗电压4%〕,接线方式采用三相四线中性点直接接地系统,单母线接线。

3. 变电所主接线方案选择

由原始资料可知,改变电所用户负荷主要为二级负荷,还有部分三级负荷,变电所10kV出线回路较多,变电所基本没有穿越功率。

对于35kV及以下变电所,一般可不设置旁路母线,也不用双母线接线。该总降压变电所有2回电源进线时,因此其主接线方案可采用:

(1)高、低压侧均为单母线不分段接线。

(2)高压侧单母线不分段、低压侧单母线分段接线。

(3)高压侧内桥式接线、低压侧单母线分段接线。

(4)高、低压侧均为单母线分段接线。

要选出最好的主接线方案,需对以上四种主接线方案进行灵活性、经济性、技术可行性等方面的综合分析比较。为简便起见,根据变电所主要负荷为二、三级负荷,出线回路不是很多,电源线路较长等情况,选择可靠性、经济性都较高的高压侧内桥式接线、低压侧单母线分段的接线方案。

4. 短路电流计算

1)系统短路电抗标幺值计算

该变电所系统接线图如图 4 – 51 所示。

取基准容量 $S_d = 100\text{MV} \cdot \text{A}$,基准电压 $U_d = U_{av}$。

（1）系统电抗标幺值

$$X_K^* = \frac{S_d}{S_K} = \frac{100}{320} = 0.3125$$

（2）线路电抗标幺值

$$X_{WL}^* = X_0 l \frac{S_d}{U_{d1}^2} = 0.373 \times 20 \times \frac{100}{37^2} = 0.545$$

（3）变压器电抗标幺值

$$X_{1T}^* = X_{2T}^* = \frac{U_K\%}{100} \times \frac{S_d}{S_N} = \frac{7.5}{100} \times \frac{100}{6.3} = 1.19$$

则系统正序电抗图如图 4 – 52 所示。

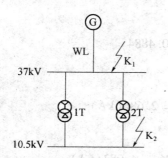

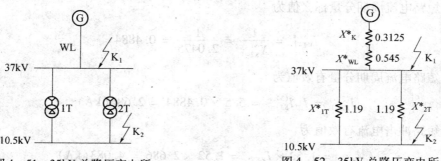

图 4 – 51　35kV 总降压变电所　　　　　　图 4 – 52　35kV 总降压变电所
系统接线图　　　　　　　　　　　　　　正序电抗图

2）K_1 点短路电流计算

（1）K_1 点短路时的阻抗标幺值为

$$X_{K1}^* = X_K^* + X_{WL}^* = 0.3125 + 0.545 = 0.8575$$

（2）K_1 点所在电压等级的基准电流为

$$I_{d1} = \frac{S_d}{\sqrt{3} U_{d1}} = \frac{100}{\sqrt{3} \times 37} = 1.56(\text{kA})$$

（3）计算 K_1 点短路电流各量：

三相短路电流周期分量标幺值为

$$I_{K1}^{(3)*} = \frac{1}{X_{K1}^*} = \frac{1}{0.8575} = 1.166$$

三相短路电流周期分量有效值为

$$I_{K1}^{(3)} = I_{d1} I_{K1}^{(3)*} = 1.56 \times 1.166 = 1.741(\text{kA})$$

三相短路冲击电流有效值为

$$I_{sh.K1}^{(3)} = 1.52 \times I_{K1}^{(3)} = 1.52 \times 1.741 = 2.646(\text{kA})$$

三相短路冲击电流值为

$$i_{\text{sh. K1}}^{(3)} = 2.55 \times I_{\text{K1}}^{(3)} = 2.55 \times 1.741 = 4.44 \, (\text{kA})$$

三相短路容量为

$$S_{\text{K1}}^{(3)} = \frac{S_\text{d}}{X_{\text{K1}}^*} = \frac{100}{0.8575} = 116.62 \, (\text{MV} \cdot \text{A})$$

3）分列运行时，K_2 点短路电流计算

（1）K_2 点短路时的阻抗标幺值为

$$X_{\text{K2-1}}^* = X_\text{K}^* + X_{\text{WL}}^* + X_{\text{1T}}^* = 0.3125 + 0.545 + 1.19 = 2.0475$$

（2）K_2 点所在电压等级的基准电流为

$$I_{\text{d2}} = \frac{S_\text{d}}{\sqrt{3} U_{\text{d1}}} = \frac{100}{\sqrt{3} \times 10.5} = 5.5 \, (\text{kA})$$

（3）计算 K_2 点短路电流各量：

三相短路电流周期分量标幺值为

$$I_{\text{K2-1}}^{(3)*} = \frac{1}{X_{\text{K2-1}}^*} = \frac{1}{2.0475} = 0.4884$$

三相短路电流周期分量有效值为

$$I_{\text{K2-1}}^{(3)} = I_{\text{d2}} I_{\text{K1}}^{(3)*} = 5.5 \times 0.4884 = 2.686 \, (\text{kA})$$

三相短路冲击电流有效值为

$$I_{\text{sh. K2-1}}^{(3)} = 1.52 \times I_{\text{K2-1}}^{(3)} = 1.52 \times 2.686 = 4.083 \, (\text{kA})$$

三相短路冲击电流值为

$$i_{\text{sh. K2-1}}^{(3)} = 2.55 \times I_{\text{K2-1}}^{(3)} = 2.55 \times 2.686 = 6.849 \, (\text{kA})$$

三相短路容量为

$$S_{\text{K2-1}}^{(3)} = \frac{S_\text{d}}{X_{\text{K2-1}}^*} = \frac{100}{2.0475} = 48.84 \, (\text{MV} \cdot \text{A})$$

4）并列运行时，K_2 点短路电流计算

（1）K_2 点短路时的阻抗标幺值为

$$X_{\text{K2-2}}^* = X_\text{K}^* + X_{\text{WL}}^* + X_{\text{1T}}^* = 0.3125 + 0.545 + \frac{1.19}{2} = 1.4525$$

（2）K_2 点所在电压等级的基准电流为

$$I_{\text{d2}} = \frac{S_\text{d}}{\sqrt{3} U_{\text{d1}}} = \frac{100}{\sqrt{3} \times 10.5} = 5.5 \, (\text{kA})$$

（3）计算 K_2 点短路电流各量：

三相短路电流周期分量标幺值为

$$I_{\text{K2-2}}^{(3)*} = \frac{1}{X_{\text{K2-2}}^*} = \frac{1}{1.4525} = 0.6885$$

三相短路电流周期分量有效值为

$$I_{K2-2}^{(3)} = I_{d2}I_{K1}^{(3)*} = 5.5 \times 0.6885 = 3.787(\text{kA})$$

三相短路冲击电流有效值为

$$I_{\text{sh}.K2-2}^{(3)} = 1.52 \times I_{K2-2}^{(3)} = 1.52 \times 3.787 = 5.756(\text{kA})$$

三相短路冲击电流值为

$$i_{\text{sh}.K2-2}^{(3)} = 2.55 \times I_{K2-2}^{(3)} = 2.55 \times 3.787 = 9.657(\text{kA})$$

三相短路容量为

$$S_{K2-2}^{(3)} = \frac{S_d}{X_{K2-2}^*} = \frac{100}{1.4525} = 68.85(\text{MV·A})$$

短路电流计算结果见表 4-5 所列。

表 4-5 35kV/10kV 变电所三相短路电流计算值

短路类型	短路点	短路电流周期分量		短路冲击电流		短路容量 $S/(\text{MV·A})$
		有效值 $I_K^{(3)}/\text{kA}$	稳态值 $I_\infty^{(3)}/\text{kA}$	有效值 $I_{\text{sh}}^{(3)}/\text{kA}$	冲击值 $i_{\text{sh}}^{(3)}/\text{kA}$	
三相	K1	1.741	1.741	2.646	4.44	116.62
三相	K_{2-1}(分列)	2.686	2.686	4.083	6.849	48.84
三相	K_{2-2}(并列)	3.787	3.787	5.756	9.657	68.85

5. 主要电气设备的选择

1) 35kV 侧电气设备的选择

(1) 35kV 断路器的选择。由图 4-53 可见,35kV 侧的断路器有 QF_1、QF_2 和桥联断路器 QF_3,共 3 台,为了减小断路器检修频率,可选择 SF_6 断路器。两台变压器同时运行时,35kV 线路的额定电流为

$$I_{1N} = \frac{S_N}{\sqrt{3}U_N} = \frac{2 \times 6300}{\sqrt{3} \times 35} = 208(\text{A})$$

故选择 LW8-35/1600 型户外 SF_6 断路器,其额定电压为 35kV,额定电流为 1600A,满足所在线路额定电压和额定电流的要求,其余校验结果见表 4-6 所列。

表 4-6 LW8-35/1600 型断路器校验结果

校验项目	LW8-35/1600		选择要求	安装地点条件		结论
	项目	数据		项目	数据	
开断电流	$I_{\text{OC}.N}$	20kA	≥	$I_{K1}^{(3)}$	1.741kA	合格
额定关合电流	$i_{\max}$	50kA	≥	$i_{\text{sh}.K1}^{(3)}$	4.44kA	合格
动稳定校验	$i_{\max}$	50kA	≥	$i_{\text{sh}.K1}^{(3)}$	4.44kA	合格
热稳定校验(4s)	I_t	20kA	≥	$I_{K1}^{(3)}$	1.741kA	合格

故所选 LW8-35/1600 型断路器满足要求。

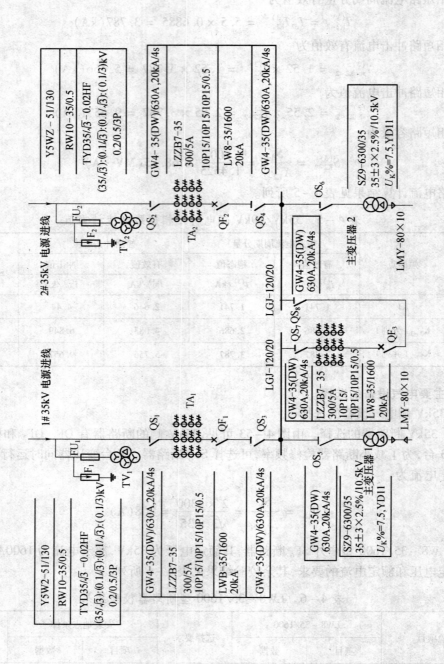

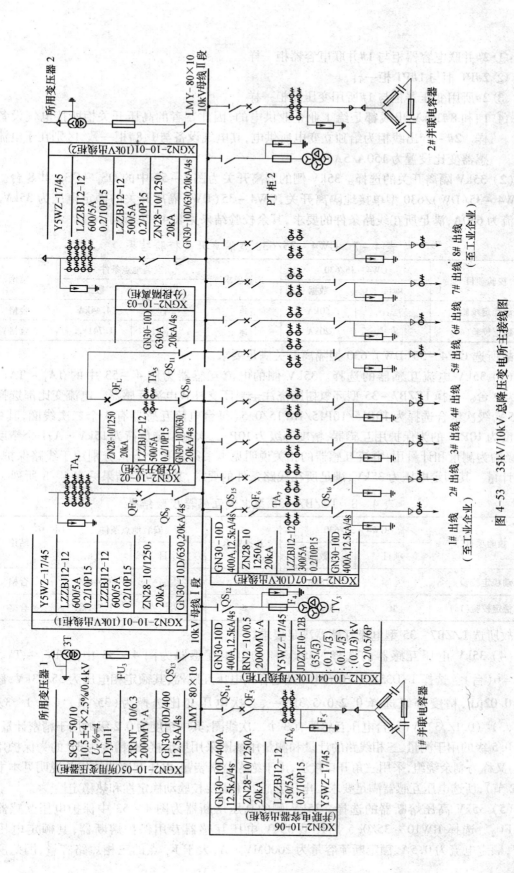

图 4-53 35kV/10kV 总降压变电所主接线图

说明：① 2#并联电容器柜与1#并联电容器柜一样。

② 2#PT柜与1#PT柜一样。

③ 2#所用变压器柜与1#所用变压器柜一样。

④ 1#和8#10kV出线都是给工业企业供电的，因此二者的高压开关柜所接电气设备一样。2#~7#出线柜为给独立变电所供电，其电气设备与1、8#柜一致，区别在于电流互感器变比设置为150A/5A。

（2）35kV隔离开关的选择。35kV侧的隔离开关为图4-53中的QS_1~QS_8，共8台。选择GW4-35（DW）/630型单接地隔离开关，GW4-35（DW）隔离开关的额定电压为35kV，额定电流为630A，满足所在线路条件的要求，其余校验结果见表4-7所列。

表4-7　GW4-35/630型隔离开关校验结果

校验项目	GW4-35/630		选择要求	安装地点条件		结论
	项目	数据		项目	数据	
动稳定校验	i_{max}	50kA	≥	$i_{sh.K1}^{(3)}$	4.44kA	合格
热稳定校验（4s）	I_t	20kA	≥	$I_{K1}^{(3)}$	1.741kA	合格

故所选GW4-35（DW）/630型隔离开关满足要求。

（3）35kV电流互感器的选择。35kV侧的电流互感器为图4-53中的TA_1~TA_3，共3×3=9台。选择LZZB7-35型环氧树脂浇注全封闭支柱式电流互感器。电流变比都选择为300/5A，级次组合选择为10P15/10P15/10P15/0.5（每台电流互感器有4个二次线圈，其中3个精度为10P15的为保护用互感器，精度等级为10P，二次侧额定负荷为15kV·A；1个精度为0.5级的为测量和计量用；电流互感器的相关说明见本书第5.8.1节），分别用于线路保护、测量和计量。其额定电压为35kV，满足所在线路条件的要求，其余校验结果见表4-8所列。

表4-8　LZZB7-35型电流互感器校验结果

校验项目	GW4-35/630		选择要求	安装地点条件		结论
	项目	数据		项目	数据	
动稳定校验	i_{max}	78kA	≥	$i_{sk.K1}^{(3)}$	4.44kA	合格
热稳定校验（1s）	It	31.5kA	≥	$I_{K1}^{(3)}$	1.741kA	合格

故所选LZZB7-35型电流互感器满足要求。

（4）35kV电压互感器的选择。35kV侧的电压互感器为图4-53中的TV_1~TV_2共2×3=6（台）。选择TYD35/$\sqrt{3}$-0.02HF型电容式电压互感器，其额定相电压为35/$\sqrt{3}$kV，额定电容0.02μF，精度等级选择0.2/0.5/3P，一、二次电压变比选择为（35/$\sqrt{3}$）:（0.1/$\sqrt{3}$）:（0.1/$\sqrt{3}$）:（0.1/$\sqrt{3}$）kV（每台电压互感器有3个二次线圈；其中精度为0.2级的用于精密计量，精度为0.5级的用于测量，三相线路的计量和测量用线圈采用星形接法；精度为3P的为保护用互感器，又称为剩余绕组，采用三角开口接法，用于绝缘监察装置；电压互感器的相关说明见本书第5.8.2节），所选电压互感器满足要求。电压互感器不需要校验动稳定性和热稳定性。

（5）35kV高压熔断器的选择。35kV侧的高压熔断器为图4-53中保护电压互感器的FU_1、FU_2。选择RW10-35/0.5户外型35kV电压互感器专用保护熔断器，其额定电压为35kV，额定电流为0.5A，额定断流容量为2000MV·A，大于K_1点的三相短路容量，因此所选高压熔断器满足要求。

（6）35kV 避雷器的选择。35kV 侧的避雷器为图 4 – 53 中的 F_1 和 F_2。选择高性能的氧化锌避雷器。35kV 系统的最高电压 U_m = 40.5kV，相对地最高电压为 $40.5/\sqrt{3}$ = 23.4(kV)。

额定电压的选择。根据表 4 – 4 选择避雷器的额定电压为 $1.25 \times U_m$ = 50.625(kV)，取避雷器的额定电压为 51kV。

标称放电电流的选择。35kV 氧化锌避雷器的标称放电电流选 5kA。

雷电冲击电流残压的选择。35kV 变压器的额定雷电冲击耐受电压峰值为 185kV，取雷电过电压配合系数为 1.4，则避雷器的雷电冲击电流残压不得超过 185/1.4 = 132.1(kV)，可取 130kV。

根据上述要求，选择 35kV 氧化锌避雷器的型号为 Y5WZ – 51/130。

2）10kV 侧电气设备的选择

变压器 10kV 出线上的额定电流为

$$I_{2N} = \frac{S_N}{\sqrt{3}U_N} = \frac{6300}{\sqrt{3} \times 10.5} = 346(A)$$

因为变电站 10kV 出线采用全电缆出线。为节约场地和简化操作，10kV 配电装置全部采用 XGN2 – 10 型箱型固定式金属封闭高压开关柜。开关柜额定电压为 10kV，额定电流为 2000A，额定开断电流为 40kA，额定热稳定电流（4s）为 40kA，额定动稳定电流为 100kA，防护等级为 IP2X 级，技术参数满足所在线路要求。

高压开关柜的用途和数量如下（注意：高压开关柜的主回路方案很多，而且还可以根据需要，向制造厂家订做非标准的开关柜，下列高压开关柜的编号为编者自定，并不对应标准开关柜的主接线方案）：

（1）主变压器 10kV 出线柜 2 只，型号为 XGN2 – 10 – 01。柜内主要电气设备为：

① ZN28 – 10/1250 型真空断路器 1 台（图 4 – 53 中的 QF_4）。其额定电压为 10kV，额定电流为 1250A，满足所在线路的电气条件，其校验结果见表 4 – 9 所列。

表 4 – 9　ZN78 – 10/1250 型断路器校验结果

校验项目	ZN28 – 10/1250		选择要求	安装地点条件		结论
	项目	数据		项目	数据	
开断电流	$I_{OC.N}$	20kA	≥	$I_{K2-2}^{(3)}$	3.787kA	合格
额定关合电流	i_{max}	50kA	≥	$i_{sh.K2-2}^{(3)}$	9.657kA	合格
动稳定校验	i_{max}	50kA	≥	$i_{sh.K2-2}^{(3)}$	9.657kA	合格
热稳定校验（3s）	I_t	20kA	≥	$I_{K2-2}^{(3)}$	3.787kA	合格

因此所选 ZN78 – 12/1250 型真空断路器满足要求。

② GN30 – 10D/630 – 20 型旋转式隔离开关 1 只（图 4 – 53 中的 QS_9）。其额定电压为 10kV，额定电流为 630A，满足所在线路的电气条件，其额定热稳定电流（4s）为 20kA，额定动稳定电流为 50kA，满足热稳定和动稳定性要求。

③ LZZBJ12 – 12 型电流互感器 3 只（图 4 – 53 中的 TA_4）。其额定电压为 12kV，满足所在线路电气条件。电流变比选择 600A/5A，级次组合选择 0.2/10P15 和 0.5/10P15 每台电流互感器有 4 个二次线圈，分为两组，每组 2 个线圈。其余校验结果见表 4 – 10 所列。

表 4 – 10   LZZBJ12 – 12 型电流互感器校验结果

校验项目	GW4 – 35/630		选择要求	安装地点条件		结论
	项目	数据		项目	数据	
动稳定校验	i_{max}	180kA	≥	$i_{sh.K2-2}^{(3)}$	9.657kA	合格
热稳定校验(1s)	I_t	80kA	≥	$I_{K2-2}^{(3)}$	3.787kA	合格

故所选 LZZBJ12 – 12 型电流互感器满足要求。

④ Y5WZ – 17/45 型氧化锌避雷器 1 只(图 4 – 53 中的 F_3)。避雷器额定电压为 17kV,大于系统最高运行电压 $1.38 \times U_m = 1.38 \times 12 = 16.6(kV)$;标称放电电流选择 5kA;雷电冲击电流残压为 45kV,小于 $75/1.4 = 53.6(kV)$。因此所选避雷器满足要求。

(2) 分段开关柜 1 只,型号为 XGN2 – 10 – 02。柜内主要电气设备为:

① ZN28 – 10/1250 型真空断路器 1 台(图 4 – 53 中的 QF_L)。

② GN30 – 10D/630 – 20 型旋转式隔离开关 1 只(图 4 – 53 中的 QS_{10})。

③ LZZBJ12 – 12 型电流互感器 2 只(图 4 – 53 中的 TA_5)。电流变比选择 600A/5A,级次组合选择 0.2/10P15。2 个级线圈,0.2 级的为测量用,10P 级的为保护用。

(3) 分段隔离柜 1 只,型号为 XGN2 – 10 – 03。柜内主要电气设备为:GN30 – 10D/630 – 20 型旋转式隔离开关 1 只(图 4 – 53 中的 QS_{11})。

(4) 10kV 母线 PT 柜 2 只,型号为 XGN2 – 10 – 04。柜内主要电气设备为:

① GN30 – 10D/400 – 12.5 型旋转式隔离开关 1 只(图 4 – 53 中的 QS_{12})。其额定热稳定电流为 12.5kA/4s,额定动稳定电流为 31.5kA,满足要求。

② JDZXF10 – 12B 型电压互感器 3 如(图 4 – 53 中的 TV_3)。选择电压变比为 $(10/\sqrt{3})$:$(0.1/\sqrt{3})$:$(0.1/\sqrt{3})$:$(0.1/3)$kV,精度等级选择 0.2/0.5/6P 级(每台互感器有 3 个二次线圈:其中 0.2 级精度用于精密计量,0.5 级精度用于测量,计量和测量用三相线圈之间采用星形接法;6P 级的为保护用线圈,三相线圈之间采用三角开口接法,用于绝缘监察装置)。

③ RN2 – 10/0.5 型电压互感器保护用熔断器 3 只(图 4 – 53 中的 FU_4)。其额定电压为 10kV,额定电流为 0.5A,额定断流容量为 2000MV·A,大于 K_1 点的三相短路容量,满足要求。

④ Y5WZ – 17/45 型氧化锌避雷器 1 只(图 4 – 53 中的 F_4)。

(5) 所用变压器柜 2 只。型号为 XGN2 – 10 – 05。柜内主要电气设备为:

① SC9 – 50/10 所用变压器 1 台(图 4 – 53 中的 3T)。采用 D,yn11 接线,一、二次电压比为 10.5(1±5%)/0.4/0.23kV,阻抗电压 4%,额定容量 50kV·A,大于变电所的所用负荷,因此所选择的所用变压器满足要求。

② XRNT – 10/6.3 型全范围保护用熔断器 1 只(图 4 – 53 中的 FU_3)。其额定电压为 10kV,额定电流为 6.3A,额定断流容量为 2000MV·A,满足保护所用变压器的要求。

③ GN30 – 10D/400 – 12.5 型旋转式隔离开关 1 只(图 4 – 53 中的 Q_{S13})。

(6) 并联电容器出线柜 2 只。型号为 XGN2 – 10 – 06。柜内主要电气设备为:

① GN30 – 10D/400 – 12.5 型旋转式隔离开关 1 只(图 4 – 53 中的 QS_{14})。

② ZN28 – 10/1250 型真空断路器 1 台(图 4 – 53 中的 QF_5)。

③ LZZBJ12 – 12 型电流互感器 3 只(图 4 – 53 中的 TA_6)。电流变比选择 150A/5A,级次组合选择 0.5/10P15。

④ Y5WZ – 17/45 型氧化锌避雷器 1 只(图 4 – 53 中的 F_5)。

(7) 10kV 出线柜 8 只。型号为 XGN2 – 10 – 07。柜内主要电气设备为:

① GN30 – 10D/400 – 12.5 型旋转式隔离开关 1 只(图 4 – 53 中的 QS_{15})。

② ZN28 – 10/1250 型真空断路器 1 台(图 4 – 53 中的 QF_6)。

③ LZZBJ12 – 12 型电流互感器 2 只(图 4 – 53 中的 TA7)。电流变比选择 300A/5A(若出线是作为独立变电所馈电用,则互感器变比选择 150A/5A),级次组合选择 0.2/10P15。

④ GN30 – 10/400 – 12.5 型旋转式隔离开关 1 只(图 4 – 53 中的 QS_{16})。

(8) 10kV 母线的选择。矩形母线便于安装,维护方便,适用于高压成套设备,因此 10kV 母线选择 LMY – 80×10 型硬铝母线。该型母线在环境温 40℃时的允许载流量为 1200A,大于主变压器 10kV 侧的计算电流 346A,因此所选母线满足要求。母线的动稳定性校验和热稳定校验参考 4.2.7 节。

6. 绘制变电所主接线图

在选择好主要电气设备后,按新的国家标准规定的图形符号和文字代号,将所有设备的型号、技术参数、母线及电缆截面、高低压成套设备的型号等标注在主接线图上。35V/10kV 总降压变电所主接线图如图 4 – 53 所示。

小　结

本章主要介绍了供配电系统常用的一次设备及一次设备的选择和校验原则,重点介绍了变配电所主接线的基本形式,以及供配电主接线的设计方法。

1. 一次设备是承担生产、输送和分配电能的电气设备,常见的一次设备有变压器、高低压断路器、高压隔离开关、负荷开关、熔断器、电压和电流互感器、母线、避雷器以及高低压成套设备等。

2. 一次设备的选择需要适应工作场所的温、湿度和腐蚀等条件,并且要满足所在线路的电气条件。变压器的选择要根据负荷等级和容量进行;高压开关设备、母线、互感器需要校验断流能力、热稳定性和动稳定性;互感器还需要校验准确度等级;避雷器需要校验持续运行电压和雷电冲击电流残压等。

3. 电气主接线设计的基本要求是可靠、安全、经济和灵活。变配电所常见的主接线形式有线路—变压器组合、单母线、单母线分段、双母线、桥式接线等,若要求在检修出线断路器时不能停电,还可以设置旁路母线。在选择变配电所主接线方案时,要综合考虑负荷性质、电源进线回路、主变压器台数等情况。

4. 电气主接线的设计步骤是:首先分析原始资料,确定主变压器的台数、容量和型号;其次定出变电所主接线方案;然后计算短路电流,根据短路电流的计算结果选择主要电气设备的型号和数量;最后画出主接线图。

思考题与习题

1. 供配电一次设备有哪些?

2. 供配电一次设备的选择有哪些原则?

3. 如何选择变压器容量和台数?

4. SF_6 高压断路器和真空断路器各自有哪些优点? 适用于哪些场合?

5. 某35kV线路的计算电流为300A,最大三相短路电流为11kA,三相短路冲击电流为26kA,试选择该线路的断路器和隔离开关,并校验动稳定性和热稳定性(短路假想时间为1.2s)。

6. 高压熔断器的分类有哪些?各自适用于哪些场合?"限流式"熔断器与"非限流式"熔断器有何区别?

7. 在熔断器的选择中,为什么熔体的额定电流要与被保护的线路相配合?

8. 总降压变电所主接线的常见形式有哪些?各自适用于什么场合?

9. 独立车间变电所和非独立车间变电所主接线有什么区别?

10. 在低压线路中,前后级熔断器如何进行选择性配合?

11. 氧化锌避雷器比传统的避雷器有哪些优点?其主要技术参数有哪些?

12. 某220kV变电所电源进线侧额定电压为220kV,最高电压为252kV,额定雷电冲击耐受电压峰值为850kV,试选择220kV过电压保护氧化锌避雷器的型号。

13. 高压开关柜的分类有哪些?各自有什么特点?

14. 高压开关柜的"五防"原则指的是什么?

15. 在低压断路器的选择中,为什么过流脱扣器的动作电流要与被保护的线路相配合?

16. 电气主接线设计的步骤有哪些?

17. 一条380V三相四线制线路供电给一台电动机,电动机的额定电流为60A,启动电流为320A,启动时间3s~8s,线路首端三相短路电流为16kA,线路末端三相短路电流为8kA,使用截面为10mm^{2}的BLV型导线穿钢管铺设。拟采用RT0型熔断器进行过电流保护,环境温度为25℃。试选择RT0型熔断器及熔体的额定电流,并校验熔断器的各项技术指标。

18. 某380V线路上的计算电流为220A,线路尖峰电流为360A,三相断流冲击电流为25kA,试选择DWI6型低压断路器进行瞬时过电流保护,并校验保护的各项参数。

19. 电气主接线设计的基本要求是什么?

20. 断路器和隔离开关倒闸操作的原则是什么?母线倒闸操作的原则有哪些?

21. 某城镇需新建一座35kV/10kV总降压变电所向工厂企业供电,总计算负荷为9000kV·A,约65%为二级负荷,其余的为三级负荷,可从附近取得2回35kV电源,拟采用2台变压器,变电所主接线采用高压侧单母线不分段、低压侧单母线分段接线。假定变压器采用并联运行方式,试确定2台变压器的型号和容量,并选择变电所主要电气设备,画出主接线图。

第 5 章　供配电系统二次接线

本章首先介绍供配电系统二次接线的基本概念及二次接线图的绘制,二次回路的操作电源;其次介绍断路器控制回路和信号回路以及电气测量仪表;最后介绍供配电系统常用的自动装置,变电站的防雷与接地保护。

5.1　二次接线概述

5.1.1　二次接线的基本概念

二次设备是指对一次设备的工作状态进行监视、测量、控制和保护的辅助电气设备。二次设备包括测量仪器、控制与信号设备、继电保护装置以及自动和远动装置、操作电源、控制电缆、熔断器等。根据测量、控制、保护和信号显示的要求,表示二次设备互相关系的电路,称为二次回路或二次接线,也称二次系统,包括控制系统、信号系统、监测系统及继电保护和自动化系统等。

二次接线是变电站电气接线的重要组成部分,其基本任务是:反映一次设备的工作状态,控制一次设备,在一次设备发生故障时,能使故障部分迅速退出工作,以保持电力系统处在最好的运行状态。

5.1.2　二次接线的分类

二次接线按照电源性质分,有直流回路和交流回路。直流回路是由直流电源供电的控制、保护和信号回路。交流回路又分为交流电流回路和交流电压回路。交流电流回路由电流互感器供电,交流电压回路由电压互感器或所用变压器供电,构成测量、控制、保护、监视及信号等回路。

二次接线按照用途分,有断路器控制回路、信号回路、测量回路、继电保护回路和自动装置回路等。图 5 - 1 为供配电系统的二次回路功能示意图。

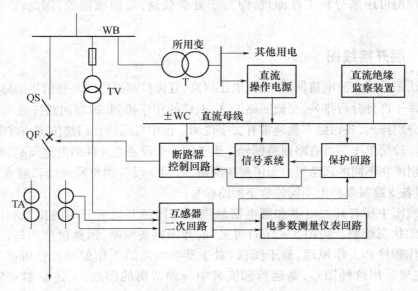

图 5 - 1　供配电系统的二次回路功能示意图

在图 5 - 1 中,断路器控制回路的主要功能是对断路器进行通、断操作,当线路发生短路故障时,相应继电保护动作,接通断路器控制回路中的跳闸回路,使断路器跳闸,启动信号回路发出声响和灯光信号;操作电源向断路器控制回路、继电保护装置、信号回路、监测系统等二次回路提供所需的电源。电压互感器、电流互感器还向监测、电能计量回路提供电流和电压参数。

二次接线在用户供配电系统中虽然是一次电路的辅助系统,但它对一次电路的安全、可靠、优质、经济地运行有着十分重要的作用,因此必须予以充分的重视。

5.2 二次接线图

二次接线图是以国家规定的标准图形符号和文字符号,表示二次设备的相互连接关系。它是二次设备安装接线、试验查线以及运行维护的重要工具。二次接线图一般分为原理接线图、展开接线图和安装接线图三种。对于继电保护电路,通常三种形式的二次接线图都有;对于控制和测量回路一般只需展开接线图和安装接线图。

5.2.1 原理接线图

原理接线图是用来表示继电保护、测量仪表和自动装置中各元件的电气联系及工作原理的电气回路图。原理接线图将二次接线和一次接线中的相关部分画在一起,电气元件以整体形式表示,能表明二次设备的构成、数量及电气连接情况,图形直观、形象,便于设计构思和记忆。

图 5 - 2 为 10kV 线路保护原理接线图,图 5 - 2(a)为原理接线图,图中每个元器件以整体形式绘出,它对整个装置的构成有一个明确的概念,便于掌握其互相关系和工作原理。其优点是较为直观;缺点是当元器件较多时电路的交叉多,交、直流回路和控制与信号回路均混合在一起,清晰度差。

原理接线图可用来分析工作原理,但对于复杂线路,看图较困难,因此,广泛应用展开接线图。

5.2.2 展开接线图

展开接线图分成交流电流回路、交流电压回路、直流控制操作回路和信号回路等几个主要组成部分。每一部分分行排列,交流回路按 A、B、C 的相序排列,控制回路按继电器的动作顺序由上往下分别排列,各回路右侧通常有文字说明。图中各元件和回路按统一规定的图形、文字符号绘制。较简单图形可省略回路标号。属于同一个设备或元件的电流线圈、电压线圈、控制触点应分别画在不同的回路里。为了避免混淆,对同一设备的不同线圈和触点应用相同的文字标号,但各支路需要标上不同的数字回路标号。

二次接线图中所有开关电器和继电器触点都是按照开关断开时的位置和继电器线圈中无电流时的状态绘制。由图 5 - 2(b)可见,展开图接线清晰,回路次序明显,便于了解整套装置的动作程序和工作原理,易于阅读,对于复杂线路的工作原理的分析更为方便。目前,工程中主要采用这种图形,是运行和安装中一种常用的图纸,又是绘制安装接线图的依据。

132

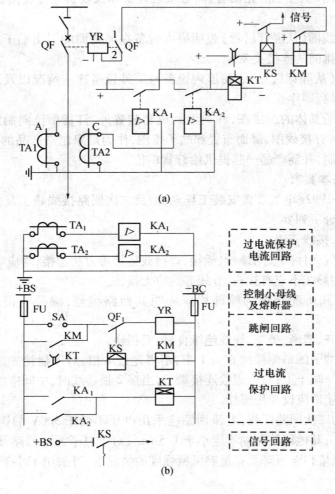

(a)

(b)

图 5-2 10kV 线路保护原理接线图
(a) 归总式原理接线图；(b) 展开式原理接线图。

5.2.3 安装接线图

根据电气施工安装的要求,用来表示二次设备的具体位置和布线方式的图形,称为二次回路的安装接线图。安装接线图是制造厂生产加工变电站的控制屏、继电保护屏和现场安装施工接线所用的主要图纸,也是变电站检修、试验等的主要参考图,是根据展开接线图绘制的。

安装接线图是进行现场施工不可缺少的图纸,是制作和向厂家加工订货的依据。它反映的是二次回路中各电气元件的安装位置、内部接线及元件间的线路关系。

在安装接线图中,各种仪表、电器、继电器和连接导线及其路径等,都是按照它们的实际图形、位置和连接关系绘制的。为了便于安装接线和运行中检查,所有设备的端子和导线,电缆的走向均用符号、标号加以标志。下面以安装接线图为例介绍二次接线基本要求及二次接线图的绘制方法。

安装接线图包括屏面布置图、屏背面接线图和端子排图等几部分。

（1）屏面布置图（从控制屏正面看）将各安装设备和仪表实际位置按比例画出，它是屏背面接线图的依据。

（2）屏背面接线图（从屏背后看）表明屏内设备在屏背面的引出端子之间的连线情况以及引出端子与端子排间的连接关系。

（3）端子排图（从屏背后看）表明屏内设备与屏外设备连接情况以及屏上需要装设的端子类型、数目以及排列顺序。

安装接线图是最具体的施工图，除典型的成套装置外，订货单位向制造厂家订购控制屏（台）时，必须提供展开接线图、屏面布置和端子排图，作为厂家制造产品的依据。一般屏背面接线图由制造厂绘制，并随产品一起提供给订货单位。

1. 二次接线基本要求

按 GB 50171—1992《电气装置安装工程盘、柜及二次回路接线施工及验收规范》规定，二次回路的接线应符合下列要求：

（1）按图施工，接线正确。

（2）导线与电气元件间采用螺栓、插接、焊接或压接等方法连接，均应牢固可靠。

（3）盘、柜内的导线不应有接头，导线芯线应无损伤。

（4）电缆芯线和所配导线的端部均应标明其回路编号，编号应正确，字迹清晰且不易褪色。

（5）配线应整齐、清晰、美观，导线绝缘良好、无损伤。

（6）每个接线端子的每侧接线宜为 1 根，不得超过 2 根；对于插接式端子，不同截面的 2 根导线不得接在同一端子上；对于螺栓连接端子，当接 2 根导线时，中间应加平垫片。

（7）二次回路接地应设专用螺栓。

（8）盘、柜内的二次回路配线：电流回路应采用电压不低于 500V 的铜芯绝缘导线，其截面不应小于 2.5mm^2；其他回路截面不应小于 1.5mm^2；对于电子元件回路、弱电回路采用锡焊连接时，在满足载流量和电压降及有足够机械强度的情况下，可采用不小于 0.5mm^2 截面的绝缘导线。

2. 二次回路的编号

为了在安装接线、检查故障等接线、查线过程中，不至于混淆，需对二次回路进行编号，见表 5-1。

表 5-1　数字编号的分配

回路类别	标号范围	备注
控制与保护	1～399	—
信号	700～799	—
电流	400～599	母线 300～399 前加文字
电压	600～799	前面加文字
遥信	800～899	

二次回路常采用回路编号法、相对编号法两种。

回路编号法：按"等电位"原则标注，在电气回路中相同电位的回路采用同一编号。如跳闸回路的 7、分闸回路的 37，电流回路的 A411 等。这一编号方法便于读图时了解回路的作用，在原理图中运用最多。

相对编号法：按接线对侧的设备名称编号，如 TWJ - 1 为位置继电器的 1 脚，I3 - 7 为第一安装单元第三个元件的 7 脚。这种编号法便于查找该连线的趋向，用于安装图中。

二次回路的编号原则见表 5 - 2。

表 5 - 2　二次回路的编号原则

类别＼相别	A 相	B 相	C 相	中性	零	开口三角
文字符号	A	B	C	N	L	X
角注标号	a	b	c	n	l	x

3. 安装接线图的绘制

安装接线图一般应表示出各个项目（指元件、器件、部件、组件和成套设备等）的相对位置、项目代号、端子号、导线号、导线类型和导线截面等内容。

1）二次设备的表示方法

由于二次设备是从属于某一次设备或电路的，而一次设备或电路又从属于某一成套装置，因此为避免混淆，所有二次设备都必须按 GB/T 5094.2—2003 标明其项目种类代号。

2）接线端子的表示方法

屏（柜）外的导线或设备与屏上二次设备相连时，必须经过端子排。端子排是由专门的接线端子板组合而成的。

接线端子板分为普通端子、连接端子、试验端子和终端端子等形式。普通端子板用来连接由屏外引至屏上或由屏上引至盘外的导线；连接端子板有横向连接片，可与邻近端子板相连，用来连接有分支的二次回路导线；试验端子板用来在不断开二次回路的情况下，对仪表、继电器进行试验；终端端子板用来固定或分隔不同安装项目的端子排。

3）连接导线的表示方法

接线图中端子之间的连接导线有下面两种表示方法。

（1）连续线：是指表示两端子之间的连接导线的线条是连续的，用连续线表示的连接导线需要全线画出，连线多时显得过于复杂。

（2）中断线：是指表示两端子之间的连接导线的线条是中断的，如图 5 - 3 所示。在线条

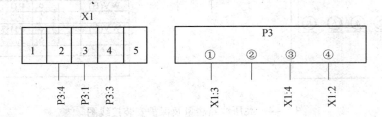

图 5 - 3　连接导线的相对标号表示法

中断处必须标明导线的去向,即在接线端子出线处标明对方端子的代号,这种标号方法称为"相对标号法"。此法简明清晰,对安装接线和维护检修都很方便。

　　4)二次接线的安装图举例

　　在用户供配电系统10kV线路的二次接线比较简单,往往将控制、信号、保护和测量设备与一次接线装在同一台高压开关柜上,测量和继电保护装置根据实际需要设计。

　　图5-4是高压线路测量及保护安装接线图。为了阅读方便,另给出该高压线路二次回路的展开式原理接线图,如图5-5所示,供对照参考。

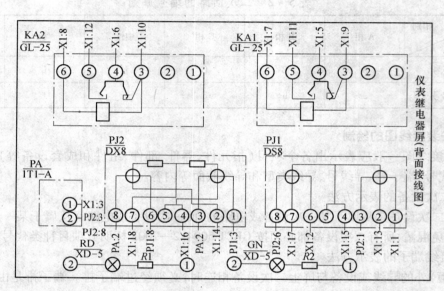

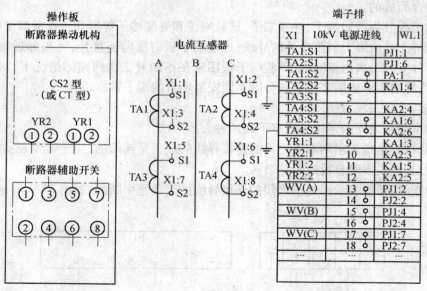

图5-4　高压线路测量及保护安装接线图

136

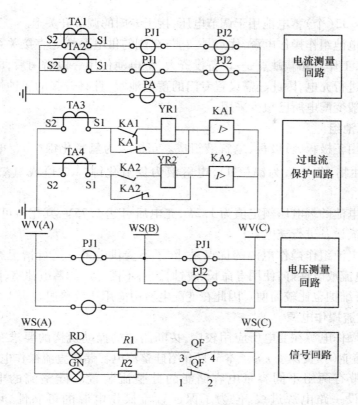

图 5 – 5　高压线路测量及保护原理接线展开图

5.3　变电所二次回路的操作电源

　　二次回路的操作电源是指控制、信号、监测及继电保护和自动装置等二次回路系统所需的电源。对操作电源的要求:首先,必须安全可靠,不应受供电系统运行情况的影响,保持不间断供电;其次,容量要足够大,应能够满足供电系统正常运行和事故处理所需要的容量。

　　二次回路的操作电源,分直流操作电源和交流操作电源两大类。直流操作电源,按供电电源的性质又可分为独立直流电源(蓄电池组)和交流整流电源(带电容的储能硅整流装置和复式整流装置);交流操作电源又有由所用变压器供电和由仪用互感器供电之分。

5.3.1　直流操作电源

　　过去多采用铅酸蓄电池组,目前大多采用镉镍蓄电池组、带电容储能的硅整流装置或复式整流装置。

1. 铅酸蓄电池组

　　铅酸蓄电池,由二氧化铅(PbO_2)的正极板、铅(Pb)的负极板和密度为$1.2 \, g/cm^3 \sim 1.3 g/cm^3$的稀硫酸($H_2SO_4$)电解液构成,容器多为玻璃。

　　铅酸蓄电池的额定端电压(单个)为2V,充电后可达2.7V,放电后可降到1.95V。为获得220V的操作电压,需要蓄电池个数 $n = 230/1.95 \approx 118$(个)。考虑到充电后端电压升高,为保证直流系统正常电压,长期接入操作电源母线的蓄电池个数 $n_1 = 230/2.7 \approx 86$(个),而 $n_2 =$

137

$n - n_1 = 118 - 86 = 32$（个）蓄电池用于调节电压,接于专门的调节开关上。

采用铅酸蓄电池组作操作电源,优点是:它与交流的供电系统无直接关系,不受供电系统运行情况的影响,工作可靠。缺点是:设备投资大,蓄电池使用一段时间后,电压下降,需用专门的充电装置来进行充电,因此还需设置专门的蓄电池室,且有较多的腐蚀性,运行维护也相当麻烦。现在一般变配电所已很少采用。

2. 镉镍蓄电池组

镉镍蓄电池由正极板、负极板、电解液组成。正极板为氢氧化镍($Ni(OH)_3$)或三氧化二镍(Ni_2O_3)的活性物,负极板为镉(Cd),电解液为氢氧化钾(KOH)或氢氧化钠($NaOH$)等碱溶液。

单个镉镍蓄电池的端电压额定值为 1.2V,充电后可达 1.75V,其充电可采用浮充电或强充电方式由硅整流设备进行充电。

采用镉镍蓄电池组作操作电源的优点是:除了不受供电系统运行情况影响,工作可靠之外,还有它的大电流放电性好,使用寿命长,腐蚀性小,不需专门的蓄电池室,降低了投资,可安装于控制室,运行维护也比较简便。因此在变配电所中应用比较普遍。

3. 硅整流直流操作电源

硅整流直流操作电源在变电所应用较广,按断路器的操动机构的要求有电容储能(电磁操动)和电动机储能(弹簧操动)等。本节只介绍硅整流电容储能直流操作电源。

图 5-6 为带有两组不同容量电容储能的硅整流装置。硅整流的电源来自所用变低压母线,一般设一路电源进线,但为了保证直流操作电源的可靠性,可以采用两路电

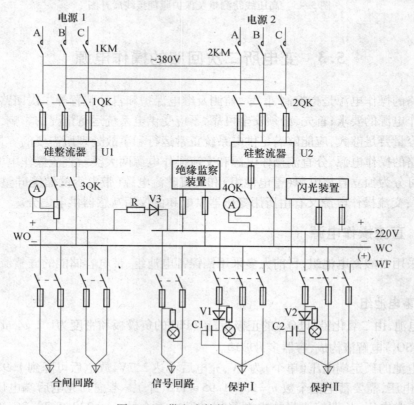

图 5-6 带电容储能的硅整流装置

源和两台硅整流装置,其中一回路工作,另一回路备用,用接触器自动切换。在正常情况下两台硅整流器同时运行,硅整流器 I 主要用做断路器合闸电源,并可向控制、保护、信号等回路供电;在硅整流器 II 发生故障时还可以通过逆止器件 V3 向控制母线供电,其容量较大。硅整流器 II 仅向操作母线供电,容量较小。一般选用直流电压为 220V、20A 的成套整流装置。两组硅整流之间用电阻 R 和二极管 V3 隔开,V3 起到逆止阀的作用,它只允许从合闸母线向控制母线供电而不能反向供电,以防在断路器合闸或合闸母线侧发生短路时,引起控制母线的电压严重降低,影响控制和保护回路供电的可靠性。电阻 R 用于限制在控制母线侧发生短路时流过硅整流器的电流,起保护 V3 的作用。在硅整流器 I 和 II 前,也可以用整流变压器实现电压调节。整流电路一般采用三相桥式整流。

当电力系统发生故障,380V 交流电源下降时,直流 220V 母线电压也相应下降。此时利用并联在保护回路中的电容 C1 和 C2 的储能来动作继电保护装置,使断路器跳闸。正常情况下各断路器的直流控制系统中的信号灯及重合闸继电器由信号回路供电,使这些元器件不消耗电容器的储能。在保护回路装设逆止器件 V4 和 V5 的主要作用是在事故情况下,交流电源电压降低引起操作母线电压降低时,禁止向操作母线供电,而只向保护回路放电。

硅整流直流操作电源的优点是:价格便宜,与铅酸蓄电池比较占地面积小,维护工作量小,体积小,不需充电装置。缺点是:电源独立性差,电源的可靠性受交流电源影响,电容器有漏电问题,且易损坏,可靠性不如蓄电池。

为了提高整流操作电源供电的可靠性,一般至少应有两个独立的交流电源给整流器供电,其中之一最好是与本变电所没有直接联系的电源。

4. 复式整流装置

复式整流是指供直流操作电压的整流器电源有两个,即电压源和电流源。电压源由所用变压器或电压互感器供电,经铁磁谐振稳压器(当稳压要求较高时装设)和硅整流器供电给控制等二次回路;电流源由电流互感器供电,同样经铁磁谐振稳压器(当稳压要求较高时装设)和硅整流器供电给控制等二次回路。由于复式整流装置有电压源和电流源,因此能保证供电系统在正常和事故情况下直流系统均能可靠地供电。

5.3.2　交流操作电源

交流操作电源比整流电源更简单,它不需设置直流回路,可以采用直接动作式继电器,工作可靠,二次接线简单,便于维护。交流操作电源广泛用于用户中小型变电所中断路器采用手动操作和继电保护采用交流操作的场合。

交流操作电源可有两种途径获得:一种是取自所用电变压器;另一种是当保护、控制、信号回路的容量不大时,可取自电流互感器、电压互感器的二次侧。

当交流操作电源取自电流、电压互感器时,通常在电压互感器二次侧安装 100V/220V 的隔离变压器,可以取得控制回路和信号回路的交流操作电源。

在使用电压互感器作为操作电源时必须注意:在某些情况下,当发生短路时,母线上的电压显著下降,以至加到断路器线圈上的电压过低,不能使操作机构动作。因此,用电压互感器作为操作电源,只能作为保护内部故障的气体继电器的操作电源。

相反,对于短路保护的保护装置,其交流操作电源可取自电流互感器,在短路时,短路电流本身可用来使断路器跳闸,如图 5-7 和图 5-8 所示。

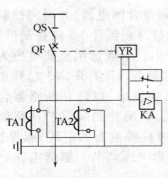
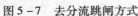

图 5-7　去分流跳闸方式

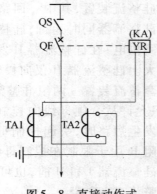

图 5-8　直接动作式

交流操作电源供电的继电保护装置,根据跳闸线圈供电方式的不同,分为去分流跳闸式和直接动作式两种。

1. 去分流跳闸式

去分流跳闸式接线如图 5-7 所示,在正常情况下,继电器 KA 的动断触点将跳闸线圈 YR 短接(分流),YR 不通电,断路器 QF 不会跳闸。当一次电路发生相间短路时,继电器动作,其动断触点断开,使 YR 的短接分流支路被去掉(即去分流),从而使电流互感器的二次电流完全流入跳闸线圈 YR,使断路器跳闸。这种接线方式简单经济,而且灵敏度较高。但继电器触点的容量要足够大,因为要用它来断开反应到电流互感器二次侧的短路电流,现在生产的 GL-15、GL-16、GL-25、GL-26 型过电流继电器,其触点的短时分断电流可达 150A,完全可以满足去分流跳闸的要求。这种去分流跳的交流操作方式在工厂供电系统中应用相当广泛。

2. 直接动作式

如图 5-8 所示,利用高压断路器手动操作机构内的过电流脱扣器(跳闸线圈)YR 作过电流继电器 KA(直动式),接成两相一继电器式或两相两继电器式接线。正常情况下,YR 通过正常的二次电流,远小于 YR 的动作电流,不动作;而在一次电路发生相间短路时,短路电流反应到互感器的二次侧,流过 YR,达到或超过 YR 的动作电流,从而使断路器跳闸。这种交流操作方式最为简单经济,但受脱扣器型号的限制,没有时限,且动作准确性差,保护灵敏度低,在实际工程中已很少应用。

交流操作系统中,按各回路的功能,也设置相应的操作电源母线,如控制母线、闪光小母线、事故信号和预告信号小母线等。各回路的电路结构与直流操作系统中相应回路的电路结构非常相似,原理也基本相同,差别在于交流操作系统均使用交流电气元件,直流操作系统均使用直流电气元件。

交流操作电源的优点是:接线简单,投资低廉,维修方便。缺点是:交流继电器性能没有直流继电器完善,不能构成复杂的保护。因此,交流操作电源在小型变配电所中应用较广,而对保护要求较高的中小型变配电所,采用直流操作电源。

5.3.3　所用变压器

变电所的用电一般应设置专门的变压器供电,简称所用变。变电所的用电主要有室外照明、室内照明、生活区用电、事故照明、操作电源用电等,上述用电一般都分别设置供电回路,如图 5-9(a)所示。

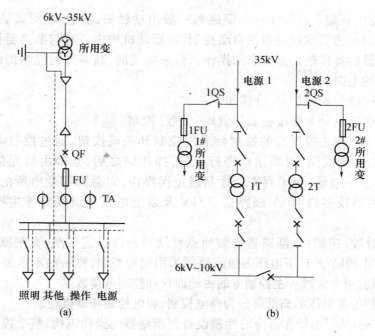

图 5 – 9　所用变压器接线示意图
（a）所用电系统；（b）所用变压器接线位置。

为保证操作电源的用电可靠性,所用变一般都接在电源的进线处,如图 5 – 9（b）所示,即使变电所母线或变压器发生故障时,所用变仍能取得电源。一般情况下,采用一台所用变即可,但对一些重要的变电所,设有两台互为备用的所用变。两台所用变接于二路电源的进线处,或其中一台所用变应接至电源进线处（进线断路器的外侧）,另一台则应接至与本变电所无直接联系的备用电源上。在所用变低压侧可采用备用电源自动投入装置,以确保所用电的可靠性。值得注意的是,由于两台所用电变压器所接电源中相位的关系,有时是不能并联运行的。

5.4　高压断路器的控制与信号回路

5.4.1　高压断路器

高压断路器（文字符号为 QF,图形符号为 ─✕╱── ）是一种专用于断开或接通电路的开关设备,它有完善的灭弧装置,因此,不仅能在正常时通断负荷电流,而且能在出现短路故障时在保护装置作用下切断短路电流。

高压断路器按其采用的灭弧介质来划分,主要有油断路器、六氟化硫（SF_6）断路器、真空断路器等。油断路器分为多油和少油两大类。多油断路器油量多一些,其油一方面作为灭弧介质,另一方面又作为绝缘介质;少油断路器油量较少,仅作为灭弧介质。多油断路器因油量多、体积大,断流容量小、运行维护比较困难,因而现已被淘汰。其中少油断路器和真空断路器目前在供配电系统中应用较广泛。

5.4.2　高压断路器的控制方式与控制要求

变电所在运行时,由于负荷的变化或系统运行方式的改变,需要将变压器以及线路投入和切除,都要用断路器进行操作。断路器一般由动触头、静触头、灭弧装置、操动机构及绝缘支座等构成。为实现断路器的自动控制,在操动机构中还有与断路器传动轴联动的辅助触头。断路器的操作就是通过它的操作机构来完成的,断路器的控制回路就是用以控制操作机构动作的电路。

断路器的控制方式有多种,分述如下:

(1) 按控制地点分为集中控制和就地(分散)控制。

① 集中控制:在主控制室的控制台上用控制开关或按钮,通过控制电缆去接通或断开断路器的跳、合闸线圈,对断路器进行控制,操作完之后,立即由灯光信号反映出断路器的位置状态。一般地,考虑到安全性和避免误操作,对总降压变电所的主变压器、母线断路器、出线回路较多的10kV断路器、35kV及以上电压等级线路等主要设备都采用集中控制。

② 就地(分散)控制:在断路器安装地点就地对断路器进行跳、合闸操作(可电动或手动)。一般地,对10kV及以下电压等级线路等采用就地控制,将一些不重要的设备放到配电装置内就地控制,可大大减少主控制室的占地面积和控制电缆数。

(2) 按控制电源电压的高低可分为强电控制、弱电控制和微机控制。

① 强电控制:从发出操作命令的控制设备到断路器的操动机构,整个控制回路的工作电压均为直流110V或直流220V。

② 弱电控制:控制台上发出操作信号是弱电(48V),而经转换送到断路器操动机构的是强电(220V)。

③ 微机控制:在变电站综合自动化系统中,通过键盘或鼠标点击监控微机控制按钮,发出操作命令,激励断路器跳、合闸线圈。

(3) 按控制电源的性质可分为直流操作和交流操作(包括整流操作)。直流操作一般采用蓄电池组供电;交流操作一般是由电流互感器、电压互感器、所用变压器供电。

(4) 按照对控制电路监视方式的不同,分为灯光监视控制电路及音响监视控制电路。由控制室集中控制及就地控制的断路器,一般多采用灯光监视控制电路,只在重要情况下才采用音响监视控制电路。

断路器的控制回路必须完整,可靠,因此应满足以下要求:

(1) 断路器操作机构的合闸与跳闸线圈都是按短时通电来设计的,操作完成之后,应迅速自动断开合闸或跳闸回路以免烧坏线圈。

(2) 断路器既能在远方由控制开关进行手动合闸或跳闸,又能在自动装置或继电保护装置作用下自动合闸或跳闸。

(3) 控制回路应具有反映断路器手动和自动跳、合闸位置的信号,一般采用灯光信号。

(4) 应能监视控制回路操作电源及跳、合闸回路的完好性;应对二次回路短路或过负荷进行保护。

(5) 具有防止断路器多次合、跳闸的"防跳"装置。

(6) 对于采用气压、液压和弹簧操动机构的断路器,应有压力是否正常、弹簧是否拉紧到位的监视和闭锁回路。

控制回路的接线方式较多,按监视方式可分为灯光监视的控制回路与音响监视的控制回路。前者多用于小型变电所,而后者常用于大、中型变电所。

5.4.3 灯光监视的控制回路和信号回路

1. 控制回路的构成

断路器控制回路由控制开关、中间放大元件和操作机构三部分构成。

1）控制开关

控制开关是值班人员直接操作发出控制命令,以改变设备运行状态(断路器跳、合闸)的装置,又称为转换开关。

目前,多采用带有操作手柄的控制开关,使断路器合闸或跳闸,如 LW2-Z 型控制开关。

图 5-10 是变电站普遍应用的 LW2-Z 型控制开关的结构图,其正面是一个操作手柄,装于屏前。LW2-Z 型控制开关的手柄有两个固定位置和两个操作(过渡)位置。其固定位置:垂直位是预备合闸后;水平位是预备跳闸和跳闸后。其操作位置:合闸操作,由预备合闸(垂直位)右转 30°至合闸位,瞬间发出合闸脉冲,手放开后靠弹簧作用使手柄复位于垂直位(合闸后);跳闸操作,由预备跳闸(水平位)左转 30°至跳闸位,瞬时发出跳闸脉冲,手放开后靠弹簧作用使手柄复位于水平位(跳闸后)。与手柄固定连接的轴上装有 5 节~8 节触点盒,用螺杆相连装于屏后。在每节方形触点盒的四角均匀固定着 4 个静触点,其外端与外电路相连,内端与固定于方轴上的动触点簧片相配合。由于簧片的形状及安装位置的不同,组成 14 种型号的触点盒,代号为 1、1a、2、4、5、6、6a、7、8、10、20、30、40、50,触点盒位置图表见表 5-3 所列。动触点有两种基本类型:一种是触点片固定在轴上,随轴一起转动;另一种是触点片与轴有一定角度的自由行程,当手柄转动角度在其自由行程内时,可保持在原来位置上不动,自由行程有 45°、90°、135°三种。前 9 种类型的动触点是固定于方轴上随轴转动的;而 10、40、50 这 3 种类型的触点在轴上有 45°的自由行程;20 型有 90°自由行程;30 型有 135°自由行程。有自由行程的触点其断流能力较小,仅适用于信号回路。

表 5-3　LW2-Z 型触点盒位置图表

触点盒的型式 / 手柄位置	灯	1 1a	2	4	5	6	6a	7	8	10	20	30	40	50
⊖ ←														
⊕ ↑														
⊘ ↗														
⊕ ↑														
⊖ ←														
⊘ ↙														

表 5-4 为 LW2-Z-1a、4、6a、40、20、20/F8 型开关型控制开关触点表,它有 6 种操作位置。其中,LW2-Z 为开关型号;1a、4、6a、40、20、20/F8 为开关上由手柄向后依次排列的触点盒的型号;F 表示方形手柄面板(O 表示圆形面板)。表中,左列手柄的 6 种位置为屏前视图,而向右的各列的触点位置状态则为从屏后视的情况,即当手柄顺时针方向转动时,触点盒中的可动触点为逆时针方向转动。

143

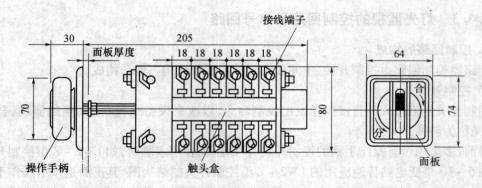

图 5-10 LW2-Z 型控制开关的结构图

表 5-4 LW2-Z 型控制开关触点表

位置	手柄和触点盒形式	1-3	2-4	5-8	6-7	9-10	9-12	10-11	13-14	14-15	13-16	17-19	17-18	18-20	21-23	21-22	22-24
	形式	F_8	la		4		6a			40			20			20	
跳闸后		—	×	—	—	—	×	—	×	—	×	—	×	—	—	—	×
预备合闸		×	—	—	—	—	×	—	×	—	—	—	×	—	—	—	—
合闸		—	—	×	—	—	—	—	—	×	×	—	—	—	—	—	—
合闸后		×	—	—	—	—	—	—	—	×	×	—	—	—	—	—	—
预备跳闸		—	×	—	—	—	×	—	×	—	—	—	×	—	—	—	—
跳闸		—	—	×	—	—	—	—	—	—	×	—	—	×	—	—	×

在变电站的工程图中,控制开关的应用十分普遍,常将控制开关 SA 触点的通断情况用图形符号表示,如图 5-11 所示。图中,6 条垂直虚线表示控制开关手柄的 6 个不同的操作位置:C 为合闸,PC 为预备合闸,CD 为合闸后,T 为跳闸,PT 为预备跳闸,TD 为跳闸后;水平线表示端子引线,中间 1-3、2-4 等表示触点号,靠近水平线下方的黑点表示该对触点在此位置时是接通的,否则是断开的。实际工程图中,一般只将其有关部分画出。

2)中间放大器件

因断路器的合闸电流较大,而控制元件和控制回路所能通过的电流只有几安,二者之间需用中间放大器件进行转换,常采用直流接触器去接通合闸回路。

3)操作机构

高压断路器的操作机构有电磁式、弹簧式和液压式等,操作机构不同,其控制回路不尽相同,但基本接线相似。用户变电所的断路器常采用电磁式操作机构。

144

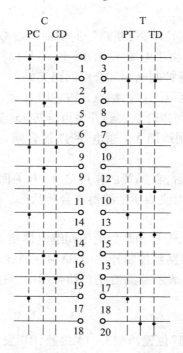

图 5 – 11　LW2 – Z 型控制开关触点通断图

2. 控制回路和信号回路操作过程分析

下面以电磁式断路器为例,说明控制回路和信号回路的动作过程,如图 5 – 12 所示。

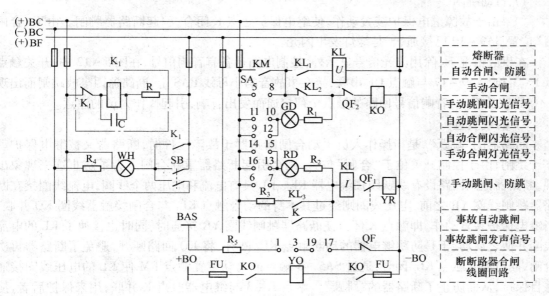

图 5 – 12　断路器的控制回路和信号回路

SA—控制开关;BC—小母线;BF—闪光母线;KL—防跳继电器;

KM—中间继电器;KO—合闸接触器;YO—合闸线圈;YR—跳闸线圈;

BAS—事故音响小母线;K—继电器保护触点;K_1—闪光继电器;SB—试验按钮。

1）手动合闸

合闸前，断路器处于"跳闸后"状态，断路器的辅助触点 QF_2 闭合，控制开关 SA10-11 闭合，绿灯 GD 回路接通发亮。但由于电阻 R_1 的限流，不足以使合闸接触器 KO 动作。绿灯亮表示断路器处于"跳闸"位置，且控制电源和合闸回路完好。

当控制开关扳到"预备合闸"位置时，触点 SA9-10 接通，绿灯改接在闪光母线 BF 上，GN 发出绿色闪光，说明情况正常，可以合闸。当开关再旋转 45° 至"合闸"位置时，触点 SA5-8 接通，合闸接触器 KO 动作，使合闸线圈 YO 通电，断路器合闸。合闸后，辅助触点 QF_2 断开，切断合闸回路，同时 QF_1 闭合。

当操作人员将手柄放开之后，在弹簧的作用之下，开关回到"合闸后"位置，触点 SA13-16 闭合，红灯 RD 电路接通，红灯亮表示断路器在合闸状态。

2）自动合闸

控制开关在"跳闸后"位置，若自动装置的中间继电器接点 KM 闭合，将使合闸接触器 KO 动作合闸。自动合闸后，信号回路经控制开关中 SA14-15、红灯 RD、辅助触点 QF_1 与闪光母线 BF 接通，RD 发出红色闪光，表示断路器是自动合闸的，只有当操作人员将手柄扳到"合闸后"位置，红灯才能发光。

3）手动跳闸

首先将开关扳到"预备跳闸"位置，SA13-14 接通，RD 发出红色闪光。再将手柄扳到"跳闸"位置，SA6-7 接通，断路器跳闸线圈 YR 通电，断路器跳闸。松手后，开关又自动弹回到"跳闸后"位置。跳闸完成后，辅助触点 QF_1 断开，红灯熄灭，QF_2 闭合，通过触点 SA10-11 使绿灯亮。

4）自动跳闸

如果由于故障继电保护装置动作，使继电保护触点 K 闭合，引起断路器跳闸。由于"合闸后"位置 SA9-10 已接通，于是绿灯发出闪光。

在事故情况下，除用闪光信号显示外，控制电路还备有音响信号，在图 5-12 中，开关触点 SA1-3 和 SA19-17 与触点 QF 串联，接在事故音响小母线 BAS 上，断路器因事故跳闸而出现"不对应"关系时，音响信号回路的触点全部接通而发出音响，引起操作人员的注意。

5）防跳装置

断路器的"跳跃"，是指操作人员手动合闸断路器于故障元件时，断路器又被继电保护动作于跳闸，由于控制开关位于"合闸"位置，则会引起断路器重新合闸。为了防止这一现象出现，断路器控制回路设有跳跃闭锁继电器 KL。KL 具有电流和电压两个线圈，电流线圈接在断路器跳闸线圈 YR 之前，电压线圈则经过其本身的动合触点 KL_1 与合闸接触器线圈 KO 并联。当继电保护装置动作，即触点 K 闭合使断路器跳闸线圈 YR 接通时，同时也接通了 KL 的电流线圈并使之启动，于是防跳继电器的动断触点 KL_2 断开，将 KO 回路断开，避免了断路器再次合闸，同时动合触点 KL_1 闭合，通过 SA5-8 触点或自动装置触点 KM 使 KL 的电压线圈接通并自保持，从而防止了断路器的"跳跃"。触点 K-3 与继电器触点 K 并联，用来保护后者，使其不致断开超过其触点容量的跳闸线圈电流。

6）闪光电源装置

闪光电源装置由 DX-3 型闪光继电器 K_1，附加电阻 R 和电容 C 等组成，接线图如图 5-11 左部所示。当断路器发生事故跳闸后，断路器处于跳闸状态，而控制开关仍保留在"合闸后"位置，这种情况称为"不对应"关系。在此情况下，触点 SA9-10 与断路器辅助触点 QF_2 仍接通,电容器 C 开始充电,电压升高,待其升高到闪光继电器 K_1 的动作值时,闪光继电器 K_1 动作,从而断开通电回路,上述循环不断重复,闪光继电器 K_1 触点也不断开闭,闪光母线(+)BF 上便出现断续正电压使绿灯闪光。

控制开关在"预备合闸"位置、"预备跳闸"位置以及断路器自动合闸、自动跳闸时,也同样能启动闪光继电器,使相应的指示灯发出闪光。

SB 为试验按钮,按下时白信号灯 WH 亮,表示本装置电源正常。

5.5 变电所中央信号系统

在变电所运行的各种电气设备,随时都有可能发生不正常的工作状态。除了用仪表监视设备和系统的运行状态之外,还必须借助各种信号装置来反映设备发生的事故或非正常状态,并作为互相联络和传达信息及命令的手段,以便及时提醒运行人员。

信号装置的总体称为信号系统,通常由灯光信号装置和音响信号装置两部分组成,前者反映事故或故障设备和故障性质,后者用以引起值班人员的注意。灯光信号通过装设在各控制屏上的信号灯和光字牌,表明各电气设备的运行情况。音响信号则通过蜂鸣器(电笛)或电铃发出声音,一般全所共用一套信号装置并设于中央控制室(主控制室)内,所以称为中央信号装置。

5.5.1 中央信号系统的分类

1. 按其性能分类

1)按动作性能分类

信号装置可分为重复动作和不重复动作两种。重复动作是指,当出现事故(故障)时,发出灯光和音响信号;稍后紧接着又有新的故障发生时,信号装置应能再次(多次的)发出音响和灯光信号。不重复动作是指,第一次故障尚未消除,又发生第二次故障时,不能发出音响信号(只能点亮光字牌)。

2)按复归方式分类

信号装置可分为中央复归和就地复归两种。中央复归是指,在主控制台上用按钮开关将信号解除并恢复到原位。就地复归是指,到设备安装地操作控制开关复归信号。

2. 按用途分类

1)位置信号

位置信号是用来指示设备的运行状态的,如断路器的通、断状态,所以位置信号又称为状态信号。它可使在异地进行操作的人员了解该设备现行的位置状态,以避免误动作。对于断路器以红灯亮表示合闸位置,以绿灯亮表示跳闸位置。对隔离开关常采用一种专门的位置指示器,如 MK - 9 型位置信号指示器来表示其位置状态,如图 5 - 13 所示。

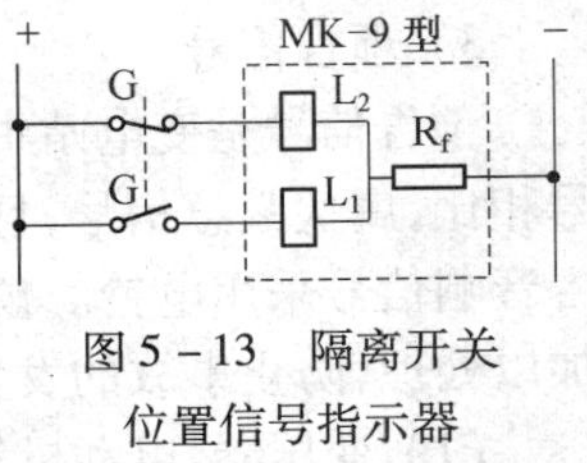

图 5 - 13 隔离开关
位置信号指示器

2)事故信号

事故信号表示供电系统在运行中发生了某种事故而使继电保护动作,同时事故信号装置发出灯光和音响信号,蜂鸣器(电笛)发出声音,相应的光字牌变亮,显示文字告知事故的性质、类别及发生事故的设备。图 5 - 14 是由 ZC - 23 型冲击继电器构成的重复动作的中央复归式事故音响信号装置回路图。图中 KU 为冲击继电器,其中,包括干簧继电器 KR、中间继电器 KM、脉冲变流器 TA。

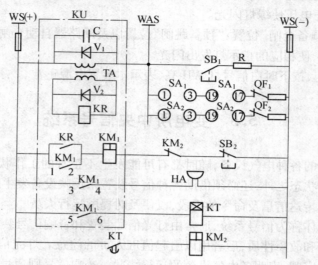

图 5 – 14　重复动作的中央复归式事故音响信号回路图
WS—信号小母线;WAS—事故音响信号小母线;SA—控制开关;
SB1—试验按钮;SB2—音响解除按钮;KU—冲击继电器;
KR—干簧继电器;KM—中间继电器;KT—时间继电器;TA—脉冲变流器。

当某断路器(如 QF_1)事故跳闸时,因其辅助触点与控制开关(SA_1)不对应,而使事故音响信号小母线 WAS 与信号小母线 WS(–)通,从而使脉冲变流器 TA 的一次侧电流突增,其二次侧感应电动势使继电器 KR 动作。KR 的动合触点闭合,使中间继电器 KM_1 动作,其动合触点 $KM_{1(1-2)}$ 闭合,使 KM_1 自保持;其动合触点 $KM_{1(3-4)}$ 闭合,使蜂鸣器(电笛)发出音响信号;同时 $KM_{1(5-6)}$ 闭合,启动时间继电器 KT,KT 经整定的时限后,其触电闭合,接通中间继电器 KM_2,其动断触点 KM_2 断开,自动解除 HA 的音响信号。当另一台继电器(如 QF_2)又自动跳闸时,同时会使蜂鸣器 HA 发出事故音响信号。

重复动作是利用控制开关与断路器辅助触点之间的不对应回路中的附加电阻来实现的。当断路器 QF_1 事故跳闸,蜂鸣器发出声响,若音响已被手动或自动解除,但 QF_1 的控制开关尚未转到与断路器的实际状态相对应的位置,若断路器 QF_2 又发生自动跳闸时,其 QF_2 断路器的不对应回路接通,与 QF_1 断路器的不对应回路并联,不对应回路中串有电阻引起脉冲变流器 TA 的一次侧电流突增,故在其二次侧感应一个电势,又使继电器 KR 动作,蜂鸣器 HA 又发出音响。

3)预告信号

预告信号是变电站中电气设备发生故障或出现不正常运行状态时发出的信号,与事故信号相比,属次紧急信号,且不会立即造成设备损坏或危及人身安全。为了区别于事故信号,预告音响信号采用电铃。预告信号可以帮助值班人员及时发现故障及隐患,以便及时采取措施加以处理,防止事故的发生和扩大。变电站中经常发生的预告信号有:

(1)变压器、电动机等电气设备过负荷。

(2)变压器油温过高、轻瓦斯保护动作及通风故障等。

(3)SF_6 气体绝缘设备的气压异常。

148

（4）直流系统绝缘损坏或严重降低。

（5）断路器控制回路及互感器二次绕组回路断线。

（6）小电流接地系统单相接地故障。

（7）继电保护和自动装置交、直流电源断线。

（8）信号继电器动作（掉牌）未复归。

（9）断路器三相位置或有载调压变压器三相分接头位置不一致。

（10）作用于信号继电器的继电保护和自动装置动作等。

变电站中的预告信号通常又分为瞬时预告信号和延时信号两种。变电站电气设备发生故障或不正常运行情况需要及时告知值班人员的信号应采用瞬时预告信号，如主变瓦斯信号、温度信号、二次回路熔断器熔断等。瞬时预告信号是由发生异常的设备的保护元件给出脉冲信号，经光字牌两只并联的信号灯，接通瞬时预告信号小母线发出灯光和音响信号。当某些供电系统发生短路故障时，可能伴随发出的预告信号，如过负荷、电压互感器二次断线等，应带延时发出，其延时时间应大于外部短路的最大切除时限。这样，在外部短路切除后，这些由系统短路所引起的信号就会自动地消失，而不发出警报，以免分散值班人员的注意力。

瞬时预告信号装置的接线和原理与事故信号相同，只要将蜂鸣器改为电铃即可。延时预告信号也只需在脉冲继电器动作后启动时间继电器，经过一定的延时后发出音响，其他电路与事故信号电路相同。具体电路图略。

5.5.2 中央信号系统的基本功能

信号系统担任极重要的作用，必须具备以下功能：

（1）中央事故信号装置应保证在任一断路器事故跳闸后，能瞬时发出事故信号，同时位置指示灯闪光，并点亮相应光字牌。

（2）中央预告信号装置应保证在任一电路发生故障时，能按要求（瞬时或延时）准确发出音响、灯光信号和掉牌信号。

（3）中央信号装置在发出音响信号后，应能手动或自动复归（解除）音响，而灯光信号及其他指示信号应保持到消除故障为止，以便帮助查找和分析事故。

（4）在继电保护及自动装置动作后，应能及时将信号继电器手动复归，并设"信号未复归"光字牌，发送光字牌信号。

（5）中央事故音响信号与预告音响信号应有区别，一般事故音响信号用电笛或蜂鸣器，预告音响信号用电铃。

（6）接线应简单、可靠，应能监视信号回路的完好性。

（7）应能对事故信号、预告信号及其光字牌是否完好进行试验。

5.6 电气测量仪表

电气测量仪表是指对电力装置回路的电气运行参数做经常测量、选择测量、记录用的仪表和做计费、技术经济分析考核管理用的计量仪表的总称。

在电力系统和供配电系统中，进行电气测量的目的有：

（1）计费测量，主要计量用电单位的用电量，如有功电度表、无功电度表。

（2）对供电系统中运行状态、技术经济分析所进行的测量，如电压、电流、有功功率、无功功率、有功电能、无功电能等。这些参数通常都需要定时记录；

（3）对交、直流系统的安全状况，如绝缘电阻、三相电压是否平衡等进行监测。

由于目的不同，对测量仪表的要求也不一样。计量仪表要求准确度要高，其他测量仪表的准确度要求要低一些。

电气测量仪表按用途分为常用测量仪表和电能计量仪表两种类型。前者是对一次电路的电力运行参数做经常测量、选择测量和记录用的仪表；后者是对一次电路进行供用电的技术经济分析考核和对电力用户用电量进行测量、计量的仪表，即各种电能表。

电气测量仪表，要保证其测量范围和准确度满足变配电设备运行监视和计量的要求，并力求外形美观，便于观测，经济耐用等。具体要求如下：

（1）准确度高，误差小，其数值应符合所属等级准确度的要求。

（2）仪表本身消耗的功率应越小越好。

（3）仪表应有足够的绝缘强度，耐压和短时过载能力，以保证安全运行。

（4）应有良好的读数装置。

（5）结构坚固，使用维护方便。

5.6.1　电气测量仪表的准确度等级

准确度是指仪表测量值与实际值的一致程度。按照国家标准 GB776—76《电气测量指示仪表通用技术条件》，仪表准确度等级可分为 7 级：0.1 级、0.2 级、0.5 级、1.0 级、1.5 级、2.5 级、5.0 级。其中，1.5 级及以下的大都为安装式配电盘表；0.1 级、0.2 级仪表用作校验标准表；0.5 级和 1.0 级仪表供实验室和工作较准确的测量使用；1.5 级～5.0 级仪表用于一般测量。

电气测量仪表的准确度等级越高，仪表的测量误差就越小。电气测量仪表一般按其准确度等级来划分其测量性能，它们与测量误差的关系见表 5-5。

表 5-5　电气测量仪表的准确度等级与测量误差

准确度等级	0.1	0.2	0.5	1.0	1.5	2.5	5.0
测量误差/%	±0.1	±0.2	±0.5	±1.0	±1.5	±2.5	±5.0

（1）交流电流、电压表、功率表可选用 1.5 级～2.5 级；直流电路中电流、电压表可选用 1.5 级；频率表可选用 0.5 级。

（2）电度表及互感器准确度配置见表 5-6。

表 5-6　常用仪表准确度配置

测量要求	互感器准确度	仪表准确度	配置说明
计费计量	0.2 级	0.5 级有功电度表 0.5 级专用电能计量仪表	月平均电量在 10^6 kW·h 及以上
	0.5 级	1.0 级有功电度表 1.0 级专用电能计量仪表 2.0 级无功电度表	① 月平均电量在 10^6 kW·h 以下； ② 315kV·A 以上变压器高压侧计量

测量要求	互感器准确度	仪表准确度	配置说明
计费计量及 一般计量	1.0 级	2.0 级有功电度表 3.0 级无功电度表	① 315kV·A 以下变压器低压侧计量点 ② 75kW 及以上电动机电能计量； ③ 企业内部技术经济考核(不计费)
一般测量	1.0 级	1.5 级和 0.5 级测量仪表	
	3.0 级	2.5 级测量仪表	非重要回路

（3）仪表的测量范围和电流互感器变流比的选择,宜满足当电力装置回路以额定值运行时,仪表的指示在标度尺的 2/3 处。对有可能过负荷的电力装置回路,仪表的测量范围,直留有适当的过负荷裕度。对重载启动的电动机和运行中有可能出现短时冲击电流的电力装置回路,宜采用具有过负荷标度尺的电流表。对有可能双向运行的电力装置回路,应采用具有双向标度尺的仪表。

5.6.2 变配电装置中测量仪表的配置

供电系统变配电装置中各部分仪表的配置要求如下：

（1）在用户的电源进线上,或经供电部门同意的电能计量点,必须装设计费的有功电能表和无功电能表。为了解负荷电流,进线上还应装设一只电流表。通常采用标准计量柜,计量柜内有计算专用电流、电压互感器。

（2）变配电所的每段母线上,必须装设 4 块电压表,其中,1 块测量线电压,其他 3 块测量相电压。在中性点不接地系统中,各段母线上还应装设绝缘监视装置。

（3）35kV/(6~10)kV 变压器应在高压侧或低压侧装设电流表、有功功率表、无功功率表、有功电度表和无功电度表各 1 块;(6~10)kV/0.4 kV 的配电变压器,应在高压侧或低压侧装设 1 块电流表和 1 块有功电度表,如为单独经济核算的单位变压器,还应装设 1 块无功电度表。

（4）3kV~10kV 的配电线路,应装设电流表、有功和无功电能表各 1 块。如不是送往单独经济核算单位时,可不装无功电能表。当线路负荷大于 5000kV·A 及以上时,还应装设 1 块有功功率表。

（5）380V 的电源进线或变压器低压侧,各相应装 1 块电流表。如果变压器高压侧未装电能表时,低压侧还应装设有功 1 块电能表。

（6）低压动力线路上,应装设 1 块电流表。低压照明线路及三相负荷不平衡率大于 15% 的线路上,或照明和动力混合供电的线路上,照明负荷占总负荷 15%~20% 以上时,应装设 3 块电流表分别测量三相电流。如需计量电能,应装设 1 块三相四线有功电能表。对负荷平衡的三相动力线路,可只装设 1 块单相有功电能表,实际电能按其计度的 3 倍计。低压动力线路上应装 1 块电流表。

（7）并联电力电容器组的总回路上,应装设 3 块电流表,分别测量三相电流,并装设 1 块无功电能表。

5.6.3 三相电路电能的测量

对于电路中电压、电流、有功功率及无功功率等电气参数的测量,已在"电路"课程讲述,这里主要对电能的测量作一简要介绍。

我们知道，负荷在一段时间内所消耗的电能 $W = \int_{t_1}^{t_2} P dt = P(t_2 - t_1)$，即电能是这段时间内平均功率与时间的乘积。这表明电能可用功率和时间的乘积来计量，这是电能测量的基本公式，目前所用的电能测量仪器仪表都是应用这一原理实现的。如测量功率的有电动式功率表、电子乘法器以及微处理机等，相应的测量电能的方法有感应式电能表、电子式（微型计算机式）电能表等。

电能表按不同情况划分如下：按照所测不同电流种类，可分为直流式和交流式；按照不同用途，可分为单相感应式电能表、三相感应式电能表和特种电能表（包括标准电能表、最大需量表、电子电能表等），其中，三相感应式电能表又分为三相三线有功电能表、三相四线有功电能表和三相无功电能表；按照准确度等级，可分普通电能表（3.0 级、2.0 级、1.0 级）及标准电能表（0.5 级、0.2 级、0.1 级、0.05 级）。

电能表名称及型号由 4 部分组成，其含义如下：

第一部分：D——电能表；

第二部分：D——单相，S——三相三线，T——三相四线，X——无功，B——标准，Z——最大需量，J——直流；

第三部分：S——全电子式；

第四部分：设计序号（阿拉伯数字）。

例如，DD862 型单相电能表、DS862 型三相三线有功电能表、DB2 型标准电能表。

由于感应式电能表结构简单、工作可靠、维修方便、使用寿命长等一系列优点，至今仍广泛应用。单相电路电能的测量用单相感应式电能表，其接线较简单，这里主要介绍三相电路电能的测量。

1. 三相电路有功电能的测量

1）三相四线制电路有功电能的测量

三相四线有功电能表的接线如图 5－15（a）所示。在对称三相四线制电路中，可以用一个单相电能表测量任何一相所消耗的有功电能，然后乘以 3，即得三相电路所消耗的有功电能。当三相负荷不对称时，就需用三个单相电能表分别测量出各相所消耗的有功电能，然后把它们加起来，这样很不方便。为此，一般采用三相四线有功电能表，它的结构基本上与单相电能表相同，只是它由三相测量机构共同驱动同一转轴上的 1 个～3 个铝盘，这样，铝盘的转速与三相负荷的有功功率成正比，计数装置（计度器）的读数便可直接反映三相所消耗的有功电能。

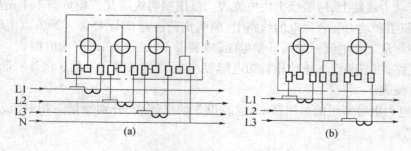

图 5－15　三相有功电能表的接线
（a）三相四线有功电能表的接线；（b）三相三线有功电能表的接线。

2）三相三线制电路有功电能的测量

三相三线制电路所消耗的有功电能,可以用两个单相电能表来测量,三相所消耗的有功电能等于两个单相电能表读数之和,其原理和三相三线制电路有功功率测量的两表法相同。为方便起见,一般采用三相三线有功电能表,它由两组测量机构共同驱动同一转轴上的铝盘,计数装置(计度器)的读数可以直接反映三相对称或不对称负荷所消耗的有功电能。其接线如图5-15(b)所示。

2. 三相电路无功电能的测量

感应式无功电能表按照测量原理来区分,基本上可分为两大类:一类是完全按无功原理制成的无功电能表,也称为正弦电能表;另一类是按有功电能表原理,采用跨相电压或采用附加电阻,自耦移相变压器的办法,使之反映三相无功电能。

正弦电能表本身消耗功率大,制造较困难,目前已很少制造和使用了。在供电系统中,常用的三相无功电能表有两种结构,即带附加电流线圈的三相无功电能表和移相60°型三相无功电能表。无论三相负荷是否对称,只要三相电源电压对称均可正确计量。

1）带附加电流线圈的三相无功电能表

这种三相无功电能表由两组测量机构共同驱动同一转轴上的铝盘,它与三相三线有功电能表的区别在于,其电磁铁上除绕有主线圈外,还有附加电流线圈。两个附加电流线圈串联,然后串联到电路第二相断开处,附加线圈的接法与主线圈的极性相反,其接线如图5-16(a)所示。这种接线可以测量三相三线或三相四线制电路的无功电能。DX1型三相无功电能表就属于这种。

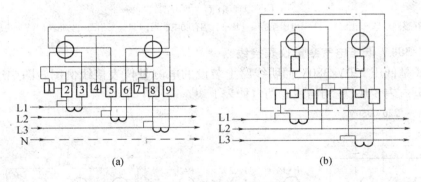

图5-16　三相无功电能表接线

(a) DX1型无功电能表接线；(b) DX8型无功电能表接线。

2）移相60°型三相无功电能表

这种三相无功电能表也是由两组测量机构构成,其特点是在两组测量机构的电压线圈中串联电阻,使电压线圈中电流与电压的相位差为60°,其接线如图5-16(b)所示,这种接线可以测量三相三线制电路的无功电能。DX8型三相无功电能表就属于这种。

5.6.4 电气测量仪表接线举例

1. 10kV高压电气测量仪表接线

图5-17是10kV高压线路上装设的电气测量仪表接线例图。图中通过电压、电流互感器装设有电流表、三相三线有功电能表和无功电能表各一块。

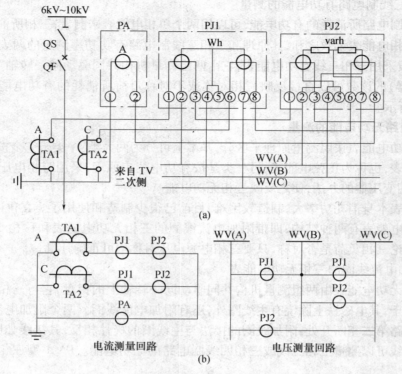

图 5 - 17　6kV～10kV 高压线路测量仪表电路图

(a) 原理图；(b) 展开图。

TA—电流互感器；PA—电流表；TV—电压互感器；PJ1—三相有功电能表；PJ2—三相无功电能表；WV—电压小母线。

2. 220V/380V 低压电气测量仪表接线

图 5 - 18 是低压 220V/380V 照明线路上装设的电测量仪表接线例图。图中通过电流互感器装设有电流表 3 块,三相四线有功电能表 1 块。

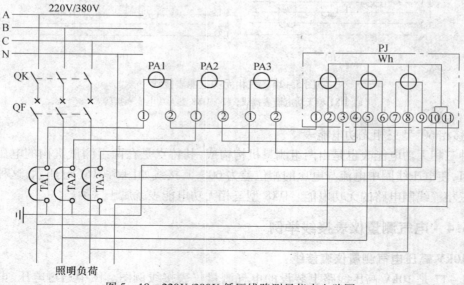

图 5 - 18　220V/380V 低压线路测量仪表电路图

TA—电流互感器；PA—电流表；PJ—三相四线有功电能表。

154

5.7 供配电系统常用的自动装置

5.7.1 备用电源自动投入装置

在用户供配电系统中,为了提高供电的可靠性,保证不间断供电,通常设有两路及以上的电源进线,其中一路作为工作电源,另一路作为备用电源。如果在作为备用电源的线路上装设备用电源自动投入装置(APD),则在工作电源因故障被断开后,能自动而且迅速地将备用电源或备用设备投入工作,使用户不致于停电,从而大大提高供电的可靠性。

APD 从其电源备用方式上可分成两大类:

第一类备用方式是装设专用的备用变压器或备用线路,称为明备用方式。图 5-19(a)是有一条工作线路和一条备用线路的明备用情况,APD 装在备用进线断路器上,正常运行时,备用线路断开,当工作线路因故障或者其他原因失去电压后,工作线路断路器跳闸,APD 随机将备用线路自动投入。

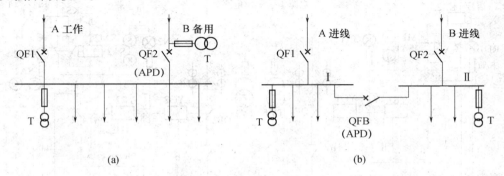

图 5-19 备用电源自动投入示意图
(a) 明备用;(b) 暗备用。

第二类备用方式是不装设专用的备用变压器或备用线路,称为暗备用方式。图5-19(b)是两条独立的工作线路分别供电的暗备用情况。APD 装在母线分段断路器 QFB 上,正常运行时,各段母线由各自的工作线路供电,母线分段断路器处在断开位置。当其中一条工作线路因故障或者其他原因失去电压后,失压线路的断路器断开,APD 随机将分段断路器 QFB 自动合上,靠分段断路器 QFB 而取得相互备用。

1. 对 APD 的装设基本要求

在用户供配电系统中,按如下原则装设 APD:

(1)变电所的所用电。

(2)由双电源供电且其中一个电源经常断开以作为备用的变电所。

(3)有备用变压器或互为备用的母线段的降压变电所。

(4)某些重要的备用机组。

虽然不同场合的 APD 接线可能有所不同,但基本要求相同,具体要求如下:

(1)应保证在工作电源或设备断开后,APD 才能将备用电源投入。

(2)当工作电源的电压不论因何原因消失时,APD 均应动作。

(3)应保证 APD 只动作一次,这是为了避免将备用电源多次投入到永久性故障元件上。

（4）APD 的动作时间应尽可能的短，以减小负荷的停电时间。运行实践证明，APD 装置的动作时间以 1s～1.5s 为宜，低电压场合可减小到 0.5s。

（5）工作电源正常停电操作及工作电源、备用电源同时失去电压时，APD 不应动作，以防备用电源投入。

（6）电压互感器两侧熔断器熔断或其刀开关拉开时，APD 不应误动作。

（7）常用断路器因继电保护动作（负载侧故障）跳闸，APD 不应动作。

2. APD 接线及动作原理

图 5－20 为高压双电源互为明备用的 APD 装置原理接线图。QF1、QF2 为两路电源进线的断路器，其操作电源由两组电压互感器 TV1、TV2 供电，动作情况如下：

假定电源 1 为工作电源，电源 2 为备用电源，QF1 处于合闸状态，QF2 处于分闸状态。正常运行时，TV1、TV2 均带电，低电压继电器 KV1～KV4 不动作，动断触点打开，切断了 APD 启动回路的时间继电器 KT1。低电压继电器 KV1、KV2 及 KV3、KV4 其触点串联，可防止电压互感器因一相熔断器熔断而引起 APD 误动作。

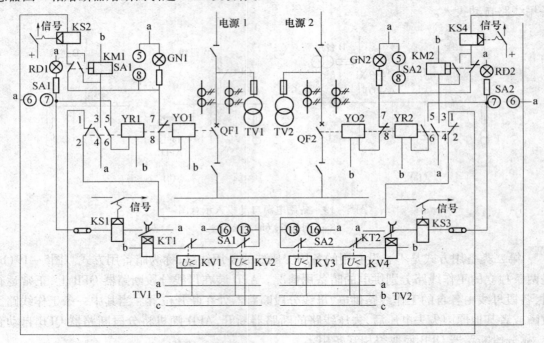

图 5－20　高压双电源互为明备用的 APD 装置原理接线图

TV—电压互感器；SA—控制开关；KV—电压继电器；KT—时间继电器；
KM—中间继电器；KS—信号继电器；YR—跳闸线圈；YO—合闸线圈。

当工作电源 1 因事故停电后，工作线路失压，则低电压继电器 KV1、KV2 动作，其动断触点闭合，启动时间继电器 KT1，经过整定时间 t 后，KT1 动作，通过信号继电器 KS1 和跳闸线圈 YR1，使断路器 QF1 跳闸，QF1 跳闸后，其动断辅助触点闭合，通过防跳中间继电器 KM2 动断触点，使断路器 QF2 合闸，备用电源 2 投入工作。QF2 合闸后，其动合辅助触点闭合，KM2 启动，其动断触点打开，切断了 QF2 的合闸回路，从而保证 QF2 只动作一次。

同样，当工作电源 2 因事故停电时，则 KV3、KV4 动作，使 QF2 跳闸，QF1 合闸，使备用电源 1 又自动投入。

156

5.7.2 供配电线路自动重合闸装置

电力系统的运行经验表明,供配电系统的架空线路是发生故障最多的元件,且大多属于瞬时性故障,如雷电引起绝缘子表面闪络,线路对树枝放电,大风引起的碰线等,但短路故障后,如雷闪过后、鸟或树枝烧毁后,故障点的绝缘一般能自行恢复。当架空线路发生瞬时性故障时,则继电保护动作使断路器跳闸,如采用自动重合闸装置(ARD),使断路器自动重新合闸,即可迅速恢复供电。当然,架空线路也可能发生永久性故障,如线路绝缘子击穿、断线等,在线路断路器跳闸后,由 ARD 将断路器自动重合,因故障仍然存在,则要再借助于继电保护将断路器跳开,断路器将不再重合。

自动重合闸装置是当断路器跳闸后,能够自动地将断路器重新合闸的装置。运行资料表明,重合闸成功率为 60%~90%。自动重合闸装置主要用于架空线路,在电缆线路(电缆为架空线混合的线路除外)中一般不用 ARD,因为电缆线路中的大部分跳闸多因电缆、电缆头或中间接头绝缘破坏所致,这些故障一般不是短暂的。

ARD 本身所需设备少,投资不多,并可减少停电损失,提高供电的可靠性,因此,ARD 在用户供电系统中广泛应用。按照规程规定,电压在 1kV 及以上的架空线路和电缆与架空的混合线路,当线路上装设断路器时,一般均应装设 ARD,对变压器和母线,必要时也可以装设 ARD。

1. 自动重合闸的分类

自动重合闸按其不同特性有不同的分类,按动作原理分,有电气式和机械式;按作用于断路器的方式分,有三相 ARD、单相 ARD 和综合 ARD;按重合次数分,有一次重合式、二次重合式和三次重合式。用户供电系统采用的 ARD,一般是三相电气一次 ARD。因一次重合式 ARD简单经济,而且能满足供电的可靠性要求。

自动重合闸装置应满足下列的要求:

(1)用控制开关手动操作或通过遥控装置将断路器断开,或将断路器投于故障线路随即由继电保护装置动作将其断时,ARD 均不应动作。

(2)除上述情况外,当断路器因继电保护动作或其他原因而跳闸时,自动重合闸装置均应动作。

(3)为了能够满足前两个要求,应优先采用由控制开关位置与断路器位置不对应的原则来启动重合闸。同时,也允许由保护装置来启动,但此时必须采取措施来保证自动重合闸能可靠动作。

(4)在任何情况下,ARD 的动作次数应符合预先的规定。如一次重合闸只应该动作一次,当重合于永久性故障而再次跳闸之后,不允许再自动重合。

(5)ARD 动作以后应能自动复归,准备好下次动作。但对 10kV 及以下的线路,如经常有人值班,也可以采用手动复归方式。

(6)ARD 装置应与继电保护配合,以实现重合闸前加速保护或重合闸后加速保护,加速故障部分切除的时间。

(7)自动重合闸装置动作应尽量快,以便减少工厂的停电时间。一般重合闸时间为 0.7s左右。

2. 电气一次自动重合闸装置接线

图 5-21 为单电源线路三相一次自动重合闸装置的原理接线图。虚线框内是 ZCH-1 型重合闸继电器的内部接线。它包括时间继电器 KT、中间继电器 KM、信号灯 RD 及电阻、电容充放电电路等。R3、R4 是充电电阻,R6 为放电电阻,RD 是用来监视回路是否正常。

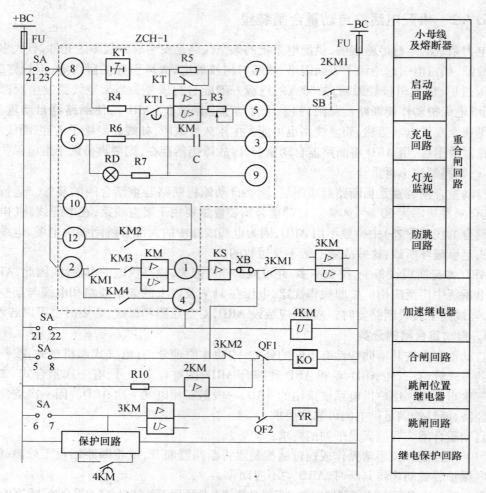

图 5 -21　单电源线路三相一次自动重合闸装置原理接线图

BC—控制小母线；SA—控制开关；ZCH - 1—重合闸继电器；2KM—跳闸位置继电器；
3KM—跳跃闭锁继电器；4KM—后加速继电器；KO—合闸接触器；YR—跳闸线圈。

除 ZCH - 1 型组合继电器外，ARD 还有 3 个中间继电器，即断路器跳闸位置继电器 2KM、断路器跳跃闭锁继电器 3KM 和加速继电保护动作继电器 4KM。

ARD 的动作情况如下：

（1）正常运行时，断路器处于合闸状态，控制开关 SA 被扳到"合闸后"位置，触点 SA21 - 23 接通，这时 ZCH - 1 型继电器中的电容器 C 经 R4 充电，ARD 装置处于准备工作状态，信号灯 RD 亮。

（2）当线路发生瞬时性故障时，控制开关 SA 位置不变，继电保护动作使断路器跳闸，跳闸线圈的电流同时流过跳跃闭锁继电器 3KM，使 3KM 启动。断路器跳闸后，其辅助触点 QF2 打开，3KM 电流线圈失电，其触点又回到原来的位置。

断路器事故跳闸后，由于它的动断辅助触点 QF1 闭合，使断路器跳闸位置继电器 2KM 接通，但因 R10 限流，合闸接触器 KO 不动作，2KM 的动合触点 2KM 1 闭合，启动 ZCH - 1 中的时间继电器 KT，经过预先整定的时间（约 0.7s）后延时触点 KT 闭合，使电容器 C 对中间继电器 KM 的电压线圈放电，KM 动作，其 4 对动合触点 KM1 ～ KM4 都闭合，接通了合闸接触器 KO 线圈和信号继电器的电流线圈 KS 的串联回路,使断路器第一次重合。

断路器重合后,其辅助触点 QF1 断开,继电器 2KM、KM 及 KT 均返回,延时触点 KT1 断开后,电容器 C 又重新经 R4 充电,经 15s ~ 25s 后才能充满,以准备下一次动作。

(3)当线路发生永久性故障时,一次重合如不成功,继电保护装置第二次将断路器跳闸,此时虽然 KT 将再次启动,但因电容器 C 尚未充满电,不能使 KM 动作,因而保证了 ARD 只动作一次。

(4)用控制开关 SA 手动跳闸时,就将 SA 扳到"跳闸"位置,触点 SA6 - 7 接通,使跳闸回路通电,断路器跳闸。同时,触点 SA21 - 23 断开,切断了这种启动回路,避免了断路器重合。

(5)用控制开关 SA 手动合闸时,就将 SA 扳到"预备合闸"位置,情况正常后,可再扳到"合闸"位置。触点 SA5 - 8、SA21 - 23 接通,合闸接触器 KO 动作合闸,电容器 C 也开始充电。如果线路上存在永久性故障,则断路器又很快地被继电保护回路跳开,电容器 C 来不及充电到使 KM 动作所必须的电压,故断路器不能重新合闸,满足对装置的基本要求。

加速继电器 4KM 接于 SA21 - 22 和 ZCH - 1 的出口端子④上,当手动合闸把控制开关置于"预备合闸"位置时,SA21 - 22 便接通,保证手动合闸于永久性故障时断路器能迅速动作,无延时地断开故障部分。如果断路器是由于自动重合闸为永久性故障时,电源通过 SA21 - 23、KM4 和 ZCH - 1 的出口端子④,也使加速继电器 4KM 能够无延时地动作,切除故障部分。

5.8 互 感 器

为了保证电力系统运行的经济性和可靠性,需要不断对线路上的电流和电压进行监控,但是运行线路中的电压和电流都很大,不能直接由二次电测仪表进行测量,因此必须使用一种特殊的变压器将一次侧的高电压、大电流转换成标准的电压和电流后供给二次设备进行测量和继电保护用,这种特殊的变压器称为互感器。互感器的主要作用有:

(1)隔离一次回路与二次设备。既可避免一次回路的高电压、大电流损坏仪表、继电器等二次设备,又可防止二次设备的故障影响主电路,提高一、二次电路的安全性和可靠性。

(2)扩大二次仪表和保护继电器使用范围。使用不同变比的互感器即可测量任意大的一次电压和电流。

(3)使二次仪表、继电器标准化。互感器二次侧为国家标准规定的额定电压和额定电流,利于标准化生产和使用。

互感器按其作用分类,可分为电流互感器和电压互感器。

5.8.1 电流互感器

1. 工作原理

电流互感器的基本结构与变压器类似,一、二次绕组之间没有电气连接而通过电磁感应工作,其原理如图 5 - 22 所示。电流互感器一次绕组串接在一次电路中,匝数很少且绕组导体很粗,有的型号利用穿过其铁芯的一次电路作为一次绕组(相当于匝数为 1),而二次绕组则与仪表、继电器等的电流线圈相串联,形成一个闭合回路,绕组匝数很多,导体较细,由于这些电流线圈的阻抗很小,电流互感器工作时二次回路接近

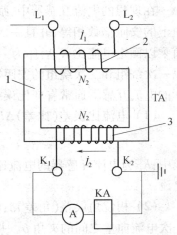

图 5 - 22 电流互感器
1—铁芯;2——次绕组;3—二次绕组。

159

于短路状态,因此电流互感器工作时一、二次回路的电压都很低,励磁电流 I_0 也很小。

与变压器的一次电流主要由其二次电流决定不同的是,电流互感器由于一次绕组的阻抗很小,对一次负载电流的影响可以忽略,因此电流互感器一次电流由被测量的一次回路决定而基本不受二次负荷的影响。

由磁动势平衡方程式 $\dot{I}_1 N_1 - \dot{I}_2 N_2 = \dot{I}_0 N_1$,若忽略励磁电流,则电流互感器的一次电流 I_1 与其二次电流之间有如下关系:

$$\dot{I}_1 N_1 = \dot{I}_2 N_2 \tag{5-1}$$

式中:N_1、N_2 分别为电流互感器一次和二次绕组匝数。

电流互感器一、二次额定电流之比用额定电流比 K_i 表示:

$$K_i = I_{1N}/I_{2N} \tag{5-2}$$

式中:I_{1N}、I_{2N} 分别为电流互感器一、二次绕组的额定电流值,二次绕组的额定电流值通常为 5A,在具有综合自动化系统的变电站中为 1A,因此 K_i 一般表示为 100A/5A 或 150A/5A、100A/1A 的形式。

对于一次回路负荷波动较大,电流互感器一次侧电流偏离其一次侧额定电流较多,致使互感器不能正常运行或误差较大的情况,可采用多抽头式电流互感器进行测量,其原理如图 5-23 所示。它具有一个铁芯和一个匝数固定的一次绕组,其二次绕组用绝缘铜线绕在套装于铁芯上的绝缘筒上,将不同变比的二次绕组抽头引出,

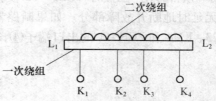

图 5-23 多抽头电流互感器

接在接线端子座上,每个抽头设置各自的接线端子,这样就形成了多个变比,例如,二次绕组增加两个抽头,$K_1 \sim K_2$ 为 100/5A,$K_1 \sim K_3$ 为 75/5A,$K_1 \sim K_4$ 为 50/5A 等。

多抽头式电流互感器的二次额定电流固定为 5A,当一次电流变化时,可通过选择二次侧绕组的抽头,即改变二次侧匝数的方法来改变变比,使互感器的一次侧额定电流与一次回路电流相匹配,以减小互感器误差,而不需要更换电流互感器。

2. 电流互感器的误差

在理想的电流互感器中,励磁损耗电流为 0,由式(5-1)可知,一次绕组和二次绕组在数值上的安匝倍数相等,并且一次电流和二次电流的相位相同,因此在测量时,将二次电流测量值乘以额定电流比 K_i 后作为一次电流值。在实际的电流互感器中,由于有励磁电流存在,所以一次绕组和二次绕组的安匝数不相等,并且一次电流和二次电流的相位也不相同。因此,实际的电流互感器通常有变比误差和相位角误差。

(1)电流比误差(比差)$\Delta I\%$:

$$\Delta I\% = (K_i I_2 - I_1)/I_1 \times 100\%$$

式中:K_i 为电流互感器的电流比(I_{1N}/I_{2N});I_2 为二次电流实测值;I_1 为电流互感器的一次额定电流。

(2)相位角误差(角差)δ:电流互感器的相位角误差是指二次电流向量旋转 180° 以后,与一次电流向量之间的夹角 δ。并且规定二次电流向量超前于一次电流向量时,角差 δ 为正;反之为负。δ 的单位为(')。

减小电流互感器误差可采取以下几个措施:

（1）采用优质硅钢片卷成的圆环形铁芯。因为电流互感器的相位角误差主要是由铁芯的材料和结构来决定的，若铁芯损耗小，磁导率高，则相位角误差的绝对值就小；采用带形硅钢片卷成圆环形铁芯的电流互感器，比方框形铁芯的电流互感器的相位误差小。

（2）减小二次回路阻抗 Z_2（负载）。这是因为在二次电流不变的情况下，减小 Z_2 将使二次绕组感应电动势减小，从而降低铁芯损耗，使误差减小。若负载不变而功率因数降低，则会使比差增大，而角差减小。

（3）降低一次电流的影响。尽量使互感器的一次侧额定电压接近一次回路电流，一次电流值为互感器一次侧额定电流的 20%～120% 时，互感器工作在磁化曲线的线性部分。对于保护用互感器，需要校验其在短路时的准确度。

3. 电流互感器的型号和分类

电流互感器的文字符号为 TA，图形符号：ϕ-～～。

电流互感器的分类如下：

（1）按安装地点分为户内式和户外式。一般 35kV 及以上的多采用户外式，10kV 及以下多采用户内式。

（2）按一次绕组的匝数分为单匝式（包括母线式、芯柱式、套管式）和多匝式（包括线圈式、线环式、串级式）。单匝式结构简单、价格便宜，但测量精度不高；多匝式精确度高，但当过电压或短路电流较大时，一次绕组可能受过电压。

（3）按用途分为测量用和保护用两类。测量用电流互感器有 0.1 级、0.2 级、0.5 级、1 级、3 级、5 级共 6 种准确度等级，以互感器在二次侧额定容量下的最大允许误差区分，例如，0.1 级的电流互感器在二次侧额定容量下的测量误差不应超过 ±0.1%。保护用电流互感器有 5P 和 10P 两级，其电流误差分别为 1% 和 3%，复合误差分别为 5% 和 10%，各等级电流互感器的运行误差见表 5-7。测量用电流互感器的铁芯在一次电路短路时应易于饱和，以限制二次电流的增长倍数保护测量仪表；而继电保护用电流互感器的铁芯在一次电路短路时不应饱和，以使二次电流能与一次短路电流成比例地增长，以满足保护灵敏度的要求。

表 5-7　各等级电流互感器的运行误差

I_1 占 I_N 的百分比/%	误差									
	比差/%					角差/(°)				
	准确等级									
	0.2	0.5	1.0	3.0	10.0	0.1	0.2	0.5	1.0	3(10)
100	±0.20	±0.50	±1.00	±3.0	±10.0	±5.0	±10.0	±40.0	±80.0	—
50	±0.30	±0.65	±1.30	±3.0	±10.0	±6.5	±13.0	±45.0	±90.0	—
20	±0.35	±0.75	±1.50	—	—	±8.0	±15.0	±50.0	±100	—
10	0.50	±1.00	±2.00	—	—	±10.0	±20.0	±60.0	±120	—

（4）按绝缘方式分可分为油浸式、干式、SF_6 气体绝缘式、串级式、电容式、环氧树脂浇注式等。

① 油浸式和串级式用变压器油作绝缘介质，多用于户外 10kV～220kV 电流互感器。

② 干式用绝缘胶为绝缘介质，多用于低压户内电流互感器。

③ SF_6 气体绝缘式多用于 220kV 以上的电压等级。

④ 电容式用电容器作隔离,用于 110kV 及以上电压等级。

⑤ 环氧树脂浇注式以环氧树脂为绝缘介质,多用于户外 3kV～35kV 电压等级。环氧树脂或不饱和树脂浇注绝缘的,比老式的油浸式和干式电流互感器性能好,安全可靠,新型电流互感器大都采用这种绝缘方式。

电流互感器的全型号表示和含义如下:

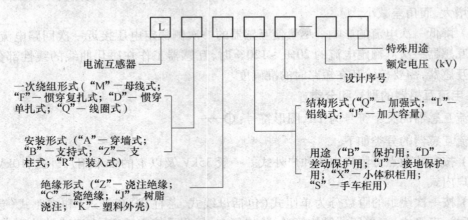

在电力线路中,为同时满足测量和继电保护控制的要求,并且节约投资,高压电流互感器通常带有多个相互之间没有磁联系的独立铁芯和二次绕组,共用一个一次绕组,这样可形成不同准确度等级的两个电流互感器,分别完成测量和继电保护功能,例如,图 5－24 所示的 LQZ－10 型电流互感器,就带有两个铁芯和两个二次绕组,准确度等级分别为 0.5 级和 3.0 级,用级次组合 0.5/3 表示。而图 5－25 所示的 LMZJ1－0.5 型电流互感器,为母线式结构,利用穿过其铁芯的一次电路作为一次绕组(相当于 1 匝),结构简单、价格便宜,广泛用于 500V 及以下的低压配电系统中的继电保护装置。

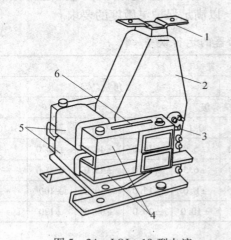

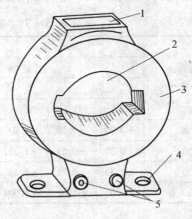

图 5－24　LQJ－10 型电流
互感器外形结构
1—一次接线端子;2—一次绕组(树浇浇注);
3—二次接线端子;4—铁芯;5—二次绕组;
6—警告牌(上写有"二次侧不得开路"等字样)。

图 5－25　LMZJ1－0.5 型电流
互感器外形结构
1—铭牌;2—一次母线穿孔;
3—铁芯,一外绕二绕组,树脂浇注;
4—安装板;5—二次接线端子。

162

4. 电流互感器的极性

电流互感器在交流回路中使用,在交流回路中电流的方向随时间在改变。电流互感器的一、二次绕组在铁芯中同一磁通的作用下感应出电动势,两绕组中同时达到高电位或低电位的那两端称同极性端或同名端,用符号"*"、"–"或"."表示(也可理解为一次电流与二次电流的方向关系)。

电流互感器在接线时若将同名端弄错,将在测量回路或继电保护回路中引起测量错误或保护装置错误动作,例如,在两相不完全星形接线中,若两个互感器之一极性接反,则公共线上的电流 $\dot{I}_B = -(\dot{I}_A - \dot{I}_C)$,其幅值增大了 $\sqrt{3}$ 倍,将会造成测量误差或保护装置误动作,因此电流互感器必须在投运前做极性试验。

我国标准规定,电流互感器一次线圈首端标为 L_1,尾端标为 L_2;二次线圈的首端标为 K_1,尾端标为 K_2,在接线中,当一次电流从 L_1 端流入,而二次电流从 K_1 端流出时,L_1 和 K_1 为同极性端,L_2 和 K_2 也为同极性端,此时它们在铁芯中产生的磁通方向是相反的,称此种电流互感器的极性标志称为减极性,如图 5–22 所示;反之,当一次电流从 L_1 端流入,而二次电流从 K_2 端流出时,L_1 和 K_2 为同极性端,而 L_2 和 K_1 为同极性端,此种电流互感器的极性标志称为加极性。

电流互感器同极性端判别的较简单方法为直流法,如图 5–26 所示,将干电池正极接于互感器的一次线圈的 L_1 端,负极接 L_2,互感器的二次侧的 K_1 端接毫安表正极,K_2 按毫安表负极,接好线后,将开关 K 合上后若毫安表指针正偏,拉开 K 后毫安表指针负偏,说明互感器接在电池正极上的端头 L_1 与接在毫安表正端的端头 K_1 为同极性端,即互感器为减极性接法,如指针摆动与上述相反则互感器为加极性接法。

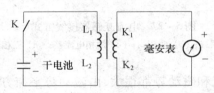

图 5–26　直流法测电流互感器极性

5. 电流互感器的接线

互感器的接线方式通常有如下 4 种:

(1) 单相式接线:用一只电流互感器测量一相电流,通常用于三相负荷平衡系统,供测量电流或过负荷保护装置用,互感器通常接在 B 相,如图 5–27(a)所示。

(2) 两相式不完全星形接线:如图 5–27(b)所示,这种接线方式使用接在 A、C 相的两只电流互感器测量三个相电流,其中公共线(B 相)上的电流值 $\dot{I}_B = -(\dot{I}_A + \dot{I}_C)$,该方式适用于在 6kV~10kV 中性点不接地的系统中,保护线路的三相短路和两相短路。

(3) 两相电流差式接线:如图 5–27(c)所示,也称为两相一继电器接线,继电器线圈上的电流为 $\dot{I}_A - \dot{I}_C$,其量值为相电流的 $\sqrt{3}$ 倍,该接线方式应用在 6kV~10kV 中性点不接地的小电流接地系统中,保护线路的三相短路、两相短路,以及作小容量电动机、小容量变压器的保护用。

(4) 三相完全星形接线:如图 5–27(d)所示,该方式使用三只电流互感器测量三相电流,该方式广泛应用在大电流接地系统中,供三相短路、两相短路和单相接地短路保护及电能测量之用。

6. 电流互感器的使用注意事项

(1) 电流互感器在工作时其二次侧不得开路。电流互感器在正常工作时,其二次阻抗很

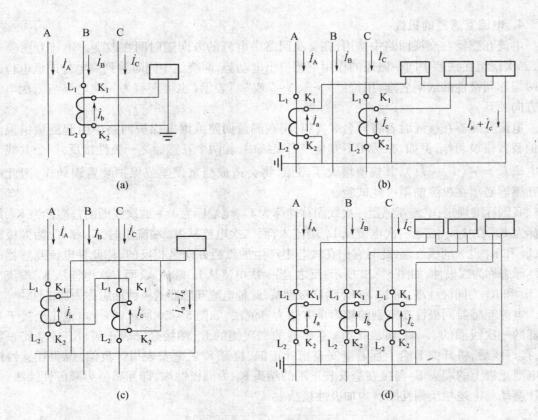

图 5 - 27　电流互感器接线方式

（a）一相式；（b）两相式；（c）两相电流差；（d）三相星形。

小,接近于短路状态,二次电流和磁动势都很大,由磁动势平衡方程式 $\dot{I}_1 N_1 - \dot{I}_2 N_2 = \dot{I}_0 N_1$ 可知,其一次电流磁动势绝大部分被二次磁动势所抵消,因此励磁电流（空载电流）I_0 很小,所以总的磁动势很小。

当二次侧开路时,二次电流和二次磁动势为 0,则由磁动势平衡方程式 $\dot{I}_1 N_1 - \dot{I}_2 N_2 = \dot{I}_0 N_1$ 得知 $\dot{I}_0 = \dot{I}_1$,即励磁电流突然增大,使电流互感器的铁芯骤然饱和,励磁磁动势也随之增大,使得互感器的感应电动势大大增加,其峰值甚至会高达上万伏,危及人身和设备安全,同时铁芯由于磁通剧增而过热,并产生剩磁,使绝缘有烧坏的可能,且使互感器误差增大。

（2）由于电流互感器二次侧不能开路运行,因此其二次侧也不允许接熔断器或隔离开关等,且二次连线导线应采用截面积较大的铜导线,在进行检修、校验时,必须先用短接线将电流互感器的二次侧短接。

（3）电流互感器的二次侧有一端必须接地。对于高压电流互感器,其二次绕组应有一点接地。这样,当一、二次绕组间因绝缘破坏而被高压击穿时,则可将高压引入大地,使二次绕组保持地电位,从而确保人身和二次设备的安全。应当注意的是,电流互感器二次回路只允许一点接地而不能再有其他接地点,若发生两点接地,则可能引起分流使电气测量的误差增大或影响继电保护装置的正确动作。电流互感器二次回路的接地点应在端子 K_2 处。

对于低压电流互感器,由于其绝缘裕度大,发生一、二次绕组击穿的可能性小,因此其二次绕组不做接地。由于二次侧不接地也使二次系统和计量仪表的绝缘能力提高,从而大大地减

164

少了由于雷击造成的仪表烧毁事故。

7. 电流互感器的选择与校验

除根据各类电流互感器的特点,按安装地点的环境和工作要求选择电流互感器的类型,根据测量精度要求选择准确度等级,并校验动稳定性和热稳定性外,电流互感器的选择与校验还应遵循如下几个原则:

(1) 电流互感器的额定电压不得低于装设地点的额定电压。

(2) 计量用的电流互感器的一次侧额定电流 I_{1N} 不得小于一次电路的计算电流 I_C。电流互感器工作在额定值附近时误差最小,因此在选择电流互感器选择的变比时尽量使其额定一次电流应等于或稍大于被测电流,若被测电流的大小是变化的,则变化范围应在 10% ~ 120% 额定电流范围内;否则,最好选用多抽头电流互感器,根据被测电流相应相应地改变电流比。保护用的电流互感器可将变比选得比计量用电流互感器大些。

(3) 准确度校验。如前所述,电流互感器的准确度等级是指在二次侧额定负荷条件下得到的,电流互感器铭牌中规定的准确度等级均有相对应的容量(伏安数或负载阻抗),互感器二次负荷小于其准确度级所限定的额定二次负荷时,其准确度才得到保证,校验公式为

$$S_2 \leqslant S_{2N} \tag{5-3}$$

电流互感器的二次负荷 S_2 由二次回路的阻抗 $|Z_2|$ 决定,而 $|Z_2|$ 应包括二次回路中所有串联的仪表、继电器电流线圈的阻抗 $|\sum Z_i|$、连接导线的阻抗 $|Z_{WL}|$ 和所有接头的接触电阻 R_{tou}(通常取 0.1Ω)。由于 $|Z_{WL}|$ 中的感抗远比其电阻小,因此可认为

$$|Z_2| \approx \sum |Z_i| + |R_{WL}| + 0.1 \tag{5-4}$$

式中

$$R_{WL} = \frac{L_c}{\gamma S} \tag{5-5}$$

式中:L_c 为导线的计算长度,单相式接线时取互感器到仪表的单向长度的 2 倍,即 $2l_1$,两相不完全星形接线时取 $\sqrt{3}l_1$,三相星形接线时取 l_1;S 为导线的截面积(mm^2),γ 为电导率,铜线 $\gamma = 53m/(\Omega \cdot mm^2)$,铝线 $\gamma = 32m/(\Omega \cdot mm^2)$。

综上所述,电流互感器的二次负荷按下式计算:

$$S_2 = I_{2N}^2 |Z_2| \approx I_{2N}^2 \left(\sum |Z_i| + R_{WL} + 0.1 \right) \tag{5-6}$$

或

$$S_2 \approx \sum S_i + I_{2N}^2 (R_{WL} + 0.1) \tag{5-7}$$

对于保护用电流互感器来说,通常采用 10P 精度级,其复合误差限值为 10%。由磁动势平衡方程式 $\dot{I}_1 N_1 - \dot{I}_2 N_2 = \dot{I}_0 N_1$ 可以看出,只有在励磁电流 $\dot{I}_0$ 较小的时候才近似满足 $I_2 = I_1/K_i$ 的线性关系,而保护用电流互感器一次侧有可能流过短路大电流,这时互感器铁芯将会饱和,使得 I_2 与 I_1 之间出现非线性误差,短路电流越大,则误差越大,如图 5-28 所示,这样就有可能使互感器的误差超过 10%,造成继电保护装置因饱和误差拒动。

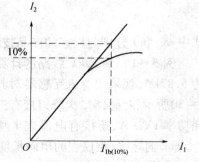

图 5-28 电流互感器铁芯饱和特性

同时由式(5-6)可知,电流互感器的变比误差还与其二次负载阻抗有关。一次电流越大,则允许的二次阻抗越小;反之,一次电流越小,则允许的二次阻抗越大。为方便计算,互感器的生产厂家一般按出厂试验绘制一次侧电流对其额定电流的倍数 K_1($K_1 = I_1/I_{1N}$,其中 I_1 取一次侧的最大三相短路电流 $I_{K.max}^{(3)}$)与最大允许的二次负荷阻抗 $Z_{2.a1}$ 的关系曲线,简称 10% 误差曲线,如图 5-29 所示。

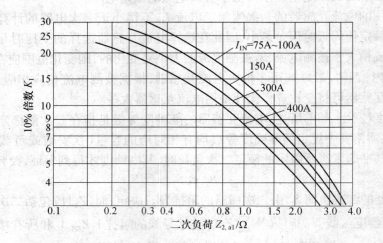

图 5-29 某型电流互感器的 10% 倍数曲线

如果已知互感器的一次电流倍数 K_1,就可以在相应的 10% 倍数曲线上查得对应的允许二次负荷阻抗 $Z_{2.a1}$。此时保护用电流互感器满足准确度校验公式为

$$| Z_2 | \leqslant | Z_{2.a1} | \qquad (5-8)$$

假如电流互感器不满足式(5-6)或式(5-8)的要求,则应改选较大变流比或具有较大的 S_{2N} 或 $| Z_{2.a1} |$ 的互感器,或者增大互感器与二次仪表接线的截面积。

（4）动稳定性校验:

$$K_{es} \times (\sqrt{2}I_{1N}) \geqslant i_{sh} \qquad (5-9)$$

式中:K_{es} 为厂家的产品技术参数中提供的动稳定电流倍数。

（5）热稳定性校验:

$$(K_t I_{1N}) \geqslant I_\infty^{(3)} \sqrt{\frac{t_{ima}}{t}} \qquad (5-10)$$

式中:K_t 和 t 分别为厂家的产品技术参数中提供的热稳定电流倍数及热稳定时间。

例 5-1 某 10kV 线路的计算电流为 245A,最大三相短路电流为 2.3kA,短路冲击电流为 5.87kA,现采用电流互感器对其进行测量,互感器接线采用三相完全星形接线方式,如图 5-30 所示,互感器二次绕组接有三相有功电度表和三相无功电度表各 1 块,每一电流线圈消耗功率 1V·A,还接有电流表 1 块,消耗功率 4V·A,互感器二次回路采用 BLV-500-1×2.5mm² 铜导线,距仪表的单向长度为 2m,$t_{ima} = 1.1s$。若要求测量误差不超过 0.5%,试选择电流互感器型号并进行校验。

166

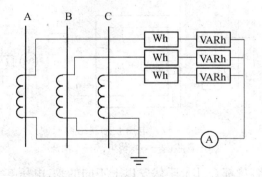

图 5 – 30　10kV 线路短路示意图

解：根据线路电压等级为 10kV，按电流互感器一次侧额定电压不小于线路计算电流的要求，选择 3 只变比为 315A/5A、准确度等级为 0.5 的 LQJ – 10 型电流互感器，其技术参数为：$K_{es} = 160$，$K_t = 75$，$t = 1s$，$Z_{2N} = 0.4\Omega$。

（1）准确度校验：

$$S_{2N} \approx I_{2N}^2 Z_{2N} = 5^2 \times 0.4 = 10(V \cdot A)$$

$$S_2 \approx \sum S_i + I_{2N}^2 (R_{WL} + 0.1) = (1 + 1 + 4) + 5^2 [1 \times 2/(53 \times 25) + 0.1]$$
$$= 8.5V \cdot A < S_{2N}$$

故所选电流互感器满足准确度要求。

（2）动稳定校验：

$$K_{es} \times \sqrt{2} I_{1N} = 160 \times 1.414 \times 0.315 = 7.13 > 5.87(kA)$$

故所选电流互感器满足动稳定要求。

（3）热稳定校验

$$K_t I_{1N} = 75 \times 0.315 = 23.6 > I_\infty^{(3)} \sqrt{\frac{t_{ima}}{t}} = 2.3 \times \sqrt{1.1} = 2.4(kA)$$

故所选电流互感器满足热稳定要求。因此所选 LQJ – 10 315/5A 电流互感器满足要求。

例 5 – 2　某线路的计算电流为 245A，最大三相短路电流为 2.4kA，短路冲击电流为 5.87kA，现采用变比为 300A/5A 的某型号电流互感器作为线路的保护用互感器，该互感器的 10% 误差曲线如图 5 – 29 所示，已知互感器的二次负荷为 1Ω，试校验其准确度。

解：流过电流互感器的一次电流倍数

$$K_1 = I_{K \cdot max}^{(3)}/I_{1N} = 2.4/0.3 = 8$$

根据 $K_1 = 8$，$I_{1N} = 300A$，查图 5 – 28 可得，允许二次负荷为

$$|Z_{2 \cdot al}| = 1.3\Omega > |Z_2| = 1\Omega$$

故所选电流互感器满足准确度要求。

5.8.2　电压互感器

1. 工作原理

如图 5 – 31 所示，电压互感器的工作原理、构造和接线方式相当于一个降压变压器，其一次绕组并联在一次线路上，匝数较多；二次绕组与二次回路中的仪表、继电器的电压线圈并联，匝数较少。由于这些电压线圈的阻抗很高，因此电压互感器运行时其二次绕组相当于空载状态。

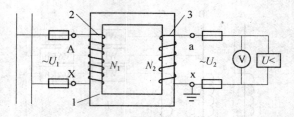

图 5-31 电压互感器结构原理
1—铁芯；2——次绕组；3—二次绕组。

与电力变压器通常容量都在几十千伏安以上不同的是,电压互感器的特点是容量小,其二次负荷通常仅有几十伏安或几百伏安,而且恒定。所以,电压互感器的一次侧可视为一个电压源,它基本上不受二次负荷的影响。二次电压在一定范围内也可以认为不受二次负荷的影响,只与一次电压成线性关系,用额定电压比 K_U 表示:

$$K_U = \frac{U_{1N}}{U_{2N}} \approx \frac{N_1}{N_2} = K_N \qquad (5-11)$$

式中:U_{1N} 和 U_{2N} 分别为电压互感器一、二次绕组的额定电压值;N_1、N_2 分别为电压互感器一次和二次绕组匝数。我国规定三相电压互感器变比为一次、二次线电压之比,且二次绕组的额定线电压值为 100V,也即二次绕组的额定相电压值为 $100/\sqrt{3}$ V,因此 K_U 一般表示为 10kV/100V、110kV/100V 等形式。

2. 电压互感器的误差

电压互感器的误差有两种:一种是电压误差,用 ΔU 表示;另一种是角误差,用 δ 表示。电压误差是指二次绕组电压的实测值 U_2 乘以额定电压比 K_U 的值与一次绕组电压的实测值 U_1 的之差的百分比,简称比差,即

$$\Delta U\% = (U_2 K_U - U_1)/U_1 \times 100$$

角误差是指电压互感器二次电压向量 $\dot{U}_2$ 旋转 180° 后与一次电压向量 $\dot{U}_1$ 之间的夹角,简称角误差。

造成电压互感器误差的原因很多,主要有:

(1)电压互感器一次电压的显著波动,致使磁化电流发生变化而造成误差。

(2)电压互感器空载电流的增大,会使误差增大。

(3)电源频率的变化。

(4)互感器二次负荷较大或功率因数太低,即二次回路的阻抗(仪表、导线的阻抗)超过规定,均使误差增大。

为减少电压互感器误差可采取缩短磁路长度、增大铁芯面积、减小磁路间隙和采用高磁导率材料等方法来减小铁芯磁阻,以达到减小空载电流的目的。

3. 电压互感器的型号和分类

电压互感器的文字符号为 TV,图形符号: 。

(1)电压互感器按安装地点分为户内式和户外式。户外式多用于 35kV 及以上电压等级,户内式多用于 10kV 及以下电压等级。

168

（2）按相数分为单相式和三相式。绝大多数产品是单相的，因为电压互感器容量小，器身体积不大，三相高压套管间的内外绝缘要求难以满足，所以只有 3kV ~ 15kV 的产品有时采用三相结构。

（3）按用途分为测量用和保护用两类。测量用电压互感器有 0.1 级、0.2 级、0.5 级、1 级、3 级共 5 个精度等级，以互感器在额定条件（频率、一次电压、功率因数，二次负荷等，可参阅相关技术手册）下的最大允许误差区分，如保护用电流互感器有 3P 和 6P 两级，其电压误差分别为 3% 和 6%。各等级电流互感器的运行误差见表 5 - 8。

表 5 - 8　电压互感器允许误差

准确度等级	最大误差	
	比差/%	角差/%
0.1	±0.1	±5
0.2	±0.2	±10
0.5	±0.5	±20
1.0	±1.0	±40
3.0	±3.0	标准未定

（4）按绝缘方式分可分为干式、浇注绝缘式、油浸式。

① 干式用普通绝缘材料浸渍绝缘漆作为绝缘，多用于 6kV 及以下空气干燥场合，具有重量轻，直接利用空气冷却、防火防爆性好等优点。

② 浇注绝缘式由环氧树脂或其他树脂混合材料浇注成型，多用在 3kV ~ 35kV 电压等级中。在 10kV 树脂浇注绝缘的干式电压互感器中，有一种单瓷头的电压互感器，例如，JDZJ - 10 型，其一次绕组的一端由该瓷头引出，而另一端与二次端子一样不经瓷头引出。这个端子的绝缘水平较低，称为弱绝缘电压互感器。

③ 油浸式又分为普通油浸式和串及绝缘油浸式。普通油浸式电压互感器：一般用于 10kV 及以上的室内或室外的配电装置中。油浸式电压互感器的外壳为金属桶，铁芯和绕组均浸于金属桶内的绝缘油中。绕组的高、低压引出端用瓷绝缘子与金属桶外壳相绝缘。10kV 及以下的，安装在室内的电压互感器，一般没有储油柜；安装在室外的电压互感器，通常都有储油柜，以适应温度的变化。由于油浸式电压互感器具有体积大、重量重、所充的绝缘油在事故情况下易燃、易爆等缺点，所以，在近年来，10kV 及以下的电压等级中已开始为环氧树脂浇注绝缘的干式电压互感器所代替。

串级绝缘油浸式电压互感器：当电压在 110kV 及以上时，采用油浸式单相电压互感器是很不经济的。这主要是因为电压互感器的一、二次绕组和铁芯间的绝缘应能承受系统的相电压，这就需要大量的高级绝缘材料，而且在制造上也是相当困难的，所以在实用上都是将电压互感器制成串级绝缘式。

串级绝缘式电压互感器的一次绕组是由串联在相与地之间的几个相同单元绕组构成的。一般 110kV 有 2 个单元，220kV 有 4 个单元，所有的单元绕组流过的电流相同，并且与系统的相电压成正，而与地连接的最后一个单元绕组具有一个二次绕组。当系统电压有变化时，二次绕组中的感应电势也发生相应的变化。这种串级绝缘油浸式电压互感器由于采用 2 个或 4 个单元绕组,每个单元绕组平均承受一部分相电压,因此,其绝缘要求降低为原来的1/2或1/4。

电压互感器的全型号表示和含义如下:

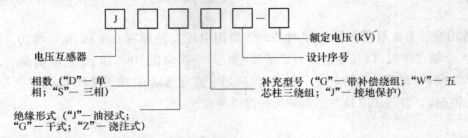

如图5-32和图5-33分别为 JDZ-3/6/10 型和 JSW-10 型电压互感器的外形结构。

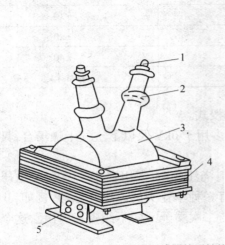

图5-32 JDZ-3/6/10型电压互感器外形结构
1—一次接线端子;2—高压绝缘套管;
3——二次绕组,环氧树脂浇注
4—铁芯(壳式);
5—二次接线端子。

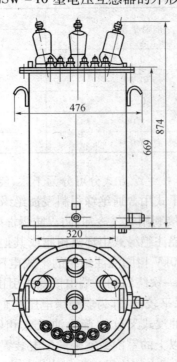

图5-33 JSW-10型电压互感器外形结构

为同时满足测量和单相接地故障继电保护控制的要求,可采用三相五芯柱式电压互感器,它每相有三个绕组,即一个一次绕组,两个二次绕组。其一次绕组采用星形中性点接地接法。二次绕组中的一个也采用星形中性点接地接法,称为基本绕组,基本绕组和一般互感器的二次绕组一样,接各种仪表和电压继电器等,用于测量线电压和相对地电压;另一个称为剩余电压绕组或零序绕组,接成开口三角形,用于监测三相零序电压,作绝缘监察用。

4. 电压互感器的极性

电压互感器在交流回路中使用,因交流电的方向随时间作周期变化,因此通常交流电压、电流表是没有极性的。但在某一瞬间,交流电相对于零电位总有正、负方向之分,不同方向的交流电产生的磁通方向不同,在同一磁路中可能相加也可能相减,因此采用铁芯传输能量时,必须区别绕组极性。在交流电流过电压互感器的一次绕组时,同时达到高电位的两个端是同极性端,一般在外部端钮用字母标明极性,如图5-31所示,A 和 a 为同名端,X 和 x 为另一同

170

名端。我国规定,极性相同者叫减极性,相反者叫加极性。电压互感器的极性试验的简单方法为差接法,其原理如图5-34所示,将电压互感器一次绕组接入交流电源,S为一单极双投开关,当开关S投向"1"时,记录电压表测得的电源电压,投向"2"时测得 P_2 与 S_2 之间的电压,若测得此时的电压值小于电源电压则为减极性,大于电源电压为加极性。

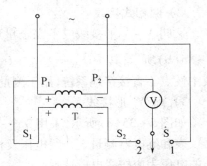

图5-34 差接法测电压互感器极性

5. 电压互感器的接线

电压互感器按绕组数可分为双绕组、三绕组和多绕组。三绕组一般为三相五芯柱式,多绕组具有两个以上的二次绕组,可分别用于测量仪表、继电保护装置、二次设备供电等。互感器的接线方式通常有如下5种:

1) 单相式接线

采用一个单相电压互感器测量线电压或相对地电压,图5-35(a)所示为测量 A、C 相间的线电压,这种接法二次侧可接各种测量仪表。

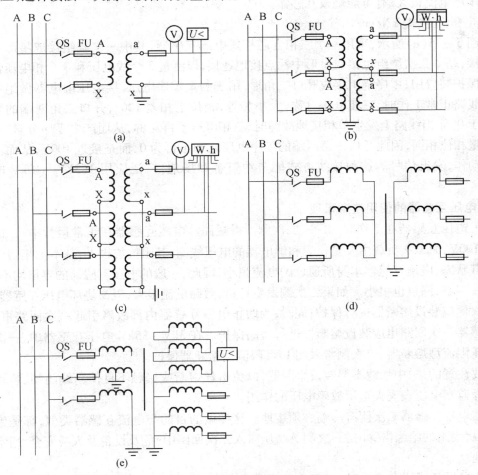

图5-35 电压互感器接线方式

(a) 单相式接线;(b) 两相 V/V 形接线;(c) Y_0/Y_0 形接线;

(d) 三相三柱式接线;(e) 三相五柱式 YN/yn/△ 接线。

2）两相式接线

又叫 V – V 形接线或不完全星形接线，采用两个单相电压互感器测量三个线电压，如图 5 – 35（b）所示，其中 $\dot{U}_{AC} = \dot{U}_{AB} + \dot{U}_{BC}$，这种接线方式通常用于 10kV ~ 35kV 的中性点不接地或中性点不直接接地系统，用于测量或继电保护装置。

3）Y_0 / Y_0 形接线

如图 5 – 35（c）所示，采用 3 个一、二次绕组都接成星形中性点接地形式的单相电压互感器仪表和继电器测量 3 个线电压及相电压。在小电流接地系统中，以这种接线方式测量相电压的电压表应按线电压选择。

4）三相三柱式接线

如图 5 – 35（d）所示，用三台单相电压互感器接成 Yyn 联结，用来测量线电压，满足仪表和继电保护装置用，但不能测量相对地电压，这是因为一次侧中性点不接地，正常运行时，三相磁通对称，在相位上相差 120°，所以零序磁通很小，励磁电流很小。但当一次回路发生单相接地故障时，故障相对地电压降低，非故障相对地电压升高，三相磁通不平衡，从而零序磁通不为 0，造成零序电流很大，有可能烧毁互感器。

5）三相五柱式 YN／yn／△接法

如图 5 – 35（e）所示，采用一个三相五芯柱式电压互感器，其中一次绕组接成星形中性点接地连接，基本二次绕组也接成星形中性点接地连接，以测量 3 个线电压和 3 个相电压供仪表和继电保护装置用；零序绕组接成开口三角形，用于测量零序电压，接电压继电器做绝缘监察用。当线路正常工作时，三相电压对称，大小相等，相位上相差 120°，开口三角两端的零序电压接近于 0，而当线路上发生单相接地故障时，三相电压不再对称，从而产生零序分量，三相的零序分量相位相同，因此开口三角两端的零序电压之和不再为 0，而是接近 100V，从而使电压继电器动作，发出信号。这种接线方式能节约资金和场地，广泛应用于 3kV ~ 10kV 电力系统中。

6. 电压互感器的使用注意事项

（1）电压互感器在工作时，其一、二次侧不得短路。电压互感器在正常运行中，二次侧电压只有 100V，而二次负载主要是仪表和继电器的电压线圈，其阻抗均很大，基本上相当于变压器的空载状态，电压互感器本身所通过的电流很小，因此，一般的电压互感器的容量均不大，绕组的导线很细，漏抗也很小。如果二次侧发生短路，短路电流很大，极易烧坏电压互感器，所以在其二次侧应装设熔断器进行保护；同时，为防止电压互感器内部故障引起一次回路事故，在电压互感器一次回路也应装设熔断器进行短路保护。在 3kV ~ 35kV 电压互感器中，一次侧常采用高压限流型熔断器、二次侧常采用 RN_2 限流型熔断器保护。

需要注意的是，中性线不要装设熔断器，以免熔丝熔断或接触不良使断线闭锁、装置失灵或使绝缘监察电压表失去指示故障电压的作用。

（2）电压互感器二次侧有一端必须接地。这样做的目的与电流互感器类似，都是为了防止一、二次绕组的绝缘击穿时，一次侧的高压窜入二次回路中，危及设备及人身安全，通常将公共端接地。

（3）电压互感器在接线时，必须注意其端子的极性不能接反，以免造成测量误差或保护装置误动作。电压互感器一次绕组端子通常用大写字母标识，其二次绕组的同名端用对应的小写字母标识。

7. 电压互感器的选择与校验

电压互感器一、二次侧均装有熔断器保护,在过负荷或短路时熔断器会熔断,断开测量回路,因此不需要校验动稳定性和热稳定性。电压互感器的选择与校验应遵循如下几个原则:

(1)根据各类电压互感器的特点,按安装地点的环境和工作要求选择互感器的类型。

(2)电压互感器的额定频率应与被测线路一致。

(3)电压互感器的额定一次电压不得小于被测线路的额定电压。电压互感器和电压测量仪表在其额定值附近误差最小,因此在选择电压互感器变比时应尽量使其一次侧额定电压等于或稍大于被测电压。若被测电压是变化的,则变化范围应在20%~120%额定电压范围内,否则最好选用多变比电压互感器。

(4)根据测量精度的要求选择准确度等级,并校验准确度。计量用的电压互感器精度应比所接的电压表或电度表的精度高0.2级~0.5级。

如前所述,电压互感器的精确度等级是在额定二次负荷、额定功率因数等条件下得到的,其中二次负荷对电压互感器的精确度等级影响最大,因此电压互感器在投运时应根据实际的二次负荷校验其准确度,校验公式为

$$S_{2N} \geqslant S_2 \qquad\qquad (5-12)$$

式中:S_{2N}、S_2 分别为互感器二次侧额定容量和实际二次侧负荷。

$$S_2 = \sqrt{\left(\sum P_u\right)^2 + \left(\sum Q_u\right)^2} \qquad\qquad (5-13)$$

式中:$\sum P_u = \sum (S_u \cos\varphi_u)$ 和 $\sum Q_u = \sum (S_u \sin\varphi_u)$ 分别为互感器二次侧所接的仪表、继电器电压线圈等消耗的总有功功率和无功功率。

例 5-3 总降变电所10kV母线上配置3只单相三绕组电压互感器,采用 $Y_0/Y_0/\triangle$ 接法,其中 Y0 接法的二次绕组作母线电压、各出线有功电能和无功电能测量用,$\triangle$ 接法的二次绕组作母线绝缘监察用。电压互感器和测量仪表的接线如图5-36所示。该母线共有4路出线,每路出线上均装设三相有功电度表和三相无功电度表各1块,每个电压线圈消耗的功率为1.5V·A;装设4块电压表,其中3块分别用于测量各相对地电压,1块用于测量B、C相间线电,电压线圈的负荷均为4.5V·A。$\triangle$侧电压继电器消耗功率为3V·A。若选择3只JDZJ-10型电压互感器,试校验其二次负荷是否符合准确度要求(不考虑电压线圈的功率因数)。

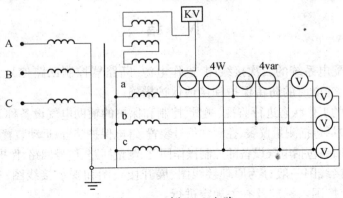

图 5-36 例 5-3 电路

解:根据被测线路的电压等级选3只JDZJ-10型电压互感器,其电压比为(10kV/$\sqrt{3}$):(100V/$\sqrt{3}$):(100V/$\sqrt{3}$),准确度为0.5级,二次绕组(单相)额定负荷为50V·A。

除 3 块电压表接于相电压外,其余设备均接于 AB 线或 BC 线之间,明显的,B 相的负荷最大。B 相的负荷由以下几部分组成:

(1) 接于 AB、BC 线电压之间的有功电度表和三相无功电度表,和接于 BC 线电压之间的电压表折合到 B 相的负荷:

$$S_{B1} = 0.5(S_{AB} + S_{BC}) = 0.5[4 \times (1.5 + 1.5) + 4 \times (1.5 + 1.5) + 4.5] = 14.25(V \cdot A)。$$

(2) 接于 B 相相电压的电压表的负荷:$S_{B2} = 4.5V \cdot A$。

(3) 开口三角形绕组侧的继电器折合到 B 相的负荷 $S_{B3} = 3/3 = 1(V \cdot A)$。

因此 B 相的总二次负荷为

$$S_B = S_{B1} + S_{B2} + S_{B3} = 14.25 + 4.5 + 1 = 19.75(V \cdot A) < S_{2N} = 50(V \cdot A)。$$

故所选电压互感器满足准确度要求。

5.8.3　组合互感器

1. 组合互感器的结构和工作原理

组合互感器是由多个电流互感器、电压互感器组合为一体安装在同一个外壳内的单相或三相互感器组,用于电力系统继电保护、电量监测和电能计量。通常 35kV 及以下组合互感器一般由两组电压互感器和电流互感器按不完全星形接线接法对三相电路进行监控,或由三组电压互感器和电流互感器按星形接法构成。

组合互感器的工作原理和前述的电流、电压互感器相同,区别在于:组合互感器的高压侧用高压套管,低压侧用低压套管引出接线端;高压侧出线接系统,低压侧出线接测量仪表或继电保护装置。

2. 组合互感器的特点

(1) 组合互感器的箱体通常为环氧树脂浇注绝缘的全封闭结构,电压互感器和电流互感器整合在箱体内,具有体积小、外形美观的优点。

(2) 组合互感器因事先已在箱体内按要求接好接线,高低压侧可直接用于线路和电测仪表,使用安装方便。

(3) 组合互感器把多台互感器装在一起,故障率较高。

小　结

本章介绍了供配电系统的二次接线图、操作电源、断路器控制回路信号系统、中央信号系统和电气仪表测量、变电所的防雷保护和接地保护措施。

1. 对一次设备的工作状态进行监视、测量、控制和保护的辅助电气设备称为二次设备。供配电系统的二次设备包括包括测量仪表、控制和信号装置、继电保护装置、远动装置、操作电源、控制电缆、熔断器等。二次回路包括电气设备的控制操作回路、测量回路、信号回路、保护回路等。

(1) 二次回路接线图一般分为原理接线图、展开接线图和安装接线图三种。对于二次系统的布线与安装,应按国家标准及有关规定进行。

(2) 二次回路操作电源分为直流操作电源和交流操作电源。直流操作电源又分为蓄电池、储能电容器和复式整流电源。交流操作电源有电压互感器、电流互感器和所用电变压器。

(3) 断路器控制及信号系统是二次回路的重要部分,断路器的控制有手动控制、电动控制、继电保护控制和自动控制等方式,信号系统包括灯光监视系统、音响监视系统和闪光装置。

（4）断路器控制回路按控制地点的不同,可分为就地控制电路及控制室集中控制电路两种类型;按对控制电路监视方式的不同可分为有灯光监视控制及音响监视控制电路。中央信号装置按形式分为灯光信号和音响信号;按用途分为位置信号、预告信号和事故信号。

（5）电气测量仪表是监视供电系统运行状况、计量电能消耗必不可少的设备,在装设和使用过程中应严格按照国家的有关规定进行。电气测量的目的:计费测量;对供电系中运行状态、技术经济分析所进行的测量;对交、直流系统的安全状况进行监测。

2. 在供配电系统中,为了提高供电的可靠性,常采用备用电源自动投入装置(APD)及线路自动重合闸装置(ARD)。

（1）对具有多路电源进线或多台变压器的变电所,常采用 APD。当工作电源断电时,APD 将备用电源自动投入,迅速恢复对用电设备供电,以提高电源供电的可靠性。

（2）架空线路故障大多数是瞬时性故障。线路故障时,在继电保护的作用下将断路器跳闸;当故障自行消失后,ARD 将断路器自动重新合闸,从而提高了供电的可靠性。

3. 为了防止雷电过电压对变电所电气设备及线路产生危害,应采取防雷保护措施;为保证电气设备及人身安全,应采取必要的接地保护措施。

4. 互感器的主要作用有:

（1）隔离一次回路与二次设备。既可避免一次路的高电压、大电流损坏仪表、继电器等二次设备,又可防止二次设备的故障影响主电路,提高一、二次电路的安全性和可靠性。

（2）扩大二次仪表和保护继电器使用范围。使用不同变比的互感器即可测量任意大的一次电压和电流。

（3）使二次仪表、继电器标准化。互感器二次侧为国家标准规定的额定电压和额定电流,利于标准化生产和使用。

思考题与习题

1. 变配所二次回路按功能分为哪几部分? 各部分的作用是什么?

2. 什么叫二次接线图? 二次接线图分为哪几种形式? 各有何特点?

3. 操作电源有哪几种,直流操作电源、交流操作电源各又有哪几种? 各有何特点?

4. 断路器控制回路应满足哪些要求? 何谓断路器事故跳闸信号回路的"不对应原理"?

5. 断路器的控制开关有哪 6 个操作位置? 简述断路器手动合闸、跳闸的操作过程。

6. 什么叫中央信号回路? 事故音响信号和预告音响信号的声响有何区别?

7. 电气测量的目的是什么? 对仪表的配置有何要求? 一般 6kV ~ 10kV 高压线路上装设哪些测量仪表?

8. 什么叫自动重合闸装置? 对自动重合闸的基本要求是什么?

9. 备用电源自动投入装置的作用是什么? 有哪些要求?

10. 电流互感器的使用注意事项有哪些? 选择电流互感器需要校验哪些项目?

11. 电压互感器为什么不需要校验动稳定性和热稳定性?

12. 电压互感器的使用注意事项有哪些?

13. 在例 5 - 1 中,若假设每只电压线圈的功率因数为 0.9,其余参数不变,试选择电压互感器并校验其二次负荷是否满足准确度要求。

第6章 供电系统的继电保护

本章简要介绍继电保护的基本工作原理、常用的继电器,重点讲述工厂供电系统中常用的几种过电流保护以及电力变压器、电力电容器、高压电动机等几种主要电气设备保护的基本原理和整定方法。

6.1 继电保护概述

6.1.1 继电保护基本工作原理

电力系统发生故障时,会引起电流的增加和电压的降低,以及电流与电压间相位的变化,因此电力系统中所应用的各种继电保护,大多数是利用故障时物理量与正常运行时物理量的差别来构成的。例如,反映电流增大时的过电流保护以及反映电压降低(或升高)时的低电压(或过电压)保护等。继电保护原理结构的框图,如图6-1所示。它由三部分组成:测量部分,用来测量被保护设备输入的有关信号(电流、电压等),并和已给定的整定值进行比较判断是否应该启动;逻辑部分,根据测量部分各输出量的大小、性质及其组合或输出顺序,使保护装置按照一定的逻辑程序工作,并将信号传输给执行部分;执行部分,根据逻辑部分传输的信号,最后完成保护装置所负担的任务,给出跳闸或信号脉冲。

图6-1 继电保护原理结构框图

图6-2为线路过电流保护原理示意图,用以说明继电保护的组成和基本原理。在图6-2中,电流继电器KA的线圈接于被保护线路电流互感器TA的二次回路,即保护的测量回路,它

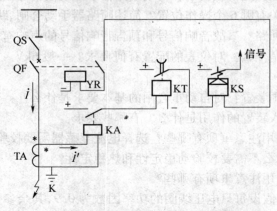

图6-2 线路过电流保护原理示意图

监视被保护线路的运行状态,测量线路中电流的大小。在正常运行情况下,当线路中通过最大负荷电流时,继电器不动作;当被保护线路 K 点发生短路时,线路上的电流突然增大,电流互感器 TA 二次侧的电流也按变比相应增大,当通过电流继电器 KA 的电流大于其整定值时,继电器立即动作,触点闭合,接通逻辑电路中时间继电器 KT 的线圈回路,时间继电器启动并根据短路故障持续的时间,作出保护动作的逻辑判断,时间继电器 KT 动作,其延时触点闭合,接通执行回路中的信号继电器 KS 和断路器 QF 的跳闸线圈 YR 回路,使断路器跳闸、QS 隔离开关打开,切除短路故障。

6.1.2 继电保护装置的任务和基本要求

在供配电系统的运行过程中,往往由于电气设备的绝缘损坏、操作维护不当以及外力破坏等原因,造成系统故障或不正常的运行状态。在供配电系统中最常见的故障和不正常运行状态为断线、短路、接地及过载。为了保证供电系统的安全可靠运行,避免过载引起的过电流或短路产生的故障电流对系统的影响,在供电系统中需装设不同类型的保护装置。保护装置的作用是:一是在发生故障时自动检测出故障,迅速而有选择地将故障区域从供电系统中切除,以免系统设备继续遭到破坏。二是及时发现系统中不正常运行,如过载、欠电压等情况时,能发出报警信号,以便及时处理,保证安全可靠地供电。

继电保护装置是指能反映电力系统中电气设备发生的故障和不正常运行状态,并能动作于断路器跳闸或启动信号装置发出报警信号的一种自动装置。

1. 继电保护装置的任务

(1)故障时跳闸。在供电系统出现短路故障时,继电保护装置能自动地、迅速地、有选择性地动作,使对应的断路器跳闸,切除故障部分,恢复其他无故障部分的正常运行,同时发出信号,以便提醒值班人员检查,及时消除故障。

(2)异常状态发出报警信号。在供电系统出现不正常工作状态,如过负荷或有故障苗头时发出报警信号,提醒值班人员注意并及时处理,以免发展为故障。

2. 继电保护装置的基本要求

根据继电保护装置所担负的任务,它必须满足以下四项基本要求,即选择性、速动性、可靠性和灵敏性。

1)选择性

继电保护动作的选择性是指在供电系统发生故障时,只使电源一侧距离故障点最近的继电保护装置动作,通过开关电器将故障部分切除,而非故障部分仍然正常运行。图 6-3 是继电保护装置动作选择性示意图。

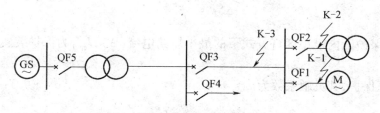

图 6-3 继电保护装置动作选择性示意图

当 K-1 点发生短路时,则继电保护装置动作只应使断路器 QF1 跳闸,切除电动机 M,而其他断路器都不跳闸;当 K-3 点发生短路时,则继电保护装置动作只应使断路器 QF3 跳闸,切除故障线路。满足这一要求的动作称为"选择性动作"。如果 QF1 或 QF3 不动作，其他断路器跳闸，则称为"无选择性动作"。但是，在 K - 1 点发生短路时，如果继电保护装置由于某种原因拒动或断路器 QF1 本身拒动时，则上一级保护装置应该尽快动作使断路器 QF3 跳闸。虽然扩大了停电范围，但限制了故障的扩大，起着后备保护作用。保护装置在这种情况下动作使断路器 QF3 跳闸，仍然称为保护的"选择性动作"。

2）速动性

速动性就是快速切除故障部分。当系统内发生短路故障时，为了减轻短路故障电流对用电设备的损害程度，要求继电保护装置快速动作切除故障部分。快速切除故障部分还可以防止故障范围扩大，加速系统电压的恢复过程，使电压降低的时间缩短，有利于电动机的自启动，提高电力系统运行的稳定性和可靠性。

应当指出，为了满足选择性，继电保护需要带一定时限，允许延时切除故障的时间一般为 0.5s ~ 2s。即速动性和选择性往往是有矛盾的，当两者发生矛盾时，一般应首先满足选择性而牺牲一点速动性。但应在满足选择性的前提下，尽量缩短切除故障部分的延时。对一个具体的保护装置来说，在无法兼顾选择性和速动性的情况下，为了快速切除故障部分以保护某些关键设备，或者为了尽快恢复系统的正常运行，有时甚至也只好牺牲选择性来保证速动性。

3）可靠性

可靠性指继电保护装置在其所规定的保护范围内发生故障或不正常工作状态时，一定要准确动作，即在应该动作时，就应该动作（不能拒动）；而其他非故障设备的保护装置（故障或不正常工作状态发生地点不属于其保护范围）则一定不应动作，即在不应该动作时，不能误动。供配电系统正常运行时，保护装置也不应该误动。继电保护装置的任何拒动或误动，都会降低电力系统的供电可靠性。保护装置的可靠程度，与保护装置的元器件质量、接线方式以及安装、整定和运行维护等多种因素有关。为了提高保护装置动作的可靠性，应尽量采用高质量元器件，简化保护装置接线方式，提高安装和调试质量，以及加强运行维护等。

4）灵敏性

灵敏性是指保护装置在其保护范围内对故障和不正常运行状态的反应能力。反应能力是用继电保护装置的灵敏系数（灵敏度）来衡量的。如果保护装置对其保护区内极轻微的故障都能及时地反应动作，则说明保护装置的灵敏度高。继电保护装置的灵敏度一般是用被保护电气设备故障时，通过保护装置的故障参数（如短路电流）与保护装置整定的动作参数（如动作电流）来判断，这个比值称为灵敏系数，也称灵敏度，用 S_P 表示。

对于过电流保护装置，其灵敏系数为

$$S_P = \frac{I_{k.min}}{I_{op.1}} \qquad (6-1)$$

式中：$I_{k.min}$ 为被保护区内最小运行方式下的最小短路电流（A）；$I_{op.1}$ 为保护装置的一次动作电流（A）。

对于低电压保护，其灵敏系数为

$$S_P = \frac{U_{op.1}}{U_{k.min}} \qquad (6-2)$$

式中：$U_{k.min}$ 为被保护区内发生短路时，连接该保护装置的母线上最大残余电压（V）；$U_{op.1}$ 为保护装置的一次动作电压（V）。

对不同作用的保护装置和被保护设备,所要求的灵敏度是不同的,在《继电保护和自动装置设计技术规程》中规定,主保护的灵敏度一般要求不小于 1.5 ~ 2。

以上四项要求对于一个具体的继电保护装置,不一定都是同等重要,应根据保护对象而有所侧重。例如,对电力变压器,一般要求灵敏性和速动性较好;对一般的电力线路,灵敏度可略低一些,但对选择性要求较高。

继电保护装置除满足上面的基本要求外,还要求投资省,便于调试及维护,并尽可能满足电气设备运行的条件。

6.2 电流保护常用的继电器

供配电系统的继电保护装置由各种保护继电器构成。保护继电器的种类很多:按继电器的结构原理划分,有电磁式继电器、感应式继电器、数字式继电器、微机式继电器等;按继电器反映的物理量划分,有电流继电器、电压继电器、功率方向继电器、气体继电器等;按继电器反映的物理量变化划分,有过量继电器和欠量继电器,如过电流继电器、欠电压继电器;按继电器在保护装置中的功能划分,有启动继电器、时间继电器、信号继电器和中间继电器等。

供配电系统中常用的继电器主要是电磁式继电器和感应式继电器。在现代化的大用户中已经使用微机式继电器或微机保护。本节仅介绍常用的电磁式继电器。

6.2.1 电磁式继电器

1. 电磁式电流继电器

DL 型电磁式电流继电器的内部接线图和图形符号如图 6 - 4 所示,电流继电器的文字符号为 KA。

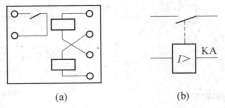

(a)   (b)

图 6 - 4 DL - 11 电磁式电流继电器的内部接线图和图形符号
(a) 内部接线图;(b) 图形符号。

使过电流继电器动作的最小电流称为继电器的动作电流,用 $I_{\text{op. KA}}$ 表示。

继电器动作后,逐渐减小流入继电器的电流到某一电流值时,Z 形铁片因电磁力小于弹簧的反作用力而返回到起始位置,动合触点断开。使继电器返回到起始位置的最大电流,称为继电器的返回电流,用 $I_{\text{re. KA}}$ 表示。

继电器的返回电流与动作电流之比称为返回系数 K_{re},即

$$K_{\text{re}} = \frac{I_{\text{re. KA}}}{I_{\text{op. KA}}} \qquad (6 - 3)$$

显然,过电流继电器的返回系数小于 1,返回系数越大,继电器越灵敏,电磁式电流继电器的返回系数通常为 0.85。

调节电磁式电流继电器的动作电流的方法有两种:一种是改变调整杆的位置来改变弹簧的反作用力,进行平滑调节;二是改变继电器线圈的连接。当线圈由串联改为并联时,继电器

的动作电流增大1倍。电磁式电流继电器的动作极为迅速,动作时间为百分之几秒,可认为是瞬时动作的继电器。

2. 电磁式电压继电器

DJ型电磁式电压继电器的结构和工作原理与DL型电磁式电流继电器基本相同,不同之处仅是电压继电器的线圈为电压线圈,匝数多,导线细,与电压互感器的二次绕组并联。电压继电器文字符号用KV表示。

电磁式电压继电器有过电压继电器和欠电压继电器两种。过电压继电器返回系数小于1,通常为0.8;欠电压继电器返回系数大于1,通常为1.25。

3. 电磁式时间继电器

时间继电器用于继电保护装置中,使继电保护获得需要的延时,以满足选择性要求。它由电磁系统、传动系统、钟表机构、触点系统和时间调整系统等组成。

图6-5是DS-110型、DS-112型时间继电器的内部接线和图形符号。时间继电器的文字符号为KT。DS-110型为直流时间继电器,DS-120型为交流时间继电器,延时范围均为0.1s~9s。

4. 电磁式信号继电器

信号继电器在继电保护装置中用于发出指示信号,表示保护动作,同时接通信号回路,发出灯光或者音响信号。图6-6是DX-11型信号继电器内部接线图和图形符号。信号继电器的文字符号为KS。

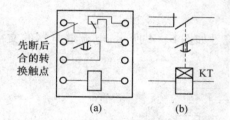

图6-5　DS型时间继电器的
内部接线图和图形符号
（a）内部接线；（b）图形符号。

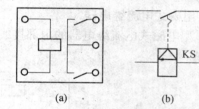

图6-6　DX-11型信号继电器的
内部接线和图形符号
（a）内部接线图；（b）图形符号。

DX-11型信号继电器有电流型和电压型两种。电流型信号继电器串联接入二次电路,电压型信号继电器并联接入二次电路。

5. 电磁式中间继电器

中间继电器的触点容量较大,触点数量较多,在继电保护装置中用于弥补主继电器触点容量或触点数量的不足。DZ-10型中间继电器内部接线和图形符号如图6-7所示。中间继电器的文字符号为KM。当中间继电器的线圈通电时,衔铁动作,带动触头系统使动触头与静触头闭合或断开。

6.2.2　感应式电流继电器

GL-10、GL-20型感应式电流继电器的内部接线和图形符号如图6-8所示。感应式电流继电器有感应系统和电磁系统两个系统。

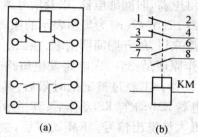

图 6-7　DZ-10 型中间继电器内部接线图和图形符号

（a）DZ-10 型内部接线图；（b）图形符号。

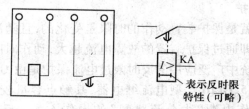

图 6-8　GL-10、GL-20 型感应式电流继电器的
内部接线图和图形符号

（a）内部接线图；（b）图形符号。

6.3　工厂高压线路的继电保护

6.3.1　线路的过电流保护

在供电系统中发生短路时，线路上的电流剧增。因此，必须设置过电流保护装置，对供电线路进行保护。为了具有选择性，过电流保护通常应有一定的时限。按动作的时限特性，过电流保护装置分为定时限过电流保护和反时限过电流保护。

1. 定时限过电流保护

定时限过电流保护就是保护装置的动作时限一定，且不随流过保护装置电流大小的变化而变化。定时限过电流保护装置一般采用直流操作电源，其原理接线如图 6-9 所示。定时限

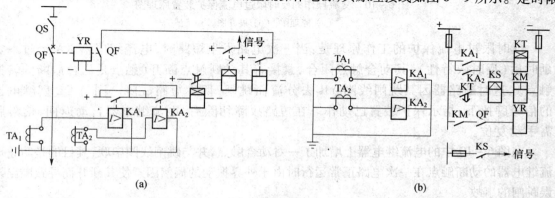

图 6-9　两相式定时限过电流保护装置的原理接线图

（a）原理图；（b）展开图。

过电流保护装置通常由电流继电器、时间继电器、以及信号继电器与中间继电器组成。在工厂供电系统中多采用两相式接线，图6-9(a)为集中表示的原理接线图，图6-9(b)为展开式原理接线图。从原理分析的角度来讲，展开图简明清晰，在二次回路中应用广泛。

定时限过电流保护的工作原理是：当一次电路发生短路时，电流继电器 KA 瞬时动作，闭合其接点，使时间继电器 KT 动作，KT 经过整定的时限后，其延时触点闭合，使串联的信号继电器（电流型）KS 和中间继电器 KM 动作，KS 动作后，其指示牌掉下，同时接通信号回路，给出灯光信号和音响信号，向值班人员发出信号。KM 动作后，接通跳闸线圈 YR 回路，使断路器 QF 跳闸，切除短路故障。在短路故障切除后，继电保护装置除 KS 外的其他所有继电器都自动返回起始状态，而 KS 需手动复位。

2. 反时限过电流保护

反时限过电流保护就是保护装置动作的时限是变化的，且随流过保护装置电流大小的变化而成反时限的变化。即通过保护装置的故障电流越大，动作时间越短；故障电流越小，动作时间越长。工厂供电系统中广泛应用的反时限过电流保护是由 GL 型电流继电器组成的。然而，由于现在生产的 GL15、GL16 等型电流继电器，其触点容量较大，短时分断电流能力可达150A，所以采用交流操作电源"去分流跳闸"的操作方式。反时限保护装置的原理接线如图6-10所示。

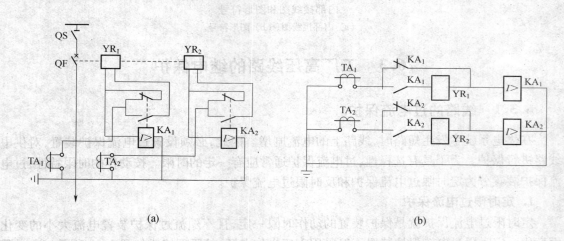

图6-10　交流操作的反时限过电流保护装置原理图
（a）原理图；（b）展开图。

反时限过电流保护的工作原理是：当一次电路发生短路时，电流继电器 KA 经过一定延时后（反时限特性），其动合触点闭合，紧接着其动断触点断开（触点是先合后断的转换触点），这时断路器因其跳闸线圈 YR 去分流而跳闸，切除短路故障。同时 GL 型继电器的信号牌掉下，指示保护装置已动作。在短路故障切除后，电流继电器自动返回，信号牌需手动复位。

在图6-10中的电流继电器上增加了一对动合触点，并与跳闸线圈串联，其目的是防止电流继电器的动断触点在一次电路正常运行时由于外界振动的偶然因素使其断开而导致断路器误跳闸的事故。

3. 过电流保护的整定

1）过电流保护动作电流的整定

182

带时限的过电流保护装置(包括定时限和反时限)的动作电流应躲过线路正常运行时流经本线路的最大负荷电流,其保护装置的返回电流也必须躲过线路的最大负荷电流。动作电流的整定计算公式如下:

$$I_{op} = \frac{K_{rel}K_W}{K_{re}K_i}I_{L.max} \tag{6-4}$$

式中:I_{op}为过电流继电器的动作电流;K_{rel}为保护装置的可靠系数,对 DL 型继电器取 1.2,对 GL 型继电器取 1.3;K_W为保护装置的接线系数,三相式、两相式接线取 1,两相差式接线取$\sqrt{3}$;K_{re}为保护装置的返回系数,对 DL 型继电器取 0.85,对 GL 型继电器取 0.8;K_i为电流互感器变比;$I_{L.max}$为线路的最大负荷电流,可取为$(1.5 \sim 3)I_{30}$。

2)过电流保护的动作时限的整定和配合

(1)定时限过电流保护动作时限的整定和配合。图 6-11 为过电流保护动作原理图。如图 6-11(b)所示,为了保证前后两级保护装置动作的选择性,应按"阶梯原则"进行整定,即在后一级保护装置的线路首端 K 点发生三相短路时,前一级保护的动作时间 t_1 应比后一级保护中的动作时间 t_2 要大一个时间差 Δt,即 $t_1 = t_2 + \Delta t$,式中,Δt 一般取 0.5s。

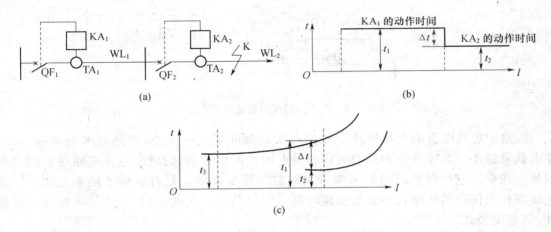

图 6-11　过电流保护动作原理图
(a)电路;(b)定时限整定;(c)反时限整定。

定时限过电流保护的动作时间,利用时间继电器来整定。一般说来,某一保护装置的时限应选择得比它下一段各个保护装置中最长的一个时限大一个时间阶段 Δt。

(2)反时限过电流保护动作时限的整定和配合。如图 6-11(c)所示,为了保证各保护装置动作的选择性,反时限过电流保护装置也按照"阶梯原则"来选择。但由于动作时限与通过保护装置的电流有关,因此,它的动作时限实际上指的是在某一短路电流下,或者说在某一动作电流倍数下的动作时限。由图 6-11(c)中看出,前后级的配合点仍然在后一级保护装置的线路首端,K 点短路时,$t_1 = t_2 + \Delta t$,式中,Δt 一般取 0.7s。

由于 GL 型电流继电器的时限调节机构是按 10 倍动作电流的时间来标度的,因此,反时限过电流保护的动作时间,要根据前后两级保护的 GL 型继电器的动作曲线来整定,其整定公式为

$$I_{op} = \frac{K_{rel}K_W}{K_{re}K_i}I_{30} \qquad (6-5)$$

由于 I_{op} 降低,有效地提高了保护灵敏度。

4. 电流速断保护

线路越靠近电源,过电流保护的动作时限超长,而短路电流越大,危害也越大,这是过电流保护的不足。GB 50062—92 规定,当过电流保护动作时限超过 0.5s ~ 0.7s 时,应装设电流速断保护。

电流速断保护实质上是一种瞬时动作或者说是一种不带时限的过电流保护,实际中电流速断保护常与过电流保护配合使用。对于采用 DL 系列电流继电器的速断保护,就相当于定时限过流保护中抽去时间继电器,如图 6 - 12 所示。对于采用 GL 系列电流继电器,则利用该继电器的电磁元件来实现电流速断保护。

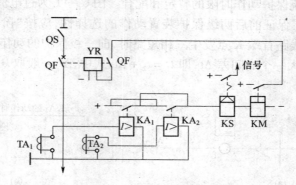

图 6 - 12   电流速断保护装置的原理接线图

线路中短路电流的大小取决于短路点与电源间阻抗的大小,短路点离电源越远,短路电流就越小。为了保证前后两级瞬动的电流速断保护的选择性,电流速断保护的动作电流应按躲过它所保护线路的末端最大短路电流来整定。只有这样才能避免在后一级速断保护所保护的线路首端发生短路时前一级速断保护误动作的产生,从而保证其选择性,其整定公式为

$$I_{qb} = \frac{K_{rel}K_W}{K_T}I_{k.max} \qquad (6-6)$$

式中: I_{qb} 为速断电流; K_{rel} 为可靠系数,对 DL 型继电器可取 1.2 ~ 1.3,对 GL 型继电器可取 1.4 ~ 1.5; $I_{k.max}$ 为被保护线路末端短路时的最大短路电流。

电流速断保护的灵敏度按其安装处(线路首端)在系统最小运行方式下的两相短路电流作为最小短路电流来校验,即

$$S_P = \frac{K_W I_{k.min}^{(2)}}{K_i I_{qb}} \geqslant (1.5 \sim 2) \qquad (6-7)$$

6.3.2   单相接地保护

在中性点直接接地系统中,当发生单相接地故障时,将产生很大的短路电流,一般能使保护装置迅速动作,切除故障部分。

184

中性点不接地系统发生单相接地时,流经接地点的电流是电容电流,数值上很小,虽然相对地电压不对称,但线电压对称,系统仍可继续运行一段时间。如果其间消除接地故障,恢复正常运行,则可以避免非接地相对地电压升高,击穿对地绝缘,引发两相接地短路,造成停电事故。线路可装设有选择性的单相接地保护装置或无选择性的绝缘监视装置,在发生单相接地时发出报警信号,以便运行人员及时发现和处理。

1. 单相接地保护的接线和工作原理

单相接地保护利用线路单相接地时的零序电流,较系统其他线路单相接地时的零序电流大的特点,实现有选择性的单相接地保护,又称零序电流保护。该保护一般用于变电所出线较多或不允许停电的系统中。当线路发生单相接地故障时,该线路的电流继电器动作,发出信号,以便及时处理。

对于架空线路,一般采用3只电流互感器构成零序电流互感器,如图6-13(a)所示。三相的二次电流矢量相加后流入继电器。当三相对称运行以及三相或两相短路时,流入继电器的电流等于0,发生单相接地时,零序电流才流过继电器,所以称它为零序电流过滤器。当零序电流流过继电器时,继电器动作并发出信号。

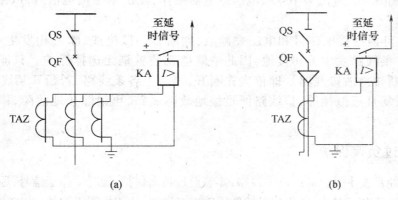

图6-13 单相接地保护原理图
(a) 架空线路;(b) 电缆线路。

对于电缆线路的单相接地保护一般采用零序电流互感器。零序电流互感器的一次侧即为电缆线路的三相,其铁芯套在电缆的外面,二次线圈绕在零序电流互感器的铁芯上,并与过电流继电器相接,如图6-13(b)所示。在三相对称运行以及三相或两相短路时,二次侧三相电路电流矢量和为0,即没有零序电流,继电器不动作。当发生单相接地时,有零序电流通过,此时电流在二次测感应电流,使继电器动作发出信号。注意,电缆线路在安装单相接地保护时,必须使电缆头与支架绝缘,并将电缆头的接地线穿过零序互感器后再接地,以保证接地保护可靠地动作。

2. 绝缘监视装置

当变电所出线回路较少或线路允许短时停电时,可采用无选择性的绝缘监视装置作为单相接地的保护装置。在工厂供电系统中常用三相五柱式电压互感器或3只三绕组单相电压互感器作中性点不接地系统的绝缘监视装置,其接线如图6-14所示。

系统正常运行时,三相电压对称,3块相电压表读数近似相等,开口三角形绕组两端电压近似为0,电压继电器不动作。

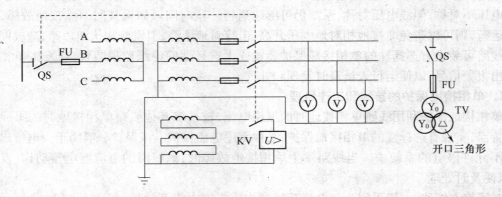

图 6 – 14 绝缘监视装置原理接线图

系统发生单相接地故障时,接地相对地电压近似为0,该相电压表读数近似为0,非故障相对地电压升高$\sqrt{3}$倍,非故障相的两块电压表读数升高,近似为线电压。同时,开口三角形绕组两端电压也升高,近似为100V,电压继电器动作,发出单相接地信号,以便运行人员及时处理。

运行人员可根据接地信号和电压表读数,判断哪一段母线、哪一相发生单相接地,但不能判断哪一条线路发生单相接地,因此绝缘监视装置是无选择性的。只能采用依次断合的方法,判断接地故障线路。即依次先断开,再合上各条线路,若断开某线路时,3块相电压表读数恢复且近似相等,该线路便是接地故障线路,再消除接地故障,恢复线路正常运行。

6.3.3 过负荷保护

一般只有经常发生过负荷的电缆线路,才装设过负荷保护,延时动作于信号,原理如图6 – 15所示。由于过负荷电流对称,过负荷保护采用单相式接线,并和相间保护共用电流互感器。

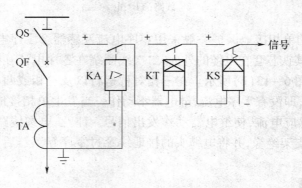

图 6 – 15 线路过负载保护原理接线图

过负荷保护的动作电流按线路的计算电流 I_C 整定,即

$$I_{op.KA} = \frac{K_{rel}}{K_i} I_C \tag{6 – 8}$$

式中:K_{rel}为可靠系数,取 1.2~1.3;K_i为电流互感器变比。

动作时间一般整定 10s~15s。

6.4　电力变压器保护

变压器是供电系统的重要设备之一,它的故障将对供电可靠性和系统运行带来严重的影响。同时,大容量的变压器也是十分贵重的设备,因此必须根据变压器容量和重要程度来装设性能良好、工作可靠的继电保护装置。

6.4.1　变压器故障类型及保护方式

变压器的故障可分为油箱内部故障和油箱外部故障两种。油箱内部故障包括绕组的相间短路、匝间短路,直接接地系统侧的绕组接地短路等。这些故障都是十分危险的,因为故障点的电弧不仅会烧坏绕组的绝缘和铁芯,而且还能引起绝缘物质的剧烈汽化,从而使油箱发生爆炸。油箱外部的故障主要是套管和引出线上发生相间短路和接地短路。

变压器的不正常运行状态有过负荷:外部相间短路引起的过电流;外部接地短路引起的过电流和中性点过电压;漏油等原因而引起的油面降低;绕组过电压或频率降低引起的过励磁等。

对于上述故障类型和不正常运行状态,根据《继电保护和安全自动装置技术规程》的规定,变压器应装设如下保护:

(1)为反映油箱内部各种短路故障和油面降低,对于 0.8MV·A 及以上的油浸变压器和户内 0.4MV·A 以上的变压器应装设瓦斯保护。

(2)为反映变压器绕组和引出线的相间短路,以及中性点直接接地电网侧绕组和引出线的接地短路,应装设纵差保护或电流速断保护。对于 6.3MV·A 及以上并列运行变压器、10MV·A 及以上单独运行变压器和 6.3MV·A 及以上的厂用变压器,应装设纵差保护;对于10MV·A 以下变压器其过电流保护的时限大于 0.5s 时,应装设电流速断保护;对于 2MV·A以上变压器,当电流速断保护的灵敏度不满足要求时,也应装设纵差动保护。

(3)为反映外部相间短路引起的过电流和作为瓦斯、纵差保护(或电流速断保护)的后备保护,应装设过电流保护。

(4)为反映直接接地系统外部接地短路,应装设零序电流保护。

(5)为反映过负荷应装设过负荷保护。

(6)为反映变压器过励磁应装设过励磁保护。

6.4.2　变压器的继电保护

1. 变压器瓦斯保护

瓦斯保护,又称为气体继电保护,是保护油浸式变压器内部故障的一种基本保护装置,是变压器的主保护之一,是应对变压器内部故障的最有效、最灵敏的保护装置。

瓦斯保护的原理接线图如图 6-16 所示。

变压器瓦斯保护动作后,运行人员应立即对变压器进行检查,查明原因,可在气体继电器顶部打开放气阀,用于净的玻璃瓶收集蓄积的气体(注意:人体不得靠近带电部分),通过分析气体性质可判断出发生故障的原因和处理要求。

瓦斯保护只能反映变压器油箱内部的故障,而对变压器外部端子上的故障情况则无法反映。因此,除了设置瓦斯保护外,还需设置过流、速断或差动等保护。

灵敏度按变压器低压侧母线在系统最小运行方式下发生两相短路的高压侧穿越电流值来校验。如过电流保护灵敏度不能满足要求,可采用带低电压闭锁的过电流保护装置,这样既提高了灵敏度,在变压器过负荷时也不会误动作。

2. 变压器的电流速断保护

对于小容量的变压器可以在电源侧装设电流速断保护,作为电源侧绕组、套管及引出线故障的主要保护,并用过电流保护作为变压器内部故障的后备保护。

图 6-17 为变压器电流速断保护的原理接线图,电流互感器装设于电源侧。电源侧为中性点直接接地系统时,保护采用完全星形接线方式,电源侧为中性点不接地或经消弧电抗器接地的系统时,则采用两项不完全星形接线。

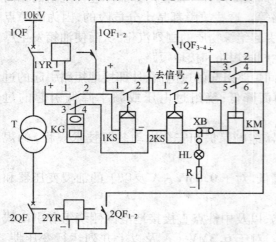

图 6-16 瓦斯保护原理接线图

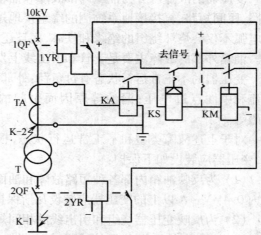

图 6-17 变压器电流速断保护原理接线图

速断保护的动作电流 I_{opT} 按躲过变压器外部故障(如 K-1 点)的最大短路电流整定,即

$$I_{opT} = K_{rel}I_{K-1,max}$$

式中:$I_{K-2,max}$ 为 K1 点短路时流过保护的最大三相短路电流;K_{rel} 为可靠系数,取 1.2~1.3。

变压器电流速断保护的灵敏系数按保护安装处(K-2 点)的最小运行方式下两相短路电流效验,即

$$K_{s,min} = I^{(2)}_{K-2,max}/I_{opT} > 2 \tag{6-9}$$

电流速断保护的优点是接线简单,动作迅速;但是电流速断保护的动作范围小,有死区,不能保护变压器的全部绕组。为了弥补死区得不到保护的缺点,速断保护使用时要配备带时限的过电流保护。

3. 变压器的过负荷保护

变压器过负荷保护的组成、工作原理与线路过负荷保护的组成、工作原理完全相同,动作电流整定计算公式与线路过负荷保护基本相同,只是式中的 $I_{T.N1}$ 应为变压器一次侧的额定电流。动作时间取 10s~15s。

运行中的变压器发出过负荷信号时,运行人员应检查变压器各侧电流是否超过规定值,并即时报告,然后检查变压器的油温、油位是否正常,同时将冷却器全部投入运行,及时掌握过负

188

荷情况,并按规定巡视检查。

4. 变压器差动保护

变压器的差动保护,主要用来保护变压器内部以及引出线和绝缘套管的相间短路,并且也可以用来保护变压器内的匝间短路,其保护区在变压器一、二次侧所装电流互感器之间。

图 6 – 18 为变压器差动保护的单相原理接线图。

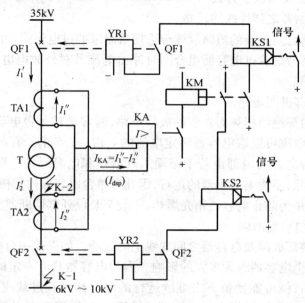

图 6 – 18   变压器纵联差动保护的单相原理接线图

变压器差动保护的保护范围是变压器两侧电流互感器安装地点之间的区域。它可以保护变压器内部及两侧绝缘套管和引出线上的相间短路,保护反应灵敏,动作无限时。

变压器差动保护的动作电流 $I_{op(d)}$ 应满足以下三个条件:

(1) 应躲过变压器差动保护区外短路时出现的最大不平衡电流,即

$$I_{op(d)} = K_{rel}I_{dsp.\,max} \tag{6 – 10}$$

式中:K_{rel} 为可靠系数,可取 1.3。

(2) 应躲过变压器励磁涌流,即

$$I_{op(d)} = K_{rel}I_{T.\,N1} \tag{6 – 11}$$

式中:$I_{T.\,N1}$ 为变压器额定一次电流;K_{rel} 为可靠系数,可取 1.3 ~ 1.5。

(3) 在电流互感器二次回路断线且变压器处于最大负荷时,差动保护不应误动,因此

$$I_{op(d)} = K_{rel}I_{L.\,max} \tag{6 – 12}$$

式中:$I_{L.\,max}$ 为最大负荷电流,取 $(1.2 \sim 1.3)I_{30}$;K_{rel} 为可靠系数,可取 1.3。

6.5   电力电容器的保护

本节讨论的电力电容器主要是指用于改善电网功率因数的并联补偿电容器组。电力电容器的故障主要是短路、接地和容量变化。短路故障和接地故障的保护与一般电力元件一样考

189

虑。容量的变化是指电容器内部元件断线造成容抗增加和元件内部短路造成的容抗减少。故障类型不同,采用的保护方式也不同。

6.5.1 电容器保护方式

1. 电容器故障类型及其保护方式

1) 电容器组与断路器之间连线的短路

电容器组与断路器之间连线的短路故障应采用带时限的过电流保护而不宜采用电流速断保护。因为速断保护要考虑躲过电容器组合闸时冲击电流及对外放电电流的影响,其保护范围和效果不能充分利用。

2) 单台电容器内部极间短路

对于单台电容器内部绝缘损坏而发生的极间短路,通常是对每台电容器分别装设专用的熔断器,其熔丝的额定电流可以取电容器额定电流的 2 倍~2.5 倍。有的制造厂已将熔断器装在电容器壳内。单台电容器内部由若干带埋入式熔丝和电容元件并联组成。一个元件故障,由熔丝熔断自动切除,不影响电容器的运行,因此对单台电容器内部极间短路,理论上可以不安装外部熔断器,但是为防止电容器箱壳爆炸,一般都装设外部熔断器。

3) 电容器组多台电容器故障

它包括电容器的内部故障及电容器之间连线上的故障。如果仅一台电容器故障由其专用的熔断器切除,而对整个电容器组无多大的影响。因为电容器具有一定的过载能力但是当多台电容器故障并切除后,就可能使留下来继续运行的电容器严重过载或过电压,这是不允许的。电容器之间连线上的故障同样会产生严重的后果。为此,需要考虑保护措施。

电容器组的继电保护方式随其接线方案的不同而异。但要尽量采用简单、可靠又灵敏的接线把故障检测出来。常用的保护方式有零序电压保护、电压差动保护、中性点不平衡电流或不平衡电压保护、横差保护等。

2. 电容器组的不正常运行及其保护方式

1) 电容器组的过负荷

电容器过负荷是由系统过电压及高次谐波所引起的。根据国标规定,电容器允许在有效值为 1.3 倍额定电流下长期运行,对于具有最大正偏差的电容器,过电流允许达到 1.43 倍额定电流。由于按照规定电容器组必须装设反映母线电压稳态升高的过电压保护,又由于大容量电容器组一般需要装设抑制高次谐波的串联电抗器,因而可以不装设过负荷保护。仅当系统高次谐波含量较高,或电容器组投运后经过实测在其回路中的电流超过允许值时,才装设过负荷保护。保护延时动作于信号。为了与电容器的过载特性相配合,宜采用反时限特性的继电器。

2) 母线电压升高

电容器组只能允许在不大于 1.1 倍额定电压下长期运行,因此,当系统引起母线稳态电压升高时,为保护电容器组不致损坏,应装设母线过电压保护,且延时动作于信号或跳闸。

3) 电容器组失压

当系统故障线路断开引起电容器组失去电源,而线路重合又使母线带电,电容器端子上残余电压又没有放电到 0.1 倍的额定电压时,可能使电容器组承受超过长期允许电压(1.1 倍额定电压)的合闸过电压而使电容器组损坏,因此应装设失压保护。

6.5.2 电容器组与断路器之间连线短路故障时的电流保护

电容器组与断路器之间连线的短路故障应装设反映外部故障的过电流保护,图6-19为采用三相三继电器式接线的过电流保护原理接线图。

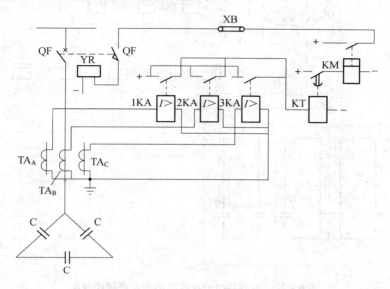

图6-19 电容器组采用三相三继电器式
接线的过电流保护原理接线图

当电容器组与断路器之间连线发生的短路故障时,故障电流使电流继电器动作,经过时间继电器延时后使 KM 动作并接通断路器跳闸线圈,使断路器跳闸。

过电流保护也可用作电容器内部故障的后备保护,但只有在一台电容器内部串联元件全部击穿而发展成相间故障时,才能动作。电流继电器的动作电流可按照下式整定:

$$I_{op} = \frac{K_{rel}K_{con}}{K_{TA}}I_{NC} \qquad (6-13)$$

式中:K_{rel} 为可靠系数,动作时限在 0.5 s 以下时,由于要考虑电容器冲击电流的影响,取 2~2.5,较长时限时可取 1.3;K_{con} 为接线系数,完全星形接线为 1,两相电流差接线为 $\sqrt{3}$;K_{TA} 为电流互感器变比;I_{NC} 为电容器组的额定电流。

保护装置的灵敏系数可按下式进行校验:

$$K_{s,min} = \frac{I_{K,min}^{(2)}}{K_{TA}I_{op}} \qquad (6-14)$$

式中:$I_{K,min}^{(2)}$ 为最小运行方式下,电容器首端两相短路电流。

6.5.3 电容器组的横联差动保护

双三角形连接电容器组的内部故障,常采用如图6-20所示的横联差动保护。

在 A、B、C 三相中,每相都分成两个臂,在每一个臂中接入一只电流互感器,同一相两臂电流互感器二次侧按电流差接线。要求电容器组每相的两臂容量尽量相同。各相差动保护是分相装设的,而三相电流继电器差动接成并联方式。

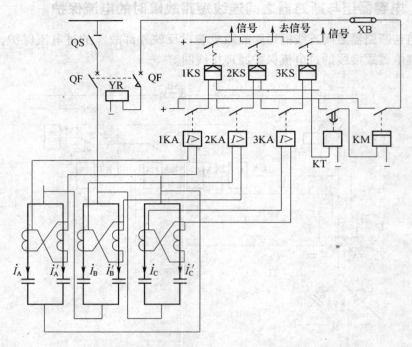

图 6-20　电容器组的横联差动保护原理接线图

在正常运行方式下,同一相的两臂的电容量基本相等,流过的电流也相等,电流互感器的二次电流差为 0,所以电流继电器都不会动作。如果在运行中任意一个臂的某一台电容器的内部发生故障,则该臂的电流增大或减小,两臂的电流失去平衡,使互感器二次产生差流。当两臂的电流差值大于整定值时,电流继电器动作,经过延时后作用于跳闸,将电源断开。

电流继电器的动作值可按以下两个原则计算:

(1) 为了防止误动作,电流继电器的整定值必须躲开正常运行时电流互感器二次回路中由于各臂的电容量的不一致而引起的最大不平衡电流,即

$$I_{op} = K_{rel}I_{unb,max} \qquad (6-15)$$

式中:K_{rel} 为可靠系数,取 2;$I_{und,max}$ 二为正常运行时二次回路最大不平衡电流。

(2) 在某台电容器内部有 50% ~70% 串联元件击穿时,保证装置有足够的灵敏系数,即

$$I_{op} = \frac{I_{und.max}}{K_{s,min}} \qquad (6-16)$$

式中:$K_{s,min}$ 为横差保护的灵敏系数,取 1.8;$I_{und,max}$ 为一台电容器内部有 50% ~70% 串联元件击穿时,电流互感器二次回路中的不平衡电流。

为了躲开电容器投入合闸瞬间的充电电流,以免引起保护的误动作,在接线中采用了延时的时间继电器。

横差动保护的优点是原理简单、灵敏系数高,动作可靠、不受母线电压变化的影响,因而得到了广泛的利用;其缺点是装置的电流互感器较多,接线较复杂。

192

6.6 高压电动机的保护

6.6.1 高压电动机故障类型

作为电气主设备,高压异步电动机是数量最多的一种,一个现代化的企业往往拥有几十台至几百台电动机。可以说,电动机及其保护的运行正常与否,直接关系到企业的运转与人民生活。电动机的主要故障是定子绕组的相间短路,其次是单相接地故障。

定子绕组的相间短路是电动机最严重的故障,它会引起电动机本身的严重损坏,使供电网络的电压显著下降,破坏其他用电设备的正常工作。因此,对于容量为 2000kW 及以上的电动机,或容量小于 2000kW 但有 6 个引出线的重要电动机,都应该装设纵差保护。对一般高压电动机则应该装设两相式电流速断保护,以便尽快地将故障电动机切除。

单相接地对电动机的危害程度取决于供电网络中性点的接地方式。对于小接地电流系统中的高压电动机,当接地电容电流为 5A～10A 时,若发生接地故障就会烧坏绕组和铁芯,因此应该装设接地保护,当接地电流大于 10A 时动作于跳闸。

电动机的不正常状态,主要是过负荷运行。主要原因是:所带机械负荷过大;供电网络电压和频率过低而使转速下降;熔断器一相熔断造成两相运行;电动机启动或自启动时间过长等。较长时间的过负荷会使电动机温度超过它的允许值,这就加速了绕组绝缘的老化,甚至使电动机绕组烧毁。因此对于容易发生过负荷的电动机应该装设过负荷保护,动作于信号,以便及时进行处理。

电动机电源电压因某种原因下降时,其转速下降,当电压恢复时,由于电动机自启动,将从系统中吸取很大的无功功率,造成电源电压不能恢复。为保护重要电动机的自启动,应装设低电压保护。

6.6.2 电动机的相间短路保护

1. 电流速断保护

电动机的电流速断保护通常用两相式接线,如图 6－21(a)所示。当灵敏度允许时,可采用两相电流差的接线方式,如图 6－21(b)所示。

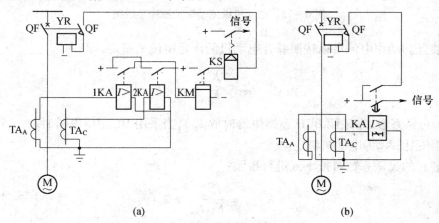

图 6－21 电动机的电流速断保护原理接线图

对于不容易产生过负荷的电动机，接线中可以采用电磁型电流继电器；对于容易产生过负荷的电动机，接线中则可采用感应型的电流继电器。其反时限部分用作过负荷保护，一般作用于信号；其速断部分用作相间短路保护，作用于跳闸。

电流速断的动作电流可按下式计算：

$$I_{op} = \frac{K_{rel}K_{con}}{K_{TA}}I_{ss} \tag{6-18}$$

式中：K_{rel} 为可靠系数，对 DL 型继电器和晶体管型继电器取 1.4~1.6，GL 型继电器取 1.8~2；K_{con} 为接线系数，不完全星形接线为 1，两相电流差接线为 $\sqrt{3}$；K_{TA} 为电流互感器变比；I_{ss} 为电动机启动电流。

保护装置的灵敏系数可按下式进行校验：

$$K_{s,min} = \frac{I_{K,min}^{(2)}}{K_{TA}I_{op}} \tag{6-19}$$

式中：$I_{K,min}^{(2)}$ 为最小运行方式下，电动机出口两相短路电流。

2. 纵差保护

在小接地电流系统中，电动机的纵差保护可采用由两个电流互感器和两个差动继电器的两相式接线，保护装置瞬时动作于断路器跳闸。保护的原理接线图如图 6-22 所示。

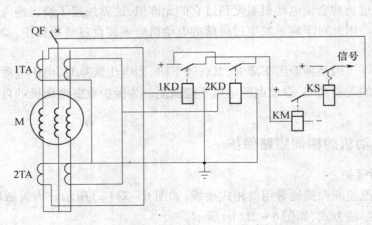

图 6-22　电动机纵差动保护原理接线图

保护装置的动作电流可以按照躲开电动机的额定电流来整定，即

$$I_{op} = \frac{K_{rel}}{K_{TA}}I_{NM} \tag{6-20}$$

式中：K_{rel} 为可靠系数，当采用 BCH 型继电器时取 1.3，当采用 DL 型继电器时取 1.5~2；K_{TA} 为电流互感器变比；I_{NM} 为电动机额定电流。

保护装置的灵敏系数可按下式进行校验：

$$K_{s,min} = \frac{I_{K,min}^{(2)}}{K_{TA}I_{op}} \geqslant 2 \tag{6-21}$$

式中：$I_{K,min}^{(2)}$ 为最小运行方式下，电动机出口两相短路电流。

194

6.6.3 电动机的过负荷保护

作为过负荷保护,一般可采用一相一继电器式的接线。过负荷保护的动作电流按躲开电动机的额定电流整定,即

$$I_{op} = \frac{K_{rel}K_{con}}{K_{re}K_{TA}}I_{NM} \tag{6 - 22}$$

式中:K_{rel}为可靠系数,动作于信号时取 1.4~1.6,动作于跳闸时取 1.2~1.4;K_{con}为接线系数;K_{re}为继电器返回系数,取 0.85;K_{TA}为电流互感器变比;I_{NM}为电动机的额定电流。

过负荷保护动作时限的整定,应大于电动机的启动时间,一般取 10s~15s。对于启动困难的电动机,可按躲开实际的启动时间来整定。

小　　结

1. 供配电系统中常用的继电器主要是电磁式继电器和感应式继电器,其中,电磁式继电器主要有电流继电器、电压继电器、时间继电器、信号继电器、中间继电器,它们是几种常用的电磁式继电器。

2. 选择性、速动性、可靠性和灵敏性是继电保护装置的四个基本要求。

3. 过电流保护装置分为定时限过电流保护和反时限过电流保护,当过电流保护动作时限超过 0.5s~0.7s 时,应装设电流速断保护。

4. 单相接地保护利用线路单相接地时的零序电流较系统其他线路单相接地时的零序电流大的特点,实现有选择性的单相接地保护,因此又称零序电流保护。当变电所出线回路较少或线路允许短时停电时,可采用无选择性的绝缘监视装置作为单相接地的保护装置。

5. 变压器是供电系统的重要设备之一,变压器的继电保护主要包括过电流保护、速断保护、过负荷保护、瓦斯保护、差动保护等。

6. 工厂低压配电系统的保护装置主要是低压熔断器和低压断路器,它们的选择方法具有相似性。

7. 并联补偿电容器组中电力电容器的保护主要有反映外部故障过电流保护和反映内部故障的横联差动保护。

8. 高压电动机的保护主要有电动机的相间短路保护和过负荷保护,其中相间短路保护又包括电流速断保护以及纵差保护。

思考题与习题

1. 继电保护装置的任务和要求是什么?

2. 电流保护的常用接线方式有哪几种? 各有什么特点?

3. 什么叫过电流继电器的动作电流、返回电流和返回系数?

4. 为什么有的配电线路只装过电流保护,不装速断保护?

5. 电磁式电流继电器和感应式电流继电器的工作原理有何不同? 如何调节其动作电流?

6. 电磁式时间继电器、信号继电器和中间继电器的作用是什么?

7. 电力线路的过电流保护装置的动作电流、动作时间如何整定？灵敏度怎样校验？

8. 过电流保护和速断保护各有何优、缺点？

9. 反时限过电流保护的动作时限如何整定？

10. 试比较定时限过电流保护和反时限过电流保护。

11. 电力线路的电流速断保护的动作电流如何整定？灵敏度怎样校验？

12. 试比较过电流保护和电流速断保护。

13. 电力线路的单相接地保护如何实现？绝缘监视装置怎样发现接地故障？如何查出接地故障线路？

14. 试叙述变压器瓦斯保护的工作原理。

15. 高压电动机和电容器的继电保护如何配置和整定？

16. 试整定如图 6-23 所示的供电网络各段的定时限过电流保护的动作时限,已知保护 1 和保护 4 的动作时限均为 0.5s。

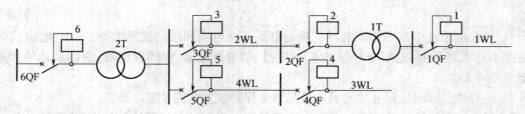

图 6-23 题 16 图

17. 试整定如图 6-24 所示的 10kV 线路 2WL 定时限过电流和电流速断保护装置,并画出保护接线原理图和展开图。已知最大运行方式时 $I_{K1.max} = 4.22kA$, $I_{K2.max} = 1.61kA$, 最小运行方式时 $I_{K1.min}^{(3)} = 3.56kA$, $I_{K1.min}^{(3)} = 1.46kA$, 线路最大负荷电流为 120A(含自启动电流),保护装置采用两相两继电器接线,电流互感器变比为 200A/5A,下级保护动作时限为 0.5s。

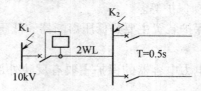

图 6-24 题 17 图

18. 某 10kV 电力线路,采用两相两继电器接线的去分流跳闸原理的反时限过电流保护,电流互感器变比为 150A/5A,线路最大负荷电流(含自启动电流)为 85A,线路末端三相短路电流 $I_{K2}^{(3)} = 1.2kA$, 试整定该装置 GL-15 型感应式过电流继电器的动作电流和速断电流倍数。

第7章　供配电系统的微机保护与综合自动化

本章首先介绍微机保护的特点、构成及保护算法的概念,并给出了工厂线路、变压器和高压电动机微机保护装置的设计实例;其次简单介绍配电自动化系统的基本概念、组成、内容及其功能;最后介绍变电站综合自动化的基本概念和结构。

7.1　供配电系统的微机保护

7.1.1　概述

我国电力系统继电保护技术经历了电磁型保护、晶体管保护、集成电路保护、微机保护四个阶段。从 20 世纪 90 年代开始我国继电保护技术进入微机保护时代。微机保护在电力系统的各个方面及各种电压等级上均有较大的发展,如线路保护、发电机保护、变压器保护、励磁调节系统等。现代继电保护装置的发展趋势归纳起来主要体现在以下几点。

(1) 微机控制化。电力系统对微机保护的要求不断提高,除了对保护的基本功能要求外,还要求具有大容量故障信息和数据的长期存放空间、快速的数据处理功能、强大的通信能力与其他保护、控制装置和调度联网以共享全系统数据、信息和网络资源的能力,以及高级语言编程(如 C 语言编程)等。

(2) 保护装置网络化。继电保护的作用是要保证全系统的安全稳定运行,这就要求每个保护单元都能共享全系统的运行和故障信息的数据,各个保护单元与重合闸装置在分析这些信息和数据的基础上协调动作,确保系统的安全稳定运行。继电保护装置得到的系统故障信息越多,则对故障性质、故障位置的判断和故障距离的检测就越准确。显然,实现这种系统保护的基本条件是微机保护装置的网络化。

(3) 算法智能化。人工智能技术如神经网络、遗传算法、进化规划、模糊逻辑等在电力系统各个领域都得到了应用,在继电保护领域应用也已经开始。神经网络是一种非线性映射的方法,很多难以列出方程式或难以求解的复杂的非线性问题,应用神经网络方法则可迎刃而解。例如,在输电线两侧系统电势角度增大情况下发生经过渡电阻的短路就是一非线性问题,距离保护很难正确做出故障位置的判别,从而可能造成误动或拒动;如果用神经网络方法,经过大量故障样本的训练,只要样本集中充分考虑了各种情况,则在发生任何故障时都可正确判别。其他如遗传算法、进化规划等方法也都有其独特的求解复杂问题的能力,将这些人工智能方法适当结合可使求解速度更快。

(4) 功能一体化。继电保护技术在计算机化、网络化和智能化的条件下,继电保护装置实际上就成为一台高性能、多功能的计算机,可以从网络上获取电力系统运行和故障的任何信息和数据,也可以将它所获得的被保护元件的任何信息和数据传送给网络控制中心和任一终端。

7.1.2　微机保护的硬件构成

微机保护与传统继电保护的最大区别在于,不仅有实现继电保护功能的硬件电路,而且还必须有实现保护和管理功能的软件系统。微机保护的硬件部分主要由数据采集系统、CPU 主系统、开关量输入/输出系统及外围设备等四部分组成。微机保护的硬件构成框图如图 7 - 1 所示。

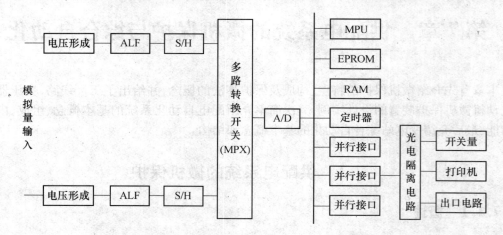

图 7 - 1 微机保护的硬件构成框图

1. 数据采集系统

数据采集系统又称模拟量输入系统,从图 7 - 1 可以看出,它由电压形成、模拟滤波器(ALF)、采样保持(S/H)、多路转换开关(MPX)与模/数(A / D)转换器几个环节组成。其作用是将电压互感器(TV)和电流互感器(TA)二次输出的电压、电流模拟量经过上述环节转化为计算机能接收与识别的,而且大小与输入量成比例,相位不失真的数字量,然后送入 CPU 主系统进行数据处理及运算。

2. CPU 主系统

如图 7 - 1 所示,微机保护的 CPU 主系统是由 MPU 微处理器、EPROM 可编程只读存储器、RAM 随机存储器、定时器、接口板以及打印机等外围设备组成的。它实际上是由各种芯片搭成的专用计算机,或者使用单片机构成。微处理器用于控制与运算,由于微机保护的信息量大、要求处理的速度快,因此一般都采用 16 位以上的高速芯片。EPROM 用于存放各种程序及必要的数据,如操作系统、保护算法、数字滤波、自检程序等。RAM 用于存放经过数据采集系统处理的电力系统信息,以及各种中间计算结果和需要输出的数据,由于信息量很大,而RAM 的容量是有限的,因此 RAM 中所存放的信息只是故障前的若干周波的信息,而正常情况下的信息则采用"流水作业"的方式存储。接口板是主系统不可缺少的组成部分,它是主系统与外部交流的通道。定时器是计算机本身工作、采样以及与电力系统的联系的时间的标准,也是必须的,而且要求时间精度很高。

3. 开关量输入/输出系统

从图 7 - 1 可以看出,开关量、输入/输出系统的主要作用是输出跳闸、信号等信息;与外围设备包括打印机和调试、整定设备等接口。为了防止干扰的入侵,通常经过光电隔离电路将开关量输入/输出回路与微机保护的主系统进行严格的隔离,使两者不存在电的直接联系。这也是微机保护保证可靠性的重要措施之一。

微机保护开关量输入,即接点状态(接通或断开)的输入可以分为两类:

一类是安装在面板上的各种用于调试、检查、切换等需要的开关接点;另一类是从微机保护外部经过端子排引入的各种用于检查、切换等需要的压板或转换开关接点,其他保护装置或继电器的接点。

7.1.3 微机保护的软件系统

微机保护的软件系统由初始化模块、数据采集管理模块、故障检出模块、数字滤波模块、故障计算模块与自检模块等组成。

1. 数据采集管理模块

微机保护的数据采集系统所采集到的数据,经 A/D 转换后已经变成数字量,这种数据采集系统与 CPU 的接口,目前在微机保护数据采集管理中有程序查询方式、中断方式、直接内存存取(DMA)方式与多 CPU 方式。其中,程序查询方式和中断方式硬件最简单,但 CPU 介入最多。

程序查询方式的基本思想是微机保护数据采集系统的全部工作都由 CPU 通过软件来指挥,每轮数据采集与转换时,在确定了各通道采样值的转换结果存放的地址以后,CPU 就指挥各路通道的数值逐个进入 RAM,直到整组采样转换完成后 CPU 才能去做其他工作。直接内存存取(DMA)方式是另外用一组 RAM 来存储采样转换的数据,然后直接与主 RAM 发生存取操作,这样就大大减轻了 CPU 的负担。多 CPU 方式是利用一个辅助的 CPU 数据采集的工作,这些方式的前提是必须增加硬件的投资。

2. 数字滤波模块

在微机保护中滤波是一个必要的环节,它用于滤去各种不需要的谐波,数字滤波器不同于模拟滤波器,它不是一种纯硬件构成的滤波器,而是一个由采样、模/数转换器、数字处理部件与数/模转换器组成的一个系统。在微机保护中,数字滤波器实际上只是一段数字处理的软件而已。同样,也可以从后面的算法中了解到,算法本身就有数字滤波作用。数字滤波器与模拟滤波器相比较,其主要优点在于,不存在因为元件特性的差异、温度变化或元件老化等因素造成滤波特性的变化,而且也不存在阻抗匹配的问题。加上它可以根据需要滤去特定次数的谐波,因而在各种数字化的装置及微机保护中获得广泛的应用。数字滤波器可分为递归数字滤波器(IIR)与非递归数字滤波器(FIR)两类,它的理论基础是数字信号处理。

7.1.4 微机保护的算法

计算机保护的准确性、实时性与算法有着密切关系,因此,保护算法的研究是计算机保护研究的重要问题之一。微机保护的算法,是将离散的数字信号,经过某种运算,求出电流、电压幅值、相位的过程。当然,因为计算机处理的是数字信号,故在计算之前需将模拟信号转换为数字信号。这一点与传统的继电保护所采用的方法是不同的,传统的继电保护是将模拟信号直接引入保护装置的。

目前,在微机保护装置中采用的算法很多,但可以归纳为两大类:一类是根据输入量的若干采样点的数值,按照给定的数学公式,计算出保护反映的量值,然后与整定值比较,判断保护应该动作与否;另一类是不取计算保护量值,而是根据若干采样点的数值,与整定值相结合,直接建立动作判别方程式,根据该方程来判断保护应该动作与否。

下面简单介绍几种常用的保护算法。

1. 导数式算法

导数算法只需要知道输入正弦量在某一时刻的采样值和该时刻的导数,即可计算出其有效值和相位角。该算法假设输入信号是理想的正弦信号,以电压信号 u_1 为例,u_1 瞬时表达式为

$$u_1 = U_m \sin(\omega t_1) = U_m \sin \alpha_{1t} \qquad (7-1)$$

$$u'_1 = \omega U_m \cos(\omega t_1) = \omega U_m \cos\alpha_{1t} \qquad (7-2)$$

$$U_m^2 = u_1^2 + \left(\frac{u'_1}{\omega}\right)^2 \qquad (7-3)$$

$$\tan\alpha_{1t} = \frac{u_1\omega}{u'_1} \qquad (7-4)$$

通常,导数不能直接得到,可以通过差分方法获得近似值,设两个的采样点电压为 U_{n-1}、U_{n+1},采样时间间隔为 $2T_s$,第 n 个采样点 u_n 为这两个采样点之间的中点,则 u_n 的导数,即变化率为

$$u'_n = \frac{1}{2T_s}(u_{n+1} - u_{n-1}) \qquad (7-5)$$

据上面推导的公式可以求出 n 时刻 u_n 的幅度 U_n,即

$$U_n = \sqrt{u_n^2 + \left(\frac{u'_n}{\omega}\right)^2} \qquad (7-6)$$

u_n 的瞬时角度 α 为

$$\alpha = \arctan\frac{u_n\omega}{u'_n} \qquad (7-7)$$

导数算法需要的数据窗较短,仅为两个采样间隔,计算量也很小,这对于加快保护动作是有利的;但是算法包含导数运算,因为导数运算将放大高频分量,这要求滤波器有良好的滤去高频分量的能力。同时,由于使用差分法近似求导,所以算法的精度和采样频率有关。

2. 全波傅里叶算法

全波傅里叶算法与导数式算法的区别在于,该算法假设采样信号中包含了直流分量及 2 次、3 次、5 次等整数倍谐波分量。全波傅里叶算法是将采样信号展开为基波、直流分量以及多次谐波,表达形式为

$$x(t) = \sum_{n=0}^{\infty} \left[a_n\cos(n\omega_1 t) + b_n\sin(n\omega_1 t) \right] \qquad (7-8)$$

根据傅里叶级数的公式可以得到

$$\begin{cases} a_n = \dfrac{2}{T}\displaystyle\int_0^T x(t)\cos(n\omega_1 t)\,\mathrm{d}t \\[3mm] b_n = \dfrac{2}{T}\displaystyle\int_0^T x(t)\sin(n\omega_1 t)\,\mathrm{d}t \end{cases} \qquad (7-9)$$

将式(7-9)离散化后得到

$$\begin{cases} a_n = \dfrac{2}{N}\displaystyle\sum_{k=1}^{N} x_k\cos\left(nk\dfrac{2\pi}{N}\right) \\[3mm] b_n = \dfrac{2}{N}\displaystyle\sum_{k=1}^{N} x_k\sin\left(nk\dfrac{2\pi}{N}\right) \end{cases} \qquad (7-10)$$

式中:N 为一周期采样点数,在本装置的交流采样中,$N=12$;x_k 为第 k 次采样值。当 $n=1$ 时,根据式(7-10)可求出基波分量系数为

$$\begin{cases} a_1 = \dfrac{2}{N}\displaystyle\sum_{k=1}^{N} x_k\cos\left(k\dfrac{2\pi}{N}\right) \\[3mm] b_1 = \dfrac{2}{N}\displaystyle\sum_{k=1}^{N} x_k\sin\left(k\dfrac{2\pi}{N}\right) \end{cases} \qquad (7-11)$$

根据式(7-11)可以得到 $x(t)$ 的基波有效值为

$$A_1 = \frac{1}{\sqrt{2}} \sqrt{a_1^2 + b_1^2} \tag{7-12}$$

当 $n=3$ 时,可以计算出对采样信号干扰较大的 3 次谐波分量为

$$\begin{cases} a_3 = \dfrac{2}{N} \sum_{k=1}^{N} x_k \cos\left(3k\dfrac{2\pi}{N}\right) \\ b_3 = \dfrac{2}{N} \sum_{k=1}^{N} x_k \sin\left(3k\dfrac{2\pi}{N}\right) \end{cases} \tag{7-13}$$

$$A_3 = \frac{1}{\sqrt{2}} \sqrt{a_3^2 + b_3^2} \tag{7-14}$$

通过上述分析可以得出,全波傅里叶算法可以很好地滤除直流分量和整数倍的谐波,数据窗为 1 个周期。

3. 最小二乘算法

最小二乘算法是将输入信号按最小二乘方原理进行拟合,输入信号可以是包含了衰减直流分量和各次谐波在内的信号,设

$$x(t) = a_0 e^{-t/\tau} + \sum_{n=1}^{\infty} \left[a_n \cos(n\omega_1 t) + b_n \sin(n\omega_1 t) \right] \tag{7-15}$$

设采样周期为 T_s,将式(7-15)离散化得到

$$x(i) = a_0 e^{-iT_s/\tau} + \sum_{n=1}^{\infty} \left[a_n \cos(n\omega i T_s) + b_n \sin(n\omega i T_s) \right] \tag{7-16}$$

$x(i)$ 代表第 i 个采样点,设 $x(i) = A(i) \cdot X$,则

$$A(i) = \left[e^{-iT_s/\tau}, \cos(\omega i T_s), \sin(\omega i T_s), \cdots, \cos(n\omega i T_s), \sin(n\omega i T_s) \right] \tag{7-17}$$

$$X = \left[a_0, a_1, b_1, \cdots a_n, b_n \right]^T$$

为了简化运算,这里将衰减直流分量 $a_0 e^{-iT_s/\tau}$ 按照泰勒级数展开,并取前 3 项为

$$x(i) = a_0 e^{-iT_s/\tau} + \sum_{n=1}^{\infty} \left[a_n \cos(n\omega i T_s) + b_n \sin(n\omega i T_s) \right]$$

$$= a_0 - \frac{a_0}{\tau} i T_s + \frac{a_0}{2\tau^2} (i T_s)^2 + \sum_{n=1}^{\infty} \left[a_n \cos(n\omega i T_s) + b_n \sin(n\omega i T_s) \right] \tag{7-18}$$

$$A(i) = \left[1, i T_s, (i T_s)^2, \cos(\omega i T_s), \sin(\omega i T_s), \cdots, \cos(n\omega i T_s), \sin(n\omega i T_s) \right] \tag{7-19}$$

$$X = \left[a_0, \frac{-a_0}{\tau}, \frac{a_0}{2\tau^2}, a_1, b_1, \cdots, a_n, b_n \right]^T \tag{7-20}$$

$$x(i) = A(i) \cdot X$$

根据矩阵运算得到

$$X = A(i)^{-1} \cdot x(i) \tag{7-21}$$

求出 X 就可得到基波的幅值,即

$$A_1 = \sqrt{a_1^2 + b_1^2} \tag{7-22}$$

最小二乘法的优点是:可以滤除采样信号中任意的暂态分量,包括衰减直流分量和整数次谐波;克服了傅里叶算法无法滤除衰减直流分量的缺点。最小二乘法的精度受到数据窗大小的影响,数据窗越大,采样点越多,则计算出的结果精度越高。最小二乘法的精度还受到所计算的谐波次数多少的影响,拟合模型 $x(t)$ 所包含的谐波分量越丰富,精度越高;但是提高精度

则意味着运算量的增加,而且最小二乘法包含了矩阵运算,因此对芯片的处理速度要求很高。适合采用 ARM、DSP 等高性能芯片。

7.2　线路的微机保护

7.2.1　线路保护配置的基本原则

1. 10kV 线路保护配置

（1）10kV 架空线路和电缆线路应装设相间短路保护,保护装置采用两相式接线,并在所有出线中皆装设在同名的两相上,通常装设在 A、C 两相上,以保证当发生不在同一出线上的两点单相接地时有 2/3 机会切除一个故障点。

（2）10kV 线路保护,一般以电流速断保护为主,以过流保护作为后备保护,保护装置采用的是远后备方式。

（3）10kV 线路在下述情况下必须装设电流速断保护:

① 对于发电厂母线上的出线发生短路时,母线电压如果小于 0.55 倍 ~ 0.65 倍额定电压,则应由电流速断保护切除;对变电所而言,当线路上发生短路,变电所母线电压大量下降时,也应装设电流速断保护。

② 导线截面不允许延时切除短路电流时,应装设电流速断保护。

（4）10kV 线路在下列情况下可考虑不装设电流速断保护:

① 当过流保护的动作时限不超过 0.5s ~ 0.7s,如果没有第（3）点要求,且没有保护配合上要求时,可不装设电流速断保护装置。

② 对于带电抗器的线路,其断路器的切断容量没有按电抗器前的短路来选择,不能在短路电流降低以前切除电抗器前的短路,故仅装过流保护。

③ 对于电缆线路或架空线路阻抗很小时,线路始、末端电流相差很小,此时将无法装设电流速断保护。当下级变电所出线上装有速断保护,而本线路的过流时限在 1.25s 以上时,在本线路上可装设带时限电流速断为主保护,过流保护为后备保护。

2. 35kV 线路保护配置

1）35kV 的单侧电源线路保护

通常设计成两相式电流速断保护和两相三电流继电器带时限的电流保护,电流速断经出口继电器跳开断路器,而带时限保护经时延跳开断路器。当被保护线路发生各种类型的相间短路时,电流速断保护装置动作。而当相邻线路发生各种类型的相间故障时,若相邻线路的保护或断路器拒动,则带时限保护动作。断路器断开后,进行一次重合,如果重合于永久性故障,则以后加速方式跳闸,不再重合。

单侧电源线路在电流速断保护的灵敏度不够时,可以设计成电流闭锁限时电压速断保护和两相三继电器过流保护,两段保护分别带时延跳闸,并配用三相一次重合闸。

对于 35kV 单侧电源的环状电网,作为相间短路保护可设置两相方向电流闭锁、三电压继电器带时限电压速断保护和两相三电流继电器带时限方向过流保护。

2）35kV 双侧电源线路保护

对于 35kV 双侧电源的单回线路通常装设两相方向电流保护和两相三继电器带时限方向过流保护,并附以检查无电压或同期的三相一次重合闸;也可以装设两相方向电流闭锁、三电压继电器带时限的电压速断和两相三电流继电器带时限方向电流保护,配有检查无电压或同期的三相一次重合闸。

7.2.2 10kV 线路微机保护

这里所介绍的微机保护装置的 CPU 采用 ATmega128 单片机,MAX125 芯片进行交流信号的采集,显示部分采用带字库的液晶显示模块,通信物理接口是 RS-485,采用 ModBus 通信规约,组网方便,可直接与微机监控或保护管理机联网通信。软件部分能准确计算各项电量参数,可实现 10 套定值的独立整定,包含 11 种线路保护算法,并可将故障报告上传。

1. 保护装置的硬件设计

保护装置硬件系统总体分为数据滤波采样部分、CPU 主电路、开关量输入/输出部分、液晶显示、按键电路、通信电路和电源电路。

数据滤波采集部分将输入的电压、电流模拟信号,经过低通滤波和采样保持,转化为数字量,进行故障判断和分析。CPU 采用 ATmega128 单片机微处理器,开关量输入/输出电路由并行口、光电耦合电路以及有接触点的中间继电器等组成,完成各种保护的跳闸,信号报警、指示灯、产生外部输入信号等功能。液晶显示和按键电路主要用于显示参数、菜单翻页、整定数值等,通信电路实现与微机监控或保护管理机通信,接口采用 RS-485,保护装置的硬件结构如图 7-2 所示。

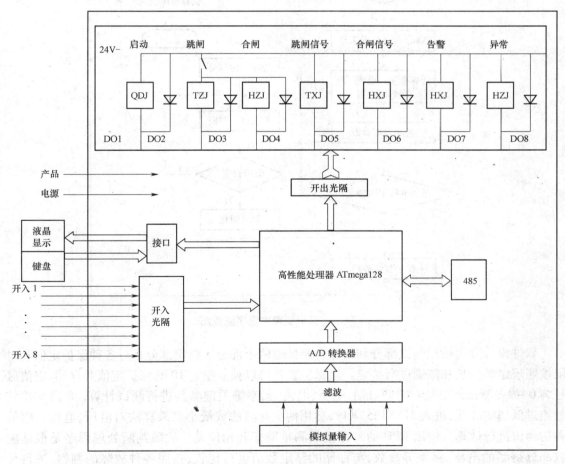

图 7-2 保护装置的硬件结构

2. 保护装置的软件设计

线路微机保护装置的主程序流程如图7-3所示。该线路保护装置的程序使用C语言编写,按照不同的功能,如显示、A/D转换、外部中断等,对程序进行了模块化设计,大大方便了调试和修改。

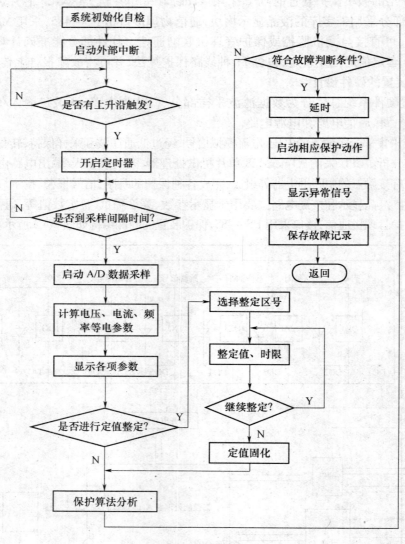

图7-3 保护装置主程序流程图

软件设计分为整定测试部分和故障判断处理两个部分。整定部分是对各种保护定值和时限按照规定的步长和范围进行整定。该保护装置可以独立整定10套保护定值并存储,定值区号为0~9。测试部分是对时间日期、电压、电流、频率等关键参数进行测试计算。8路交流信号通过低通滤波器,进入MAX125采样,运用傅里叶算法或最小二乘算法对电压、电流的幅值和初相位进行计算。使用CPU的外部中断测量频率和相位差。故障判断处理程序是根据测试部分得到的电压、频率等参数,与存储的整定数值进行比较,按照各种故障的判据,进行分析,如果符合某种故障的条件,则马上启动对应的保护动作,如报警或跳闸等,并生成故障报告。该保护装置可以按照时间顺序存储最近发生的 20 个故障报告。

整定测试部分和故障判断处理部分在程序中采用菜单化设计,通过按键程序实现翻页、整定、算法选择等,操作和调试都十分方便。

7.3 变压器的微机保护

变压器成套微机保护装置作为新一代数字式变电站变压器的各种短路故障和不正常运行状态的成套保护测控装置,适用于电力系统 35kV、110kV 变电站的双绕组及三绕组变压器,由变压器主保护单元和后备保护单元两部分组成。双绕组变压器的控制保护由 1 台双绕组主保护单元和 1 台后备保护单元完成。三绕组变压器的控制保护由 1 台三绕组变压器主保护单元和 3 台后备保护单元完成。各单元还具有远动通信、故障录波、事件记录等功能。

7.3.1 变压器微机保护的种类和配置

变压器微机保护有主保护系统和后备保护系统。

1. 变压器差动保护

变压器差动保护与瓦斯保护联合构成变压器的主保护,用来保护变压器的内部故障,即当变压器内部发生故障时,保护装置动作;而当变压器外部发生故障时,保护装置不动作。变压器差动保护又可分为差动速断保护和比率差动保护。差动速断保护用来保护变压器内部发生严重故障时,快速地动作于跳闸,通常动作时间不大于 15ms ;而比率差动保护是用来保护变压器内部发生小电流故障,如中性点附近单相接地、相间短路、单相小匝间短路等。比率差动保护按照制动原理,分为二次谐波制动比率差动保护和偶次谐波制动比率差动保护,通常其动作时间皆小于 25ms 。

2. 变压器的后备保护

变压器的后备保护是用来作为外部短路和内部短路的后备保护装置的。变压器的后备保护有三段两时限复合电压闭锁过流保护、两段零序过流保护、零序过压保护、负序过流保护、间隙过压保护、过负荷保护、过流启动风冷等。

7.3.2 中小型工厂 10kV/0.4kV 变压器微机保护

这里介绍的是一中小型工厂 10kV/0.4kV、容量为 3150kV·A 的变压器微机保护装置的设计。该装置的硬件部分以 ATmega128 处理器为核心,主要设计了两片 14 位 A/D 芯片 MAX125,其和频率测量电路配合,进行实时交流采样的电路。软件部分主要设计了频率测量、交流采集控制、故障处理、显示和时钟等模块程序。设计符合中小型工厂变压器的微机保护装置性价比的要求。

1. 保护装置的硬件系统

该装置采用 ATmega128 芯片作为测控保护装置的处理器,该处理器每秒可以运行 16M 条简单指令,内部含有 8 个外部中断、两个 16 位定时器和两个 8 位定时器、4KB 的内部 SRAM、128KB 的系统内可编程 Flash、4KB 的 EEPROM 等。外围电路模块主要是前端的信号调理模块、中端的交流采集和处理模块、末端的继电器控制模块,以及液晶、时钟、通信等电路模块。保护装置的硬件结构框图如图 7 - 4 所示。

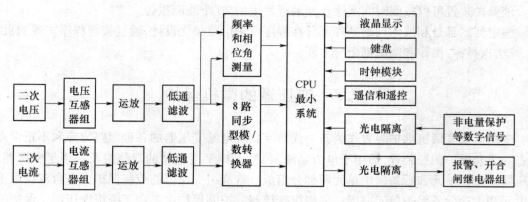

图 7 - 4 保护装置的硬件结构框图

2. 保护装置的软件部分

该装置的软件调试使用编译软件 AtmanAvr C IDE（Version 4.1），核心是 GNU C/C + + Compiler AVRGCC 3.3.2。它是 Atmel 公司的 AVR 系列单片机应用 AVRGCC 编译器而开发的集成开发环境，工程项目采用模块化管理，可视化编程，文本编辑器支持自动提示函数参数信息、函数检索和插入等功能。

1）主程序

首选，对系统进行初始化，同时装置的输出端口进行 3s 的闭锁，防止系统未稳定时继电器误动，载入 EEPROM 中预设的程序参数和保护功能的整定值后，对系统的基本功能进行自检，如果系统不正常，要重新初始化；其次，通过扫描按键判断是否启动翻页和设置模块；然后，进入交流采集程序，运算出二次电压、电流的有效值、功率等参数后；最后，运行故障判断和处理程序。主程序流程图如图 7 - 5 所示。

2）翻页和设置程序

从菜单进入设置状态后，可以对保护装置的功能进行选择，修改各项保护预设的整定值，校准采样参数、时间，修改密码等功能，设置程序流程图如图 7 - 6 所示。图 7 - 7 为菜单结构的示意图。

3）数据采集程序

首先，在信号的前半周期使用两次过零点法测量频率；然后，MAX125 芯片对 8 路信号进行实时交流采样，检测到两组 A/D 转换结束的信号后，将两组数据传送回 CPU。交流采集程序流程图如图 7 - 8 所示。

4）故障处理程序

根据保护原理同预设的故障整定值进行逻辑判断，进而调用相应的保护功能子程序。故障处理程序流程图如图 7 - 9 所示。

该装置的软件系统的具有以下基本功能：

（1）处理器对信号进行交流采集和处理后，做出正确的判断和响应。尤其在发生故障时，能迅速检测出故障，快速地判断故障类型，准确地发出命令。

（2）良好的人机交互能力和友好的用户界面。软件设计能使现场操作人员快速了解现场运行的各种参数，满足必要的设置功能。用户界面具有良好的交互性。

（3）具有良好的透明度和开放性。软件对用户开放，允许根据现场要求更改、增加或删除控制器的保护功能和整定值的设定。

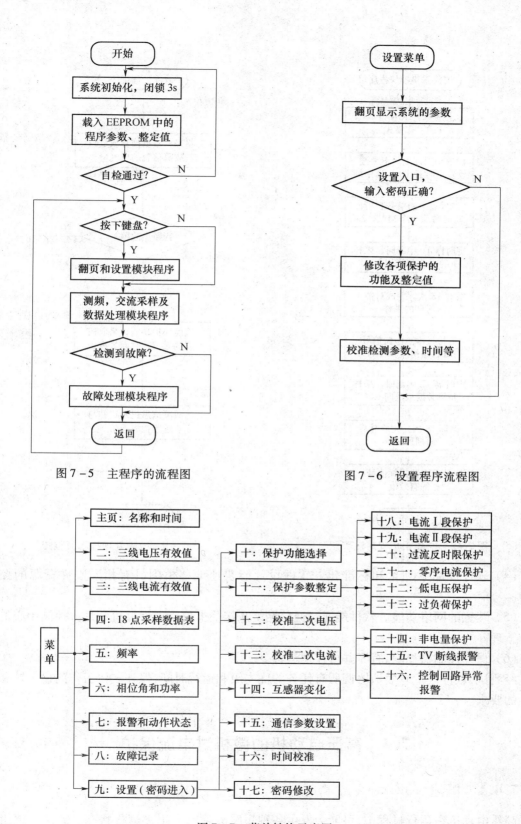

图 7-5 主程序的流程图

图 7-6 设置程序流程图

图 7-7 菜单结构示意图

207

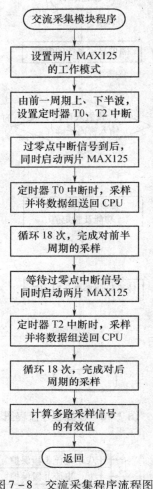

図7-8 交流采集程序流程図　　　　图7-9 故障处理程序流程图

（4）软件产品系列化和标准化。软件设计能快速地移植到具有相同硬件资源的控制器中。

（5）装置的网络功能。软件能通过通信网络来接受上位管理计算机和远方控制中心的监控和管理。

（6）保证控制器稳定、有序并可控地运行。

经测试，软件设计有效地协调所有任务的优先级和运行时间，保证装置工作的稳定性和可靠性的要求。

7.4 高压电动机的微机过电流保护

7.4.1 概述

高压电动机在运行过程中，可能会发生各种短路故障或不正常运行状态。如定子绕组相间短路，单相接地故障，供电网络电压和频率的降低而使电动机转速下降等，这些故障或不正常运行状态,若不及时发现并加以处理,会引起电动机严重损坏,并使供电回路电压显著降低,因此,必须装设相应的保护装置。

规程规定,对容量为 2000 kW 以上的电动机,或容最小于 2000 kW 但有 6 条引出线的重要电动机,应装设纵差保护;对一般电动机,应装设两相或电流速断保护,以便尽快切除故障电动机。

7.4.2 10kV 异步电动机微机保护

1. 微机保护装置的硬件设计

硬件系统的设计应该满足以下要求:

(1) 抗干扰性,因为电动机的工作现场环境复杂、条件恶劣,经常遇到较多的干扰信号,包括强电磁、高温、低温等,这就要求整个系统有较强的健壮性。

(2) 可靠性,这个性质是继保装置的基本要求,在硬件设计上也要体现出来。这个在硬件上要求选择较高精度和转换速度的 A/D 芯片。

(3) 快速性,包括运算速度和保护算法选择上,这就对微机硬件系统有较高的要求。

微机继电保护装置的硬件系统中,处理器是整个装置的核心,它负责模拟信号的调理滤波、采样、模/数转换、频率和相位的测量、开关量信号的输入/输出、通信、系统计时、数据计算、逻辑判断等功能,该装置选用 Atmega128 芯片为核心处理器。键盘、液晶显示模块完成人机对话。通过液晶显示器和发光二极管可以实时显示被保护电动机的电流、电压、频率和断路器的状态等外部信号以及装置的工作状态、动作类型等详细信息。通过键盘可以修改整定值、查询动作记录,并可以就地操作断路器。另外,通信采用 RS-485 通信方式,为防止干扰提高其使用效率,对保护装置应设有光电隔离措施。微机保护装置的硬件系统结构图如图 7-10 所示。

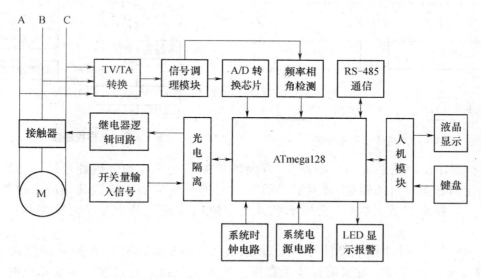

图 7-10 保护装置的硬件系统结构图

2. 微机保护装置的软件设计

装置软件设计采用模块化结构,除了系统主程序外,各功能应用和故障处理都以相对独立的子程序构成,由主程序按需调用。这种方式的软件结构,不仅提高了程序的可靠性,而且有利于程序的调试、修改和升级。在设计过程中应遵循以下几个原则：

（1）采样时间应不受干扰，因为采样程序最重要，其他程序都是在其基础上运行的。

（2）保护子程序的重要性次之，当程序进入保护子程序时，不能随意切换到其他程序。

（3）各程序模块保持相对独立和封闭，有独立的输入/输出，只定义一个入口和出口，避免模块之间的交叉互连，信息通过全局变量或函数返回值传输。

根据以上的设计要求，软件系统可分为统初始化程序、自检程序、采样程序、数据处理程序、保护程序、时钟程序、人机界面程序7大程序模块。总体程序流程图如图7-11所示，7-12为采样程序流程图。

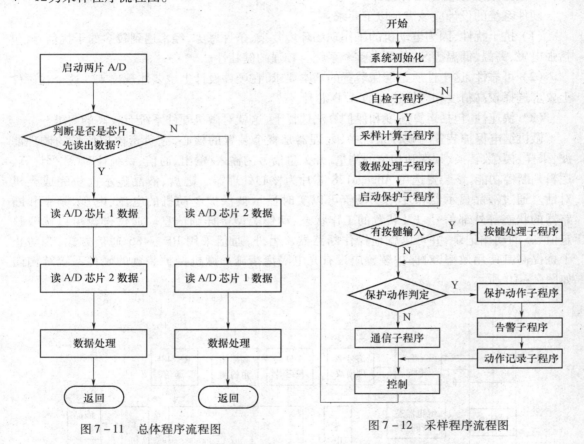

图7-11　总体程序流程图　　　　　图7-12　采样程序流程图

保护程序模块是系统的核心部分，判断的依据是在采样和数据处理结束之后，由所取的整定值和整定时间确定，装置启动后按故障的重要性依次检测其相应参数值，延时程序由定时器来完成，这样不会影响到其他故障的检测。保护程序流程图如图7-13所示。

对 SD2200 的时钟程序设计有两个过程：由 CPU 向 SD2200 写数据的过程和 CPU 向 SD2200 读数据的过程。写数据程序是在第一次使用时或运行过程中需要修改时钟参数时，由键盘程序直接调整；读数据程序是系统上电后，CPU 发信号直接向 SD2200 的实时数据存储器读的过程。由于 SD2200 实时数据寄存器数据是以 BCD 码的方式存储的，在读写程序前，需将 BCD 码与十进制数做相应转换。写时钟程序流程图如图7-14、读时钟程序流程图如图7-15所示。

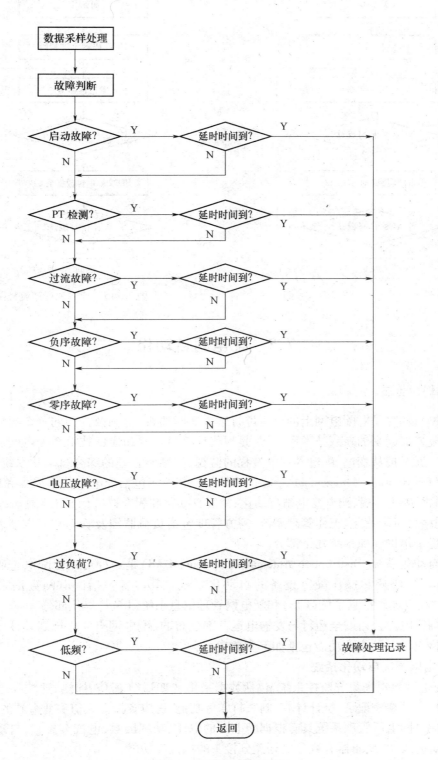

图 7 - 13　保护程序流程图

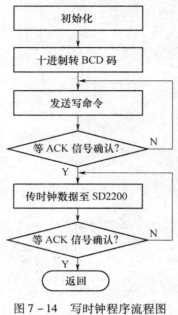

图 7-14 写时钟程序流程图

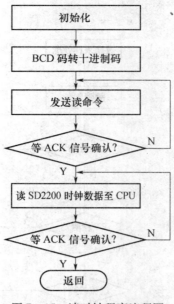

图 7-15 读时钟程序流程图

7.5 配电网自动化

7.5.1 概述

配电网自动化是对配电网上的设备进行远方实时监视、协调及控制的一个集成系统。它是近几年来发展起来的新兴技术和领域,是现代计算机技术和通信技术在配电网监视与控制上的应用。通常把从变电、配电到用电过程的监视、控制和管理的综合自动化系统,称为配电管理系统(Distribution Management System, DMS)。其内容包括配电网数据采集和监控(SCADA,包括配网进线监视、配电变电站自动化、馈线自动化和配变巡检及低压无功补偿)、地理信息系统、网络分析和优化、工作管理系统、需方管理包括负荷监控及管理和远方抄表及计费自动化和调度员培训模拟系统几个部分。

配电自动化系统(Distribution Automation System, DAS)是一种可以使配电企业在远方以实时方式监视、协调和操作配电设备的自动化系统。其内容包括配电网数据采集和监控(SCADA)、配电地理信息系统(GIS)和配电网管理信息系统(DMS)等几部分。

根据国家电力公司安全运行与发输电运营部公布的《配电网自动化规划设计导则试行方案》,配电网自动化的主要功能包括如下主要内容:

1. 配电网调度自动化系统

(1)配电网数据采集与监控系统,包括数据采集、"四遥"(遥信、遥测、遥控和遥调)、状态监视、报警、事件顺序记录、统计计算、制表打印等功能,还应支持无人值班变电站的接口等。

(2)配电网电压管理系统具有根据配电网的电压、功率因数、电流等参数,自动控制无功补偿电容器的投切、变压器有载分接开关分接头的挡位等功能。

(3)配电网故障诊断和断电管理系统可根据投诉电话、通信信息,实现故障定位、诊断,并实现故障隔离、负荷转移、现场故障检修、事故报告存档等。

（4）操作票专家系统（ES）。

2．变电所、配电所自动化

（1）变电所自动化：可实施数据采集、监视和控制，并可与控制中心和调度自动化系统通信。

（2）配电所自动化：该功能由安装在配电所的 RTU 对配电所实现数据采集、监视、控制，并可与控制中心和配电调度自动化系统通信。

3．馈线自动化（FA）

（1）馈线控制及数据检测系统，在正常状态下，可实现对各运行电量参数（包括馈线上设备的各种电量）的远方测量、监视和设备状态的远方控制。

（2）馈线自动隔离和恢复系统，是当馈线发生相间短路故障或单相接地故障时，能自动判断馈线故障段，自动隔离故障段，并恢复非故障段的供电。

4．自动制图（Auto Mated mapping，AM）/设备管理（Facilties Management，FM）/地理信息系统（GIS）

该功能统称图资系统。图资系统应用的目地是形成以地理背景为依托的分布概念以及电网资料分层管理的基础数据库。图资系统为配电网提供各种在线图形与数据信息，成为配电网数据模型的重要组成部分。该系统有在线方面的应用，主要是与 SCADA 系统提供的实时信息有机结合，改进调度工作质量，提供优质的日常维护服务，正确判断故障位置，及时派员工维修。离线方面应用包括设备管理系统、用电管理系统及规划管理系统等。

7.5.2 数据采集与监控系统

SCADA 系统一般用于工业过程控制，以完成远方现场运行参数、开关状态的采集和监视、远方开关的操作、远方参数的调节等任务，并为采集到的数据提供共享的途径。SCADA 系统一般由中央监控系统、通信信道、现场执行设备等三部分组成。

虽然配电网 SCADA 系统起步较晚，并且在功能上和输电 SCADA 系统基本相同，但配电网 SCADA 系统比输电 SCADA 系统更为复杂，具有其独特性。从功能上看，配电网的 SCADA 系统主要要实现"四遥"功能：

（1）遥信完成采集配电网的各种开关设备的实时状态，通过配电网的信道送到监控计算机。

（2）遥测完成采集配电网的各种电量（如电流、电压、用户负荷等）的实时数值通过配电网的信道送到监控计算机。

（3）遥控是由操作人员通过监控计算机发送开关开合命令，通过配电网信息传达现场，使现场的执行机构操作开关的开合，达到给用户供电、停电等目的。

（4）遥调是由操作人员通过监控计算机或高级监控程序自动发送参数调节命令，通过配电网信道传达现场，使现场的调节机构对特定的参数进行调节，达到负荷、电压、功率因数调节等目的。

7.5.3 配电网地理信息系统

配电网地理信息系统的任务是在城乡街道地理背景图上按一定比例绘制馈电线的接线图，图上可标注断路器、架空线、电线杆、电缆、配电变压器等所有电气设备的符号、型号、规格。它集配电网的图形、数据和计算于一体，达到对配电网科学管理的水平。

实现了配电网地理信息系统的各项主要功能，也即是配电网的运行管理人员能对配电网中的线路、变压器等所有电气设备实现了 AM/FM 技术,。AM/FM 是近年来国际上新兴的技术,它是 GIS 在供电部门的具体应用。

7.5.4 配电网管理信息系统

配电网管理信息系统是 20 世纪 80 年代发展起来的一门新兴的技术,是配电网自动化领域中一个重要的方面。配电网管理信息系统主要用于电力企业的管理。配电网 DMS 的任务是建立一个生产、经营和业务管理的计算机管理信息系统,实现管理信息的充分共享,为领导层提供辅助决策信息和主要生产经营信息,对各业务科室提供的各种信息进行分析处理,使企业管理达到现代化、科学化的管理水平。配电网 DMS 的功能体系分为领导层、管理层和事务处理层,是一个金字塔形的结构。

现代的电力企业管理信息系统的功能包括:

(1) 数据处理功能。数据处理工作一般是在事务处理层进行的,由管理层参与领导。数据处理要涉及大量复杂的数据,将这些数据逐层分解和细化,可把企业管理信息系统总体功能分解成若干个处理功能,再将其进一步分解成详细的处理功能,最后分解成功能元素,每一个功能元素反映了具体的处理任务。

(2) 辅助决策功能。一个企业的全局性重大问题是由企业的领导层决策的。局部性次要问题在管理层决策,然后将有关信息返回到领导层。辅助决策功能可分为领导层决策和管理层决策。管理层决策有负荷预测、电网优化、年度计划、检修停电、负荷限电停电、线损分析及降损、设备缺陷处理、事故预防及处理、财务收支、设计方案审查和人才需求预测等。

(3) 办公自动化功能。对领导层、管理层和事务处理层都需要实现办公自动化,办公自动化功能应包括公文管理、档案管理、综合事务管理、秘书工作管理、电子邮件、电子会议室、文字编辑、电子印刷及多媒体系统等。

7.5.5 配电网负荷管理

配电网负荷管理(LM)是指供电部门根据电网的运行情况、用户的特点及重要程度,在正常情况下,对用户的电力负荷按照预先确定的优先级别、操作程序进行监测和控制、削峰填谷、错峰、改变系统负荷曲线的形状,从而达到减少低效机组运行,提高设备利用率的目的。此外,在事故或紧急情况下,自动切除非重要负荷,保证重要负荷的连续供电及系统的安全运行。

7.5.6 典型配电自动化系统

图 7-16 为典型配电自动化系统图,该系统主要由以下几部分构成:

1. 数据采集子系统

数据采集子系统包括 RTU/PLC 通信前置机以及通道接口(智能主备切换 MODEM、模拟及数字通道板,光纤网络)等辅助设备。前置机可以由两套互为备用的终端服务器组成,也可以由两台高性能计算机担任。从 RTU/PLC 过来的数据同时接入两套前置机,标准模式下,与网上其他节点通信的通常只有一个,前置机既能自动切换又能手动切换,切换时不丢失数据。通道故障不引起前置机的切换。

2. 冗余子系统

子系统一般由两套完全相同的、互为热备用的服务器组成,服务器通过双以太网连接,共同完成系统实时数据和事务处理功能,并负责写历史数据和为趋势数据管理提供缓冲区,两套

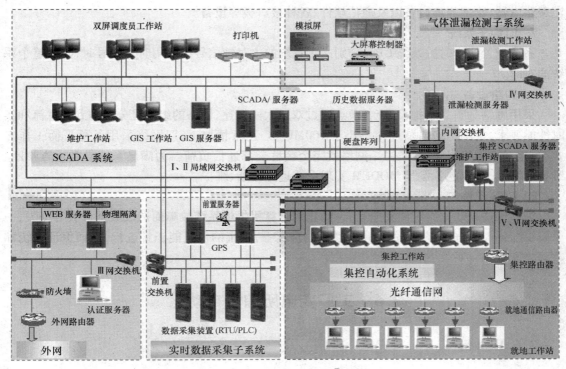

图 7 - 16　典型配电自动化系统图

服务器可以进行自动(故障情况下)和人工切换,切换时不丢失数据。

3. 人机子系统

人机(MMI)子系统包括 MMI 工作站、模拟屏(或屏控机、大屏幕背投等)以及输入/输出设备,为各类操作人员提供一个集图形、动画、图表、语音等为一体的交互环境。调度员工作站的 MMI 工作站能够对用户模拟屏进行操作控制。系统可以配备一套运行值班及系统开发/维护工作站,运行值班工作站要求具备主站无人值班时通过电话拨号或传呼方式向远方值班人员发出运行状态信息的功能等。系统一般配备一套 PC 报表工作站,用于实现各种运行报表的制作及打印。

4. 输入/输出设备

输入/输出设备主要是计算机的各种周边设备,如打印机用于图形、报表、事件打印以及定时打印或召唤打印等。

5. 历史服务器子系统

历史服务器子系统一般有两套完全相同的、互为热备用的服务器和一套磁盘阵列组成历史服务器(对变电站等小型系统可以不配置磁盘阵列)。历史服务器具有信息存储、统计和数据查询功能,其配置对整个系统的功能和性能好坏有着重大影响,系统设计采用双机热备用配置,并结合光纤存储区域网络(SAN)或网络附加存储(NAS)存储技术形成数据冗余备份。历史服务器是所有应用服务器的数据库管理员,在系统启动和某些事件发生时,其他的服务器都将被系统历史服务器刷新。

6. 计算机数据通信子系统

计算机数据通信子系统主要是数据网接入设备,包括以太网交换机、通信服务器、网关机、汇聚路由器、物理隔离设备以及通信软件、各种接口板等设备。

7. 时钟子系统

系统配置两套时钟系统 GPS,分别产生系统的主时钟信号和备用时钟信号时,实现整个系统的对时。

8. 网络设备

采用网络分布式结构,系统各节点通过双以太网互连,网络的组织充分考虑到信息流和实时性能要求,主网网络通信速率不小于 100MB/s。正常情况下,双网络采用负荷平衡工作方式,一旦某一网络出现故障,另一网络就完全接替全部通信负荷。为满足系统异常远方诊断、维护的需要,系统配备拨号 MODEM 实现系统远方诊断、维护。

9. UPS 子系统

为了保证自动化系统的安全运行,防止因计算机供电系统故障而造成数据丢失等损失,一般需要配置 UPS 子系统,以便在市电切断的情况下,系统的供电能正常进行,从而保证系统和数据的安全。

7.6 工厂变电所综合自动化

7.6.1 概述

变电站自动化是应用控制技术、信息处理和通信技术,利用计算机软件和硬件系统或自动装置代替人工进行各种运行作业,提高变电站运行、管理水平的一种自动化系统。变电站自动化的范畴包括综合自动化技术、远动技术、继电保护技术及变电站其他智能技术等。变电站综合自动化是将变电站的二次设备(包括测量仪表、信号系统、继电保护、自动装置和远动装置等)经过功能的组合和优化设计,利用先进的计算机技术、现代电子技术、通信技术和信号处理技术,实现对全变电站的主要设备和输、配电线路的自动监视、测量、自动控制和微机保护,以及与调度通信等综合性的自动化功能。

随着我国电气自动化技术的发展及各地的电力建设的需要,原来应用于输变电系统的电力自动化领域中的"四遥"监控系统已开始应用到 10kV/0.4kV 用户及低压变电所中,由于城市高层建筑、大型公共建筑、多变电所用户和无人值守化变电所的发展建设,以"四遥"监控为基本要求的智能配电系统在各个领域中已逐步推广普及,并作为 10kV 以下变配电系统的标准配置应用到国家重点建设项目、高层楼宇、大型公共建筑及多变电所用户和无人值守变电所中。也就是说,调度值班人员在远方控制中心即可对变电站的各类电气参数进行监视,对断路器与电动刀闸进行控制。

这里所说的"四遥",即"遥测、遥信、遥控、遥调"的简称。①"遥测":即利用电子技术远方测量集中显示诸如电流、电压、功率、压力、温度等模拟量的系统技术;②"遥信":是指远方监视电气开关和设备、机械设备的工作状态和运转情况状态等;③"遥控":是指远方控制或保护电气设备及电气化机械设备的分合起停等工作状态;④"遥调":是指远方设定及调整所控设备的工作参数、标准参数等。

然而,遗憾的是,"四遥"不涉及变电站环境(如防盗、防火、防爆、防溃、防水汽泄漏等)的监控内容。随着多媒体技术、计算机通信技术的不断成熟,数字视频技术的日臻完善,现代数据传输技术的发展,使得数据传输速率和带宽不断向上突破,为视频监控技术的研制提供了必需的基础。因此,远程图像控制与信息管理,即遥视系统的研究课题,列入了议事日程。原来的"四遥"再加上"遥视"即是人们所说的"五遥"。变电站遥视系统主要是把变电站现场的监视图像、声音、报警信号和各种设备的数据进行采集处理,采用先进的图像编解码压缩技术和传输技术,集设备监控、图像采集、闭路监视、图像监视预报联动和视频图像等功能于一体的综合自动化系统。

远程遥视系统中,通信传输部分是极为关键的组成部分,其作用如同人的脊髓一样,负责各种信号和指令的上传下达。目前,遥视系统可以借助数字光纤、数字微波、卫星、无线扩频、ISDN、DDN 等多种通信媒介,将图像、声音、数据信号进行压缩编码并通过 2Mb/s E1 数据信号从几十千米以外的远端传送到中心控制室,同时将控制室的音频和控制信号传回基站。

7.6.2 变电所综合自动化的结构

变电所综合自动化系统的结构模式可分为集中式、分布分散式和分散式集中组屏结构三种类型。

1. 集中式结构

集中式结构的特点是将变电所中所有的保护、控制、数据采集、测量、运动等都集中在一个控制器上,完成了变电所的集中控制,如图 7-17 所示。但正是由于全部集中于一个控制器处理,导致控制器承担的工作太多,常常顾此失彼,反应速度慢。集中式结构的可靠性低,功能有限,其系统的扩展性和维护性都较差,远远不能满足国家标准和变电站实际运行要求。

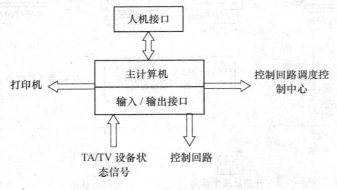

图 7-17　集中式结构示意图

2. 分布分散式结构

变电站综合自动化系统的分布分散式结构如图 7-18 所示,是按回路设计的,它将变电站内各回路的数据采集、计算机保护和监控单元组合成一套装置,就地安装在数据源现场的开关柜上。每条回路对应一套装置,装置的设备及装置与装置之间相互独立,通过网络电缆连接,与变电站主控机通信。该结构的特点是:减少了变电站内的二次设备和电缆,节省了投资,简化了维护。具有模块化的特点,装置相互独立,系统中任一部分故障时,只影响部分,因此,提高了整个系统的可靠性,也增强了系统的可扩展性和运行的灵活性。

3. 分散式集中组屏结构

分散式集中组屏结构按功能划分成数据采集单元、控制单元和计算机保护单元等若干子模块,然后分别集中安装在变电站控制室的数据采集屏、控制屏和计算机保护屏上,通过网络与主控机相连,如图 7-19 所示。

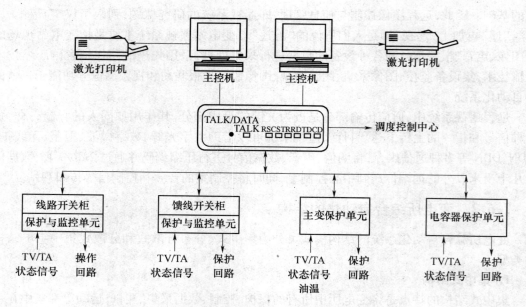

图 7 - 18　分布分散式结构示意图

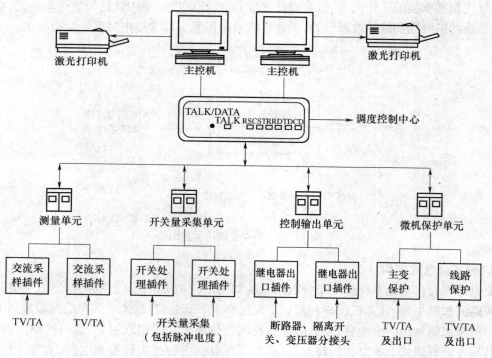

图 7 - 19　分散式集中组屏结构

　　这种按功能设计的模块结构的软件相对简单,调试维护方便,组态灵活。系统便于扩充和维护,整体可靠性高,其中一个环节故障,不会影响其他部分的正常运行。但因为采用集中组屏方式,所需连接电缆和信号电缆较多。因此,分散式集中组屏结构适用于主变电所的回路数相对较少,一次设备比较集中,从一次设备到数据采集柜和控制柜等所用的信号电缆不长,易于设计、安装和维护管理的 10kV～35kV 供配电系统变电所。

小　结

本章讲述了微机保护的组成,结合工厂供配电系统实际,给出了工厂线路、变压器和高压电动机微机保护装置的设计实例;介绍了配电自动化系统和变电站综合自动化的基本概念及构成。

1. 微机保护的硬件部分主要由数据采集系统、CPU 主系统、开关量输入/输出系统及外围设备等四部分组成。微机保护的软件系统由初始化模块、数据采集管理模块、故障检出模块、数字滤波模块、故障计算模块与自检模块等组成。

2. 微机保护的算法,是将离散的数字信号,经过某种运算,求出电流、电压幅值、相位的过程。常用的保护算法主要有导数式算法、全波傅里叶算法、最小二乘算法等。

3. 10 kV 线路微机保护装置硬件系统总体分为 7 个部分:数据滤波采样部分、CPU 主电路、开关量输入/输出部分、液晶显示、按键电路、通信电路和电源电路。软件设计包括整定测试部分和故障判断处理两个部分。

4. 中小型工厂 10kV/0.4kV 变压器微机保护装置采用 ATmega128 芯片作为测控保护装置的处理器,外围电路模块主要有信号调理模块、交流采集和处理模块、继电器控制模块,以及液晶、时钟、通信等电路模块。

5. 10kV 异步电动机微机保护装置选用 Atmega128 芯片为核心处理器,键盘、液晶显示模块完成人机对话。软件系统可分为以下 7 大程序模块:统初始化程序、自检程序、采样程序、数据处理程序、保护程序、时钟程序和人机界面程序。

6. 配电自动化系统(DAS)是一种可以使配电企业在远方以实时方式监视、协调和操作配电设备的自动化系统。其内容包括配电网数据采集和监控(SCADA)、配电地理信息系统(GIS)和配电网管理信息系统(DMS)等几部分。

7. 变电站自动化是应用控制技术、信息处理和通信技术,利用计算机软件和硬件系统或自动装置代替人工进行各种运行作业,提高变电站运行、管理水平的一种自动化系统。其结构模式可分为集中式、分布分散式和分散集中组屏式三种类型。

思考题与习题

1. 根据微机保护硬件构成框图说明各组成部分的作用。
2. 微机保护的软件系统主要由哪些部分组成,各组成部分的作用是什么?
3. 常用的微机保护的算法主要有哪几种,各有何特点?
4. 什么是配电网自动化,它的主要内容有哪些?
5. 现代的电力企业管理信息系统的功能有哪些?
6. 什么是变电站综合自动化,变电所综合自动化系统的结构模式有哪几种?

第8章　电气安全与防雷接地

电力已经成为国民经济和人民生活的二次能源。在用电时,必须防止触电事故的发生,以保证人身、电气设备、供电系统三方面的安全。供配电系统进行正常运行,首先必须要保证其安全性,防雷和接地是电气安全的主要措施。掌握电气安全、防雷和接地的知识和理论非常重要。

8.1　电气安全和触电常识

随着科学技术的发展,电能已成为工农业生产和人民日常生活不可缺少的重要能源之一,电气设备的应用也日益广泛,如果没有安全用电知识,就很容易发生触电、火灾、爆炸等电气事故,以致影响生产,危及生命。因此,了解电气安全和触电常识及掌握紧急情况下的急救措施是十分必要的。

电气安全包括供电系统的安全、用电设备的安全和人身安全等三个方面。要保证安全用电必须采用相应的安全措施。电气工作人员应掌握必要的触电急救技术,一旦发生人身触电事故,便于现场急救。

8.1.1　电气安全措施

在供配电系统中,为防止各类触电事故,一切从事电气工作的人员除应该牢固树立"安全第一"的思想,还必须依靠健全的组织措施和各种完善的技术措施。

(1)建立完整的安全管理机构。

(2)健全各项安全规程,并严格执行。

(3)严格遵循设计、安装规范。电气设备和线路的设计、安装,应严格遵循相关的国家标准,做到精心设计、按图施工、确保质量,绝不留下事故隐患。

(4)加强运行维护和检修试验工作。应定期测量在用电气设备的绝缘电阻及接地装置的接地电阻,确保处于合格状态;对安全用具、避雷器、保护电器,也应定期检查、测试,确保其性能良好、工作可靠。

(5)按规定正确使用电气安全用具。电气安全用具分绝缘安全用具和防护安全用具。绝缘安全用具又分为基本安全用具和辅助安全用具两类。

(6)采用安全电压和符合安全要求的电器。为防止触电事故而采用的由特定电源供电的电压系列,称为安全电压。对于容易触电及有触电危险的场所,应按表8-1中的规定采用相应的安全电压。

(7)普及安全用电知识。

表 8-1　安全电压

安全电压(交流有效值)/V		选用举例
额定值	空载上限值	
42	50	在有触电危险的场所使用的手持式电动工具等
36	43	在矿井、多导电粉尘等场所使用的行灯等
24	29	工作空间狭窄,操作者容易大面积接触带电体,如在锅炉、金属容器内
12	15	人体可能经常触及的带电设备
6	8	

注:某些重负载的电气设备,对表列出的额定值虽然符合规定,但空载时电压都很高,若超过空载上限值仍不能认为安全

8.1.2　电气防火和防爆

当电气设备、线路处于短路、过载、接触不良、散热不良的不正常运行状态时,其发热量增加,温度升高,容易引起火灾。在有爆炸性混合物的场合,电火花、电弧还会引发爆炸。这类由于电气原因引起的火灾和爆炸在火灾和爆炸事故中占有很大的比重,给国家和人民的财产造成重大损失。因此,电气防火和防爆是安全管理工作的重要内容。

1. 电气火灾和爆炸产生的原因

(1)短路。当线路发生短路故障时,线路中的电流增大为额定电流的数倍甚至十几倍,使电气设备温度急剧上升,大大超过电气设备所能承受的范围。如果这时温度到达可燃物的引燃点,即会引起电气火灾。

(2)接触不良。电器连接部分常用焊接或螺栓连接,一旦松动,则连接部分电阻将会增加,造成接头过热,引起火灾。

(3)过负荷。由于线路设计没有考虑足够的裕度或者设备故障运行都可能会使电力系统过负荷运行,这时同样会导致电气设备的运行温度过高而引起电气火灾。

(4)散热不良。在气温较高时,有些电气设备在运行中的发热量较大,如变压器、电容器等,如散热不好也可能会发生火灾。

(5)电气设备工作环境周围有爆炸性混合物,当遇到电火花或电弧时就可能引起空间爆炸。

(6)充油设备的绝缘油在高温电弧作用下汽化分解,喷出大量油雾和可燃性气体,在电火花和电弧作用下也可能引起电气火灾和爆炸。

2. 防火、防爆的措施

(1)选择适当的电气设备及保护装置。应根据具体环境、危险场所的区域等级选用相应的防爆电气设备和配线方式,所选用的防爆电气设备的级别应不低于该爆炸场所内爆炸性混合物的级别。

(2)保持必要的防火间距及良好的通风。

(3)加强密封,减少和防止可燃、易爆物质泄漏。对可燃、易爆的电气设备、储存容器、管道接口及阀门应加强管理,防止可燃、易爆物质泄漏,必要时应派人定时巡检。

(4)容易发生爆炸危险场所的电气设备,其金属外壳应可靠接地。

3. 电气火灾的特点

（1）着火的电气设备可能是带电的，如不注意可能引起触电事故，应尽快切断电源。

（2）有些电气设备（如油浸式变压器、油断路器）本身充有大量的油，可能发生喷油甚至爆炸事故，扩大火灾范围。

4. 电气失火的处理

电气失火后应首先切断电源，但有时为争取时间，来不及断电或因生产需要等原因不允许断电时，则需带电灭火，带电灭火必须注意以下几点：

（1）小范围带电灭火，可使用干砂覆盖。

（2）选择适当的灭火器。二氧化碳（干冰）四氯化碳（CCl_4）二氟一氯一溴甲烷（$CBrClF_2$，俗称"1211"灭火剂）或干粉灭火器的灭火剂均不导电，可用于带电灭火。二氧化碳（干冰）灭火器使用时要打开门窗离火区 2m ~ 3m 喷射，勿使干冰沾着皮肤，以防冻伤。四氯化碳灭火器灭火要防止中毒，应打开门窗，因为四氯化碳与氧气在热作用下会起化学反应，生成有毒的光气（$COCl_2$）和氯气（Cl_2）。不能使用一般的泡沫灭火器，因为其灭火剂（水溶液）具有一定的导电性，而且对电气设备具有腐蚀作用。

（3）专业灭火人员用水枪灭火时，宜采用喷雾水枪，这种水枪通过水柱的泄漏电流较小，带电灭火比较安全；用普通直流水枪灭火时，为防止泄漏电流流过人体，可将水枪喷嘴接地，也可让灭火人员穿戴绝缘手套、绝缘靴或穿戴均压服后进行灭火，同时还必须注意人体和带电体要保持一定距离，一般电压等级为 10kV 及其以下间距不应小于 3m，电压等级为 220kV 及其以上者间距不应小于 5m。

（4）对电力变压器或油断路器等充油设备的灭火时，如果着火仅局限于设备外部，可直接用二氧化碳（CO_2）或干粉灭火器带电灭火。若火势较大时，应立即切断电源，并可用水灭火。当发生储油容器破裂、喷油燃烧时，除切断电源外，还应将油放到储油坑中，并用泡沫灭火器对储油坑中的燃油进行灭火。此时，还必须注意防止燃油流入电缆沟中，电缆一旦被引燃，将会顺势蔓延，给灭火工作带来很大困难。

不同的电气火灾所用的灭火器不同，如果运用不当，将会适得其反。因此，表 8 - 2 列出了不同种类灭火器的原理及适用范围。

表 8 - 2　不同种类灭火器的原理及适用范围

种类	原理及适用范围
泡沫灭火器	将筒内酸性溶液与碱性溶液混合发生化学反应，喷射出泡沫覆盖在燃烧物的表面，隔绝空气，达到灭火的效果。适用于扑灭油脂类、石油产品及一般固体物质引起的初起火灾
酸碱灭火器	利用两种药液混合后喷射出的水溶液扑灭火焰。适用于扑灭竹、木、棉、毛、草、纸等一般可燃物质的初起火灾。需注意的是，这种灭火器不宜用于油类，忌水、忌酸物质的火灾
干粉灭火器	以高压二氧化碳气体作为动力，喷射干粉的灭火工具。适用于扑救石油及其产品，可燃气体和电气设备的初起火灾
二氧化碳灭火器	适用于扑救比较贵重的设备、档案资料、仪器仪表、600V 以下的电器及油脂等火灾
"1211"灭火器	适用于扑救油类、精密仪器设备、仪表、电子仪器设备及文物、图书、档案等贵重物品的初起火灾，是一种轻便、高效的灭火器材

8.1.3 人体触电的类型和原因

在生产和生活中,人们时常与电打交道,如果不注意安全,可能造成人身触电伤亡或电气设备损坏事故。

1. 人体触电事故类型

当人体接触带电体或人体与带电体之间产生闪络放电,并有一定电流通过人体,导致人体伤亡现象,称为触电。

以是否接触带电体分类,可分为直接触电、跨步电压触电和间接触电。直接触电是人体不慎接触带电体或是过分靠近高压设备;跨步电压触电是人体站在发生接地故障的电气设备或线路附近20m范围内,引起两脚之间产生的电位差;间接触电是人体触及到因绝缘损坏而带电的设备外壳或与之相连接的金属构架。

以电流对人体的伤害分类,可分为电击和电伤。电击主要是电流对人体内部的生理作用,表现在人体的肌肉痉挛、呼吸中枢麻痹、心室颤动、呼吸停止等;电伤主要是电流对人体外部的物理作用,常见的形式有电灼伤、电烙印以及皮肤渗入熔化的金属物等。除上述分类之外,还有以人体触电方式分类、以伤害程度分类等。

2. 人体触电事故原因

人体触电的情况比较复杂,其原因是多方面的:

(1)违反安全工作规程。如在全部停电和部分停电的电气设备上工作,未落实相应的技术措施和组织措施,导致误触带电部分。又如,错误操作(带负荷分、合隔离开关等)以及使用工具及操作方法不正确等。

(2)运行维护工作不及时,如架空线路断线导致误触电;电气设备绝缘破损使带电体接触外壳或铁芯,从而导致误触电;再如,接地装置的接地线不合标准或接地电阻太大等导致误触电。

(3)设备安装不符合要求。主要表现在进行室内外配电装置的安装时,不遵守国家电力规程有关规定,野蛮施工,偷工减料,采用假冒伪劣产品等,均是造成事故的原因。

3. 电流对人体的危害程度

触电时人体受害的程度与许多因素有关,如通过人体的电流、持续时间、电压高低、频率高低、电流通过人体的途径以及人体的健康状况等。诸多因素中最主要的因素是通过人体电流的大小。当通过人体的电流越大,人体的生理反应越明显,致命的危险性也就越大。按通过人体的电流对人体的影响,将电流大致分为三种。

(1)感觉电流:引起人的感觉的最小电流。实验表明,成年男性的平均感觉电流约为1.1mA;成年女性的平均感觉电流约为0.7mA。

(2)摆脱电流:人触电后能够自主摆脱电源的最大电流。实验表明,成年男性的平均摆脱电流约为16mA;成年女性的平均摆脱电流约为10mA。从安全角度考虑,男性最小摆脱电流为6mA;女性最小摆脱电流为6mA;儿童最小摆脱电流更小。

(3)致命电流:在较短的时间内,危及生命的最小电流,也就是说能够引起心室颤动的电流。引起心室颤动的电流与通过的时间有关。实验表明,当通过时间超过心脏搏动周期时,引起心室颤动的电流,一般是50mA以上。当通过电流达数百毫安时,心脏会停止跳动,可能导致死亡。

人体触电时,若电压一定,则通过人体的电流由人体的电阻值决定。不同类型、不同条件下的人体电阻不尽相同。一般情况下,人体电阻可高达几十千欧,而在最恶劣的情况下(如出汗且有导电粉尘)可能降至1000Ω,而且人体电阻会随着作用于人体的电压升高而急剧下降,不同条件的人体电阻如图8-1所示。

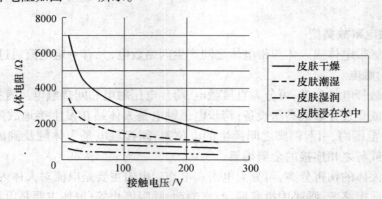

图8-1　触电危险性与电流频率关系曲线图

人体触电时能摆脱的最大电流称为安全电流,中国规定为30mA(工频电流),且通过时间不超过1s,即$30mA\cdot s$。按安全电流值和人体电阻值,大致可求出其安全电压数值。国家标准规定允许人体接触的安全电压见表8-3所列。

表8-3　安 全 电 压

安全电压 (交流有效值)/V	选用举例	安全电压 (交流有效值)/V	选用举例
65	干燥无粉尘的地面环境	12	对于特别潮湿或有蒸汽游离物等及其他危险环境
42	在有触电危险场所使用手提电动工具	6	除上述条件外且特别潮湿的环境
36	矿井有较多导电粉尘时使用的行灯等		

4. 电源的频率对人体的危害

不同的电源频率对人体的伤害是不同的,通过大量统计数据显示,50Hz~60Hz的工频交流电对人体的伤害是最大的,并不是频率越高或者越低对人体的伤害就越大。触电危险性与电流频率关系曲线如图8-2所示。

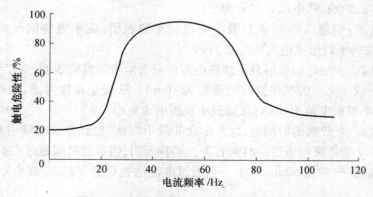

图8-2　触电危险性与电流频率关系曲线

224

8.1.4 触电救护

因某种原因发生人员触电事故时,对触电人员的现场急救,是抢救过程的一个关键。如果能正确并及时地处理,就可能使因触电而假死的人获救;反之,则可能带来不可弥补的后果。因此,从事电气工作的人员必须熟悉和掌握触电急救技术。

1. 脱离电源

(1)如果电源开关就在附近,应迅速切断电源。

(2)如果电源开关不在附近,可用电工钳、干燥木柄的斧头、铁锹等利器切断电源线。

(3)如果导线搭落在触电者的身上或压在身下时,可用干燥的木棒、竹竿挑开导线,使其脱离电源。

(4)触电者的衣服如果是干燥的且无紧缠在身上,救护者可以抓住其衣服,使触电者脱离电源,此时救护人最好脚踏干燥的木板等绝缘物,单手操作为宜。

(5)如果是高压触电,最好通知有关部门断电或设法投掷探导线,使线路短路从而切断电源,此时不要盲目地去救人。

2. 急救处理

触电者脱离电源后,应立即移至干燥通风的场所,通知医务人员到现场并做好送往医院的准备工作,同时根据不同的症状进行现场急救。

(1)如果触电者所受伤害不太严重,只是有些心悸、四肢发麻、全身无力,一度昏迷但未失去知觉,此时应使触电者静卧休息,并严密观察,以等医生到来或送往医院。

(2)如果触电者出现呼吸困难或心脏跳动不正常,应及时进行人工呼吸。如果心脏停止跳动,应立即进行人工呼吸和胸外心脏挤压。如现场只有一个人,可将人工呼吸和胸外心脏挤压交替进行。现场救护要不停地进行,不能中断,直到医生到来或送往医院。

8.2 过电压和防雷

随着电力系统的发展,由于过电压和雷击而引起的事故也日益增多。据有关资料统计,瑞士由于过电压和雷击而引起的事故占所有事故的51%,日本50%以上的电力系统故障是由于雷击输电线路引起的。在中国,遭到过电压和雷击引起断路器跳闸占整个电网跳闸总数的70% ~80%。

为了预防和抑制过电压和雷电的危害性,在电力系统中采用了一系列预防和过电压和防雷保护措施。在本章中将介绍它们的原理和主要特征。

8.2.1 过电压的概念

当峰值电压超过系统正常运行的最高峰值电压时的工况称为过电压。电力系统中因运行操作、雷击和故障等原因,经常会发生过电压的问题。减少或避免过电压引发的事故是电力工作者面临的一项长期任务。

根据作用于电力系统过电压的来源,一般分为内部过电压和外部过电压两种。而内部过电压和外部过电压又可分为很多种过电压类型,具体细分为以下几类:

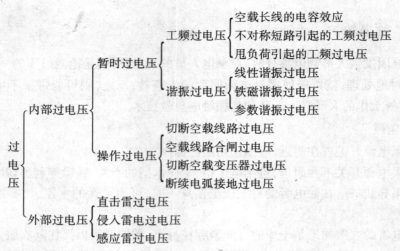

1. 内部过电压

内部过电压是由于电网中的开关操作(如分、合闸或自动重合闸动作)、事故(如接地、断线)或其他原因,引起电力系统的状态突然从一种稳态转变为另一种稳态的过渡过程中出现的过电压。这种过电压是由于系统内部原因而造成并且能量又来自电网本身。

2. 外部过电压

外部过电压又称为大气过电压或雷电过电压,这种过电压是由于雷击等原因造成的,且能量又来自电网外部的冲击波影响。

8.2.2 雷电的形成和分类

1. 雷电的形成

大气过电压主要是雷云放电形成的,雷云又是如何产生的呢? 在雷雨季节里,太阳将地面一部分水蒸发成水蒸气,水蒸气上升至一定高度,就形成了云。一些云带上了正电荷或负电荷,这就形成了雷云。雷云对地的电位是很高的,当带电的雷云临近地面时,由于静电感应,大地相应感出正电荷或负电荷,使大地与雷云之间形成了一个巨大的电容器图8-3所示。当雷云电荷聚集中心的电场达到足够强时(如达到25kV/cm~30kV/cm)雷云就击穿周围的空气

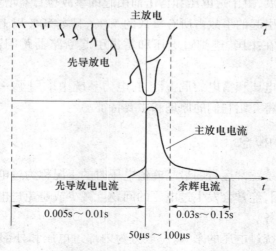

图 8-3 雷云放电示意图

形成导电通道,电荷沿着这个导电通道向大地发展,这称为雷电先导。地面电荷在雷云的感应下电荷也大量聚集在地面的凸出物上(如高楼)形成了迎雷先导,当雷电先导和迎雷先导一旦接近,就会产生放电,形成导电通道,雷电中的大量密集的电荷迅速地通过这个导电通道与大地中的电荷中和,形成了极大的电流,并伴随着震耳的声响和耀眼的光亮,这就是电闪和雷鸣。图 8-3 为雷云放电示意图。

2. 雷电的分类

雷电可分为直击雷、感应雷和雷电侵入波 3 大类。

(1)直击雷:当雷电直接击中电气设备、线路或建筑物时,强大的雷电流通过其入大地,在被击物上产生较高的电位降,称直击雷过电压。

(2)感应雷:当雷云在架空线路上方时,使架空线路感应出异性电荷。

(3)雷电侵入波:由于直击雷或感应雷而产生的高电压雷电波,沿架空线路或金属管道侵入变配电所或用户。

3. 雷电的危害

雷电形成伴随着巨大的电流和极高的电压,在它的放电过程中伴随着静电感应效应、电磁感应效应、热效应、机械效应、冲击波效应和电动力效应等,可产生极大的破坏力。雷电可造成设备和设施损坏,引起大规模停电和造成人身事故,其破坏是综合性的,就其破坏的作用看,雷电的危害主要有以下几个方面:

(1)雷电的热效应。雷电的热效应主要表现在当雷电流通过导体时发出大量的能量如图 8-4 所示,为了能估计一次雷电发电的能量,可假设雷云与大地之间发生发电时的电压 $U = 10^7 \text{V}$,总的放电电荷 $Q = 20\text{C}$,则发电时释放的能量 $A = QU = 20 \times 10^7 \text{W} \cdot \text{s}$。可见,放电能量不是很大的,但因它是在极短时间内放出的,因而所对应的功率是很大的,足以使金属熔化,烧断输电导线,摧毁用电设备。如果雷电击中像变压器、油断路器等易燃、易爆设备,甚至引起火灾和爆炸。

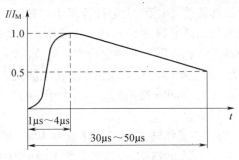

图 8-4 雷电流波形图

(2)雷电的机械效应。载流导体位于磁场中会受到电动力的作用,这种力的作用可用毕奥—萨伐尔定律计算。处于磁场中的导体 L,通过通过电流 i,根据毕奥—萨伐尔定律可知,导体单位长度 $\text{d}l$ 上所受的电动力 $\text{d}F$ 为

$$\text{d}F = iB\sin\alpha\text{d}l$$

式中:B 为 $\text{d}l$ 处的磁感应强度;α 为 $\text{d}l$ 与 B 的夹角。

对上式沿导体 L 的全长积分,可得到导体 L 全长所受到的电动力为

$$F = \int_0^L iB\sin\alpha\text{d}l$$

在正常状态下,由于流过导体的工作电流相对较小,相应的电动力也较小。而在雷击时,

产生很大的磁感应强度和雷电流,由上式可知,这时电动力可以达到很大的数值。雷电产生强大的电动力可以击毁杆塔,破坏建筑物,人畜也不能幸免。

（3）雷电的闪络放电。雷电产生的高电压会引起绝缘子烧坏,断路器跳闸,导致供电线路停电。

8.3 防雷设备和防雷保护

雷害事故在现代电力系统的跳闸停电事故中占有很大的比重,直接造成的经济损失不可估量,因此各国都积极开展了电力系统防雷保护领域的研究,对各种防雷装置的研制给予了大量的资金支持。

8.3.1 建筑物的防雷保护

1. 建筑物的防雷概述

建筑物按其防雷的要求,可分为三类。

1）第一类建筑物的防雷

凡存放爆炸性物品,或在正常情况下能形成爆炸性混合物,因电火花而爆炸的建筑物,会造成巨大破坏和人身伤亡的称为第一类建筑物。这类建筑物应装设独立避雷针（或消雷器）防止直击雷。为防感应过电压,建筑物内的各种设备以及金属物都应连接到防雷电感应的接地装置上,并注意防雷电感应的接地装置要和电气设备的接地装置共用。为防止雷电波侵入,对非金属屋面应敷设避雷网并可靠接地。室内的一切金属设备和管道,均应良好接地并不得有开口环形,电源进线处也应装设避雷器并可靠接地,接地的冲击电阻应小于 10Ω。

2）第二类建筑物的防雷

重要的或人员密集的大型建筑物称为第二类建筑物。例如,国家重点文物保护的建筑物,国家级办公建筑物,大型会展中心或博物馆,国家级大型计算机中心和装有重要通信、电子设备的建筑物以及 19 层及其以上住宅建筑物和高度超过 50m 其他建筑物。这类建筑物的防雷措施基本与第一类建筑物相同,可采用装设避雷针和避雷带两种混合方式防直击雷。通过就近接至防雷电感应接地装置或电气设备的保护接地装置上以防止感应雷。防雷电波侵入的保护措施可以将避雷器、电缆金属外皮、钢管等连在一起接地,其冲击接地电阻不应大于 10Ω。

3）第三类建筑物的防雷

凡不属于第一、二类建筑物又需要作防雷保护的建筑称为第三类建筑物。这类建筑物同样应有防直击雷、感应雷和防雷电波侵入的措施,在技术参数上没前两种类型建筑物要求那么高。

接闪器是用来接受直接雷击的金属物体。接闪器的金属杆称为避雷针,主要用于保护露天变配电设备及建筑物;接闪器的金属线称避雷线或架空地线,主要用于保护输电线路;接闪器的金属带、金属网称避雷带、避雷网,主要用于保护建筑物。它们都是利用其高出被保护物的凸出地位,把雷电引向自身,然后通过引下线和接地装置把雷电流泄放到大地,使被保护的线路、设备、建筑物免受雷击。

2. 防雷设备

1）避雷针

避雷针的功能实质是引雷作用。由于避雷针安装高度高于被保护物,因此当雷电先导临近地面时,它能使雷电场畸变,改变雷电先导的通道方向,吸引到避雷针本身,然后经与避雷针相连的引下线和接地装置将雷电流泄放到大地中去。

避雷针能否对被保护物进行保护,被保护物是否在其有效的保护范围内是很重要的。避雷针的保护范围,以其能防护直击雷的空间来表示,采用"滚球法"来确定。

"滚球法",就是选择一个半径为 h_r(滚球半径)的滚球,沿需要防护直击雷的部分滚动,如果球体只触及接闪器或接闪器和地面,而不触及需要保护的部位时,则该部位就在这个接闪器的保护范围之内。滚球半径是按建筑物防雷类别确定的,见表 8-4。

表 8-4　各类防雷建筑物的滚雷半径和避雷网络尺寸

建筑物防雷类别	滚球半径 h_r/m	避雷网格尺寸
第一类防雷建筑物	30	≤5m×5m 或 ≤6m×4m
第二类防雷建筑物	45	≤10m×10m 或 ≤12m×8m
第三类防雷建筑物	60	≤20m×20m 或 ≤24m×16m

(1)单支避雷针的保护范围。单支避雷针的保护范围如图 8-5 所示,按下列方法确定:

避雷针高度为 h 时:

① 距地面 h_r 处作一平行于地面的平行线;

② 以避雷针的针尖为圆心、h_r 为半径,作弧线交平行线于 A、B 两点;

③ 以 A、B 为圆心、h_r 为半径作弧线,该弧线与针尖相交,并与地面相切。由此弧线起到地面为止的整个锥形空间,就是避雷针的保护范围。

避雷针在被保护物高度 h_x 的 xx' 平面上的保护半径 r_x 按下式计算:

$$r_x = \sqrt{h(2h_r - h)} - \sqrt{h_x(2h - h_x)} \qquad (8-1)$$

式中:h_r 为滚球半径,由表 8-4 确定。

当避雷针高度 $h > h_r$ 时,在避雷针上取高度 h_r 的一点代替避雷针的针尖作为圆心,余下作法与避雷针高度 $h \le h_r$ 时相同。

例 8-1　某厂锅炉房烟囱高 40m,烟囱上安装一支高 2m 的避雷针,锅炉房(属第三类防雷建筑物)尺寸如图 8-6 所示,试问此避雷针能否保护锅炉房。

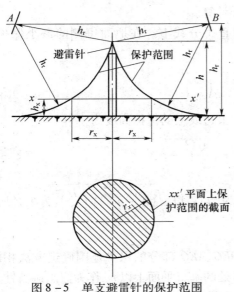

图 8-5　单支避雷针的保护范围

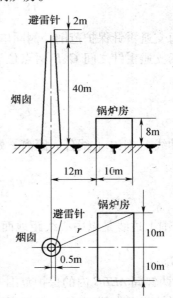

图 8-6　例 8-1 避雷针的保护范围

解： 查表 $8-4$ 得，滚球半径 $h_r = 60m$，而避雷针顶端高度 $h = 40 + 2 = 42(m)$，$h_x = 8$，根据式 $(8-1)$ 得避雷针保护半径为

$$r_x = \sqrt{42 \times (2 \times 60 - 42)} - \sqrt{8 \times (2 \times 60 - 8)} = 27.3(m)$$

锅炉房在 $h_x = 8$ 高度上最远屋角距离避雷针的水平距离为

$$r = \sqrt{(12 - 0.5 + 10)^2 + 10^2} = 23.7(m) < r_x$$

由此可见，烟囱上的避雷针能保护锅炉房。

（2）两支避雷针的保护范围。两支等高避雷针的保护范围如图 $8-7$ 所示。在避雷针高度 $h \leqslant h_r$ 的情况下，当每支避雷针的距离 $D \geqslant 2\sqrt{h(2h_r - h)}$ 时应各按单支避雷针保护范围计算；当 $D < 2\sqrt{h(2h_r - h)}$ 时应按图 $8-7$ 的方法确定。

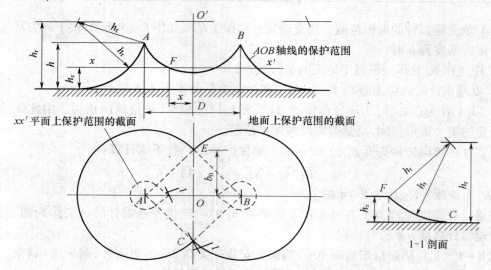

图 $8-7$ 两支等高避雷针的保护范围

① 每支避雷针保护范围外侧同单支避雷针一样计算。

② 两支避雷针之间 C、E 两点位于两针间的垂直平分线上。在地面每侧的最小保护宽度为

$$b_0 = \sqrt{2(2h - h)^2 - \left(\frac{D}{2}\right)^2} \tag{8-2}$$

在 AOB 轴线上，距中心线任一距离 x 处，在保护范围上边线上的保护高度为

$$h_x = h_r - \sqrt{(h_r - h)^2 + \left(\frac{D}{2}\right)^2 - x^2} \tag{8-3}$$

该保护范围上边线是以中心线距地面 h_r 的一点 O' 为圆心、以 $\sqrt{(h_r - h)^2 + \left(\frac{D}{2}\right)^2}$ 为半径所作的圆弧 $\overset{\frown}{AB}$。

（3）两针间 $AEBC$ 内的保护范围。ACO、BCO、BEO、AEO 部分的保护范围确定方法相同。以 ACO 保护范围为例，在任一保护高度 h_x 和 C 点所处的垂直平面上以 h_r 作为假想避雷针，按单支避雷针的方法逐点确定。如图 $8-7$ 中 $1-1$ 剖面图。

230

（4）确立 xx' 平面上保护范围。以单支避雷针的保护半径 r_x 为半径,以 A、B 为圆心作弧线与四边形 $AEBC$ 相交。同样,以单支避雷针的 $(r_0 - r_x)$ 为半径,以 E、C 为圆心作弧线与上述弧线相接,如图 $8-7$ 中的虚线。

两支不等高避雷针的保护范围的计算,在 h_1、h_2 分别小于或等于 h_r 的情况下,当 $D \geqslant \sqrt{h_1(2h_r - h_1)} + \sqrt{h_2(2h_r - h_2)}$ 时,避雷针的保护范围计算按单支避雷针保护范围所规定的方法确定。

（5）四支等高避雷针的保护范围。当矩形布置的四支等高避雷针高度 $h \leqslant h_r$,$D_3 \geqslant 2$ 时,其保护范围应按双支等高避雷针的方法确定;在 $h \leqslant h_r$,$D_3 < 2\sqrt{h(2h_r - h)}$ 时,应按图 $8-8$ 所示方法并按如下步骤确定保护范围:

① 四支避雷针的外侧各按两支避雷针的方法确定。

② B、E 避雷针连线上的保护范围(图 $8-8$ 的 $1-1$ 剖面图),外侧部分按单支避雷针的方法确定。两针间的保护范围按以下方法确定:以 B、E 上两避雷针针尖为圆心,h_r 为半径作弧线相交于 O 点,以 O 点为圆心,h_r 为半径作圆弧,与针尖相连的这段圆弧即为针尖保护范围。保护范围最低点的高度为

$$h_0 = \sqrt{h_r^2 - \left(\frac{D_3}{2}\right)^2} + h - h_r \qquad (8-4)$$

③ 如图 $8-8$ 所示的 $2-2$ 剖面图的保护范围按以下方法确定:以 P 点的垂直线上距地面高度为 $h \geqslant 2h_r$ 的 O 点为圆心,h_r 为半径作圆弧与 B、C 和 A、E 两支避雷针所作出在该剖面图的外侧保护范围延长圆弧相交于 F、H 点。F、H 点的位置及高度可按下式确定:

$$(h_r - h_x)^2 = h_r^2 - (b_0 + x)^2 \qquad (8-5)$$

$$(h_r + h_0 - h_x)^2 = h_r^2 - \left(\frac{D_1}{2} - x\right)^2 \qquad (8-6)$$

④ 如图 $8-8$ 所示的 $3-3$ 剖面保护范围的方法与步骤③相同。

⑤ 确定四支等高避雷针中间在 $h_0 \sim h$ 之间高度为 h_y 的 yy' 平面上保护范围截面的方法:

以 P 点为圆心、$\sqrt{2h_r(h_y - h_0) - (h_y - h_0)^2}$ 为半径作圆或圆弧,与四支避雷针在外侧所作的保护范围截面组成该保护范围截面,如图 $8-8$ 所示。

对于比较大的保护范围,采用单支避雷针,由于保护范围并不随避雷针的高度成正比增大,所以将大大增大避雷针的高度,导致安装困难,投资增大,在这种情况下,采用双支避雷针或多支避雷针比较经济。

2）避雷线

当单根避雷线高度 $h \geqslant 2h_r$ 时,无保护范围。当避雷线的高度 $h < 2h_r$ 时,保护范围如图 $8-9$ 所示,保护范围应按以下方法确定:

（1）距地面 h_r 处作一平行于地面的平行线。

（2）以避雷线为圆心、h_r 为半径作弧线交于平行线的 A、B 两点

（3）以 A、B 为圆心,h_r 为半径作弧线,这两条弧线相交或相切,并与地面相切。这两条弧线与地面围成的空间就是避雷线的保护范围。

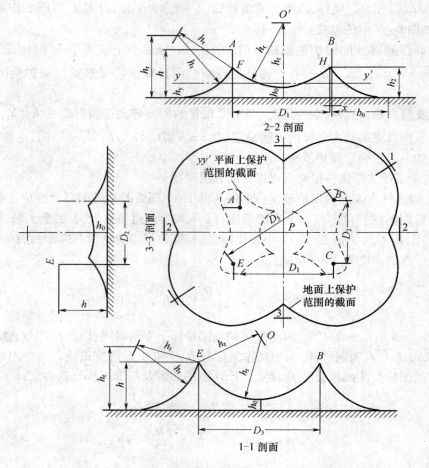

2-2 剖面

3-3 剖面

yy' 平面上保护
范围的截面

地面上保护
范围的截面

1-1 剖面

图 8-8 四支等高避雷针的保护范围

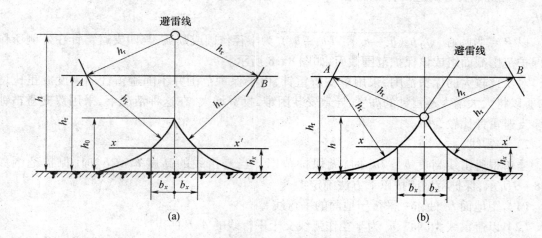

避雷线

避雷线

(a)

(b)

图 8-9 单支避雷针的保护范围

(a) $2h_r > h > h_r$；(b) $h < h_r$。

当 $b_x = \sqrt{h(2h_r - h)} - \sqrt{h_x(2h_r - h_x)}$ 时，保护范围最高点的高度按下式计算：

$$h_0 = 2h_r - h \qquad\qquad (8-7)$$

避雷线在 h_x 高度的 xx' 平面上的保护宽度按下式计算

$$b_x = \sqrt{h(2h_r - h)} - \sqrt{h_x(2h_r - h_x)} \qquad\qquad (8-8)$$

式中：h 为避雷线的高；h_x 为保护物的高度。

注意：确定架空避雷线的高度时，应考虑弧垂。在无法确定弧垂的情况下，等高支柱间的档距小于 120m 时，其避雷线中点的弧垂直宜选用 2m；档距为 120m ~ 150m 时，弧垂直宜选用 3m。

关于两根等高避雷线的保护范围，可参看有关国标或相关设计手册。

3）避雷带和避雷网

避雷带和避雷网的保护范围应是其所处的整幢高层建筑，为了达到保护的目的，避雷网的网格尺寸有具体的要求见表 8-4。

4）引下线

引下线主要作为接闪器引下的雷电流的流通通道，它是防雷装置的重要组成部分，必须极其可靠地按规定安装，以保证其正常工作，保证防雷的效果。

接闪器引下线的材料一般使用圆钢或扁钢，不同材料的引下线其规格尺寸有严格要求，见表 8-5。

表 8-5　引下线尺寸规格

引下线类型	圆钢	扁钢	
	直径/mm	截面积/mm^2	厚度/mm
房屋引下线	8	48	4
烟囱引下线	12	100	4

5）接地装置

接地装置主要是向大地泄放雷电流，限制防雷装置对地电压不致过高。接闪器的接地装置除了必须满足一般的接地要求外，还必须注意以下几点：

（1）接地装置和引下线必须用金属焊接。

（2）独立避雷针必须布设独立的接地装置，并须注意在土壤电阻率不大于 $100\Omega \cdot m$ 的地区，接地电阻不宜大于 10Ω。

（3）独立避雷针及其接地装置与道路和建筑物的距离应大于 3m。

（4）其他接地体与独立避雷针的接地体之间的距离应大于 3m。

3. 避雷器

即使采用了接闪器对直接雷击进行了防护，但仍然不能完全排除电力设备绝缘上出现危险过电压的可能性，另外，从输电线路上也可能有危及设备绝缘的过电压波传入发电厂和变电站。因此，还需要一种能限制过电压幅值的保护装置，统称为避雷器。

避雷器可分为间隙式避雷器、管式避雷器、阀式避雷器、磁吹避雷器、金属氧化物避雷器等几种类型。

4. 电涌保护器

电涌保护器（SPD），也称浪涌保护器：用于限制瞬态过电压、泄放电流的器件。按用途分为电源型电涌保护器、信号型电涌保护器、天馈型电涌保护器，如图 8-10 所示。

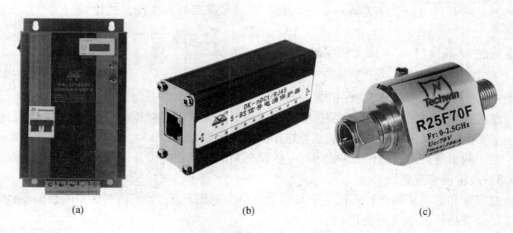

图 8-10　不同类型的电涌保护器
（a）电源型电涌保护器；（b）信号型电涌保护器；（c）天馈型电涌保护器。

虽然电涌保护器和避雷器都有防止过电压,特别是防止雷电过电压的功能,但在应用上也是有许多区别见表8-6。

表 8-6　电涌保护器和避雷器的区别

区分类型	具 体 区 别
电压等级	避雷器有多个电压等级,从 0.38kV 低压到 500kV 特高压;而电涌保护器的电压等级一般小于1.2kV
外观上	避雷器主要以硅橡胶、陶瓷等为主要材料,体积较大;而电涌保护器以硅胶、环氧包、塑料、金属为主要材料,体积较小
使用场所	避雷器主要用在电厂、线路、变配电站等一次系统上,有足够的外绝缘性能;而电涌保护器主要用于低压配电柜、通信、机房等电压较低的场所

8.3.2　电力系统的防雷保护

1. 架空线路的防雷保护

1）装设避雷线防线路遭受直击雷击

避雷线的装设一般按电压等级和其他具体情况而定:63kV 及其以上的架空线需全线装设避雷线;35kV 架空线只是在人口稠密区或进出变电所的一段线路(如长 1km～2km)上装设避雷线;10kV 及以下的一般不装设避雷线,主要是因为这种等级的线路绝缘水平本身就很低,即使装上避雷线来截住直击雷,往往很难避免发生反击闪络。就目前我国的情况而言,全程装设避雷线仍然是 110kV 及以上电压等级的最重要和最有效的主要防雷手段。

2）降低接地电阻

降低杆塔的接地电阻是提高线路耐雷水平和减少反击概率的有效措施,在年平均雷暴日在 40 天以上的地区,其接地电阻不应超过 30Ω。一般杆塔的接地电阻为 10Ω～30Ω,具体数值可按表 8-7 选取。

表 8 - 7 不同土壤电阻率下的杆塔接地电阻

土壤电阻率/($\Omega \cdot m$)	100 及以下	100 及以上至 500	500 以上至 1000	1000 以上至 2000	2000 以上
接地电阻/Ω	小于 10	小于 15	小于 20	小于 25	小于 30

3）加强线路绝缘或装设避雷器以防线路闪络

为防止雷击时避雷线对导线或引下线对导线发生闪络现象，应改善避雷针（线）的接地，或适当加强线路绝缘，或在绝缘薄弱处装设避雷器，或采用瓷横担以及高一级电压等级的绝缘子。

4）采用自动重合闸装置（ARD）

由于线路的绝缘具有自我恢复功能，大多数雷击造成的冲击闪络和工频电弧在线路跳闸后能迅速去电离，线路绝缘的电气强度一般会很快恢复。因此，采用自动重合闸装置后，当架空线遭雷击而跳闸时，能迅速地恢复供电。特别是对 110kV 的线路，只要自动重合装置调整合适，重合成功率可达 75% ~ 95%，这对提高供电的可靠性起到了很大作用。

5）低压架空线路的保护

为防止雷击时雷电波沿低压架空线路侵入建筑物，一般应将进户线电杆上绝缘瓷绝缘子的铁脚接地，其接地电阻不大于 30Ω，同时在入户进出处安装避雷器并可靠接地。在多雷区，虽安装在室内，但直接与低压架空线路相连的电度表等用电设备，宜装设压敏避雷器（或保护间隙）进行保护。

2. 变配电所的防雷保护

变配电所的防雷保护主要有两个重要方面：一是要防止变配电所建筑物和户外配电装置遭受直击雷；二是防止过电压雷电波沿输电线路侵入变电所，危及变配电所电气设备的安全。变电所的防雷保护常采用以下措施。

1）防直击雷

我国大多数变配电所都采用装设避雷针来防直击雷，但近年来国内外新建的 500kV 变电所也有一些采用避雷线。如果变配电所位于附近的高大建筑（物）上的避雷针保护范围内，或者变配电所本身是在室内的，则不必考虑直击雷的防护。不同的电压等级所装设的避雷针也有所差别，见表 8 - 8。

表 8 - 8　不同电压等级的避雷针安装要求

电压等级	避雷针安装要求
110kV 及以上变配电装置	一般将避雷针装在构架上，但在土壤电阻率 $\rho > 1000\Omega \cdot m$ 的区域，仍宜安装独立避雷针，以免发生反击事故
60kV 及以上变配电装置	在 $\rho > 500\Omega \cdot m$ 的地区宜采用独立避雷针，在 $\rho < 500\Omega \cdot m$ 的地区容许采用构架避雷器
30kV 及以上变配电装置	应采用独立避雷针来进行保护
注：构架避雷针是指装设在配电装置构架上的避雷针	

2）防雷电波的侵入

对 35kV 进线，一般采用在沿进线 500m ~ 600m 的这一段距离安装避雷线并可靠地接地，同时在进线上安装避雷器，即可满足要求。对 6kV ~ 10kV 进线可以不装避雷线，只要在线路上装设 FZ 型或 FS 型阀型避雷器即可，如图 8 - 11 所示。

图8-11中接在母线上的避雷器主要是保护变压器不受雷电波危害,在安装时应尽量靠近变压器,其接地线应与变压器低压侧接地的中性点及金属外壳在一起接地,如图8-12所示。当变压器低压侧中性点不接地时,为防止雷电波沿低压线侵入,还应在低压侧的中性点装设阀式避雷器或保护间隙。

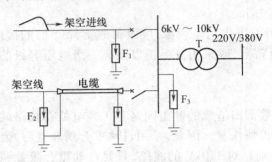

图8-11 6kV~10kV防雷电波侵入接线示意图

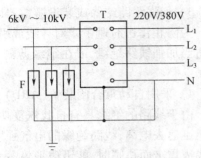

图8-12 变压器的防雷保护

3)高压电动机的防雷保护

高压电动机的绕组由于制造条件的限制,其绝缘水平比变压器低,它不能像变压器线圈那样可以浸在油里,而只能靠固体介质来绝缘。电动机绕组长期在空气中运行,容易受潮、受粉尘污染、受酸碱气体的侵蚀。电动机的热图像可说明有关电动机质量和状况的许多信息。如果电动机发生过热,绕组的性能将迅速下降。实际上,电动机绕组温度比其设计工作温度每高出10℃,就会将线圈绝缘层的寿命减少50%,即使过热只是暂时的。

对高压电动机一般采用如下的防雷措施:对定子绕组中性点能引出的大功率高压电动机,在中性点加装相电压磁吹阀式避雷器(FCD型)或金属氧化物避雷器;对中性点不能引出的电动机,目前普遍采用FCD型磁吹阀式避雷器与电容C并联的方法来保护;如图8-13所示,该电容器的容量可选$1.5\mu F \sim 2\mu F$,电容器的耐压值可按被保护电动机的额定电压选用,电容器连接成星形,并将其中性点直接接地。

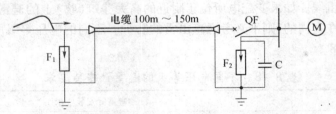

图8-13 高压电动机防雷保护的接线示意图
F1—排气式避雷器或普通阀式避雷器;F2—磁吹阀式避雷器。

8.4 接地和接地保护

8.4.1 接地的类型和接地装置

1.接地的类型

按其功能可分为保护接地、工作接地、雷电保护接地以及静电接地四种方式。

(1)保护接地是将电气设备的金属外壳、配电装置的构架、线路的塔杆等正常情况下不带电,但可能因绝缘损坏而带电的所有部分接地。因为这种接地的目的是保护人身安全,故称为保护接地或安全接地。

（2）工作接地是为了保证电气设备在正常情况下可靠地工作,而进行的接地。各种工作接地都有其各自的功能。如变压器、发电机的中性点直接接地,能在运行中维持三相系统中相线对地电压不变;又如,电压互感器一次线圈中性点接地是为了测量一次系统相对地的电压。

（3）雷电保护接地是给防雷保护装置（避雷针、避雷线、避雷网）向大地泄放雷电流提供通道。

（4）防静电接地是为了防止静电对易燃、易爆气体和液体造成火灾爆炸,而对储气液体管道、容器等设置的接地。

此外,还有为进一步确保接地可靠性而设置的重复接地等。图 8-14 为几种常见接地形式示意图。

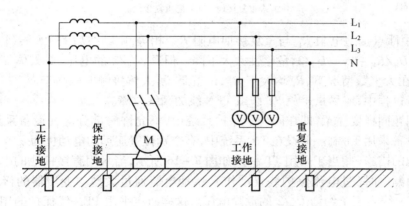

图 8-14　工作接地、保护接地、重复接地示意图

2. 接地装置以及散流现象

埋入大地与土壤直接接触的金属物体称为接地体或接地极。连接接地体及设备接地部分的导线称为接地线。接地线又可分为接地干线和接地支线。接地线与接地体总称为接地装置。由若干接地体在大地中互相连接而组成的总体称为接地网。

当发生接地故障时,其故障电流经接地装置进入大地是以半球面形状向大地散开的,故称散流现象。离接地体越远的地方,呈半球形的散流表面积越大,散流电阻也就越小。一般情况下,离接地体 20m 处,散流电阻趋近于 0,该处的电位也趋近于 0,通常将电位为 0 的点称为电气上的"地"。电气设备接地部分与"地"之间的电位差称为电气设备接地部分的对地电压 U_E,接地体与"地"之间的电阻称为接地体的散流电阻。

3. 重复接地

在中性点直接接地的 TN 系统中,为确保公共 PE 线或 PEN 线安全可靠,除在中性点进行工作接地外,还必须在 PE 线 PEN 线的一些地方进行多次接地,这就是所谓重复接地。

当未进行重复接地时,在 PE 线或 PEN 线发生断线并有一相与电气设备外壳相碰时,接在断线后面的所有电气设备外壳上,都存在着近乎于相电压的对地电压,如图 8-15（a）所示,这是很危险的。如果实施了重复接地,如图 8-15（b）所示,断线后面的 PE 线对地电压 $U_E = I_E R_E$。

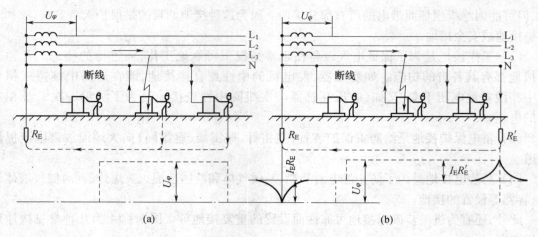

图 8-15　重复接地示意图

（a）未重复接地；（b）已重复接地。

若电源中性点接地电阻 R_E 与重复接地电阻 R'_E 相等，则断线后的 PE 线（PEN 线）对地电压 $U'_E = R_E U_\varphi / R_E + R_E = U_\varphi / 2$，危险性大大下降。但是，$U_\varphi / 2$ 的电压，对人体而言仍然是不安全的，而且在大多数情况下，R_i 均大于 R_E，也就是说，人体接触电压高于 $U_\varphi / 2$。因此，在施工安装和运行过程中，应尽量避免 PE 线或 PEN 线的断线故障。

另一个问题同样要注意，即在同一个保护系统中，不允许一部分电气设备采用 TN 制，而将另一部分设备采用 TT 制。假设在 TN 系统中，有个别位置遥远的电动机为了节省 PEN 线而采用直接接地的措施（相当于采用 TT 制），如图 8-16 所示，当采用直接接地的电动机一旦发生绝缘损坏而漏电时（过电流保护装置动作），接地电流通过大地与变压器的接地极形成回路，使整个 PEN 线出现了约为 $U_\varphi / 2$ 的危险电压。这样所有采用 PEN 线保护的用电设备外壳均带有 $U_\varphi / 2$ 的电压，这将严重威胁到工作人员的人身安全。

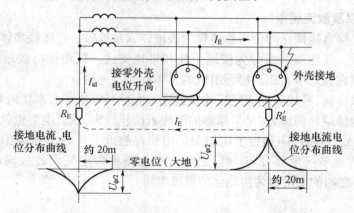

图 8-16　同一系统中采用不同保护措施的危险性

4. 等电位防雷接地

当电力系统中发生雷击事故，并且雷击发生在靠近用户端时，在线路或各种金属管道上将会产生幅值很大的雷电流，并随着输电线路和管道通路侵入用户端，如果用户端防雷措施做得不到位，将会发生损坏用电设备或造成人身触电事故，给用户带来财产和人身的伤害。针对这种情况,必须在用户侧采取相应的措施以抑制雷电流,将用户的损失降低到最小程度。

1)等电位接地防直击雷

下面将介绍一种简单、可行的防雷接地技术,它通过将设备和装置外露可导电部分的电位基本相等的电气连接,来降低用户端的间接电击的接触电压和不同金属部件间的电位差,从而消除用户端外经各种金属管道或电气线路引入的危险电压的危害。

如图8-17(a)所示,用户端的金属管道未进行等电位接地,当雷击中管道时,高电位将会由金属管道引至室内,如果人触及金属管道,这时管道、人体和大地构成通路,雷电流将沿图中的虚线流入大地,由于雷电流幅值很大,一般可达到5kA甚至更大,所以会给造成严重的人身伤害。

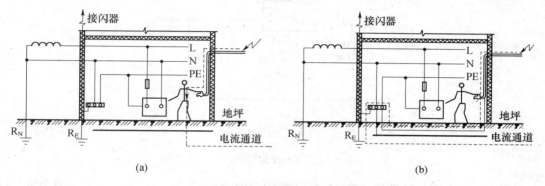

图 8-17 有无等电位防雷接地的比较
(a)无等电位防雷接地;(b)有等电位防雷接地。

图8-17(b)为安装了等电位接地装置,整个建筑物的接地构成一个等电位接地网络的情况,由图可以看出,保护接地线(PE)、建筑物钢筋和金属进出管道都做了等电位连接。这时,即使在雷击中金属管道时,雷电流沿着图中虚线流入大地,人体上也不会产生电位差,因而是安全的。

在工程中,等电位防雷接地一般将 PE 母线、接地干线、建筑物金属结构、总水管、总煤气管以及采暖管道等做统一的人为接地。

以上对等电位防雷接地做了定性的分析,下面通过另外一个例子加深对等电位防雷接地的了解。

图8-18是建筑物受直击雷后室内设备受损坏的示意图,图中:A、B、C 是处在不同楼层的设备;S_A、S_B、S_C 为各设备之间互相通信的信号线;S 是与建筑物外的设备通信的信号线;G_1、G_2、G_3 为不同楼层建筑物内部钢筋引下线;L、L_A、L_B、L_C 为各个设备的供电线路;R_S 为设备工作接地;R_G 为建筑物防雷接地;G_A、G_B、G_C 为设备工作接地在主杆线上的接地点;P_L、P_S分别为电源电涌保护器和信号电涌保护器。

假设雷电直接打在建筑物上的避雷带上,雷电流 $I = 100kA$,$R_G = 1\Omega$,$R_S = 1\Omega$。此时、G_1、G_2、G_3 所处的各楼层的电位都将抬升至100kV。由于100kV 的电位差可击穿的空气距离达300mm~500mm,所以,如果 G_A、G_B、G_C 与防雷接地线不连接,就会发生设备工作地线与建筑物楼板发生反击现象。

如果 R_G 与 R_S 相距较远(如20m 以上),设备工作接地线与楼板、墙壁绝缘较好,地电位的抬升不足以击穿设备工作地线。但如果雷击时,工作人员刚好与设备机壳相接触,人身体上的某一部位又与地板或墙壁相接触,雷电将会流过人体进入设备工作接地,人身安全必将受到伤害。

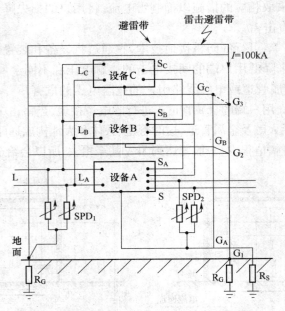

图 8 – 18　建筑物内设备受雷击分析示意图

为了避免以上事故的发生,解决直击雷造成反击损坏设备的现象,R_G 与 R_S 必须是同一个接地体,即设备工作接地和防雷接地必须联合接地。

具体做法是:各楼层的设备工作地 G_A、G_B、G_C 应与该楼层的建筑物主钢筋相连(至少两点相连),组成环形汇集环,如图 8 – 19 所示。

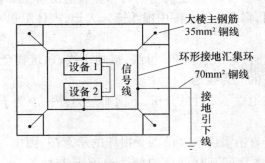

图 8 – 19　环形接地汇集环

工程上还必须注意以下几点:

(1)禁止在机房内用细小的铜线将设备串联接地,因为导线的分布电感和线阻,将使各接地点之间电位差增大。

(2)如机房内的环形接地体无法与大楼内的主钢筋相连,则用两条铜线同时引下,铜线的截面积为每平方毫米导线最长为 0.5m 且截面积不宜小于 35mm²。环形接地体与设备的电源插座相连或与设备相连,其连线截面积为每平方毫米导线长度最长为 10cm。

(3)进入和引出大楼的各种线路均加装电涌保护器,且应与设备的工作接地相连。

2)等电位接地防雷电入侵波

如图 8 – 20 所示的独立接地系统线路,假设雷击电流波($10\mu s/350\mu s$)侵入系统的电流幅值为

5kA,接地电阻 R_1、R_2、R_3 都互为独立接地,电阻值大小都为 1Ω,G_1、G_2、G_3 分别为每个设备的接地点,设备 A 和设备 B 是能相互通信的电子设备,其开关电源的最高耐受电压为800V ~ 1500V。

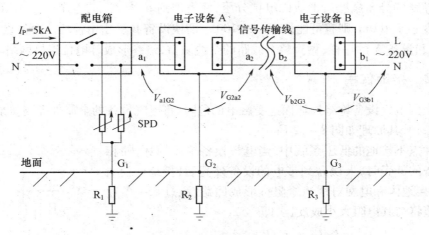

图 8 – 20 独立接地系统的设备电位差图

当雷击中系统进线端时,假设电源电涌保护器 SPD 性能优良,雷电流 I_p 全部流经电涌保护器进入接地点 G_1 入地,其响应时间和导通后的残压不会损坏电子设备 A。而雷电流 I_p 流过接地电阻 R_1 时,将会使接地点 G_1 的地电位抬升到 $U_{G1} = I_p \times R_1 = 5 \times 1 = 5(kV)$。此时,该电压加到电子设备 A 的输入端 a_1,而设备 A 的接地点 G_2 为零电位,则 a_1 与 G_2 之间的电位差 $U_{a_1G_2} = 5kV$。由于电子设备开关电源耐受的最高电压为 $800V ~ 1500V$,$U_{a_1G_2} = 5000V \geqslant (800 ~ 1500)V$,所以设备 A 的电源端将会被过电压损坏。

在 a_1 电压端损坏的同时,G_2 的电位变也变为 5kV,此时,信号传输线另一端设备 B 的接地点 G_3 为零电位,而信号接口 a_2 与接地点 G_2 之间的电位差 $U_{G_2a_2}$ 也抬升至 5kV,从而使信号接口 a_2 损坏。

由上面的分析可知,独立接地系统不能防止雷击事故造成的破坏。要使设备 A 的端口得到保护,必须首先将 G_1、G_2 接地点相连,然后在信号接口 a_2 和接地点 G_2 之间加装残压小的信号电涌保护器,且接地点必须和 G_2 相连,如图 8 – 21 所示。

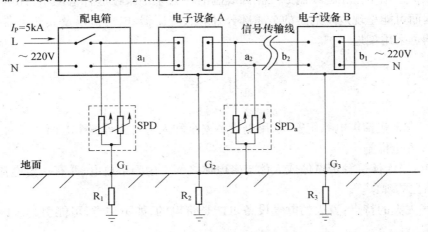

图 8 – 21 等电位防雷接地图

这样做就保证了设备 A 的进、出端口都不会被雷击所损害,但 5kV 的电压已加到 a_2 和 G_3 端,理论计算与实验结果表明,a_2 至 b_2 的信号传输线,如果线径小于 1mm、长度大于 100m,则线阻加上导线的分布电感所形成的电抗分压,使得加到 b_2 与 G_3 的电压 $U_{b_2G_3} < 100V$,但如果传输线长度小于 100m,则有可能使 $U_{b_2G_3} < 100V$,而使设备 B 受雷击损坏。要使设备 B 也受到保护,做法和设备 A 的一样,做到整个线路的全线防雷,最终形成等电位连接网络。

8.4.2　接地保护

为防止因电气设备绝缘损坏而遭受触电的危险,将电气设备的金属外壳与接地体相连接,称为接地保护,其原理如图 8 - 22 所示。

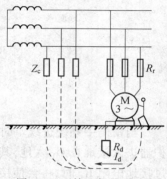

在中性点不接地的低压系统中,当电气设备绝缘损坏,使相线碰到设备的外壳时,人误碰到带电的设备外壳后,接地电流 I_r 通过人体、接地体和电网对地绝缘阻抗形成回路,流过每一条通路的电流值将与其电阻大小成反比,即

$$I_r/I_d = R_d/R_r$$

式中:I_r 为流经人体的电流;I_d 为流经接地体的电流;R_d 为接地体的接地电阻;R_r 为人体的电阻。

从上式可以看出,接地体的接地电阻 R_d 越小,流经人体的电流就越小。这时漏电设备对地的电压主要取决于接地保护的接地体电阻 R_d 的大小。

图 8 - 22　接地保护原理

由于 R_d 和 R_r 并联,而且 $R_d < R_r$(通常,人体的电阻要比接地体的电阻大数百倍),故可以认为漏电设备外壳对地电压为

$$U_d = 3U_{xg}R_d/(3R_d + Z_c)$$

式中:U_d 为漏电设备外壳对地电压;U_{xg} 为电网的相电压;R_d 为接地体的接地电阻;Z_c 为电网对地的绝缘阻抗(由电网对地分布电容和对地的绝缘电阻组成)。

又因 $R_d < Z_c$,所以,漏电设备对地电压大为降低,只要适当控制 R_d 的大小(一般不大于 4Ω),就可以避免人体触电的危险,起到保护的作用。

接地保护适用于三相三线制或三相四线制的电力系统。在这种电网中,凡由于绝缘破坏或其他原因而可能呈现危险电压的金属部分,例如,变压器、电动机以及其他电器等的金属外壳和底座均可采用接地保护。

小　结

1. 电气安全包括供电系统安全、用电设备安全和人身安全等三个方面。

2. 电气安全措施。

3. 触电:当人体接触带电体或人体与带电体之间产生闪络放电,并有一定电流通过人体,导致人身伤亡的现象。

4. 电气火灾的特点:着火的电气设备可能是带电的,如不注意,可能引起触电事故,应尽快切断电源。

5. 电气失火的处理:小范围带电灭火,可使用干砂覆盖;选择适当的灭火器。

6. 电流对人体的危害程度:通过人体的电流、持续时间、电压高低、频率高低、电流通过人体的途径以及人体的健康状况等。最主要的因素是通过人体电流的大小。当通过人体的电流越大,人体的生理反应越明显,致命的危险性也就越大。将电流大致分为感觉电流、摆脱电流、致命电流三种。

7. 摆脱电流:人体触电时能摆脱的最大电流,中国规定为 30mA,且不超过 1s。

8. 当峰值电压超过系统正常运行的最高峰值电压时的工况称为过电压。一般分为内部过电压和外部过电压两种。

9. 雷电可分为直击雷、感应雷和雷电侵入波三大类。

10. 雷电形成伴随着巨大的电流和极高的电压,在它的放电过程中会产生极大的破坏力,雷电的危害主要是:雷电的热效应;雷电的机械效应;雷电的闪络放电。

11. 一个完整的防雷设备由接闪器、避雷器或电涌保护器、引下线和接地装置三部分组成。接闪器是用来接受直接雷击的金属物体。

12. 架空线路的防雷保护:装设避雷线防线路遭受直击雷击;加强线路绝缘或装设避雷器以防线路闪络。

13. 接地保护:为防止因电气设备绝缘损坏而遭受触电的危险,将电气设备的金属外壳与接地体相连接。

14. 接地的类型:按其功能,可分为工作接地、保护接地、雷电保护接地以及静电接地四种方式。

思考题与习题

1. 怎样区分高压、低压和安全电压? 具体是如何规定的?

2. 发现有人触电如何急救?

3. 对于触电者怎样进行抢救?

4. 对于触电者进行人工呼吸时,应注意什么?

5. 怎样对呼吸停止者进行急救?

6. 处理故障时,应遵循哪些安全注意事项?

7. 线路侧带电时,可能经常断开的开关在防雷上有什么要求?

8. 有雷电时,为什么 10kV、35kV 系统的接地信号动作? 其现象是什么?

9. 什么是静电? 有哪些危害?

10. 雷电是如何产生的? 有哪些危害?

11. 什么叫直击雷过电压?

12. 变电站内装设有哪些防雷设备?

13. 什么叫大气过电压? 对设备有何危害?

14. 架空电力线路上的感应过电压是如何产生的? 怎样计算?

15. 10kV 配电变压器的防自保护有哪些具体要求?

16. 为什么 35kV 线路不采用全线架空地线?

17. 变电站接地网的接地电阻是多少? 避雷针的近地电阻是多少?

18. 接地网能否与避雷针连接在一起? 为什么?

第9章 节约用电和电力谐波

节约电能对于加速国民经济的发展和人民生活水平的提高具有重要的意义,与节约电能密切相关的重要技术指标有电力(电力负荷率)、电量、功率因数与电力谐波含量等。本章介绍主要的无功补偿手段有电力电容器补偿、静止补偿装置、进相机补偿、串联补偿等。此外,还介绍电力谐波及补偿滤波措施,电力谐波及其性质等。

9.1 节 约 用 电

9.1.1 节约用电的一般知识

1. 节约用电的意义

电力资源是进行生产建设的主要能源,结合我国目前的实际情况,在发展生产的同时,必须注意节约能源。

实践证明,做好节约用电工作,既可以降低生产成本,又可以把节约的电能用于扩大再生产,加速我国现代化建设的步伐。同时,对于电力系统来说,节约用电可降低线损、改善电能质量,所以,做好节约用电工作是用户和电力系统的一项很有意义的工作。

2. 实行计划用电的必要性

电力生产的特殊性决定了必须实行计划用电。

电力生产与其他工业不同,因为到目前为止,电能还不能大量储存,发、供、用是在同一时间内完成的,在这样一个过程中,任何一个环节发生故障,都将影响电能的生产和供应。发电厂最理想、最经济的运行方式是带满负荷连续稳定运行,但是,实际上由于负荷性质和用电时间不尽相同,如不进行计划调整,在某些时间内,用电负荷急剧增长,而发电厂的装机容量有限,势必造成拉闸限电,影响工农业生产;而在另一些时间内,用电负荷大量下降,使发电厂停发或减发,这将造成不必要的损失。为此,必须有计划、合理地组织和安排电力的分配与使用,使有限的电力发挥最大的经济效益。

3. 节约用电工作的重要性

要想搞好节约用电,首先要从思想上认识到节约用电的重要性与严肃性。必须充分发动群众,提高广大群众的节电意识,并使之树立全局观念。在企业生产中,应大力提倡技术和工艺革新、改造陈旧的设备、改进操作方法、不断地采用新技术、加强设备的维修与维护;另外,还要设法降低产品的耗电量。工矿企业要定期制订节电计划,同时要编制出完成这些计划的技术措施和组织措施,一定要做到有计划、有措施、有布置、有检查。节约用电必须在坚持计划用电的基础上,才能够巩固和发展节电成果。

9.1.2 电力用户企业中的电能节约

在电力用户中与节约电能密切相关的重要技术指标是电力(电力负荷率)、电量、功率因数与电力谐波含量。

1. 电力（电力负荷率）

限制最大负荷，减小电力用户负荷曲线的峰谷差，不仅可以使电力系统的发、变电设备得到充分利用，而且当电能消耗量在某一规定时间内为定值时，平稳的负荷曲线将使配、变电设备及电网中的电能损耗为最小。研究设备的利用情况及其电能损耗的重要技术指标是负荷率 α。

随着电气化、自动化水平的提高，负荷率有逐年下降的趋势，由此可知，电力需求量的增长，导致发电及输变电设备相应地不断增长，与此同时，生产设备的有效利用率降低，从而使电能损耗增加，因此，维持电力用户较高的负荷率也就是响应了国家对于电力用户节约电能的要求。

提高负荷率、降低最大负荷的技术措施有：

（1）电力用户全面节能以降低最大负荷。

（2）在不违反生产规律的条件下，通过改变某些关键的大型用电设备或生产工序的开工时间以降低最大负荷。

（3）加强自动控制及自动检测，使关键用电设备工作在负荷曲线的低谷时间。

2. 电量

单位产品的耗电定额，供电系统中变、配电设备及线路上的电能损耗是合理节约电能的重要指标。我国的电力用户企业在节约电能的工作中积累了不少经验：

（1）利用工业余热发电供热。

（2）改进旧设备，提高效率及性能。

（3）在保证设备安全运行条件下，缩短生产周期，增加产量，提高质量。

（4）减少工序和压缩每道工序所需时间。

（5）改善工艺，改进操作。

（6）加强设备维修，减少机械磨损。

（7）减少工业用气、用风、用水的漏失。

（8）采用新技术、新工艺。

（9）在供电系统中采取措施节约电能，如减少电力用户变压器及线路损耗，提高系统的功率因数等。

（10）在确保安全的基础上采用经济运行方式。

具体内容和措施与各工业部门的特点、生产条件有关，国内外已有各行业汇编的节约电能资料可供参考学习。

供电系统中节约电能的主要方法有：

（1）减少供电系统中变压器的电能损耗。电力用户中的变压器数量较多，正确选择数量和容量，及时投入和退出，使之达到合理运行，对节约电能的影响很大。在负荷较低时，尽量减少空载变压器的台数，特别是节假日进行检修、试验等工作时，一定要对供电系统进行认真调度；为了达到上述目的，在设计供电系统时就需要考虑灵活的低压联络。如果电力用户的负荷曲线很不均衡，为了减少变压器的空载损耗，可将事故照明和警卫照明电源接在电力用户厂内电网的不同地点，设置两台相互联络、专供照明的小型变压器供电。

（2）减少配电线路中的电能损耗。在设计配电线路时，在厂区内应尽量减少迂回，线路走向一经确定，导线电阻便为常数，节约电能只能从导线通过的电流上着手，因此，条件允许时应采用已有的双回路并联工作或尽量利用备用线路供电。

（3）减少线路无功功率损耗。这可以通过减小供电系统的总电流来实现，所以馈电线上应尽量不设置电抗器，必要时可采用分裂绕组变压器或首先考虑设置母线电抗器等方法。用线路供电，应将它们正确排列以减少邻近效应，从而使感抗减小，达到节能目的。

9.1.3 功率因数

功率因数是供、配电环节中节能的一项重要技术措施，在电力用户中，绝大多数用电设备都呈现电感性，需要从电力系统吸取无功功率，除白炽灯、电阻电热器等设备负荷的功率因数接近于 1 以外，其他设备（如三相交流异步电动机、三相变压器、电抗器等）的功率因数均小于 1，特别是在轻载情况下，功率因数将更低。用电设备功率因数降低之后，在有功功率保持不变的情况下，无功功率便增加，这将带来以下不良后果：

（1）增加电力网中输电线路上的有功功率损耗和电能损耗。若设备的功率因数降低，在保证输送同样的有功功率时，无功功率就要增加（因为 $Q = P\tan\varphi$），这样势必就要在输电线路中传输更大的电流，因此使输电线路上的有功功率损耗$\left(\Delta P = \dfrac{P^2 + Q^2}{U^2} \cdot R\right)$和电能损耗增大。

（2）使电力系统内的电气设备容量不能充分利用。因为发电机或变压器都有一定的额定电压和额定容量，在正常情况下，运行参数不容许超过这些额定值。根据关系式 $P = \sqrt{3}UI\cos\varphi$ 可知，若功率因数降低，则有功功率也将随之降低，使设备容量不能得充分利用。

（3）功率因数过低还将使线路的电压损耗增大。由于 $\Delta U = \dfrac{PR + QX}{U}$，所以无功功率 Q 增加，电压损耗 ΔU 也将增加，结果使负荷端的电压下降，甚至会低于容许的偏移值，从而严重影响异步电动机及其他用电设备的正常运行。特别是在用电的高峰期，功率因数过低，会出现大面积地区的电压偏低，将给人们的生产和生活造成很大的损失。

综上所述，电力系统功率因数的高低是十分重要的问题。因此，必须设法提高电网中各有关部分的功率因数，以充分利用电力系统内各发电设备和变电设备的容量，增加其输电能力，减小供电线路导线的截面，节约有色金属，减少电网中的功率损耗和电能损耗，并降低线路中的电压损失与电压波动，以达到节约电能和提高供电质量的目的。

目前，供电部门征收电费，将用户的功率因数高低作为一项重要的经济指标，《全国供用电规则》规定："高压供电的装有带负荷调整电压装置的电力用户，功率因数应不低于 0.90；其他 100kV·A(kW) 及以上电力用户和大中型电力排灌站，功率因数应不低于 0.80。供电部门将根据将用户执行的情况，在收取电费时分别作出奖励、不奖不惩、罚款等处理。"

电力用户的功率因数通常随着负荷的变化与电压的波动而经常变化，供电部门实际上是要求电力用户的均权功率因数不得低于《全国供用电规则》的规定。均权功率因数又称月平均功率因数，是以有功电能和无功电能为参数计算得到的功率因数，其计算公式为

$$\cos\varphi_{\text{WAV}} = \frac{W_{\text{p}}}{\sqrt{W_{\text{p}}^2 + W_{\text{q}}^2}} = \frac{1}{\sqrt{1 + \left(\dfrac{W_{\text{q}}}{W_{\text{p}}}\right)^2}} \tag{9-1}$$

式中：W_{p} 为有功电能（kW·h）；W_{q} 为无功电能（kvar·h）。A 与 W 为电力用户有功电能表与无功电能表一个月内所记录的读数，代入式(9-1)，计算得到均权功率因数，供电部门以此为依据调整电费。

例 9 - 1　某材料加工厂全年用电量为：有功电能 450 万 kW·h，感性无功电能 230 万 kW·h，容性无功电能 50 万 Var，试计算该厂的年平均计算负荷和平均功率因数。

解： 该厂年平均负荷为

$$P_{av} = \frac{A}{8760} = \frac{45 \times 10^5}{8760} \approx 513.7(kW)$$

根据式（9-1）可得平均功率因数为

$$\cos\varphi_{WAV} = \frac{W_p}{\sqrt{W_p^2 + W_q^2}} = \frac{450}{\sqrt{450^2 + (230 - 50)^2}} \approx 0.93$$

谐波含量超标将在电气回路里产生附加功率损耗、发热、产生机械振动、噪声和谐波谐振等，引发设备的损坏和造成能源损失。

9.2　供配电系统的无功补偿

9.2.1　电力用户的功率因数及其对供电系统的影响

在电力用户供电系统中，绝大多数用电设备都具有电感的特性，如感应电动机、电力变压器、电焊机等，这些设备不仅需要从电力系统吸收有功功率，还要吸收无功功率以产生这些设备正常工作所必需的交变磁场。然而在输送有功功率一定的情况下，无功功率增大，就会降低供电系统的功率因数。因此，功率因数是衡量电力用户供电系统电能利用程度及电气设备使用状况的一个具有代表性的重要指标。

1. 电力用户供电系统中常用的功率因数

（1）瞬时功率因数：电力用户的功率因数是随设备类别、负荷情况、电压高低而不断变化的。其瞬时值可由功率因数表测得。或根据电流表、电压表及功率表在同一时刻的读数间接地由下式得到：

$$\cos\varphi = \frac{P}{\sqrt{3}UI}$$

（2）均权平均功率因数：是指某一规定时间内功率因数的平均值，可表示为

$$\cos\varphi = \cos\left(\arctan\frac{\int_{t1}^{t2} Q\mathrm{d}t}{\int_{t1}^{t2} P\mathrm{d}t}\right) = \cos\left(\arctan\frac{Q_{av}}{P_{av}}\right) = \frac{1}{\sqrt{1 + \left(\frac{V}{W}\right)^2}}$$

（3）自然功率因数：未装设人工补偿装置时的功率因数。自然功率因数有瞬时值和均权平均值两种。

（4）总功率因数：设置人工补偿装置后的功率因数。同样，它可以有瞬时值和均权平均值两种。

2. 功率因数对供电系统的影响

当供电系统中输送的有功功率维持恒定的情况下，无功功率增大，即供电系统的功率因数降低将会引起：

（1）系统中输送的总电流增加，使得供电系统中的电气元件，如变压器、电气设备、导线等

容量增大,从而使电力用户内部的启动控制设备、测量仪表等规格尺寸增大,因而增大了初投资费用。

(2)由于无功功率的增大而引起的总电流的增加,使得设备及供电线路的有功功率损耗相应地增大。

(3)由于供电系统中的电压损失正比于系统中渡过的电流,因此总电流增大,就使得供电系统中的电压损失增加,使得调压困难。

(4)对电力系统的发电设备来说,无功电流的增大,对发电机转子的去磁效应增加,电压降低,过度增大励磁电流,则使转子绕组的温升超过允许范围,为了保证转子绕组的正常工作,发电机就不能达到预定的出力。此外,原动机的出力是以有功功率衡量的,当发电机发出的视在功率一定时,无功功率的增加,导致原动机的出力相对降低。

无功功率对电力系统及电力用户内部的供电系统都有极不良的影响。因此,供电单位和电力用户内部都有降低无功功率需要量的要求,无功功率的减少就相应地提高了功率因数。目前,供电部门实行按功率因数征收电费,因此功率因数的高低也是供电系统的一项重要的经济指标。

9.2.2 提高供配电系统的自然功率因数

不添置任何补偿设备,采取措施减少供电系统中无功功率的需要量,称为提高自然功率因数。它不需要增加投资,是最经济的提高功率因数的方法。要提高自然功率因数,首先应当明确电力用户供电系统中的无功功率主要提供给哪些用电设备。

电力系统的全部无功功率中,感应电动机的约消耗60%,变压器的约消耗20%,其余的无功功率主要供给整流设备,各种感应器械、电抗器及架空电力线路等。因此可以得出结论,即电力用户的无功功率主要消耗在感应电动机及变压器中。

对于电力用户,通过降低各用电设备所需的无功功率来改善其功率因数,主要包括以下几个方面:

(1)正确选用异步电动机的型号和容量。因为异步电动机的功率因数和效率在70%额定负荷至满载运行时较高。例如,在额定负荷时 $cos\varphi \approx 0.85 \sim 0.89$,而在空载时 $cos\varphi = 0.2 \sim 0.3$。因此,正确选用异步电动机使其额定容量与它所拖动的负荷相匹配,避免不合理的运行方式,对于改善功率因数是十分重要的。

(2)电力变压器不宜轻载运行。电力变压器一次侧功率因数不仅与负荷的功率因数有关,而且与负荷率有关。若变压器满载运行,一次侧功率因数仅比二次侧降低3% ~5%;若变压器轻载运行,当负荷率小于0.6时,由于变压器的励磁损耗是不随负荷变动而变化的,一次侧的功率因数就显著下降,可达11% ~18%。因此,电力变压器不宜作轻载运行,当变压器负荷率小于30%时,应更换容量较小的变压器。

(3)适当采用同步电动机。对于持续运行的、不需要调速的大容量电动机,有条件时可选择同步电动机,并使其过励磁运行,提供超前无功功率进行补偿。

(4)轻载绕线式异步电动机同步化运行。合理安排和调整工艺流程,改善电气设备的运行状况,限制电焊机、机床电动机等设备的空载运转。对于负荷率不大于0.7及最大负荷不大于90%的绕线式异步电动机,必要时可使其同步化运行。即当绕线式异步电动机在启动完毕后,向转子绕组中送入直流励磁,即可产生转矩将异步电动机牵入同步,其运行状态与同步电动机相似,在此励磁的情况下,电动机将向电网反送无功功率,从而达到改善功率因数的目的。

9.2.3　采用电力电容器无功补偿提高功率因数的方法

当采用提高用电设备自然功率因数的方法后,功率因数仍不能达到《供用电规则》所要求的数值时,就需要设置专门的补偿设备来提高功率因数。在电力用户中,广泛采用静电电容器作为无功补偿电源。此外,同步电动机在过励磁方式运行(功率因数为 0.8 ~ 0.9(超前))时,也可向电力系统提供无功功率。但是同步电动机结构复杂且配有启动控制设备,维护工作量大,用同步电动机作无功补偿的价格明显高于用异步电动机加电力电容器补偿的价格。用户在满足工艺条件的情况下,是否采用同步电动机来提高企业的功率因数,可通过技术、经济比较决定。通常,对低速、恒速且长期连续工作的容量较大的电动机,如轧钢机的电动发电机组、球磨机、空压机、鼓风机、水泵等设备宜采用同步电动机,这些设备容量一般在 250kW 以上,环境和启动条件均可满足同步电动机的要求,而且停歇时间较小,因此对改善功率因数起很大作用;而对小容量的高速电动机,采用同步电动机一般是不经济的。

用电力电容器作无功补偿以提高功率因数,其电力电容器的补偿容量可用下式确定:

$$Q_c = \alpha P_{ca}(\tan\varphi_1 - \tan\varphi_2) \tag{9-2}$$

式中:P_{ca} 为最大有功计算负荷;α 为月平均有功负荷系数;$\tan\varphi_1$、$\tan\varphi_2$ 分别为补偿前、后均权功率因数角的正切值。

在计算补偿用电力电容器容量和个数时,应考虑到实际运行电压可能与额定电压不同(实际运行电压只能低于或等于额定电压),电容器能补偿的实际容量应按下式进行换算:

$$Q'_N = Q_N\left(\frac{U}{U_N}\right)^2 \tag{9-3}$$

式中:Q_N 为电容器铭牌上的额定容量;Q'_N 为电容器在实际运行电压下的容量;U_N 为电容器的额定电压;U 为电容器的实际运行电压。

从式(9-3)可以看出,除了在不得已的情况下,应避免电力电容器降压运行。

例 9-2　某玩具厂全年消耗的电能共为 2500 万 kW·h,无功电能为 1300 万 kW·h,供电电压为 10kV。其平均有功功率和平均功率因数是多少? 欲将功率因数提高到 0.9,需装设额定容量为 30kvar、额定电容为 0.86μF 的并联电容器多少个?

解　平均有功功率 P_{ca}:

$$P_{ca} = \frac{W}{8760} = \frac{(2500 - 1300) \times 10^4}{8760} \approx 1370(kW)$$

根据式(9-1)求平均功率因数 $\cos_{WAV}$:

$$\cos_{WAV} = \frac{W_P}{\sqrt{W_p^2 + W_q^2}} = \frac{1200}{\sqrt{1200^2 + 1300^2}} \approx 0.68$$

无功补偿前:

$$\tan\varphi_1 = \tan(\text{arc}cos0.68) \approx 1.0782$$

无功补偿后:

$$\tan\varphi_2 = \tan(\text{arc}cos0.9) \approx 0.4843$$

$$Q_c = \alpha P_{ca}(\tan\varphi_1 - \tan\varphi_2) = 0.75 \times 1370 \times (1.0782 - 0.4843) = 610.23(kvar)$$

$$n = \frac{Q_c}{Q_N} = \frac{610.23}{30} \approx 20.3$$

考虑三相平均分配,应装设 21 个并联电容器,每相 7 个,实际补偿容量为 21 × 30 = 630 (kvar)。

9.2.4 并联电容器的装设地点

用户处的电容器补偿方式可分为就地补偿、分组(分散)补偿和集中补偿三种,如图 9－1 所示。

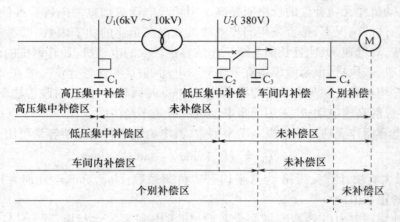

图 9－1 并联电容器在工厂配电系统中的装设位置

(1) 高压集中补偿。这种方式是在地面变电所 6kV～10kV 母线上集中装设移相电容器组,一般设有专门的电容器室,并要求通风良好及配有可靠的放电设备。它只能补偿 6kV～10kV 母线前所有向该母线供电的线路上的无功功率,而该母线后的用户线路并没有得到无功补偿,因而对于用户来讲,经济效益较差。由于用户 6kV～10kV 母线上无功功率变化比较平稳,高压集中补偿便于运行管理和调节,而且利用率高,还可提高供电变压器的负荷能力。从全局上看可以改善地区电网,甚至区域大电网的功率因数,所以至今仍是城市及大中型工矿企业的主要无功补偿方式。

(2) 低压成组补偿。这种方式是把低压电容器组或无功功率自动补偿装置装设在车间动力变压器低压母线上。它能补偿低压母线前的用户高压电网、地区电网和整个电力系统的无功功率,用户本身可获得相当的经济效益。低压成组补偿投资不大,通常安装在低压配电室内,运行维护及管理也很方便,因而正在逐渐成为无功补偿中的重要成分。

(3) 分散就地补偿。这种方式是将电容器组分别装设在各组用电设备或单独的大容量电动机处。它与用电设备的停、运一致,但不能与之共用一套控制设备。分散就地补偿从补偿效果上看是比较理想的,但是投资较大,同时增加了管理上的不便,而且利用效率较低,所以仅适用于个别容量较大且位置单独的负荷。

在实际应用中,若能够将三种补偿方式统筹考虑、合理布局,将可能取得很好的技术经济效益。对于补偿容量相当大的电力用户,宜采用高压侧集中补偿和低压侧分散补偿相结合的方法。对于用电负荷分散及补偿容量较小的电力用户,一般仅采用低压补偿。

虽然并联电容器补偿方式比较简单,而且成本也比较低,但这种方式只能补偿固定的无功功率,因为一旦电容值选定后,就确定了其相应的无功功率。此外,在系统中有谐波时,还可能发生并联谐振,使谐波放大,造成电容器损坏。

9.2.5　采用静止补偿装置提高功率因数的方法

传统采用电力电容器作为无功补偿的方法,其阻抗值是固定的,不能跟踪负荷无功需求的变化,即使采用断路器或接触器投切补偿电容器,也只能进行分级阶梯状调节,并且受机械开关动作的限制,响应速度慢,不能满足对波动频繁的无功负荷进行补偿的要求,也就是不能实现对无功功率的动态补偿。而随着电力系统的发展,对无功功率进行快速动态补偿的需求越来越大。

传统的无功功率动态补偿装置是同步调相机,是专门用来产生无功功率的同步电机,在过励磁或欠励磁的不同情况下,可以分别发出不同大小的容性或感性无功功率。自 20 世纪 20 年代以来,同步调相机在电力系统无功功率控制中曾一度发挥了主要作用。然而,由于它是旋转电机,因此损耗和噪声都较大,运行维护复杂,而且响应速度慢,在很多情况下已无法适应快速无功功率控制的要求。所以 70 年代以来,同步调相机开始逐渐被静止无功补偿装置(Static Var Compensator,SVC)所取代,目前有些国家甚至已不再使用同步调相机。

早期的静止无功补偿装置是饱和电抗器(Saturated Reactor,SR)型的,与同步调相机相比,具有静止、响应速度快的优点;但是由于其铁芯需磁化到饱和状态,因而损耗和噪声都很大,而且存在非线性电路的一些特殊问题,加之不能分相调节以补偿负荷的不平衡,所以未能占据静止型无功补偿装置的主流。

电力电子技术的发展及其在电力系统中的应用,将使用晶闸管控制的静止无功补偿装置推上了电力系统无功功率控制的舞台。1977 年,美国 GE 公司首次在实际电力系统中演示运行了其使用晶闸管控制的静止无功补偿装置。1978 年,在美国电力研究院的支持下,西屋电气公司制造的使用控制晶闸管的静止无功补偿装置投入实际运行。由于使用晶闸管控制的静止无功补偿装置具有优良的性能,所以在世界范围内其市场一直在迅速而稳定地增长,已占据静止无功补偿装置的主导地位。因此,静止无功补偿装置往往是专指使用晶闸管控制的静止无功补偿装置,包括晶闸管控制电抗器(Thyristor Controlled Reactor,TCR)和晶闸管投切电容器(Thyristor Switched Capacitor,TSC),以及这两者的混合装置(TCR + TSC)等。20 世纪 80 年代以来,出现了一种更为先进的静止型无功补偿装置,即采用自换相变流电路的静止无功发生器(Static Vargenerator,SVG)。后文将对这些补偿装置分别简要介绍。

利用静止无功补偿装置对电力系统中无功功率进行快速动态补偿,可以实现如下功能:

(1) 校正动态无功负荷的功率因数。

(2) 改善电压调整。

(3) 提高电力系统的静态和动态稳定性,阻尼功率振荡。

(4) 降低过电压。

(5) 稳定母线电压,减少电压闪烁,提高电压质量。

(6) 阻尼次同步振荡。

(7) 减少电压和电流的不平衡。

应当指出,以上功能虽然是相互关联的,但实际的静止无功补偿装置往往只能以其中某一条或某几条为直接控制目标,其控制策略也因此而不同。此外,这些功能有的以对一个或几个在一起的负载进行补偿为目标(负载补偿),有的则是以提高整个输电系统性能的改善和传输能力为目标(输电补偿),而改善电压调整、提高电压的稳定度,则可以看作是两者的共同目标。在不同的应用场合,对补偿装置容量的要求也不一样。以电弧炉、电解、轧钢机等大容量工业冲击负荷为直接补偿对象的无功补偿装置,要求的容量较小;而以电力系统性能为直接控制目标的系统用无功补偿装置,则要求具有较大容量,往往达到几十兆乏或几百兆乏。

1. 晶闸管控制电抗器(TCR)

　　TCR 的基本原理如图 9 - 2 所示。其单相基本结构就是两个反向并联的晶闸管与一个电抗器相串联,而三相多采用三角形联结。这样的电路并联到电网上,就相当于电感负载的交流调压电路。显然,触发延迟角 α 的有效移相范围为 90°~180°。该电路位移因数始终为 0,也就是说,基波电流都是无功电流。触发延迟角 $\alpha = 90°$ 时,晶闸管完全导通,导通角 $\delta = 180°$,与晶闸管串联的电抗器相当于直接接到电网上,这时电抗器吸收的基波电流和无功功率最大;当触发延迟角 α 在 90°~180° 之间时,晶闸管为部分区间导通,导通角 $\delta < 180°$。增大触发延迟角 α 的效果,就是减少电流中的基波分量,减小其等效电纳,因而减少了其吸收的无功功率。

　　为了防止三次及 3 的倍数次数谐波对电网造成影响,TCR 的三相接线形式大都采用三角形联结,使上述谐波经三相电抗器形成环流而不注入电网。在工程实际中,还常常将每一相的电抗器分成如图 9 - 3 所示的两部分,分别接在晶闸管对的两端。这样可以使晶闸管在电抗器损坏时能得到额外的保护。

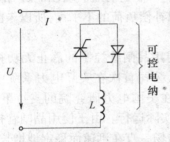

图 9 - 2　TCR 的基本原理图

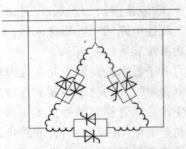

图 9 - 3　TCR 的三相接线形式

2. 晶闸管投切电容器(TSC)

　　TSC 的基本原理如图 9 - 4 所示。图 9 - 4(a) 是其单相电路图,图中两个反向并联晶闸管起着将电容器投入电网或从电网中切除的作用,而串联的小电感对电容器投入电网时可能造成的冲击电流起抑制作用。在工程上常常将电容器分成几组,如图 9 - 4(b) 所示,每组都可由晶闸管单独投切。与 TCR 中利用相控方式改变等效感抗不同,TSC 采用整数半周控制,根据电网的无功功率需求来投切这些电容器。

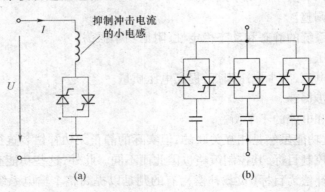

(a)　　　　　　　　　　　　(b)

图 9 - 4　TSC 的基本原理图

TSC 实际上就是可有级调节的、发出容性无功功率的动态无功补偿器。与 TCR 相比,TSC虽然不能连续调节无功功率,但具有运行时不产生谐波而且损耗较小的优点。因此 TSC 已在电力系统获得了较广泛的应用。为了实现连续可调的发出容性无功功率的能力,可采用 TSC 和 TCR 相结合的方法。

3. 复合开关投切电容器

复合开关的基本工作原理是将晶闸管与磁保持继电器并接,实现电压过零导通和电流过零切断。适用于对低压无功补偿电容器的通断控制,由于投切电容无冲击电流,可实现快速无功补偿。基本工作原理是将晶闸管与磁保持继电器并接,使复合开关在接通和断开的瞬间具有晶闸管过零投切的优点,而在正常接通期间又具有接触器无功耗的优点。其原理如图 9 - 5 和图 9 - 6 所示。

图 9 - 5 复合开关原理图　　　　图 9 - 6 磁保持继电器正、负脉冲极性转化电路原理图

（1）过零投切:其实现方法是,投入时,在电压过零瞬间晶闸管先过零触发,稳定后再将磁保持继电器吸合导通;而切除时,先将磁保持继电器断开,晶闸管延时过零断开,从而实现电流过零切除。

（2）采用单片机控制投切并监控晶闸管、继电器以及输入电源和负载的运行状况,从而具备完善的保护功能。

图 9 - 7 是复合开关工作时序图,图中:T 代表的是晶闸管触发脉冲的使能信号,K 代表的是交流接触器的开关信号,S 代表的是复合开关的开关信号,逻辑均为正逻辑。$t_{on1} = 10ms$, $t_{on2} = 20ms$, $t_{off1} = 10ms$, $t_{off2} = 20ms$。

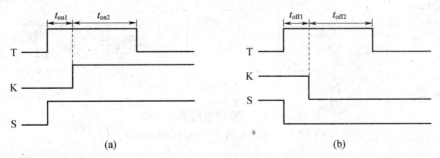

(a)　　　　　　　　　　　　　　(b)

图 9 - 7 复合开关工作时序图
(a) 复合开关导通时序; (b) 复合开关关断时序。

复合开关与交流接触器、晶闸管或固态继电器等开关元件相比较有很大的技术优势。主要优点是:接到外部控制信号后,通过逻辑判断,自动寻找最佳投入(切除)点;保证过零投切,无涌流,触点不烧结,能耗小,无谐波注入;同时,具有电压异常保护,缺相保护,元件故障保护,运行指示等功能。与同类产品相比,其在技术上具有极大的先进性,高效低耗,环保节能,尤其是在涌流和安全可靠性方面性能大大提高。

4. 静止无功发生器(SVG)

SVG 通常是指由自换相的电力半导体变流器来进行动态无功补偿的装置。与传统的以 TCR 和 TSC 为代表的 SVC 装置相比,SVG 的调节速度更快、运行范围宽,而且在采用多重化、多电子或 PWM 技术等措施后可大大减少补偿电流中的谐波分量。同时,SVG 使用的电抗器和电容器容量远比 SVC 中使用的电抗器和电容器要小,这将大大缩小装置的体积。

简单地说,SVG 的基本原理就是,将自换相桥式变流电路通过电抗器或者直接并联在电网上,适当地调节桥式电路交流侧输出电压的相位和幅值,或者直接控制其交流侧电流,就可以使该电路吸收或者发出满足要求的无功电流,实现动态无功补偿。

从电路原理知道,在单相电路中,与基波无功功率有关的能量是在电源和负载之间来回往返的。但是在对称三相电路中,不论负载的功率因数如何,三相瞬时功率的和是一定的,在任何时刻都等于三相总的有功功率。在三相电路中,电源与负载之间是没有无功功率来回流动的,各相的无功功率仅在三相之间流动。所以如果能用某种方法将三相各部分统一起来处理,因为三相电路电源和负载间没有无功能量的传递,而在总的负载侧就无需设置无功储能元件了。因此,理论上讲,SVG 的桥式变流电路的直流侧可以不设储能元件。在实际工程中,考虑到变流电路所吸收的电流不只是含基波分量,由于电流中谐波分量的存在也会造成少许无功功率在三相电源和 SVG 之间流动,因此,为了维持桥式变流电路的正常工作,其直流侧需装设一定大小的电感或电容用作储能,但所需储能元件的容量要比 SVG 所能提供的无功容量小得多。因此,SVG 中储能元件的体积和成本比同容量的 SVC 中大大减小。

SVG 通常分为电压型桥式电路和电流型桥式电路,如图 9 - 8(a)、(b)所示。电路的直流侧分别接电容和电感两种不同的储能元件。在交流侧,对电压型桥式电路,还需要串联电感才能并入电网;对电流型桥式电路,则需并联上电容器,以吸收换相产生的过电压。目前,由于运行效率等原因,实际上大多数采用电压型桥式电路,以下介绍其工作原理,并简称其为 SVG。

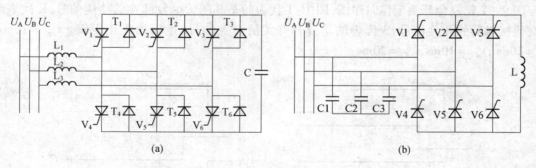

图 9 - 8 SVG 的电路基本结构
(a) 电压型挤式电路;(b) 电流型挤式电路。

SVG 正常工作时是通过电力电子元件的导通和阻断将直流侧电压转换成交流侧(与电网同频率)的输出电压,它就像一个电压型逆变器,只不过其交流侧输出接的是电网,而不是无源负载。因此,当仅考虑基波频率时,SVG 可以等效地视为幅值和相位均可以控制的一个与电网同频率的交流电压源,它通过电抗器连接到电网上,其单相等效电路如图 9 - 9(a)所示。图中:$\dot{U}_S$ 为电网电压,$\dot{U}_1$ 为 SVG 输出的交流电压,连接用的电抗器上的电压 $\dot{U}_L$ 即为 $\dot{U}_S$ 和 $\dot{U}_1$ 的相量差。改变 SVG 交流侧输出电压 $\dot{U}_1$ 的幅值及相对于 $\dot{U}_S$ 的相位,就可以改变连接电抗上的电压,从而控制 SVG 从电网吸收电流的相位和幅值,也就控制了 SVG 吸收无功功率的性质和大小。若忽略电抗器的有功损耗,则可将电抗器看作纯电感,这样,只需使 $\dot{U}_1$ 与 $\dot{U}_S$ 同相位,仅改变 $\dot{U}_1$ 的幅值大小即可控制 SVG 从电网吸收电流 $\dot{i}$ 的大小和相位。如图 9 - 9(b)所示,当 $U_1 > U_S$ 时,电流超前电压 90°,SVG 吸收容性的无功功率;当 $U_1 < U_S$ 时,电流滞后电压 90°,SVG 吸收感性的无功功率。

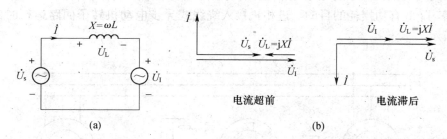

图 9 - 9　SVG 等效电路及工作原理(不考虑损耗)

若计及电抗器的有功损耗和变流器本身的损耗,并将这些损耗用电阻来替代,则 SVG 单相等效电路如图 9 - 10(a)所示,图 9 - 10(b)为其相量图。在这种情况下,变流器输出电压 $\dot{U}_1$ 与电流 $\dot{i}$ 仍相差 90°,而电网电压 $\dot{U}_S$ 与电流 $\dot{i}$ 的相差则不再是 90°,而是比 90°小了 δ 角,因此电网就需要提供有功功率,以满足电路对损耗的要求,与之相关的电流 $\dot{i}$ 中就有一定的有功分量。由相量图可见,这个 δ 角也就是变流器输出电压 $\dot{U}_1$ 与电网电压 $\dot{U}_S$ 的相位差,改变 $\dot{U}_1$ 的幅值,才能改变电流 $\dot{i}$ 的相位和大小,从而调节 SVG 从电网吸收的无功功率大小和性质。

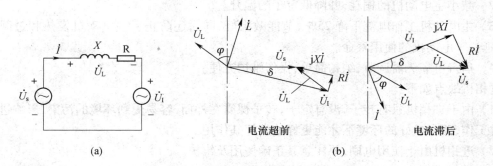

图 9 - 10　SVG 等效电路及工作原理(考虑损耗)

5. 进相机补偿

进相机是一种用来对绕线式异步电动机进行就地无功补偿的节电装置,有自励式和他励式两种。进相机的基本工作原理是在电动机的转子回路中,增加一个超前于转子主电势 90°的附加电势,从而使电动机的功率因数得到改善。这里主要介绍自励式进相机。

自励式进相机是一种特种电动机,可以提高三相绕线式异步电动机的功率因数,特别是大中型三相绕线式异步电动机的功率因数,可使主电动机的功率因数提高到 0.95 ~ 1.00。适合于恒转场合,配用于工矿企业使用的 95kW ~1250kW 高、低压三相绕线式异步电动机,在一定的条件下还能提高主电机效率和过载能力等独到的特点。

1）自励式进相机工作原理

自励式进相机结构简单、无需定子，是一个类似直流电动机的转子，用轴承支承。自励式进相机实质上是一种产生附加电势的小容量整流子电动机。整流子上每对电极装有三组电刷，彼此相隔120°，以便与被补偿绕线式感应电动机的转子相连通。由于其附加电势和电动机转子有相同的频率，且超前转子电势90°，使得转子合成电势和转子电流相应改变了相位，进而影响到定子电压、电流的相位相靠近，使得功率因数角度变小，$cos\varphi$ 值增大，从而达到补偿无功功率，降低有功损耗的目的。进相机接入绕线式异步电动机转子回路运行时的接线如图9-11所示。

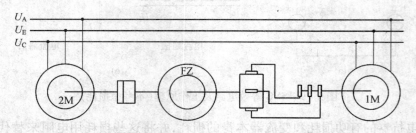

图9-11　进相机接线示意图

1M—绕线式异步电动机；2M—进相机拖动电动机；FZ—进相机。

2）自励式进相机的特点

进相机优点如下：

（1）能减小供电路的无功电流及供电线损，投入进相机后，即便主电动机电路中电流通过能力增加，在电线输送的过程中，损失减少了。

（2）减小主电动机的铜耗，并降低定子的温升。

（3）主电动机工作电流下降25%，节能效果好，同时还防止了主电动机发热和过载跳闸现象，延长了电动机的使用寿命。

（4）运行可靠无需调节，结构简单，操作维护方便。

进相机缺点如下：

（1）由于进相机只有转子，没有定子，转子裸露在外面，容易受到环境的污染，影响进相机的正常工作，要在较好的环境下才能更好地发挥其作用。

（2）进相机由于使用电刷，要注意其正确使用及维护。

6. 调节发电机的励磁电流进行无功补偿

励磁系统是同步发电机的重要组成部分，它是供给同步发电机励磁电源的一套系统。励磁系统一般由两部分组成：一部分用于向发电机的磁场绕组提供直流电流，以建立直流磁场，通常称作励磁功率输出部分（或称励磁功率单元）。另一部分用于在正常运行或发生故障时调节励磁电流，以满足安全运行的需要，通常称作励磁控制部分（或称励磁控制单元或励磁调节器）。在电力系统的运行中，同步发电机的励磁控制系统起着重要的作用，它不仅控制发电机的端电压，而且还控制发电机无功功率、功率因数和电流等参数。在电力系统正常运行的情况下，维持发电机或系统的电压水平；合理分配发电机间的无功负荷；提高电力系统的静态稳定性和动态稳定性，所以对励磁系统必须满足励磁电流以维持电压在稳定值水平，并能稳定地分配机组间的无功负荷。在有自备发电机组的企业可以考虑。

7. 串联补偿

串联补偿,就是利用补偿装置的容抗抵消部分输电线路感抗。它的引入可以减少电能损失,增加线路的输送能力,较好地调整线路负荷,改善系统的静态、动态稳定性,在电力系统发生严重干扰的过程中,还可以减少负荷区的电压降落。由于采用串联补偿输电,交流输电的距离变得越来越远,输送主干电力的串联补偿交流输电走廊已实现输送距离超过1km。

1) 提高系统稳定性和输送功率

串联补偿装置的连接示意图如图9-12所示。

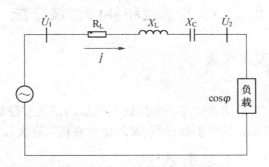

图9-12　串联补偿装置连接示意图

如果图9-12中没有加入串联补偿装置,则在一般的实用计算中,输电线路的输送功率为

$$P = \frac{U_1 U_2}{X_L}\sin\delta = P_m\sin\delta \tag{9-4}$$

式中:U_1、U_2 分别为线路首、末端电压;P_m 为线路极限输送功率,即线路静态稳定极限;X_L 为线路电抗;δ 为线路首、末端电压相角差,即功角。

因此,如果能降低输电线路的感抗,就能提高稳定极限和传输功率。例如,在高压远距离输电线路上,串联补偿电容器组的作用相当于缩短线路的电气距离,从而提高线路的稳定极限和输送能力。在输电线路补偿策略中属于线路补偿。装设容抗为 X_C 的串联无功补偿装置后,线路的输送功率为

$$P = \frac{U_1 U_2}{X_L - X_C}\sin\delta \tag{9-5}$$

所以,在同一功角 δ 下,增加的输送功率倍数为

$$\frac{X_L}{X_L - X_C} = \frac{1}{1 - K_C} \tag{9-6}$$

式中:$K_C = X_C/X_L$,称为串联补偿度。

串联补偿对输电阻抗的影响,为优化平行输电回路之间的负荷平衡提供了可能,并且允许提高总的电力输送能力。这是由于引入串联补偿能够让电力从负荷繁重的支线向负荷较轻的支线转移,这样为实现更多的电力输送提供了余地。

2) 改善线路的电压质量

在图9-12中,线路电压降可表示为

$$\Delta U = I[R_L\cos\varphi + (1 - K_C)X_L\sin\varphi] \tag{9-7}$$

由此式可以看出,串联无功补偿装置可使线路电压降 ΔU 减少 $K_C \cdot I \cdot X_L\sin\varphi$,而且补偿

257

度 K_c 越高，ΔU 减少越显著。所以串联补偿有助于在真正动态环境下实现电压稳定。这使得串联补偿成为在负荷繁重的输电回路中保持甚至增加电压稳定性的一个很有效的方式。

总之，电力输送系统的串联补偿带来了以下主要益处：

（1）增加了输电线路的有功输电能力，并不影响角度或电压稳定性。

（2）增加了角度或电压稳定性，同时不降低输电能力。

（3）在许多情况下降低了输电损耗。

9.3　电力谐波和补偿滤波措施

9.3.1　电力谐波及其性质

1．谐波的含义和性质

国际上公认的谐波含义是："谐波是一个周期电气量的正弦波分量，其频率为基波频率的整倍数。"由于谐波的频率是基波的整数倍数，因此也常称它为高次谐波。

谐波的特性表现在以下几个方面：

（1）谐波次数 N 必须是正整数。如我国电力系统的额定频率为 50Hz，则其基波频率为 50Hz，二次谐波为 100Hz，三次谐波为 150Hz。

（2）谐波和暂态现象的区别。谐波现象波形是保持不变的；而暂态现象，其每周期的波形都发生变化。对于不属谐波范畴的波形畸变（仅在正弦波一周期的极小部分上发生陷波），一般以基波峰值 U_{1m} 的百分数来表示，其畸变偏差百分值 δ_u^* 可用下式计算：

$$\delta_u^* = 100\Delta u / U_{1m} \%\qquad(9-8)$$

式中：Δu 为畸变偏差值。

对畸变偏差百分值 δ_u^* 的最大允许值要加以限制。

（3）短时间谐波和暂态现象中的谐波分量。对于间断性质的电流脉冲及其引起的电压畸变电要求：电流脉冲持续的时间不超过 2s，且两个电流脉冲之间的时间间隔不小于 30s，则这种谐波分量和暂态分量是允许的。但对在生产过程中造成的电压波动所引起的闪变必须加以限制，为了使闪变减少到可以容许的限度，供电点处的短路电流须保持一定水平或是装设电压波动补偿装置并附带谐波滤波器。

此外，实际电力系统中常存在一些频率不是基波频率整数倍的正弦分量，这些分量频率与基波频率之比有些是分数，如 1/2、1/3 等，则称为次谐波或分数次谐波，有些则介于两个整数之间如 2.5、3.6 等，则称为间谐波。它们的情况与谐波不尽相同，在本节中不予讨论。

2．电力系统谐波产生的原因及谐波源

1）供电系统中谐波产生的原因

谐波产生的根本原因是由于电力系统中某些设备和负荷的非线性，即所加的电压与产生的电流不成线性关系而造成的波形的畸变。当电力系统向非线性的设备及负荷供电时，这些设备或负荷在传递（如变压器）、变换（如交直流换流器）、吸收（如电弧炉）系统发电机所供给的基波能量的同时，又把部分基波能量转换为谐波能量，向系统倒送大量的谐波，使系统的正弦波形畸变，电能质量降低，损坏系统设备，威胁电力系统的安全运行，增加电力系统的功率损耗，给系统带来危害。

电力系统的工频电源主要是发电厂中的同步发电机。当在发电机励磁绕组中通以直流电流,并在磁极下产生按正弦分布的磁场时,定子绕组中将感应出正弦电动势,发电机输出波形为正弦波的电压波形。但这只是理想的情况,实际发电机中,磁极磁场并非完全按照正弦规律分布,因此感应电动势就不是理想的正弦波,输出电压中也就包含一定的谐波。这种谐波电动势的频率和幅值只取决于发电机本身的结构和工作情况,基本与外接负载无关,可以看成谐波电压源。由于在设计发电机时,采取了许多削弱谐波电动势的措施,因此,其输出电压的谐波含量是很小的。国际电工委员会(IEC)规定,发电机的端电压波形在任何瞬间与其基波波形之差不得大于基波幅值的5%。因此,在分析公用电网的谐波时,可以认为发电机电动势为纯正弦波形,不考虑其谐波分量。

2)电力系统谐波源

谐波源产生的谐波与其非线性特性有关。电力系统的谐波源主要有以下几种:

(1)系统中的各种非线性用电设备,如换流设备、调压装置、电气化铁道、电弧炉、荧光灯、家用电器以及各种电子节能控制设备等是电力系统谐波的主要产生源。

(2)供电系统本身存在的非线性元件是谐波的又一来源。这些非线性元件主要有变压器励磁支路、交/直流换流站的晶闸管控制元件,以及晶闸管控制的电容器、电抗器组等。

(3)如荧光灯、家用电器等的单个容量不大,但数量很大且散布于各处,电力部门又难以管理的用电设备。如果这些设备的电流谐波含量过大,则会对电力系统造成严重影响,对该类设备的电流谐波含量,在制造时就应限制在一定的数量范围之内。

(4)发电机发出的谐波电势。发电机发出谐波电势的同时也会有谐波电势的产生,其谐波电势取决于发电机本身的结构和工作状况,基本上与外接阻抗无关。故可视为谐波恒压源,但其值很小。

3. 谐波对电气设备的影响和危害

谐波的危害主要体现在以下几个方面:

(1)谐波对旋转电机的影响。谐波对旋转电机(发电机和电动机)的主要影响是产生附加功率损耗和发热,其次是产生机械振动、噪声和谐波过电压。

谐波对旋转电机可引起附加损耗,反映谐波附加损耗的谐波电阻 R_n 和反映基波损耗的工频电阻 R_1 之比大于1,一般采用以下近似比值:

$$R_n / R_1 \approx \sqrt{n} \tag{9-9}$$

对于某些旋转电机实际比值可能比 $\sqrt{n}$ 小;对于某些变压器实际比值可能比 $\sqrt{n}$ 大。

(2)对无功补偿电容器引起谐振或谐波电流的放大。电力谐波对无功补偿电容器引起谐振或谐波电流的放大,从而导致电容器因过负荷或过电压而损坏;对电力电缆也会造成电缆的过负荷或过电压击穿。类似现象国内外都有这方面的深刻教训。

(3)对供电网和导线增加电网的损耗。当发生谐振或放大现象时,损耗可达到相当大的程度。谐波电流在导线上的发热比方均根电流造成的预期发热量高,原因是集肤效应和邻近效应造成的。

(4)对继电保护、自动控制装置和计算机产生干扰和造成误动作。尤其是一些衰减时间较长的暂态过程,如变压器合闸涌流中的谐波分量,由于其含量和幅值都很大,更容易引起继电保护的误动作。

(5)造成电能计量的误差。谐波的影响一方面是增加电度表本身的误差;另一方面是谐波源负荷从系统中吸收基波功率而向系统送出谐波功率。这样受害的用户既从系统中吸收基波功率,又从谐波源吸收无用的谐波功率,其后果是谐波源负荷用户少付电费,而受害的用户需多付电费。

(6)谐波电流在高压架空线路上的流动带来的问题。谐波电流在高压架空线路上的流动除增加线损外,还将对相邻通信线路产生干扰影响。

(7)对断路器和熔断器的影响。电流波形的畸变明显地影响断路器断路容量,当存在负荷电流畸变时,在过零点时可能造成高的 di/dt 值,比电流为正弦波时开断更为困难,由于开断时间延长导致延长了故障电流切除时间,因而会造成快速重合闸后的再燃弧。熔断器是由于发热而熔断的,而本质上是均方根过流电流器件,一般使用的熔断器由几个带状熔片组成,对谐波过流集肤效应引起的发热效应很敏感,故其更易受到影响。

4. 国内外对谐波的监督管理及限制电网谐波要求

国际大电网会议、国际电工委员会和各国制定的限制电力系统谐波的共同原则和要求:

(1)把电力系统中谐波电压控制在允许范围内,保证供电网供给波形合格的电力。

(2)限制谐波源注入电网的谐波电流及其在电网连接点产生的谐波电压。

(3)防止谐波对电网发电、供电设备的干扰,特别要防止高压电网发生谐振或谐波放大,维护电网经济运行。

(4)保证供电质量,使接入电网的各种用电器具免受谐波干扰,保持正常工作。

(5)有利于国际技术经济交流与合作。

(6)电压总谐波畸变率:

低压电网(≤1kV)	4%~5%
中压电网(2.4kV~72kV)	2%~4%
高压电网(84kV 及以上)	1%~1.5%

5. 我国对公用电网谐波电压限制的规定

对于不同电压等级的公用电网,允许电压谐波畸变率也不相同。电压等级越高,谐波限制越严。对偶次谐波的限制高于奇次谐波的限制。表 9-1 列出了公用电网谐波电压(相电压)限值。

表 9-1 公用电网谐波电压(相电压)限值

电网标称电压/kV	电压总谐波畸变率/%	各次谐波电压含有率/%	
		奇次谐波	偶次谐波
0.38	5.0	4.0	2.0
6	4.0	3.2	1.6
10			
35	3.0	2.4	1.2
66			
110	2.0	1.6	0.8

6. 我国对公用电网谐波电流限制的规定

公用电网公共连接点的全部用户向该点注入的谐波电流分量不应超过表 9-2 规定值。

表9-2 注入公共连接点的谐波电流允许值

标准电压/kV	基准短路容量/(MV·A)	谐波次数及谐波电流允许值/A											
		2	3	4	5	6	7	8	9	10	11	12	13
0.38	10	78	62	39	62	26	44	19	21	16	28	13	24
6	100	43	34	21	34	14	24	11	11	8.5	16	7.1	13
10	100	26	20	13	20	8.5	15	6.4	6.8	5.1	9.3	4.3	7.9
35	250	15	12	7.7	12	5.1	8.8	3.8	4.1	3.1	5.6	2.6	4.7
66	500	16	13	8.1	13	5.4	9.3	4.1	4.3	3.3	5.9	2.7	5.0
110	750	12	9.6	6.0	9.6	4.0	6.8	3.0	3.0	2.4	4.3	2.0	3.7

标准电压/kV	基准短路容量/(MV·A)	谐波次数及谐波电流允许值/A											
		14	15	16	17	18	19	20	21	22	23	24	25
0.38	10	11	12	9.7	18	8.6	16	7.8	8.9	7.1	14	6.5	12
6	100	6.1	6.8	5.3	10	4.7	9.0	4.3	4.9	3.9	7.4	3.6	6.8
10	100	3.7	4.1	3.2	6.0	2.8	5.4	2.6	2.9	2.3	4.5	2.1	4.1
35	250	2.2	2.5	1.9	3.6	1.7	3.2	1.5	1.8	1.4	2.7	1.3	2.5
66	500	2.3	2.6	2.0	3.8	1.8	3.4	1.6	1.9	1.5	2.8	1.4	2.6
110	750	1.7	1.9	1.5	2.8	1.3	2.5	1.2	1.4	1.1	2.1	1.0	1.9

当公共连接点处的最小短路容量不同于基准短路容量时,按以下修正谐波电流值:

$$I_n = \frac{S_{K1}}{S_{K2}} I_{hp} \qquad (9-10)$$

式中:S_{K1} 为公共连接点的最小短路容量(MV·A);S_{K2} 为基准短路容量(MV·A);I_{hp} 为第 h 次谐波电流允许值(A);I_n 为短路容量为 S_{K1} 时的第 n 次谐波电流允许值(A)。

第 n 次谐波电压含有率 HRU_n 与第 n 次谐波电流分量 I_n 有如下关系:

$$HRU_n = \sqrt{3} \frac{Z_n I_n}{10 U_N} (\%) \qquad (9-11)$$

式中:U_N 为电网标称电压(kV);I_n 为第 n 次谐波电流(A);Z_n 为第 n 次谐波电抗(Ω)。

两个谐波源的同次谐波电流在一条线路的同一相上叠加,当相位角已知时,总谐波电流 I_n 可按下式计算:

$$I_n = \sqrt{I_{n1}^2 + I_{n2}^2 + 2 I_{n1} I_{n2} \cos\varphi_n} \qquad (9-12)$$

式中:I_{n1} 为谐波源 1 的第 n 次谐波电流(A);I_{n2} 为谐波源 2 的第 n 次谐波电流(A);φ_n 为谐波源 1 和 2 的第 n 次谐波电流之间的相位角。

当两个谐波源的同次谐波电流在一条线路上相位不确定时,总谐波电流可按下式计算:

$$I_n = \sqrt{I_{n1}^2 + I_{n2}^2 + K_n I_n I_{n2}} \qquad (9-13)$$

式中:系数 K_n 按表9-3选取。

表 9-3　系数 K_n 的值

n	3	5	7	11	13	9，>13，偶次
K_n	1.62	1.28	0.72	0.18	0.08	0

　　两个及以上谐波源在同一节点同一相上引起的同次谐波电压叠加公式与上两式类似。同一公共连接点有多个用户时，每个用户向电网注入的谐波电流允许值按该用户在该点的协议容量与其公共点的供电设备容量之比进行分配。第 i 个用户的第 n 次谐波电流允许值 $I_{ni}(A)$ 可由下式计算：

$$I_{ni} = I_n\left(S_i\big/S_t\right)^{1/\alpha} \tag{9-14}$$

式中：I_n 为按 $I_n = S_{K1} \cdot I_{hp}/S_{K2}$ 计算的第 n 次谐波电流允许值（A）；S_i 为第 i 个用户的用电协议容量（MV·A）；S_t 为公共连接点的供电设备容量（MV·A）；α 为相位叠加系数，具体按表 9-4 取值。

表 9-4　相位叠加系数取值

n	3	5	7	11	13	9，>13，偶次
α	1.1	1.2	1.4	1.8	1.9	2

9.3.2　有源补偿滤波理论

　　有源补偿滤波理论是：如果负载中无功能量不与电网交换，即电网不给负载提供无功功率，那么电网就只需给负载提供与电网同频、同相的理想电流，从而达到补偿和滤波的双重目的。

1. 有源补偿滤波技术的发展状况

　　早在 20 世纪 70 年代日本就提出了有源滤波器的原始模型。但在当时由于元件的限制，效率很低，无实际使用价值。同期，美国西屋公司也进行了研究，提出了用脉宽调制（PWM）技术实现有源滤波补偿，但当时条件所限也未投入使用。如今随着大功率晶体管（GTR），大功率门极可关断晶闸管（GTO）和静电感应晶闸管（SIT）等快速器件的发展，电力有源滤波器的研究开始活跃起来，并朝着实用化方向发展。

2. 有源无功补偿滤波系统的构成

　　电源、负载和补偿滤波器的电流方向如图 9-13 所示。

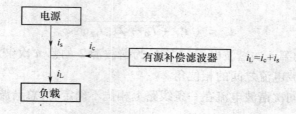

图 9-13　有源无功补偿滤波系统的构成示意图

有源无功补偿滤波器由两个单元构成:执行单元,包括缓冲能量的储能环节和产生接近理想输出电流的开关组;控制单元,包括检测电路和运算电路用于产生输出电流指令,并使这转化为控制执行单元开关动作的脉冲列。

(1)执行单元。由于四象限 PWM 变流器可以产生任意形状和相位的波形,因此有源滤波器执行单元可以考虑采用四象限 PWM 变流器。根据不同的电能储存单元分为电压型和电流型两类。如图 9 – 14 和图 9 – 15 所示。

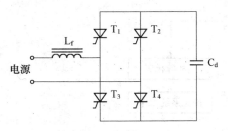

图 9 – 14　电压型(电容 C_d 为储能单元)

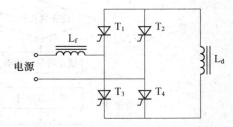

图 9 – 15　电流型(电感 L_d 为储能单元)

(2)控制单元。控制单元的目的是计算检测电流,得到开关晶闸管脉冲控制指令,对执行单元进行有效控制以得到所期望的电流与电压。它由 8096 系列单片机构成,其原理框图 9 – 16 所示(以 MCS – 8096 为例)。图中:e_a 为检测的电网电压;i_{ab} 为检测的电网电流;U_d 为储能部件的电压检测;U_d^* 由电流转化来的电压指令;OUT 为由单片机输出的用于控制晶闸管何时通断的控制信号。其控制单元软件流程框图如图 9.17 所示。

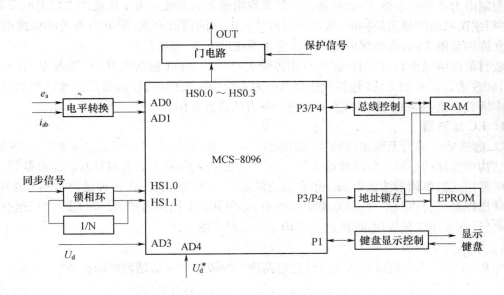

图 9 – 16　控制单元原理框图

中断包括 A/D 中断、高速输入中断、外部中断三个部分。A/D 中断主要是对外部检测的模拟信号 U_d^*、U_d、e_a、i_{ab} 进行数字化处理;中断是对各检测转换来的信号进行分析、比较;外部中断主要是向晶闸管送控制信号。

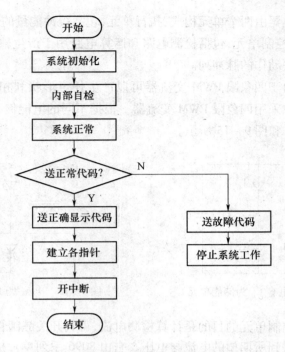

图 9 - 17 控制单元软件流程框图

9.3.3 供电系统中谐波抑制的方法

限制电力系统的谐波,一般在谐波源处采取措施最为有效。由于谐波源主要为电流源,因此,要根据国家谐波规定的标准,限制谐波源注入电网的谐波电流,把电力系统的谐波电压抑制在允许的范围之内,以确保电能质量和电力系统的安全、经济运行。

就目前的情况而言,抑制谐波的方法可分为补偿的方法(包括设置 LC 滤波器、有源滤波器等)和改造谐波源的方法(包括设法提高电力系统中主要的谐波源,整流装置的相数及采用高功率因数整流器等)。本节将主要对前一种方法进行介绍。

1. LC 滤波器

LC 滤波器也称为无源滤波器,它是由滤波电容器、电抗器和电阻组合而成的滤波装置。根据结构和原理的不同,LC 滤波器可分为单调谐滤波器、高通滤波器和双调谐滤波器等,实际应用中常用几组单调谐滤波器和一组高通滤波器组成滤波装置。在各种谐波抑制方法中,LC 滤波器出现最早,且存在一些较难克服的缺点,但因其具有结构简单、设备投资较少、运行可靠性较高、运行费用较低等优点,因此至今仍是应用最多的方法。

1)单调谐滤波器

图 9 - 18(a)为单调谐振滤波器原理电路图。滤波器对 n 次谐波的阻抗为

$$Z_{f_n} = R_{f_n} + \mathrm{j}\left(n\omega_s L - \frac{1}{n\omega_s C}\right) \qquad (9-15)$$

式中:f_n 为第 n 次单调谐滤波器频率;ω_s 为系统角频率。

单调谐滤波器是利用串联 L、C 谐振原理构成的,谐振次数为

$$n = \frac{1}{\omega_s \sqrt{LC}} \qquad (9-16)$$

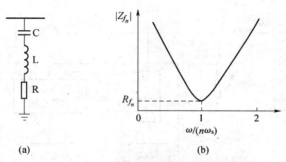

图 9 – 18 单调谐振滤波器原理电路图及阻抗频率特性
(a) 原理电路图；(b) 阻抗频率特性。

电路阻抗频率特性如图 9 – 18(b) 所示。在谐振点处，$Z_{f_n} = R_{f_n}$；因为 R_{f_n} 很小，n 次谐波电流主要分流到滤波器，而很少流入电网中。而对其他次数的谐波，$Z_{f_n} \gg R_{f_n}$，滤波器分流很少。因此，只要将滤波器的谐振频率设定为需要滤除谐波的频率，则该次谐波电流的大部分流入滤波器，很少部分流入电网，从而达到滤除该次谐波的目的。

2）双调谐滤波器

双调谐滤波器的原理电路图如图 9 – 19(a) 所示。由图 9 – 19(b) 电路的阻抗频率特性可见，它有两个谐振频率，可以同时吸收这两个谐波频率的谐波，所以这种滤波器的作用相当于两个并联的单调谐滤波器。但这种单调谐滤波器结构复杂，调谐也困难，故工程上用得很少。

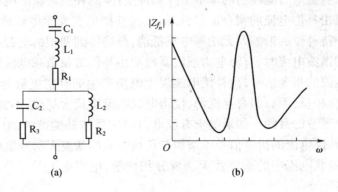

图 9 – 19 双调谐滤波器原理电路图及阻抗频率特性
(a) 原理电路图；(b) 阻抗频率特性。

3）有源电力滤波器

传统的 LC 滤波器常称为无源滤波器，它在特定的滤波频率下，呈现出低阻抗，使谐波电流流向滤波器，而不流向电网，起到滤波作用。图 9 – 20 中的高通无源滤波器（High Pass Filter，HPF），其电路结构简单，运行维护方便，初投资少。当电网运行方式改变或由于环境温度的变化引起元件参数变化时，无源滤波器的滤波效果较差，甚至出现失调或谐波放大现象，危及电气设备的安全运行。

有源电力滤波器（Active Power Filter，APF）是一种用于动态抑制谐波、补偿无功的新型电力电子装置，它可以克服无源滤波器的上述缺点，特别是近年来瞬时无功功率理论和 PWM 控制技术的发展，使得有源电力滤波技术已进入工程使用阶段。

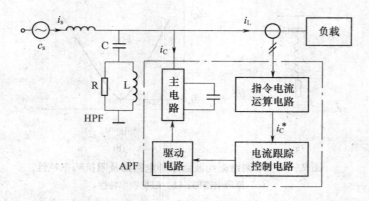

图 9-20　有源电力滤波器的系统构成原理图

图 9-20 为最基本的有源电力滤波器的系统构成原理图。图中供电电源为交流电源,负载为谐波源,它产生谐波并消耗无功。有源电力滤波器系统由两大部分组成,即指令电流运算电路和补偿电流发生电路(由电流跟踪控制电路、驱动电路和主电路三个部分构成)。指令电流运算电路的核心是检测出补偿对象电流中的谐波和无功电流等分量,因此有时也称为谐波和无功电流检测电路。补偿电流发生电路的作用是,根据指令电流运算电路得出的补偿电流的指令信号,产生实际的补偿电流。主电路目前均采用 PWM 变流器。

图 9-20 所示有源电力滤波器的基本工作原理是:检测补偿对象的电压和电流,经指令电流运算电路计算得出补偿电流的指令信号,该信号经补偿电流发生电路放大,得出补偿电流,补偿电流与负载中待补偿的谐波及无功等电流抵消,最终得到期望的电源电流。例如,当需要补偿负载所产生的谐波电流时,有源电力滤波器检测出补偿对象负载电流的谐波分量,将其反极性后作为补偿电流的指令信号,由补偿电流发生电路产生的补偿电流与负载电流中的谐波分量大小相等、方向相反,因而两者互抵消,使得电源电流中只含基波,不含谐波。这样就达到了抑制电源电流中谐波的目的。如果要求有源电力滤波器在补偿谐波的同时,补偿负载的无功功率,则只要在补偿电流的指令信号中增加与负载电流的基波无功分量反极性的成分即可。这样,补偿电流与负载电流中的谐波及无功成分相抵消,电源电流等于负载电流的基波有功分量。

9.3.4　电力谐波谐振和无功补偿

谐振是交流电路的一种特定工作状况,在由电阻、电感和电容组成的电路中,当电压相量与电流相量同相时,就称这一电路发生了谐振。谐振的发生是由于电力系统中存在电感和电容等储能元件,在某些情况下,如电压互感器铁磁饱和、非全相拉合闸、输电线路一相断线并一端接地等,在部分电路中形成谐振。谐波也可产生谐振,由谐波源和系统中的某一设备或某几台设备可能构成某次谐波的谐振电路。谐波在电网中长期存在,而谐振仅是电网某一范围内的一种异常状态;当系统中发生谐振时,也要产生谐波。

在无功缺额较大的用电系统,如铝电解大功率、大电流电力晶闸管整流系统中,作为应对无功缺额的措施,往往采用电容无功补偿装置进行无功补偿;但电力大功率、大电流晶闸管整流装置又产生大量的电力谐波,所采用的电容补偿装置参数配置是否合理,将会导致是否有电力谐波的放大或引起谐振的现象发生。在实际运行中证明,电力谐波的放大或谐波谐振现象的发生,不但与装置设计参数有关还与系统运行方式有关。如何使得系统无功得到最优的补偿,又使得电力谐波得到最有效的治理,是设计人员和相关的运行人员所必须考虑的问题。

1. 功率因数的进一步讨论

在供配电系统中,从变电站和电源方面来看,都要求能充分利用设备的容量,减少输配电的损耗,达到安全、经济运行的目的;从用户和负荷方面来看,要求电网电压、电流的有效值和频率等电气参数都应有稳定的数值,并且要求电压的波形尽可能是正弦波,也就是从功率因数的角度而言,要求系统有较高的功率因数,据功率因数概念有

$$\cos\varphi = \frac{P}{S} \qquad (9-17)$$

在电流、电压波形为正弦波的情况下,有 $S^2 = P^2 + Q^2$,则

$$\cos\varphi = \frac{P}{\sqrt{P^2 + Q^2}} \qquad (9-18)$$

式中:S 为视在功率;P 为有功功率;Q 为无功功率。

在产生重大谐波的铝电解大功率、大电流电力晶闸管整流系统的电力电网中,其电压、电流波形均为非正弦波,这时有

$$S^2 = \sum_{n=1}^{N} U_n^2 \sum_{n=1}^{M} I_n^2 \qquad (9-19)$$

频域无功功率为

$$Q_f = \sum_{n=1}^{M} U_n I_n \sin\varphi_n \qquad (9-20)$$

引入畸变功率后,有

$$S^2 = P^2 + Q_f^2 + D^2 \qquad (9-21)$$

式中

$$D = \sqrt{\sum_{m \neq n} \left[U_m^2 I_m^2 + U_n^2 I_n^2 - 2U_m I_m U_n I_n \cos(\varphi_m - \varphi_n) \right] + \sum_{m \neq n} U_m^2 I_m^2} \qquad (9-22)$$

在非正弦的情况下,难以用电压和电流间的相移概念来表述功率因数,根据能量流动有

$$\cos\varphi = \frac{P}{\sqrt{P^2 + Q_f^2 + D^2}} \qquad (9-23)$$

定义无功 Q_t,并使 $Q_t^2 = Q_f^2 + D^2$,则 $\qquad (9-24)$

$$P = \frac{1}{T} \int_0^{Tt} UI dt = \sum_{n=1}^{N} U_n I_n \cos\varphi_n \qquad (9-25)$$

式中:φ_n 为第 n 次谐波电流滞后电压相角。

在电网电压和电流都接近正弦波形发生的情况下,$\cos\varphi \leqslant 1$ 的主要原因是电压和电流间的相移所致;当电网电压和电流的波形发生畸变时,功率因数 $\cos\varphi \leqslant 1$ 的主要原因是,电压和电流间的相移与波形畸变两大因素共同所致。

2. 电力电容器的作用

电力晶闸管大功率、大电流整流系统,电网电压和电流的波形均发生畸变,这时电网要解决的问题是:一方面要治理电网公害——谐波;另一方面又要提高功率因数 $\cos\varphi$。

目前,我国在电力电网上,治理谐波都是要求用户就地进行,采用的办法是,利用电抗器和电力电容器组成的滤波器组,针对系统中含量较大的谐波进行过滤,以达到消除或减轻谐波危害的目的如图9-21所示。考虑到设备的综合利用,同时又把滤波器组的电力电容器组利用为无功补偿,以提高功率因数,充分发挥电力设备的容量,减少各种输电损耗。

3. 谐波治理与无功补偿装置关系的分析

在大电流电力晶闸管整流的电网中,均是非正弦波的,在同一谐波源内可能出现某次谐波是感性无功,而另一次谐波则是容性无功,这时将导致不同谐波的无功相互补偿。像大功率、大电流电力晶闸管整流机组这样的谐波源用户,按式(9-25)计算出的功率 P 值可能会小于它的基波功率 P_1,即它将吸收的一部分基波功率转化为谐波功率而反馈至电网并危害其他用户。某些谐波由于参数的原因,不但不能消除或减轻,反而被放大而产生共振现象,所以在选择谐波滤波器组时,既要有利于提高电网侧的功率因数,又要利于避免谐波谐振。

使滤波装置满足无功补偿要求,采取如下方法:

(1)如其无功容量小于需补偿容量,不足部分可加普通的并联电容器组。

(2)加大滤波器容量,使其总的无功容量满足补偿要求。

为了更好地理解谐波治理与无功补偿装置关系,现对电力系统谐波滤波器组有关参数进行讨论:

如图9-22所示,设电力系统基波阻抗 $Z_s = R_s + jX_s$,n 次谐波阻抗 $Z_{sn} = R_{sn} + jX_{sn}$,$R$ 为串联电阻(包括电抗器电阻)。令谐波源的 n 次谐波电流为 I_n,进入电力系统的谐波电流为 I_{sn},进入电容器组的谐波电流 I_{cn} 分别为

$$I_{cn} = \frac{nX_s + R_{sn}}{R_{sn} + nX_s + (nX_1 - X_c/n)} I_n \qquad (9-26)$$

$$I_{sn} = \frac{R + nX_s - X_c/n}{R_{sn} + nX_s + (nX_1 - X_c/n)} I_n \qquad (9-27)$$

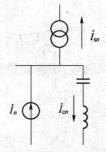

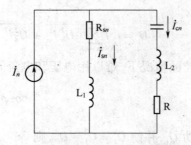

图9-21 电力系统谐波治理简化电路图　　图9-22 电流分布示意图

从设计角度出发,不希望出现系统谐波电流放大和电容器谐波电流放大,即不允许 $I_{sn} > I_n$,$I_{cn} > I_n$ 的任何一种情况发生,因此有

$$\begin{cases} \left| \dfrac{nX_s + R_{sn}}{R_{sn} + nX_s + (nX_1 - X_c/n)} \right| < 1 \\[3mm] \left| \dfrac{R + nX_s - X_c/n}{R_{sn} + nX_s + (nX_1 - X_c/n)} \right| < 1 \end{cases}$$

由此可推出:

$$\begin{cases} -1 < \dfrac{nX_s + R_{sn}}{R_{sn} + nX_s + (nX_1 - X_c/n)} < 1 & (9-28) \\[3mm] -1 < \dfrac{R + nX_s - X_c/n}{R_{sn} + nX_s + (nX_1 - X_c/n)} < 1 & (9-29) \\[3mm] X_c \neq n(R_{sn} + nX_s + nX_1 + R) & (9-30) \end{cases}$$

由以上可见,系统的谐波滤波器组参数及电网的参数都要同时满足以上三式时,便不会出现谐波被放大或产生谐振的现象。单独考虑谐波滤波器组本身参数作为抑制谐波的设备配置显然是不全面的,必须还要考虑电网参数变化因素的影响。如电网参数没有满足式(9−28),则会有电力谐波被电容器组放大的现象发生。若滤波器组参数不能满足式(9−29),则进入电力系统的谐波电流将放大。若电网参数与谐波滤波器组的参数不能满足式(9−30)式,则 I_{sn}、I_{cn} 将趋于无穷大,即会发生谐波严重放大,并会可能出现谐波严重谐振现象。具体可从图9−23看出。

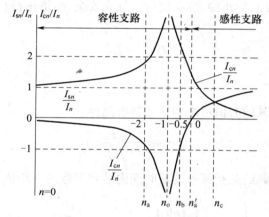

图 9 – 23 I_{cn}、I_{sn} 变化曲线图

下面以单调滤波器组为例,说明过分追求高功率因数会影响谐波器组的滤波效果,甚至引起谐波放大的现象及谐振现象。

设滤波电容器额定容量 Q_{cn}(三相值)、额定电压 U_{cn},则基波容抗为

$$X_c = \frac{3U_{cn}^2}{Q_{cn}} \qquad (9-31)$$

为了提高整流系统交流侧的功率因数,工程习惯上采用电容集中补偿的方式,即依靠滤波电容器组产生无功以补偿缺额的无功来提高功率因数;若过分增加电容量 Q_{cn} 来提高电网功率因数,则由式

$$\cos\varphi = \frac{P}{\sqrt{P^2 + Q^2}} = \frac{P}{\sqrt{P^2 + \left(\dfrac{3U_{cn}^2}{X_c}\right)^2}}$$

可推出

$$X_c = \frac{3U_{cn}^2}{P\sqrt{\dfrac{1}{\cos_\varphi^2} - 1}}$$

代入式(9-30),则可看出,X_c 有降低的趋势,这时电网参数及滤波电容器组的参数,就有可能不能满足式(9-30),将会产生某次谐波严重谐振的现象,这时对整个电网危害是最大的。一般 R_{sn}、X_s、X_L、R 是较 X_c 小的,对某次谐波而言,很容易造成式(9-30)的不满足,这是电力电网及变电站,尤其是包含重大谐波源用户的电力系统所要考虑的;否则,会给用户带来灾难性事故,特别是用户在对大负荷操作时,发生事故的可能性是较高的。原因是,滤波系统存在着某次谐波的谐振,流过滤波器开关的峰值电流有可能远远超过其开关正常工作电流值而使开关遮断,容量不足,导致开关在分断时可能发生爆炸,类似事故曾在我国某特大企业发生过,造成了重大的经济损失。

总而言之,类似铝电解大电流电力晶闸管整流系统、高压直流换流站等场合,是众所周知的重大谐波源,在进行设计类似的电力系统,尤其要考虑到既要保证系统有足够的功率因数,以及充分考虑到电网发展的需要,又要完全避免谐波谐振的发生。这样要求设计部门对电网参数与谐波滤波器组参数做到最佳选择,并要考虑到电网发展的情况;同时,运行人员在运行方式管理上要做好各种方式的预测,方能使设备处在安全、经济运行状态。

小　结

1. 功率因数包括:

(1) 瞬时功率因数:其瞬时值可由功率因数表测得。

$$\cos\varphi = \frac{P}{\sqrt{3}UI}$$

(2) 均权平均功率因数:是指某一规定时间内功率因数的平均值。

$$\cos\varphi = \cos\left(\arctan\frac{\int_{t1}^{t2}Q\mathrm{d}t}{\int_{t1}^{t2}P\mathrm{d}t}\right) = \cos\left(\arctan\frac{Q_{av}}{P_{av}}\right) = \frac{1}{\sqrt{1+\left(\dfrac{V}{W}\right)^2}}$$

(3) 自然功率因数:未装设人工补偿装置时的功率因数。自然功率因数有瞬时值和均权平均值两种。

(4) 总功率因数:设置人工补偿装置后的功率因数。同样,它可以有瞬时值和均权平均值两种。

2. 功率因数对供电系统的影响。当供电系统中输送的有功功率维持恒定的情况下,无功功率增大,即供电系统的功率因数降低将会引起:系统中输送的总电流增加,使得设备及供电线路的有功功率损耗相应地增大,就使得供电系统中的电压损失增加,使得调压困难,对电力系统的发电设备来说,无功电流的增大,导致原动机的出力相对降低。

无功功率对电力系统及电力用户内部的供电系统都有极不良的影响。功率因数的高低也是供电系统的一项重要的经济指标。

3. 提高供配电系统的自然功率因数:

(1) 正确选用异步电动机的型号和容量;

(2) 电力变压器不宜轻载运行;

(3) 适当采用同步电动机;

（4）轻载绕线式异步电动机同步化运行。

4. 电力电容器无功补偿提高功率因数的方法：就地补偿、分组（分散）补偿和集中补偿三种。

5. 常用的补偿电容投切器件及方法：晶闸管控制电抗器（TCR）；晶闸管投切电容器（TSC）；复合开关投切电容器；静止无功发生器（SVG）；进相机补偿；调节发电机的励磁电流进行无功补偿；串联补偿等。

6. 谐波：是一个周期电气量的正弦波分量，其频率为基波频率的整倍数。谐波产生的根本原因是由于电力系统中某些设备和负荷的非线性，即所加的电压与产生的电流不成线性关系而造成的波形的畸变。

7. 谐波对电气设备的影响和危害：谐波对旋转电机的影响，对无功补偿电容器引起谐振或谐波电流的放大，对供电网和导线增加电网的损耗，对继电保护、自动控制装置和计算机产生干扰和造成误动作，造成电能计量的误差，谐波电流对相邻通信线路的影响，对断路器和熔断器的影响。

8. 供电系统中谐波抑制的方法：可分为 LC 滤波器单调谐滤波器、双调谐滤波器和有源电力滤波器。

有源补偿滤波就是：如果负载中无功能量不与电网交换，即电网不给负载提供无功功率，那么电网就只需给负载提供与电网同频、同相的理想电流，从而达到补偿和滤波的双重目的。还要考虑电力谐波谐振与无功补偿。

思考题与习题

1. 电力用户中与节约电能密切相关的重要技术指标有哪些？
2. 提高自然功率因数的方法有哪些？
3. 电容器补偿方式有哪几种？各有何特点？
4. 利用静止无功补偿装置对电力系统中无功功率进行快速的动态补偿，可实现哪些功能？
5. 简述 TCR、TSC、SVG 的基本功能。
6. 电力系统的谐波源主要有哪几种？
7. 电力系统中谐波产生的危害有哪些？谐波抑制的方法主要有哪些？

第 10 章　工厂电气照明

本章首先介绍照明技术的基本知识;其次介绍常用的光电源和灯具及其布置方式;再次介绍照度的计算方法;最后简要介绍照明供电系统、电气照明负荷的供电方式以及相关线路导线的选择。

照明分为自然照明和人工照明两大类。自然照明就是利用天然采光,人工照明则是为弥补因各种原因造成的采光不足而采取的人为照明措施。本章介绍的电气照明是人工照明中应用范围最广的一种照明方式。在厂矿企业里,电气照明是供配电系统中不可缺少的组成部分。照明设计是否合理,直接影响到生产的安全、产品的质量以及劳动生产率的提高和工作人员视力健康。因此,电气照明的合理设计对工业生产具有十分重要的意义。

10.1　电气照明概述

10.1.1　照明技术的有关概念

(1) 光:是一种电磁辐射能,在空间以电磁波的形式传播。电磁波的波长不同,其特性也不相同,波长为 380nm ~ 780nm 的电磁辐射波为可见光,可见光是能引起人眼视觉的一部分电磁辐射。在可见光的区域里不同波长呈现不同的颜色,如红、橙、黄、绿、青、蓝、紫等 7 种颜色。能产生可见光的辐射体就是光源。

(2) 光通量:光源在单位时间内向周围空间辐射出的使人眼产生光感的能量,用符号 Φ 表示。其单位为流明(lm)。电光源所发出的光通量(Φ)与该电光源所消耗的电功率(P)之比,称为电光源的发光效率。发光效率是电光源的重要的技术参数。电光源的单位用电所发出的光通量越大,光效率越高。

(3) 发光强度:电光源在某一方向单位立体角内辐射的光通量,即发光的强弱程度。这个量是表明发光体在空间发射的汇聚能力的。可以说,发光强度就是描述了光源到底有多亮。发光强度符号为 I,单位是坎德拉(cd)。1cd 表示在单位立体角内辐射出 1lm 的光通量。

(4) 照度。是表征表面被照明程度的量,它是发光体照射在被照物体单位面积上的光通量,用符号 E 表示,单位为勒克斯(lx)。$1lx = 1lm/m^2$。

当光通量 Φ 均匀地照射到某物体表面上(面积为 A)时,该平面上的照度为

$$E = \frac{\Phi}{A} \tag{10-1}$$

照度是一个很重要的物理量,我国在照明标准中对各种工作场合规定了必需的最低照度。表 10-1 给出常用的照度选择。

272

表 10 - 1　照度选择

场所	推荐照度/lx	场所	推荐照度/lx
厂区道路	0.5~2	一般生产车间、厂房	30~50
走道、厕所、浴室、更衣室	5~15	食堂、托儿所	30~75
仓库、车库	10~20	医务室、阅览室、办公室、会议室、接待室	75~150
配电站、动力站	20~30	设计室、绘图室、计算机房	100~200

（5）亮度。是人对光的强度的感受,人眼对物体亮或暗的感觉是取决于该物体在人眼视网膜上成像的照度,而不是取决于该物体本身的照度。因此,把被照物体在给定方向(如人眼的视线方向)单位投影面积上的发光强度称为亮度,符号为 L,单位为 cd/m^2 或 cd/cm^2。

发光体的亮度与视线方向无关。当发光体表面的亮度相当高时,对视觉会引起不舒适的感觉或降低观察物体的能力,所产生的视觉现象称为眩光。它是人的视觉特性,是由人眼的生理特点所决定的。在工业照明中,眩光程度可分为 5 级,具体的标准见表 10 - 2。

表 10 - 2　直接眩光限制等级

质量等级	眩光程度	作业或活动的类型
A	无眩光	很严格的视觉工作
B	刚刚感到眩光	视觉要求高的作业;视觉要求中等但注意力要求高的作业
C	轻度眩光	视觉要求和集中注意力要求中等的作业,并且工作人员有一定的流动性
D	不舒适眩光	视觉要求和集中注意力要求低的作业,工作人员在有限的区域内频繁走动
E	一定的眩光	工作人员不限于一个工作岗位而是来回走动,并且视觉要求低的房间,不是由同一批人连续使用的房间

为了限制眩光,在照明设计中,应尽量限制直射或反射光,可采用保护角较大的灯具或磨砂玻璃的灯具,也可提高灯具的悬挂高度来解决。

（6）物体的光照性能:光投射到物体上时,将光通量分成三部分:一部分从物体表面反射出去;一部分被物体本身吸收;而剩余部分则透过物体,如图 10 - 1 所示。

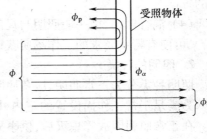

为了表征物体的光照性能,引入了以下三个系数:

反射系数　$\rho = \Phi_\rho / \Phi$　　　　（10 - 2）

吸收系数　$\alpha = \Phi_\alpha / \Phi$　　　　（10 - 3）

透射系数　$\tau = \Phi_\tau / \Phi$　　　　（10 - 4）

以上 3 个系数应满足:

$$\rho + \alpha + \tau = 1 \qquad (10 - 5)$$

反射系数是照明技术中重要的参数,它直接影响工作面的照度。

图 10 - 1　光通投射到物体上的情形
Φ_p—反射光的通量;
Φ_α—吸收光通量;Φ_τ—透射光通量。

（7）光源的显色性能。同一颜色的物体在具有不同光谱的光源照射下,能显出不同的颜色。光源对被照物体颜色显现的性质,叫做光源的显色性能。光源的显色性能是由显色指数来表明。

光源的显色指数是指在待测光源照射下,物体的颜色与日光照射下该物体的颜色相符合的程度,能较全面反映光源的颜色特性。物体的颜色以日光的参考光源照射下的颜色为准,若将日光的显色指数定为100,人工光源的显色指数一般小于100,如果物体颜色失真越小,人工光源的显色指数越接近100,光源的显色性能就越好。

白炽灯的显色指数一般为97~99,荧光灯的显色指数为75~90,显然荧光灯的显色性能要差一些。

(8)光效:指电光源将电能转化为光的能力,以发出的光通量除以耗电量来表示,其单位为 lm/W。

(9)色温:光源发射光的颜色与黑体在某一温度下辐射光色相同时,黑体的温度称为该光源的色温,单位为 K。光源色温不同,光色也不同,色温在3000K以下有温暖的感觉,达到稳重的气氛;色温在3000K~5000K为中间色温,有爽快的感觉;色温在5000k以上有冷的感觉。

10.1.2　照明方式和种类

1. 照明方式

照明方式是指照明设备按其安装部位或光的分布而构成的基本制式。就安装部位而言,有一般照明(包括分区一般照明)、局部照明和混合照明等。按光的分布和照明效果可分为直接照明和间接照明。

(1)一般照明:在工作场所内不考虑特殊的局部需要,以照亮整个工作面为目的的照明方式称一般照明。一般照明时,灯具均匀分布在被照面上空,在工作面形成均匀的照度。这种照明方式适合于工作人员的视看对象位置频繁变换的场所以及对光的投射方向没有特殊要求,或在工作面内没有特别需要提高视度的工作点,或工作点很密的场合。

(2)分区一般照明:同一房间内由于使用功能不同,各功能区所需要的照度值不相同,常采用分区一般照明。如在大型厂房内,会有工作区与交通区的照度差别,不同工段间也有照度差异,各区域对照度和光色的要求均不相同。分区一般照明不仅可以改善照明质量,获得较好的光环境,而且节约能源。

(3)局部照明:为满足室内某些部位的特殊需要,在一定范围内设置照明灯具的照明方式。局部照明方式在局部范围内以较小的光源功率获得较高的照度,同时也易于调整和改变光的方向。

(4)混合照明:由一般照明与局部照明共同组成,它既可使一般工作场所获得较均匀的照度,又可使有特殊要求的工作场所获得较高的照度。工厂的绝大部分车间采用混合照明。

2. 照明的种类

照明种类分为正常照明、应急照明、值班照明、警卫照明和障碍照明5类。

为满足正常工作而设置的室内外照明称为正常照明。正常照明是照明设计中的主要照明。在正常照明因故障熄灭后,供事故情况下继续工作、人员安全或顺利疏散的照明称为应急照明。

工作照明一般可以单独使用,也可和应急照明、值班照明同时使用,但控制线路必须分开。应急照明应装设在可能引起事故的设备、材料周围及主要通道和入口处,并在灯的明显部位涂以红色,且照度不应小于场所规定照度的10%。重要车间及有重要设备的车间和仓库等场所应装设值班照明。障碍照明一般用闪光、红色灯显示。

10.1.3　绿色照明

从20世纪90年代开始,人们已不再满足简单的照亮某个环境,而在追求高品味照明环境的同时,把照明和全球环境保护问题紧密联系在一起。照明需要耗电,照明耗电在总发电量中占有不可忽视的比重,发电产生的大量有害气体,"温室效应"和"酸雨"、粉尘对环境和人类的生活构成严重威胁。于是提出了"绿色照明"概念,绿色照明是指通过科学的照明设计,采用效率高、寿命长、安全和性能稳定的照明电器产品,包括电光源、灯用电器附件、灯具、配线器材以及调光控制设备,最终达到舒适、安全、经济、有益环境保护,改善、提高人们工作、学习生活的质量,有益身心健康并体现照明文化的现代照明。

目前,在我国部分地区使用的风光互补路灯系统就是一种绿色的照明光源,如图10-2所示。它具备了太阳能产品和风能产品的双重优点,弥补了风电和光电独立应用时的不足,是新能源综合开发和利用的完美结合。

(a)　　　　　　　　　　　　　　　　(b)

图 10-2　不同类型的风光互补路灯系统

这种新型的照明系统相比于传统照明有如下优势:

(1) 虽然风光互补路灯初投资较高,但是不需要输电线路,也不需要开挖路面做线路铺设工程,不消耗电能,能量互补,从长远来看有明显的经济效益。风光互补型路灯与普通高压钠灯使用10年,其经济效益对比见表10-3。

表 10-3　风光互补型路灯与普通高压钠灯使用10年,其经济效益对比　　　　单位:万元

费用	方案	高压钠灯	风光互补路灯	备注
工程建设阶段	灯具费用	200	960	风光互补路灯在工程建设阶段需要多投资259万元
	变压器费用	90	36	
	电缆费用	529	82	
	费用合计	819	1078	
道路使用阶段	用电费用	1927.2	255.5	风光互补路灯在道路使用阶段可以节省2131.5万元
	灯管维护费用	400	0	
	灯管具维护费用	60	0	
	费用合计	2387.2	255.5	
各种费用合计		3206.2	1333.5	风光互补路灯总共可以节省1872.5万元

通过上面计算分析可以看出,风光互补路灯虽然在早期投入方面比高压钠灯要多259万元,但是由于其耗电量少,免维护,在使用10年中,却可以省2131.5万元,整个工程总共可以节省费用1872.5万元。

(2) 风光互补路灯以太阳能、风能为能源,不消耗化石燃料,无二氧化碳、二氧化硫等有害

气体的排放,清洁干净,环境效益良好。

（3）采用了全方位优化设计,造型美观,可美化城市照明环境,成为道路上一道靓丽的风景线。

风光互补路灯是集环保和节能为一体的产品,随着全球常规能源短缺情况的加剧,风能和太阳能这种清洁可再生的自然能源的利用将会普及,风光互补路灯将代表着未来路灯的发展方向。

10.2 常用的光电源和灯具

光电源和灯具是照明器的两个主要部件,光电源将电能转换成光学辐射能,提供发光源;灯具起固定光源的作用。

10.2.1 照明光源

在电气照明中,各种电光源可以根据其原理构造等特点分成三大类:第一类是热辐射光源,利用电流将物体加热到白炽程度辐射发光,如白炽灯、卤钨灯等;第二类是气体放电光源,利用电流通过气体发光,如荧光灯,高压汞灯等;第三类是电致发光,如 LED 等。

1. 常用光电源

1）白炽灯

白炽灯是靠电流通过灯丝时产生大量的热能,使灯丝温度升高到白炽的程度（2400K～3600K）从而发出连续的可见光和红外线。由于工作时的灯丝温度很高,大部分的能量以红外辐射的形式浪费掉了同时蒸发也很快,所以白炽灯寿命较短。

白炽灯结构如图 10-3 所示。白炽灯的灯丝通常用钨制成,这是由于它的熔点高、蒸发率小的原因。白炽灯结构简单、价格低廉、使用方便,而且显色性好、应用最广泛。但它发光率低,使用寿命短,且不耐震。现在利用新的技术和材料,努力改善白炽灯的性能。例如,采用新的硬质玻璃或石英玻璃作为外壳,缩小灯的体积,增加灯内气压,可进一步抑制灯丝的蒸发,延长灯的寿命。白炽灯适用于无剧烈震动的工业和民用建筑物的照明。

2）卤钨灯

在灯泡内充入含有部分卤族元素或卤化物气体的充气白炽灯称为卤钨灯,它通过在通电后灯丝被加热至白炽状态而发光。

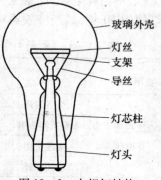

图 10-3 白炽灯结构

普通白炽灯使用时高温造成灯丝蒸发出来的钨沉积在灯泡内壁上导致玻璃壳体发黑,使发光效率降低。卤钨灯利用卤钨循环的原理消除了这一发黑的现象。卤钨循环是指当卤钨灯起燃后,从灯丝蒸发出来的钨在泡壁区域内与卤钨反应,形成挥发性的卤钨化合物。由于泡壁温度足够高,卤钨化合物呈气态,当卤钨化合物扩散到较热的灯丝周围区域时又分化为卤素和钨,释放出来的钨部分回到灯丝上,而卤素继续参与循环过程。卤钨灯结构如图 10-4 所示。

为使灯壁处生成的卤化物处于气态,卤钨灯的管壁温度要比普通白炽灯高得多。在卤钨灯中能有力的抑制钨的蒸发,同时卤钨循环消除了泡壳的发黑,灯丝工作温度和光效比白炽灯都大为提高,灯的寿命也较白炽灯长。

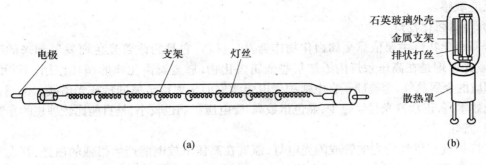

图 10－4　卤钨灯结构
(a) 双端引出；(b) 单端引出。

石英玻璃外壳
金属支架
排状打丝
散热罩

电极　　支架　　灯丝

3）荧光灯

荧光灯也称日光灯，是利用汞蒸气在外加电压作用下产生弧光放电，发出少量的可见光和大量的紫外线，这些紫外线再激励管内壁涂覆的荧光粉发出可见光。

荧光灯内装有两个灯丝。灯丝上涂有电子发射材料三元碳酸盐（碳酸钡、碳酸锶和碳酸钙），俗称电子粉。在交流电压作用下，灯丝交替地作为阴极和阳极。灯管内壁涂有荧光粉。管内充有氩气和少量的汞。通电后，管内少量的汞汽化，在电场作用下，汞原子不断从原始状态被激发成激发态，继而自发跃迁到基态，并辐射出紫外线。荧光粉吸收紫外线的辐射能后发出可见光。荧光粉不同，发出的光线也不同，这就是荧光灯可做成白色和各种彩色的缘由。由于荧光灯所消耗的电能大部分用于产生紫外线，因此，荧光灯的发光效率远比白炽灯和卤钨灯高，是目前最节能的电光源。

荧光灯同白炽灯相比使用寿命较长，发光效率较高，照明柔和，眩光影响小，但其不适合频繁启动的场合。常用于办公、教学场所、商场、住宅照明等，在电气照明中广泛应用。

除直管形荧光灯外还有环形荧光灯和紧凑型荧光灯。环形荧光灯的玻璃外壳制成环形，造型美观，在居住环境应用较多；紧凑型荧光灯是将灯管弯曲或拼接成一定的形状，以缩短灯管的长度，配有电子镇流器的紧凑型荧光灯也称为节能灯，它广泛地应用于照明。

4）高压汞灯

高压汞灯又称高压水银荧光灯，是荧光灯的改进产品，高压汞灯由石英电弧管、外泡壳（通常内涂荧光粉）、金属支架、电阻件和灯头组成。它是利用汞放电时产生的高气压获得可见光的电光源。

电弧管为核心元件，内充汞与惰性气体。放电时，内部汞蒸气压为 2atm～15atm，因此称为高压汞灯。高压汞灯光效高，寿命长，色温 4100K 左右，但有明显的频闪，显色性较差，且熄灭后启动时间较长。常用于室内外的工业照明、道路照明等领域。

5）高压钠灯

高压钠灯是利用高压钠蒸气放电发光的电光源，当灯泡启动后，电弧管两端电极之间产生电弧，由于电弧的高温作用使管内的钠汞齐受热蒸发成为汞蒸气和钠蒸气，阴极发射的电在向阳极运动过程中，撞击放电物质有原子，使其获得能量产生电离激发，然后由激发态回复到稳定态；或由电离态变为激发态，再循环使用，多余的能量以光辐射的形式释放，便产生了光。高压钠灯辐射光的波长集中在人眼较灵敏的区域内，所以其光效比高压汞灯还高。它还具有寿命长、紫外线辐射少、透雾性好等优点，但显色性较差，启动时间和再次启动时间较长，对电压波动反应敏感。

6）金属卤化物灯

金属卤化物灯主要依靠金属卤化物作为发光材料,它是为改善光色而发展起来的新型光源,其发光原理是在高压汞灯内添加某些金属卤化物,靠金属卤化物的循环作用,不断向电弧提供相应的金属蒸气,金属原子在电弧中受电弧激发而辐射该金属的特征光谱线。金属卤化物灯发光效率高,正常发光时发热少,显色指数高,受电压影响也较小,是目前比较理想的光源。

7）氙灯

氙灯是填充氙气的光电管或闪光电灯,氙气在高压下放电能产生很强的白光,其发出的光谱和日光非常接近,这是氙灯的最大特点。氙灯因其功率大、亮度高,适用于广场、公园、机场、车站等大面积照明。

8）发光二极管

发光二极管(Lighting Emitting Diode,LED),是一种半导体固体发光器件,它是利用固体半导体芯片作为发光材料,在半导体中通过载流子发生复合放出过剩的能量而引起光子发射,直接发出红、黄、蓝、绿、青、橙、紫、白色的光。LED 照明产品就是利用 LED 作为光源制造出来的照明器具。

LED 被称为第四代照明光源或绿色光源,是一种微细的固态光源,不但体积小、寿命长、驱动电压低、反应速率快、耐震性特佳,高亮度低热量、环保耐用,而且能够配合轻、薄和小型化之应用设备的需求,广泛应用于各种指示、显示、装饰、背光源、普通照明和城市夜景等领域。利用各种化合物半导体材料及组件结构的变化,设计出不同的 LED。

随着 LED 发光功率和产量的不断提高,LED 将不断地扩展其在传统照明领域的应用。LED 光源已在很多领域获得应用:

（1）各类道路的照明灯具。由于发光效率的提高,成本的不断降低,供应链的完善和工艺的进步,使得越来越多的道路安装这种半导体 LED 光源。这种 LED 光源道路照明灯的具体指标见表 10－4。

表 10－4 LED 光源道路照明灯产品基本技术指标

项　目	参　数
外观结构	专用型路灯灯具与光源为整体结构,外壳采用铝合金,表面进行阳极氧化处理,防腐耐用,钢化玻璃灯壳
防护等级	IP66
防触电保护类别	I 类
工作环境	$-40℃ \sim +40℃$
电源范围	AC 220$(1 \pm 40\%)$V
光源寿命	50000H 光衰小于 30%,用于道路照明,每天按使用 11H 计算,可使用 12 年
显色指数	83
功率规格	38W、72W、130W、160W
光效	70lm/W 左右
呼吸过滤系统	不需用

（2）交通指示灯。LED 光源具有亮度高、光响应速度快、抗震耐冲击、省电、寿命长、在浓雾和日光下可视性高等优点。许多城市正在用高亮度的 LED 阵列替换交通信号的白炽灯泡，取得良好的效果。随着 LED 灯性能的提高及价格的下降，将有更多的交通信号灯采用 LED 光源。

（3）建筑泛光照明和装饰彩灯，如上海东方明珠电视塔景观照明工程及新建成奥运场馆等的水立方等。

LED 光源具有使用低压电源、耗能少、适用性强、稳定性高、响应时间短、对环境无污染、多色发光等的优点，使其被认为将不可避免地替代传统的光源。

2. 光电源的主要特性

电光源的主要性能指标有光效、寿命、色温、显色指数、启动性能等。中国目前生产的常用电光源主要特性列于表 10－5。

表 10－5　常用电光源的主要特性

电光源名称 主要特性	白炽灯	荧光灯	卤钨灯	高压汞灯	高压钠灯
额定功率/W	100～1000	6～125	500～2000	50～1000	250～400
光效/(lm/W)	6.5～19	25～67	19.5～21	30～50	90～100
平均寿命/h	1000	2000～3000	1500	2500～5000	3000
显色特性	高	一般	高	低	很低
启动时间	0	1s～3s	0	4min～8min	4min～8min
功率因数 $\cos\varphi$	1	0.33～0.7	1	0.44～0.67	0.44
适用的照度标准	低	低	较高	高	高
频闪效应	不明显	明显	不明显	明显	明显
表面亮度	大	小	大	较大	较大
耐振性能	较差	一般	很差	好	较好

3. 光电源的选择

（1）照明目的和环境需求。光源使用的环境对光源本身技术参数的要求包括功率、亮度、显色性、色温、频闪特性、启动再启动性能、抗震性、平均寿命等。

（2）经济性要求。照明设备需要资金投入，光源的选择和设计对总投资有直接影响。总投资包括光源的初投资和运行费用。初投资有光源的设备费、材料费、人工费等。运行费用有电费、维护费、折旧费等。

（3）节能的要求。我国目前正在实施绿色照明工程，其核心就是节约照明用电。在选择电光源时应按照国家照明设计标准，采用光效高、使用寿命长的光源。

10.2.2　灯具

灯具起固定光源和保护光源的作用，是光源与照明配件的总称。为了使光源发出的光辐射合乎要求地分配到被照面上，以满足视觉要求和美化、装饰环境，必需正确地选择照明灯具。

1. 灯具的特性

灯具的特性一般可用如下三个指标来描述：

1）配光曲线

配光曲线就是以平面曲线图的形式反映灯具在空间各个方向上光强的分布情况。该曲线的形态与灯罩的材料、灯罩的形状是密切相关的。

配光曲线习惯上用极坐标来表示。具有旋转轴对称的灯具，以光源中心为极坐标原点，将灯具在各个方向的发光强度用矢量表示出来，连接矢量的端点，极为灯具的极坐标配光曲线，如图 10 – 5 所示。由于灯具形状是旋转轴对称，其光强分布也是对称的，所以任意一个通过旋转轴线平面内的曲线就能表示灯具的光强分布。非旋转轴对称灯具则需要多个平面的配光曲线才能表明灯具的光强分布。

对于有两个对称面的灯具，其光辐射的范围集中用直角坐标配光曲线更能将其分布特性表达清楚，如图 10 – 6 所示。

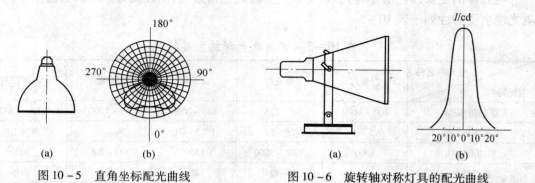

图 10 – 5　直角坐标配光曲线　　　　　图 10 – 6　旋转轴对称灯具的配光曲线

2）遮光角

遮光角又称遮光角保护角，用于衡量灯具为了防止眩光而遮挡住光源直射光范围的大小。它是光源发光体最外沿一点和灯具出光口边沿的连线与通过光源光中心的水平线之间的夹角，如图 10 – 7 所示。遮光角是用来衡量灯罩保护人眼不受光源照明部分直射耀眼的程度。角越大，眩光作用越小，在正常的水平视线条件下，为防止高亮度的光源造成直接眩光，灯具至少要有 10°～15°的遮光角。在照明质量要求高的环境里，灯具应有 30°～45°的遮光角。但保护角不能太大，加大遮光角会降低灯具效率，这两方面要权衡考虑。

3）灯具的效率

灯具的效率是指在规定条件下测得的灯具所发射的光通量值与灯具内所有光源发出的光通量之和的比值。该特性常用来评价灯具的经济性。

2. 灯具的类型

1）按配光曲线形状分类

（1）正弦配光型：光强是投射角 θ 的正弦函数，投射角为光在空间的投射方向与垂直方向的夹角，且当 $\theta = 90°$ 时光强最大

（2）广照配光型：最大光强分布在较大角度上，可在较广的面积上形成均匀的照度。

（3）均匀配光型：光强在各方向大致相等。

（4）余弦配光型：光强是角度的余弦函数，$\theta = 0°$ 时的光强最大。

（5）深照配光型：光通量和最大光强集中在 0°～30°的狭小立体角内。

图 10 – 8 给出了上述几种灯具的配光曲线，因为上述几种配光曲线均在下半部，而且左右对称，故只绘出其右下部（0°～90°）的曲线。

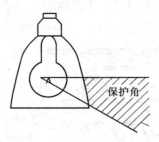

图 10-7　灯具的保护角

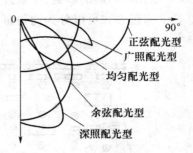

图 10-8　灯具的配光曲线

2）按光通量分布分类

国际照明学会（CIE）采用的配光分类法，是以灯具向上、下半个空间发出的光通量的比例来分类，共分 5 类：

（1）直接照明型：灯具向下投射的光通量占总光通量的 90% ~ 100%，而向上投射的光通量极少。光线集中，所以灯具的光通量的利用率最高。

（2）半直接照明型：灯具向下投射的光通量占总光通量的 60% ~ 90%，少部分射向上方。光线能集中在工作面上，射向上方的分量将减少产生的阴影的强度并改善其各表面的亮度比，空间可获得适当照度，眩光较小。

（3）均匀漫射型：灯具向下投射的光通量和向上投射的光通量差不多相等，各 40% ~ 60%。空间在各个方向光强基本一致。

（4）半间接照明型：灯具向上投射的光通量占总光通量 60% ~ 90%，向下投射的光通量只有 10% ~ 40%。增强了反射光的作用，光线较均匀柔和。

（5）间接照明型：灯具向上投射的光通量占总光通量 90% ~ 100%，而向下投射的光通量极少。扩散性好，光线均匀，避免眩光，光的利用率低。

另外，按灯具的结构特点，可分为开启型、闭合型、封闭型、密闭型和防爆型；按防触电保护方式，可分为 0 类、Ⅰ 类、Ⅱ 类和 Ⅲ 类，其中，0 类灯具的安全程度最低，Ⅰ、Ⅱ 类较高，Ⅲ 类最高。

3. 灯具的选用

灯具的选用应以效率高、利用系数高，维护检修方便为原则。灯具选用的基本原则有以下几点：

（1）功能原则：合乎要求的配光曲线、保护角、灯具效率，款式符合环境的使用条件。

（2）安全原则：符合防触电安全保护规定要求。

（3）经济原则：初投资和运行费用最小化。

（4）协调原则：灯饰与环境整体风格协调一致。

（5）高效原则：在满足眩光限制和配光要求条件下，应选用效率高的灯具，以利节能。

选择灯具时应综合考虑以上原则。

4. 灯具布置

灯具布置对照明质量有很大的影响。灯具布置应满足被照射工作面上能得到均匀的照度,应减少眩光和阴影的影响,要整齐美观,与环境协调且维修方便,安全经济。

灯具的布置方式可以分为均匀布置和选择布置两种,如图10-9所示。

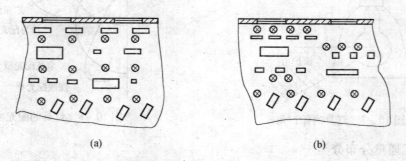

图10-9 一般照明灯具的布置

(a) 均匀布置;(b) 选择布置。

1) 均匀布置

灯具在整个车间内均匀分布,其布置与设备位置无关,使全车间的面积上具有均匀的照度。均匀布置的灯具可以排列成正方形、矩形、菱形,如图10-10所示。矩形排列的等效灯距 $l = \sqrt{l_1 l_2}$。实验分析表明:矩形排列,当 $l_1 = l_2$ 时照明均匀度最好;菱形排列,当 $l_1 = 2\sqrt{3}l_2$ 时照度最均匀。

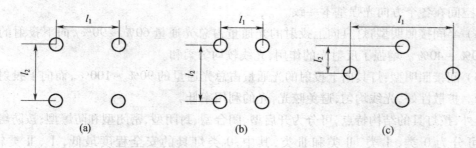

图10-10 均匀布置的三种形式

(a) 正方形布灯;(b) 矩形布灯;(c) 菱形布灯。

布置灯具应按灯具的光强分布、悬挂高度、房屋结构及照度要求等多种因素而定。为使工作面上获得较均匀的照度,较合理的距高比一般不超过各类灯具规定的最大距高比,具体可参见有关的技术手册。从使整个房间获得较均匀的照度考虑,最边缘一列灯具离墙的距离为 l'' 当靠墙有工作面时,$l'' = (0.2 \sim 0.3)l$;当靠墙为通道时 $l'' = (0.4 \sim 0.5)l$。对于矩形布置,可采用纵横两向的方均根值。

2) 选择布置

灯具布置与生产设备的位置有关。一般按工作面对称布置,力求使工作面能获得最有利的光通方向和消除阴影,如图10-8(b)所示。

室内灯具不宜悬挂过高或过低。过高会降低工作面上的照度且维修不方便;过低则容易碰撞且不安全,另外,还会产生眩光,降低人眼的视力。表10-6列出了室内一般照明灯具距地面的最低悬挂高度。

282

表 10 – 6　室内一般照明灯具距地面的最低悬挂高度

光源种类	灯具型式	灯泡容量/W	距地面的最低悬挂高度/m
白炽灯	带反射罩	100 及以下	2.5
		150～200	3.0
		300～500	3.5
		500 以上	4.0
	乳白玻璃浸射罩	100 及以下	2.0
		150～200	2.5
		300～500	3.0
荧光灯	无罩	40 及以下	2.0
高压汞灯	带反射罩	250 及以下	5.5
		400 及以上	6.0
高压钠灯	带反射罩	250	6.0
		400	7.0
金属卤化物灯	带反射罩	400	6.0
		100 及以上	14.0 以上

10.3　电气照明的照度计算

　　企业的生产场所及其他活动环境必须保证具有足够的照度,照度是决定照明效果的重要指标。中国制定的《工业企业照明设计标准》,它对各种场所的照度标准做了规定,具体可查阅相关资料。

　　照度计算的目的有两点:一是根据工作面所需要的照度值,考虑其他已知条件(如灯具种类、悬挂高度、房间墙面反射情况等)来确定灯具的容量及数量;二是在灯具的种类、悬挂高度、布置的方案初步确定后计算工作面上的照度,检验其是否满足规定的照度要求。

　　照度的计算方法有利用系数法、比功率法,以及用来计算任一斜面上指定点照度的逐点计算法等。本节主要介绍几种常用的计算方法。

1. 利用系数法

　　利用系数法是计算工作面上平均照度的常用方法。该方法既考虑了直射光通量,也考虑了反射光通量,计算的结果为水平面上的平均照度。

　　1) 利用系数的概念

　　利用系数是指照明光源投射到工作面上的光通量与全部光源发出的总光通量之比,是表征光源的光通量有效利用的程度的一个参数,用 u 表示。

　　利用系数的计算公式为

$$u = \Phi_e/(n\Phi) \tag{10-6}$$

式中: Φ_e 为投射到工作面上的直射与反射的总光通量; Φ 为每盏灯发出的光通量; n 为灯的个数。

　　利用系数与下列因数有关:

（1）与灯具的类型、光效和配光曲线有关。

（2）与灯具悬挂高度有关。悬挂越高，反射光通越多，利用系数也越高。

（3）与房间的面积及形状有关。房间的面积越大，越接近于正方形，则由于直射光通越多，因此利用系数也越高。

（4）与墙壁、顶棚及地板的颜色和洁污情况有关。颜色越浅，表面越洁净，反射的光通越多，因而利用系数也越高。

2）利用系数的确定

利用系数的值可按墙壁和顶棚的反射系数及房间的受照空间特征来查表确定（查有关设计手册，表 10－7 列出了 GC1－A、B－1 型配照灯的利用系数）。

表 10－7　GC1－A,B－1 型配照灯（150W）的利用系数表

遮光角					8.7°					
灯具效率					85%					
最大距离比					1.25					
顶棚反射系数	70			50			30			0
增壁反射系数	50	30	10	50	30	10	50	30	10	0
RCR										
1	0.85	0.82	0.78	0.82	0.79	0.76	0.78	0.79	0.74	0.70
2	0.73	0.68	0.63	0.70	0.66	0.61	0.68	0.63	0.60	0.57
3	0.64	0.57	0.51	0.64	0.55	0.50	0.59	0.54	0.49	0.46
4	0.56	0.49	0.43	0.54	0.48	0.43	0.52	0.46	0.42	0.39
5	0.50	0.42	0.36	0.48	0.41	0.36	0.46	0.40	0.35	0.33
6	0.44	0.36	0.31	0.43	0.36	0.31	0.41	0.35	0.30	0.28
7	0.39	0.32	0.26	0.38	0.30	0.26	0.37	0.30	0.26	0.24
8	0.35	0.28	0.23	0.34	0.28	0.23	0.33	0.27	0.23	0.21
9	0.32	0.25	0.20	0.31	0.24	0.20	0.30	0.24	0.20	0.18
10	0.29	0.22	0.17	0.28	0.22	0.17	0.27	0.21	0.17	0.16

其中，顶棚、墙壁的反射系数 ρ 值可直接查表 10－8 得到；房间的受照空间特征用一个室空间比（RCR）的参数来表征，如图 10－11 所示。

表 10－8　顶棚、地面和墙壁的反射系数近似值

反封面情况	反射系数/%
大白粉刷的墙、顶棚、白窗帘	70
大白粉刷的墙、深窗帘或没窗帘；大白粉刷的顶棚、房间潮湿；未刷白的墙和顶棚，但洁净光亮	50
水泥墙壁、顶棚、有窗子；木墙、木顶棚；有浅色墙纸的墙和顶棚；水泥地面	30
灰尘较重的墙地面、顶棚；无窗帘的玻璃窗；有深色墙纸的墙、顶棚；未粉刷的墙；广漆、汤青地面	10

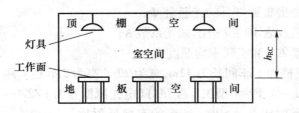

图 10-11　室空间比的概念说明图

房间顶棚上装有吊灯（或吸顶灯），工作面距地面有一定的高度，因此将一个房间按受照的情况不同分为三个空间：最上面为顶棚空间（安装吸顶灯即无此空间），中间为室空间，下面为地板空间（若工作面为地面，则无地板空间）。此时，RCR 按下式计算：

$$RCR = \frac{5h_{RC}(l+b)}{lb} \tag{10-7}$$

式中：h_{RC} 为室空间高度（m）；l、b 分别为房间的长度和宽度（m）。

求出室空间比 RCR、顶棚反射系数 ρ_c、墙壁反射系数 ρ_w 后，查表 10-7 可得到利用系数 u。如果 RCR、ρ_c、ρ_w 不是表 10-7 中分级的整数，可用内插法求出其对应值。

3）计算工作面上的平均照度

当已知房间的长、宽、室空间高度、灯型及光通量时，可按下式计算平均照度：

$$E'_{av} = \frac{un\Phi}{S} \tag{10-8}$$

式中：n 为灯的个数；S 为受照工作面面积（矩形房间即为长与宽的乘积）。

4）计算工作面上的实际平均照度

灯具在使用期间，光源本身的光效要逐渐降低，灯具也会陈旧脏污，被照场所的墙壁和顶棚也有污损的可能，从而使工作面上的光通量有所减少，因此，在计算工作面上的实际平均照度时，应计入一个小于 1 的灯具减光系数 K，则工作面的实际平均照度为

$$E_{av} = \frac{uKn\Phi}{S} \tag{10-9}$$

减光系数 K 的值可查表 10-9。

表 10-9　减光系数值

环境污染特征	类　别	灯具每年擦洗次数	减光系数
清洁	仪器仪表的装配车间、电子元器件的装配车间、实验室、办公室、设计室	2	0.8
一般	机械加工车间、机械装配车间、织布车间	2	0.7
污染严重	锻工车间、铸工车间、炭化车间、水泥厂球磨车间	3	0.6
室外	道路和广场	2	0.7

5）利用系数法的计算步骤

（1）根据灯具的布置，确定室空间高度 h；

（2）计算室空间比 RCR；

（3）确定反射系数 ρ（查表 10-8）；

（4）确定利用系数 u（由 RCR 值和反射系数查手册或表 10-7）；

（5）根据有关手查出布置灯具的光通量 Φ；

（6）根据有关手册或表 10-9 查出减光系数 K；

（7）计算平均照度 E'_{av} 和实际平均照度 E_{av}。

例 10-1　有一机械加工车间长为 32m、宽为 20m、高为 5m、柱间距为 4m。工作面的高度为 0.8m。若采用 GC1-A、B-1 型工厂配照灯（电光源型号为 PZ220-150）做车间的一般照明。车间的顶棚有效反射比 $\rho_c = 50\%$，墙壁的有效反射比 $\rho_w = 30\%$。试确定灯具的布置方案，并计算工作面上的平均照度和实际平均照度。设该车间的照度标准为 751x。

解：（1）确定布置方案。查表 10-6 可知，150W～200W 的白炽灯最低距地悬挂高度为 3m，故可设灯具的悬挂高度为 0.5m，则室空间高度为

$$h_{RC} = 5 - 0.8 - 0.5 = 3.7(\text{m})$$

又查表 10-7 可知，该种灯具的最大距高比为 1.25，即 $l / h_{RC} = 1.25$，则灯具间的合理距离为

$$l \leqslant 1.25 h_{RC} = 1.25 \times 3.7 = 4.625(\text{m})$$

初步确定灯具布置方案如图 10-12 所示。

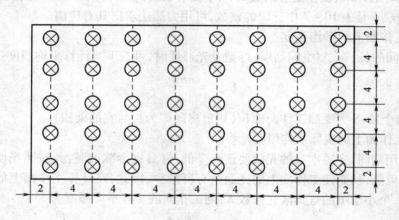

图 10-12　例 10-1 的灯具布置方案

该布置方案的实际灯距为

$$L = \sqrt{4 \times 4} = 4(\text{m}) < 4.625(\text{m})$$

满足要求。

此时，灯具个数为 $n = 5 \times 8 = 40$。

（2）用利用系数法计算照度。

① 计算室空间比 RCR：

$$\text{RCR} = \frac{5 h_{RC}(l + b)}{lb} = \frac{5 \times 3.7 \times (32 + 20)}{32 \times 20} = 1.5$$

② 确定利用系数。查表 10-7 可知，$\rho_c = 50\%$，$\rho_w = 30\%$，RCR=1 时，$u = 0.79$；$\rho_c = 50\%$，$\rho_w = 30\%$，RCR=2 时，$u = 0.66$。运用插入法可知，$\rho_c = 50\%$，$\rho_w = 30\%$，RCR=1.5 时，$u = 0.72$。

③ 确定布置灯具的光通量。普通照明用的白炽灯 200W，其光通量 $\Phi = 2920\text{lm}$。

④ 确定减光系数。查表 10-9 可知，机械加工车间的 $K = 0.7$。

⑤ 计算平均照度：

$$E'_{av} = \frac{un\Phi}{A} = \frac{0.72 \times 40 \times 2920}{32 \times 20} = 131.4(\text{lx})$$

⑥ 计算实际平均照度：

$$E_{av} = \frac{uKn\Phi}{S} = \frac{0.72 \times 0.7 \times 40 \times 2920}{32 \times 20} = 91.98(\text{lx})$$

计算结果满足照度要求。

2. 比功率法

1）比功率的概念

比功率是指单位水平面积上照明光源的安装功率，即

$$P_0 = \frac{P_\Sigma}{A} = \frac{nP_N}{A} \tag{10-10}$$

式中：P_Σ 为受照房间总的灯泡安装功率；P_N 为每一灯泡功率；n 为总的灯数；A 为受照水平面积。

表 10-10 列出采用工厂配照灯的一般照明的比率参考值供参考。

表 10-10 配照灯的比功率参考值

灯在工作面上高度/m	被照面积/m²	白炽灯平均照度/lx						
		5	10	15	20	30	50	70
3~4	10~15	4.3	7.5	9.6	12.7	17	26	36
	15~20	3.7	6.4	8.5	11.0	14	22	31
	20~30	3.1	5.5	7.2	9.3	13	19	27
	30~50	2.5	4.5	6.0	7.5	10.5	15	22
	50~120	2.1	3.8	5.1	6.3	8.5	13	18
	120~300	1.8	3.3	4.4	5.5	7.5	12	16
	300 以上	1.7	2.9	4.0	5.0	7.0	11	15
4~6	10~17	5.2	8.9	11	15	21	33	48
	17~25	4.1	7.0	9.0	12	16	27	37
	25~35	3.4	5.8	7.7	10	14	22	32
	35~50	3.0	5.0	6.8	8.5	12	19	27
	50~80	2.4	4.1	5.6	7.0	10	15	22
	80~150	2.0	3.3	4.6	5.8	8.5	12	17
	150~400	1.7	2.8	3.9	5.0	7.0	11	15
	400 以上	1.5	2.5	3.5	4.0	6.0	10	14

2）按比功率法估算照明灯具安装功率或灯数

当确定了灯具、被照面积、平均照度、计算高度等参数后，可从表中查出单位面积上的安装功率（W/m²），继而可求出被照面积上的总的安装功率

$$P_\Sigma = P_0 A \tag{10-11}$$

式中：P_Σ 为受照面积上总的安装功率。

10.4 照明供电系统

目前,在照明装置中,采用的都是电光源,合理的照明配电系统是电光源安全、可靠运行的保证。

10.4.1 照明供电方式的选择

我国照明供电一般采用380V/220V三相四线中性点直接接地的交流网络供电。

工厂照明按用途分为工作照明和事故照明。工作照明指的是在正常生产和工作的情况下而设置的照明。工作照明根据装设的方式不同,又分一般照明、局部照明和混合照明。工厂的工作照明一般由动力变压器供电,有特殊需要时可考虑专用变压器供电。

事故照明一般与工作照明同时投入,以提高照明的利用率。但事故照明装置的电源必须保持独立性,最好与正常工作照明的供电干线接自不同的变压器,如图10-13所示。仅供疏散用的事故照明可以由与工作照明分开的回路供电,如图10-14所示。

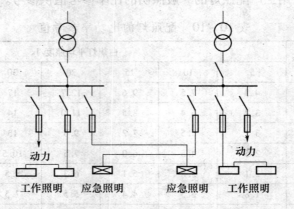

图10-13 两台变压器交叉供电的照明供电系统

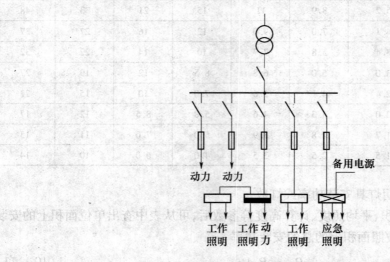

图10-14 一台变压器供电的照明供电系统

288

事故照明还可以采用其他的供电方式:独立与正常电源的发电机组;蓄电池供电网络中独立与正常电源的馈电线路;事故照明灯自带直流逆变器等。

10.4.2　照明配电网络的设计

供电网络的接线方式有放射式、树干式和混合式。其中,以放射式和树干式结合的方式居多,如图 10 – 15 所示。这种方式可根据照明配电箱布置位置、容量、线路走向等综合考虑,在当前的照明设计中这种方式最为普遍。

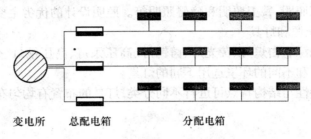

变电所　　　总配电箱　　　　　　分配电箱

图 10 – 15　照明配电网络形式示意图

照明配电的单相负荷宜在三相配电干线上平衡分配,以使各相电压偏差不致差别太大。一般规定,相负荷不超过三相负荷平均值的 ±15%。为了减小分支线路内发生故障的影响范围以及检查维修的方便,每个照明单相分支回路的电流不宜超过 16A,所接光源数不宜超过 25 个;连接组合式灯具时,回路电流不宜超过 25A,光源数不宜超过 60 个;连接高强度气体放电灯具时,单相分支回路的电流不应超过 30A。

照明配电箱应设置在靠近照明负荷中心附近便于操作维护的位置;考虑到要装设剩余电流动作保护器(漏电保护器),插座不宜和照明灯接在同一分支回路。

10.4.3　照明配电线路导线的选择

(1) 照明配电常用的导线主要是绝缘电线和电缆。绝缘电线大致分为塑料绝缘电线与橡皮绝缘电线两大类。常用的 BLV、BV、BVV、BVR、RV 等属于塑料绝缘电线;BLX、BX、BBX、BXF 等属于橡皮绝缘电线。

照明配电用的低压电力电缆由导电芯线、绝缘层、保护层组成。电力电缆按其芯数可分为单芯、双芯、三芯、四芯、五芯线。

(2) 照明配电线路应按负荷计算电流(允许载流量或发热条件)和灯端允许电压值选择导体截面积,同时还应考虑必要的短路和机械强度校验。

照明配电干线和分支线,应采用铜芯绝缘电线或电缆,分支线截面不应小于 $1.5mm^2$。主要供给气体放电灯的三相配电线路,其中性线截面应满足不平衡电流及谐波电流的要求,且不应小于相线截面,接地线截面选择应符合国家现行标准的有关规定。

小　结

本章介绍了照明技术的有关概念,照度计算的方法和步骤,以及工厂照明供电系统设计的基本知识。

1. 电气照明的相关概念

能发光的物体称为光源,光源在单位时间内向周围空间辐射出的使人产生光感的能量称为光源的光通量。光通量越大,光效越高。电光源在某一方向单位立体角内辐射的光通量,称为电光源在该方向上的发光强度。受照物体表面单位面积上接受的光通量称为照度。发光体在视线方向单位投影面上的发光强度称为亮度。光源的显色指数越高,显色性能就越好,物体在该光源的照射下的失真度越小。

照明方式可分为一般照明(包括分区一般照明)、局部照明和混合照明,照明种类有正常照明、应急照明、值班照明、警卫照明和障碍照明等。照明设计的优劣主要用照明质量来评价。

2. 工厂常用电光源和灯具

工厂常用的电光源有白炽灯、荧光灯、卤钨灯、高压汞灯、高压钠灯、金属卤化物灯等。一般按不同的使用场合和不同的环境选用不同的灯具。

灯具根据配光特性与结构特点可进行不同分类,灯具的布置有均匀布置和选择布置,以满足照度及均匀性。

3. 照度计算

照度常用的计算方法有利用系数法和比功率法。一般适用于水平面上照度计算。利用系数法建立在利用系数的概念上,用以确定平均照度和灯的盏数;比功率法则通过查表得到单位面积的安装功率,然后由公式求出总的安装功率。

4. 照明供电系统

了解常用的照明供电系统,能看懂工厂照明系统图和平面布置图,初步掌握一般的照明设计方法。

思考题与习题

1. 电气照明有什么特点?对工业生产有什么作用?

2. 什么是光通量、照度、发光强度、亮度?什么是灯具的保护角?

3. 表征光源性能的主要指标有哪几个?显色指数的高低表明了光源的什么性能?

4. 什么叫热辐射光源和气体放电光源?试以白炽灯和荧光灯为例,说明各自的发光原理和性能。

5. 灯具悬挂高度有什么要求,为什么?

6. 什么叫照明光源的利用系数?它与哪些因素有关?什么叫减光系数?它与哪些因素有关?

7. 什么是照明光源的比功率?它与哪些因素有关?

8. 某大件装配车间的面积为 $10m \times 30m$,顶棚距地高度为6m,工作面距地面0.7m。拟采用 GC1 – A1 型配照灯(装220V、150W 白炽灯)作为车间照明,灯从顶棚吊下0.5m。房间反射系数:$\rho_c = 50\%$,$\rho_w = 30\%$,减光系数可取0.7。试用利用系数法确定灯数,并合理进行布置。

9. 试用比功率法重做习题8(只求灯数)。

10. 有一教室长为12m、宽为7m、高为3.6m,照明器离地高度为3.2m,课桌的高度为0.8m。室内顶棚、墙面均为大白粉刷,顶棚有效反射比取70%,墙壁有效反射比取50%。要求课桌的实际平均照度为150 lx,若采用 GCl – A,B – 1 (150W)型照明器,试确定所需的灯数及灯具布置方案。

第11章 漏电保护

本章主要介绍漏电检测、漏电保护器的基本原理、电度计量方法、常见窃电的基本手法、防窃电基本措施和窃电者为窃电而改变电能表的正常接线。防窃电是指窃电未发生前,通过采取技术措施或管理措施,使窃电者难以实施窃电的一切活动。

电能是商品,为了贸易结算或指标考核,需要计量发电量、厂用电量、供电量和销售电量等,为此,线路中装设了大量的电能计量装置。其计量是否准确、公正,直接关系到用户和电力企业双方的经济利益。

11.1 低压电网的漏电保护

低压电网的漏电保护,是指当电网发生对地漏电并到一定程度时,为避免人身触电和设备损坏,而采取的技术防范措施。因而漏电保护的目的应是能够有效地防止各种因电网漏电可能造成的危害后果的发生。

11.1.1 电流型漏电保护器

电流型漏电保护器的原理接线图如图 11-1 所示,它是以用电设备的漏电流作为动作信号的。其工作原理说明如下:

当用电设备发生漏电时,TA 的二次绕组中产生感应电势,该电势经脉冲触发电路形成触发电压施加在 SCR 的控制极,SCR 被触发导通。于是操动机构的绕组 TC,经桥式整流电路,SCR 的阳极、阴极构成回路,于是 TC 中有电流流过,该电流所产的磁力驱动开关操作,切断电源开关 SW。

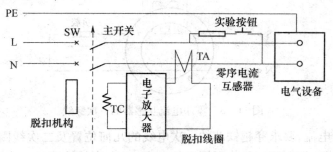

图 11-1 电流型漏电保护器的原理接线图

1. 零序电流互感器 TA

零序电流互感器的原理图如图 11-2 所示,其主要部件是用高导磁材料制成的空芯铁环、一次绕组和二次绕组。一次绕组是穿越铁芯的电源线,二次绕组是绕在铁芯上的多匝绕组,该绕组是电源开关操动机构的电流源。如图 11-2 所示,当用电设备没有漏电时,穿越铁芯中电

源线的电流 I 大小相等、方向相反,故它们所产生的磁场彼此抵消,因此,二次绕组中无感应电势产生,二次回路中也将无电流流过。可是,当受电设备发生漏电时,电源线流入的电流为 I,流出的电流为 I 减去漏电电流 I_K,即 $I_回 = I - I_K$,于是,铁芯中将有磁场,该磁场在二次绕组中产生感应电势,二次回路中有电流流过。该电流经过处理之后.将去触发晶闸管 SCR 的控制极,SCR 导通后,操动机构获得电源,将开关 SW 切断。

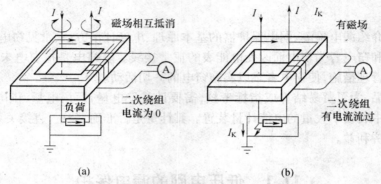

图 11-2　零序电流互感器的原理图

2. 零序电流互感器的一次回路的穿线要求

当零序电流互感器一次回路的电线穿越铁芯时,应将电线并拢绞合后穿过,可以减少二次绕组的剩余电流。剩余电流是指被保护网络或受电设备根本不存在漏电故障的情况下,二次绕组中仍有电势产生的电流。

如图 11-3 所示,尽管一次回路中流入和流出的电流相等,但二次绕组中有剩余电流 I_0 流过。如果 I_0 太大,则会引起漏电保护器误动作,甚至使网络难于投入。产生这种现象的原因是:TA 的一、二次绕组之间的耦合除了铁芯中的主磁通之外,还要通过漏磁通耦合,这些通过空气的漏磁通有可能与一、二次绕组同时相链,并在其中产生感应电势并建立剩余电流 I_0。特别当二次绕组在铁芯中的几何位置不对称时,情况更为严重。

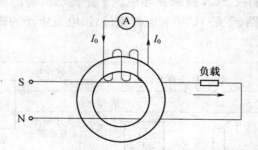

图 11-3　零序电流互感器的一次穿线

为了减少剩余电流,要求穿越铁芯的一次电线的几何位置及二次线圈的排列都要均匀对称。二次线圈的排列,生产厂家已作了周密的考虑,只有穿越铁芯的一次电线,决定现场的安装情况,如有不慎,则易引起剩余电流过大。如图 11-4 所示,将 TA 的铁芯穿入载流导体 A、B,如将 A 向 B 移动,则剩余电流增大。

图 11-5 示出了 TA 铁芯穿入三相导体 A、B、C 的两种情况:一种是平行直线穿入;另一种是绞合后穿入,并通以相同的电流,其所产生的 I_0 差别很大。若通以 200A 的电流,平行穿入的剩余电流 0.83mA,而绞合后穿入仅为 0.05mA。

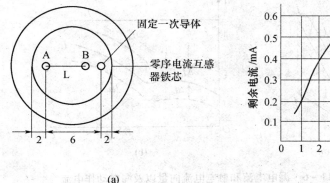
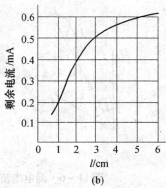

(a)   (b)

图 11-4　一次绕组的排列

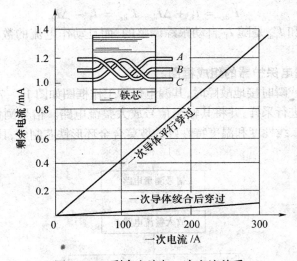

图 11-5　剩余电流与一次电流关系

11.1.2　脉冲相位型漏电保护器工作原理及组成框图

1. 脉冲相位型漏电保护器的工作原理

电力网中总是存在着一定的漏电电流,线路的绝缘水平越差,则漏电电流越大。而当发生触电时,必将引起漏电电流的突然变化,脉冲相位型漏电保护器便采用这一突变的脉冲变量作为识别触电的依据。

漏电电流 i_1 和触电电流 i_2 的相量图表示在图 11-6(a)中,$\dot{i}_0$ 为触电时电网的漏电电流,$\Delta\dot{i}$ 为引起漏电电流突变变化量,α 为漏电电流与触电电流的相位角。

作为漏电保护,其动作条件是:当触电发生时,漏电电流的数值应大于其动作值,即

$$i_\alpha \geqslant i_{dz} \qquad\qquad (11-1)$$

式中:i_{dz} 为漏电流的动作值。

作为触电保护,其动作条件是:触电引起的漏电电流突变量 ΔI 应达到额定脉冲动作值

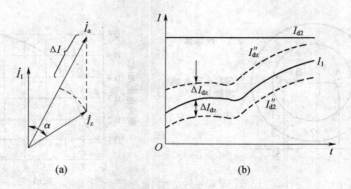

(a)　　　　　　　　　(b)

图 11 - 6　漏电电流和触电电流向量以及漏电动作电流

ΔI_{dz}，即 $\Delta I \geqslant |\Delta I_{dz}|$。这就是说，相当于有两组额定漏电动作。其为图 11 - 6（b）中的 I'_{dz} 和 I''_{dz}，且

$$I'_{dz} = I_1 + \Delta I_{dz}, \quad I''_{dz} = I_1 - \Delta I_{dz}$$

由上式不难看出，I'_{dz} 和 I''_{dz} 是随 I_1 自动跟踪调整的，而且动作电流的数值与 I_1 以及 I_1 和 I_2 之间的夹角 α 有关。

2. 脉冲相位型漏电保护器的组成框图

当电路发生触电或瞬时接地故障时，其漏电保护工作框图如图 11 - 7 所示，信号测量电路即对漏电电流的突变量进行采样，并将其输至信号放大整流电路。信号测量元件采用零序电流互感器，并选用磁导率高、线性度和温度特性好的坡莫合金环形铁芯制成，具有良好的平衡性。

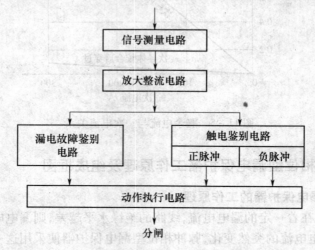

图 11 - 7　脉冲相位型漏电保护器的组成框图

3. 多功能双保护三相漏电保护器

多功能双保护三相漏电保护器的原理框图如图 11 - 8 所示，该漏电保护器除了作为触电保护之外，还增加了电动机缺相运行的保护功能，其构成包括下述部分：

（1）漏电指示电路：

用来直读线路上的合成泄漏电流，同时还可以作平衡调节时使用。

（2）缺相保护电路：

用来保护电动机缺相运行，以免因此使电动机烧毁。

294

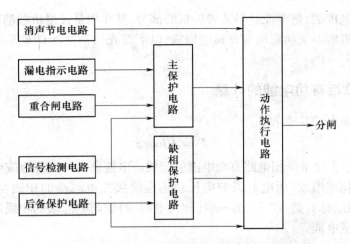

图 11 - 8　多功能双保护漏电保护器的原理框图

（3）重合闸电路：由缓慢充电和快速放电电路组成，当漏电达到保护整定值时，使线路跳闸后，保护器可进行一次重合闸。如果故障不消失，将产生闭锁，而如果为瞬时故障，且瞬间故障的间隔时间大于 $1s$，仍可进行重合。

（4）消声节电电路：功能是消除交流接触器的运行噪声，消除接触器的绕组、铁芯的发热问题，提供其运行可靠性，延长其使用寿命。

（5）后备保护电路：该电路与主保护电路完全独立，当主保护失去作用时，后备保护可起同样的作用，提高了设备的保护性能。由于有主保护和后备保护双重功能存在，故称为双保护。

4. IT 系统不宜装设漏电保护器

IT 系统不宜装设漏电保护器的原因是：

（1）中性点不接地，漏电流较小，漏电保护器不易动作。

（2）若三相绝缘老化，绝缘电阻降低，且不易平衡，有不平衡电流流过 TA，引起误动。

11.2　电 能 计 量

11.2.1　电能计量装置

根据 DL/T 448—2000《电能计量装置技术管理规定》，电能计量装置包含各种类型的电能表，以及计量用电压互感器、电流互感器及其二次回路、电能计量箱（柜）。其电路构成如图 11 - 9所示，虚线部分为二次回路。

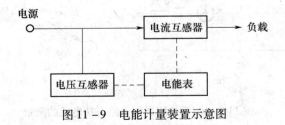

图 11 - 9　电能计量装置示意图

电能表俗称电度表,是电能计量装置的核心部分,其作用是计量负载消耗的或电源发出的电能。为了便于理解各类防窃电与反窃电措施,以下首先认识电能计量装置各部分的工作原理、分类及作用等。

11.2.2 单相有功电能的计量

单相交流电路有功功率为

$$P = UI\cos\varphi \tag{11-2}$$

图 11-10(a)为测量单相电路有功电能的接线。电能表的电流绕组或电流互感器的一次绕组必须与电源相线串联,而电能表的电压绕组应跨接在电源端的相线与零线(中性线)之间。电流、电压绕组标有黑点"·"的一端(称为电源端)应与电源端的相线连接。按此接线电能表可以正确计量电能。

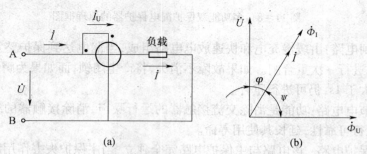

(a)

(b)

图 11-10　单相电路有功电能的测量

(a)单相电路接线图;(b)相量图。

11.2.3 三相四线制电路有功电能的测量

三相四线制电路可看成由三个单相电路组成的,其平均功率 P 等于各相有功功率之和,即

$$P = P_A + P_B + P_C = U_A I_A \cos\varphi_A + U_B I_B \cos\varphi_B + U_C I_C \cos\varphi_C \tag{11-3}$$

无论三相电路是否对称,上述公式均可成立。

如图 11-11 所示,常用三相四线式有功电能表(DT 型)或三只单相有功电能表(DD 型),按此接线方式进行三相四线制电路有功电能的测量。

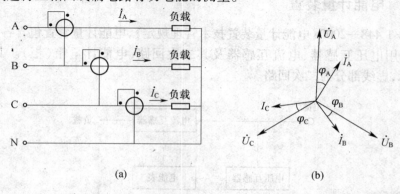

(a)

(b)

图 11-11　三相四线制电路有功电能的测量

(a)原理接线图;(b)相量图。

在三相四线制电路中,无论负载是否对称,均能采用三表法或三相四线式有功电能表计量三相总的电能。

需要注意的是,三相四线制电路不能采用二表法测量电能,只有在三相电路完全对称的情况下,即 $i_A + i_B + i_C = 0$ 时才允许,否则计量电能会产生误差。分析如下:

一般三相四线制电路中,三相电流之和 $i_A + i_B + i_C = i_D$。因此,各相负载消耗的瞬时功率为

$$p = u_A i_A + u_B i_B + u_C i_C$$
$$= u_A i_A + u_B [i_N - (i_A + i_C)] + u_C i_C$$
$$= u_{AB} i_A + u_{CB} i_C + u_B i_N \qquad (11-4)$$

二表法测量的三相瞬时功率为 $p' = u_{AB} i_A + u_{CB} i_C$

因此按图 11-12 所示的接线方式测量三相瞬时功率时,引起的误差为

$$\gamma = \frac{p' - p}{p} \times 100\% = \frac{-u_B i_N}{u_{AB} i_A + u_{CB} i_C + u_B i_N} \times 100\% \qquad (11-5)$$

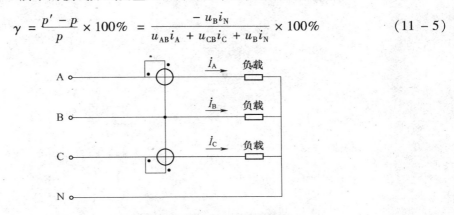

图 11-12 三相四线制电路二表法测量接线图

小　结

低压电网的漏电保护,是指当电网发生对地漏电并到一定程度时,为避免人身触电和设备损坏,而采取的技术防范措施。因而漏电保护的目的应是能够有效地防止各种因电网漏电可能造成的危害后果的发生。

当用电设备没有漏电时,穿越铁芯中电源线的电流 I 大小相等、方向相反,故它们所产生的磁场彼此抵消,因此,二次绕组中无感应电势产生,二次回路中也将无电流流过。可是,当受电设备发生漏电时,电源线流入的电流为 I,流出的电流为 I 减去漏电电流 I_K,即 $I_回 = I - I_K$,于是,铁芯中将有磁场,该磁场在二次绕组中产生感应电势,二次回路中有电流流过。

电能表俗称电度表,是电能计量装置的核心部分,其作用是计量负载消耗的或电源发出的电能,包括单相有功电能的计量、三相四线制电路有功电能的测量。

思考题与习题

1. 什么是漏电保护,为什么要进行漏电保护?

2. 漏电保护器主要分为哪几种,分别说明其判断漏电的依据?

3. 三相四线制接线的电能计量有哪几种方法,试述各种方法的区别?

4. 三相四线制电路能不能采用二表法测量电能,在什么情况下可以采用?

附　录

附表1　需要系数和二项式系数

附表1-1　用电设备组的需要系数、二项式系数及功率因数值

用电设备组名称	需要系数 K_d	二项式系数		最大容量设备台数 x①	$\cos\varphi$	$\tan\varphi$
		b	c			
小批生产的金属冷加工机床	0.16~0.2	0.14	0.4	5	0.5	1.73
大批生产的金属冷加工机床	0.18~0.25	0.14	0.5	5	0.5	1.73
小批生产的金属热加工机床	0.25~0.3	0.24	0.4	5	0.6	1.33
大批生产的金属热加工机床	0.3~0.35	0.26	0.5	5	0.65	1.17
通风机、水泵、空压机及电动发电机组	0.7~0.8	0.65	0.25	5	0.8	0.75
非连锁的连续运输机械及铸车间整砂机械	0.5~0.6	0.4	0.4	5	0.75	0.88
连锁的连续运输机械及铸车间整砂机械	0.65~0.7	0.6	0.2	5	0.75	0.88
锅炉房和机加工、机修、装配等类车间的吊车($e=25\%$)	0.1~0.15	0.06	0.2	3	0.5	1.73
铸造车间的吊车($e=25\%$)	0.15~0.25	0.09	0.3	3	0.5	1.73
自动连续装料的电阻炉设备	0.75~0.8	0.7	0.3	2	0.95	0.33
非自动连续装料的电阻炉设备	0.65~0.7	0.7	0.3	2	0.95	0.33
实验室用的小型电热设备(电阻炉、干燥箱等)	0.7	0.7	0	—	1.0	0
工频感应电炉(未带无功补偿装置)	0.8	—	—		0.35	2.68
高频感应电炉(未带无功补偿装置)	0.8	—	—		0.6	1.33
电弧熔炉	0.9	—	—		0.87	0.57
点焊机、缝焊机	0.35	—	—		0.6	1.33
对焊机、铆钉加热机	0.35	—	—		0.7	1.02
自动弧焊变压器	0.5	—	—		0.4	2.29
单头手动弧焊变压器	0.35	—	—		0.35	2.68
多头手动弧焊变压器	0.4	—	—		0.35	2.68
单头弧焊电动发电机组	0.35	—	—		0.6	1.33
多头弧焊电动发电机组	0.7	—	—		0.75	0.88
生产厂房及办公室、阅览室、实验室照明②	0.8~1	—	—		1.0	0
变配电所、仓库照明②	0.5~0.7	—	—		1.0	0
宿舍(生活区)照明②	0.6~0.8	—	—		1.0	0
室外照明、应急照明②	1	—	—		1.0	0

① 如果用电设备组的设备总台数 $n<2x$ 时,则最大容量设备台数取 $x=n/2$,且按"四舍五入"修约规则取整数;

② $\cos\varphi$ 和 $\tan\varphi$ 值均为白炽灯照明数据。如为荧光灯照明,则 $\cos\varphi=0.9$,$\tan\varphi=0.48$;如为高压汞灯、钠灯,则 $\cos\varphi=0.5$,$\tan\varphi=1.73$。

附表 1-2 部分工厂的全厂需要系数、功率因数及年最大有功负荷利用小时数参考值

工厂类别	需要系数	功率因数	年最大有功负荷利用小时数	工厂类别	需要系数	功率因数	年最大有功负荷利用小时数
汽轮机制造厂	0.38	0.88	5000	量具刃具制造厂	0.26	0.60	3800
锅炉制造厂	0.27	0.73	4500	工具制造厂	0.34	0.65	3800
柴油机制造厂	0.32	0.74	4500	电机制造厂	0.33	0.65	3000
重型机械制造厂	0.35	0.79	3700	电器开关制造厂	0.35	0.75	3400
重型机床制造厂	0.32	0.71	3700	电线电缆制造厂	0.35	0.73	3500
机床制造厂	0.2	0.65	3200	仪器仪表制造厂	0.37	0.81	3500
石油机制造厂	0.45	0.78	3500	滚珠轴承制造厂	0.28	0.70	5800

附表 2 并联电容器的技术数据

附表 2-1 并联电容器的无功补偿率

补偿前的功率因数	补偿后的功率因数				补偿前的功率因数	补偿后的功率因数			
	0.85	0.90	0.95	1.00		0.85	0.90	0.95	1.00
0.60	0.713	0.849	1.004	1.333	0.76	0.235	0.371	0.526	0.85
0.62	0.646	0.782	0.937	1.266	0.78	0.182	0.318	0.473	0.80
0.64	0.581	0.717	0.872	1.206	0.80	0.130	0.266	0.421	0.75
0.66	0.518	0.654	0.809	1.138	0.82	0.078	0.214	0.369	0.69
0.68	0.458	0.594	0.749	1.078	0.84	0.026	0.162	0.317	0.64
0.70	0.400	0.536	0.691	1.020	0.86	—	0.109	0.264	0.59
0.72	0.344	0.480	0.635	0.964	0.88	—	0.056	0.211	0.54
0.74	0.289	0.425	0.580	0.909	0.90	—	0.000	0.155	0.48

附表 2-2 并联电容器的技术数据

型号	额定容量/kvar	额定电容/μF	型号	额定容量/kvar	额定电容/μF
BW0.4-12-3	12	240	BWF6.3-40-1W	40	3.2
BW0.4-14-3	14	280	BWF6.3-50-1W	50	4.0
BCMJ0.4-10-3	10	200	BWF6.3-100-1W	100	8.0
BCMJ0.4-12-3	12	240	BWF6.3-120-1W	120	9.6
BCMJ0.4-14-3	14	280	BWF10.5-25-1W	25	0.72
BCMJ0.4-16-3	16	320	BWF10.5-30-1W	30	0.86
BCMJ0.4-20-3	20	400	BWF10.5-40-1W	40	1.15
BCMJ0.4-25-3	25	500	BWF10.5-50-1W	50	1.44
BWF6.3-25-1W	25	2.0	BWF10.5-100-1W	100	2.89
BWF6.3-30-1W	30	2.4	BWF10.5-120-1W	120	3.47

附表3 S9 系列 6kV ~ 10kV 级铜绕组低损耗电力变压器的技术数据

| 额定容量/ kV·A | 额定电压/kV | | 连接组标号 | 空载损耗/W | 负载损耗/W | 阻抗电压/% | 空载电流/% |
	一次	二次					
30			Yyno	130	600	4	2.1
50			Yyno	170	870	4	2.0
63			Yyno	200	1040	4	1.9
80			Yyno	240	1250	4	1.8
100			Yyno	290	1500	4	1.6
			Dynll	300	1470	4	4
125			Yyno	340	1800	4	1.5
			Dynll	360	1720	4	4
160			Yyno	400	2200	4	1.4
			Dynll	430	2100	4	3.5
200			Yyno	480	2600	4	1.3
			Dynll	500	2500	4	3.5
250			Yyno	560	3050	4	1.2
			Dynll	600	2900	4	3
315			Yyno	670	3650	4	1.1
			Dynll	720	3450	4	3
400	11,10.5, 10,6.3, 6	0.4	Yyno	800	4300	4	1.0
			Dynll	870	4200	4	3
500			Yyno	960	5100	4	1.0
			Dynll	1030	4950	4	3
630			Yyno	1200	6200	4.5	0.9
			Dynll	1300	5800	5	1.0
800			Yyno	1400	7500	4.5	0.8
			Dynll	1400	7500	5	2.5
1000			Yyno	1700	10300	4.5	0.7
			Dynll	1700	9200	5	1.7
1250			Yyno	1950	12000	4.5	0.6
			Dynll	2000	11000	5	2.5
1600			Yyno	2400	14500	4.5	0.6
			Dynll	2400	14000	6	2.5
2000			Yyno	3000	1800	6	0.8
			Dynll	3000	1800	6	0.8
2500			Yyno	3500	2500	6	0.8
			Dynll	3500	2500	6	0.8

附表 4　常用高压断路器的技术数据

类别	型号	额定电压/kV	额定电流/A	开断电流/kA	断流容量/MV·A	极限通过电流峰值/kA	热稳定电流/kA	固有分闸时间/s	合闸时间/s	配用操动机构型号
少油户外	SW2－35/1000	35	1000	16.5	1000	45	16.5(4s)	≤0.06	≤0.4	CT2－XG
	SW2－35/1500		1500	24.8	1500	68.4	24.8(4s)			
少油户内	SN10－35Ⅰ	35	1000	16	1000	45	16(4s)	≤0.06	≤0.2	CT10
	SN10－35Ⅱ		1250	20	1000	50	20(4s)		≤0.25	CT10Ⅳ
	SN10－10Ⅰ	10	630	16	300	40	16(4s)	≤0.06	≤0.15	CT8
			1000	16	300	40	16(4s)		≤0.2	CD10Ⅰ
	SN10－10Ⅱ		1000	31.5	500	80	31.5(2s)	≤0.06	≤0.2	CD10Ⅰ、Ⅱ
	SN10－10Ⅲ		1250	40	750	125	40(2s)	≤0.07	≤0.2	CD10Ⅲ
			2000	40	750	125	40(4s)			
			3000	40	750	125	40(4s)			
真空户内	ZN5－10/630	10	630	20		50	20(2s)	≤0.05	≤0.1	专用 CD 型
	ZN5－10/1000		1000	20		50	20(2s)			
	ZN5－10/1250		1250	25		63	25(2s)			
	ZN12－10/1250		1250	31.5		80,	31.5(4s)			
	ZN12－10/2000		2000				40(4s)			
	ZN12－10/2500		2500	40		100				
	ZN12－10/3150		3150							
六氟化硫(SF₆)户内	LN2－35Ⅰ	35	1250	16		40	16(4s)	≤0.06	≤0.15	CT12－Ⅱ
	LN2－35Ⅱ		1250	25		63	25(4s)			
	LN2－35Ⅲ		1600	25		63	25(4s)			

附表 5　常用高压隔离开关的技术数据

型号	额定电压/kV	额定电流/A	极限通过电流		热稳定电流/kA	操动机构型号
			峰值	有效值		
GN§－6T/200	6	200	25.5	14.7	10(ss)	CS6－ⅠT (CS6－Ⅰ)
GN§－6T/400		400	40	30	14(ss)	
GN§－6T/600		600	52	30	20(ss)	
GN§－10T/200	10	200	25.5	14.7	10(ss)	CS6－ⅠT (CS6－Ⅰ)
GN§－10T/400		400	40	30	14(ss)	
GN§－10T/600		600	52	30	20(ss)	
GN§－10T/1000		1000	75	43	30(ss)	

附表6 照明技术数据

附表6-1 工作场所作业面上的照明标准(GB 50034—1992)

视觉作业特性	识别对象的最小尺寸 d/mm	视觉作业分类		亮度对比	照度范围/lx					
		等	级		混合照明			一般照明		
特别精细作业	$d \leqslant 0.15$	I	甲	小	1500	2000	3000	—	—	—
			乙	大	1000	1500	2000	—	—	—
很精细作业	$0.15 < d \leqslant 0.3$	II	甲	小	750	1000	1500	200	300	500
			乙	大	500	750	1000	150	200	300
精细作业	$0.3 < d \leqslant 0.6$	III	甲	小	500	750	1000	150	200	300
			乙	大	300	500	750	100	150	200

附表6-2 一般生产车间工作面上的照度标准(GB 50034—1992)

视觉作业特性	识别对象的最小尺寸 d/mm	视觉作业分类		亮度对比	照度范围/lx					
		等	级		混合照明			一般照明		
一般精细作作	$0.6 < d \leqslant 1.0$	IV	甲	小	300	500	750	100	150	200
			乙	大	200	300	500	75	100	150
一般作业	$1.0 < d \leqslant 2.0$	V	·		150	200	300	50	75	100
较粗糙作业	$2.0 < d \leqslant 5.0$	VI	—		—	—	—	30	50	75
粗糙作业	$d > 5.0$	VII	—		—	—	—	20	30	50
一般观察生产过程	—	VIII	—		—	—	—	10	15	20
大件储存	—	IX	—		—	—	—	5	10	15
有自行发光材料的车间	—	X	—		—	—	—	30	50	75

附表7 导线和电缆的电阻和电抗

附表7-1 LJ型铝绞线的电阻和电抗

导线型号	LJ-16	LJ-25	LJ-35	LJ-50	LJ-70	LJ-95	LJ-120	LJ-150	LJ-185	LJ-240
电阻/(Ω/km)	1.98	1.28	0.92	0.64	0.46	0.34	0.27	0.21	0.17	0.132
线间几何均距(m)	电抗/(Ω/km)									
0.6	0.358	0.344	0.334	0.323	0.312	0.303	0.295	0.287	0.281	0.273
0.8	0.377	0.362	0.352	0.341	0.330	0.321	0.313	0.305	0.299	0.291
1.0	0.390	0.376	0.366	0.355	0.344	0.335	0.327	0.319	0.313	0.305
1.25	0.404	0.390	0.380	0.369	0.358	0.349	0.341	0.333	0.327	0.319
1.6	0.416	0.402	0.390	0.380	0.369	0.360	0.358	0.345	0.339	0.330
2.0	0.434	0.420	0.410	0.398	0.387	0.378	0.371	0.363	0.356	0.348

附表 7－2　室内明敷及在穿管的铝、铜心绝缘导线的电阻和电抗

芯线截面（mm²）	铝			铜		
	电阻 R_0（65℃）/（Ω/km）	电抗 X_0/（Ω/km）		电阻 R_0（65℃）/（Ω/km）	电抗 X_0/（Ω/km）	
		明线间距 100mm	穿管		明线间距 100mm	穿管
1.5	24.39	0.342	0.14	14.48	0.342	0.14
2.5	14.63	0.327	0.13	8.69	0.327	0.13
4	9.15	0.312	0.12	5.43	0.312	0.12
6	6.10	0.300	0.11	3.62	0.300	0.11
10	3.66	0.280	0.11	2.19	0.280	0.11
16	2.29	0.265	0.10	1.37	0.265	0.10
25	1.48	0.251	0.10	0.88	0.251	0.10
35	1.06	0.241	0.10	0.63	0.241	0.10
50	0.75	0.229	0.09	0.44	0.229	0.09
70	0.53	0.219	0.09	0.32	0.219	0.09
95	0.39	0.206	0.09	0.23	0.206	0.09
120	0.31	0.199	0.08	0.19	0.199	0.08
150	0.25	0.191	0.08	0.15	0.191	0.08
185	0.20	0.184	0.07	0.13	0.184	0.07

附表 7－3　电力电缆的电阻和电抗

额定截面（mm²）	电阻/（Ω/km）						电抗/（Ω/km）					
	铝心电缆		铜心电缆		纸绝缘三芯电缆		纸绝缘三芯电缆			塑料三芯电缆		
	线芯工作温度						额定电压等级					
	60℃	75℃	80℃	60℃	75℃	80℃	1kV	6kV	10kV	1kV	6kV	10kV
2.5	14.38	15.13	—	8.54	8.98	—	0.098	—	—	0.100	—	—
4	8.99	9.45	—	5.34	5.61	—	0.091	—	—	0.093	—	—
6	6.00	6.31	—	3.56	3.75	—	0.087	—	—	0.091	—	—
10	3.60	3.78	—	2.13	2.25	—	0.081	—	—	0.087	—	—
16	2.25	2.36	2.40	1.33	1.40	1.43	0.077	0.099	0.110	0.082	0.124	0.133
25	1.44	1.51	1.54	0.85	0.90	0.91	0.067	0.088	0.098	0.075	0.111	0.120
35	1.03	1.08	1.10	0.61	0.64	0.65	0.065	0.083	0.092	0.073	0.105	0.113
50	0.72	0.76	0.77	0.43	0.45	0.46	0.063	0.079	0.087	0.071	0.099	0.107
70	0.51	0.54	0.56	0.31	0.32	0.33	0.062	0.076	0.083	0.070	0.093	0.101
95	0.38	0.40	0.41	0.23	0.24	0.24	0.062	0.074	0.080	0.070	0.089	0.096
120	0.30	0.31	0.32	0.18	0.19	0.19	0.062	0.072	0.078	0.070	0.087	0.095
150	0.24	0.25	0.26	0.14	0.15	0.15	0.062	0.071	0.077	0.070	0.085	0.093
185	0.20	0.21	0.21	0.12	0.12	0.13	0.062	0.070	0.075	0.070	0.082	0.090
240	0.16	0.16	0.17	0.09	0.10	0.10	0.062	0.069	0.073	0.070	0.080	0.087

附表8 导体在正常和短路时的最高允许温度及热稳定系数

导体种类及材料			最高允许温度 ℃		热稳定系数 C $A \cdot \sqrt{s} \cdot mm^{-2}$
			正常 θ_L	短路 θ_k	
母线	铜		70	300	171
	铜（接触面有锡层时）		85	200	164
	铝		70	200	87
油浸纸绝缘电缆	铜芯	1～3kV	80	250	148
		6kV	65	220	145
		10kV	60	220	148
	铝芯	1～3kV	80	200	84
		6kV	65	200	90
		10kV	60	200	92
像皮绝缘线和电缆		铜芯	65	150	112
		铝芯	65	150	74
聚氯乙烯绝缘导线和电缆		铜芯	65	130	100
		铝芯	65	130	65
交联聚乙烯绝缘导线和电缆		铜芯	80	250	140
		铝芯	80	250	84
有中间接头的电缆（不包括聚氯乙烯绝缘电缆）		铜芯	—	150	—
		铝芯	—	150	—

参 考 文 献

[1] 唐志平,杨胡萍,等. 供配电技术. 北京:电子工业出版社,2006.

[2] 李友文. 工厂供电. 北京:化学工业出版社,2006.

[3] 刘介才. 工厂供电. 北京:机械工业出版社,1999.

[4] 柳春生. 现代供配电系统实用与新技术问答. 北京:机械工业出版社,2008.

[5] 王玉华,赵志英,等. 工厂供配电. 北京:北京大学出版社,中国林业出版社,2006.

[6] 孟祥忠. 现代供配电技术. 北京:清华大学出版社,2006.

[7] 张莹,等. 工厂供电技术. 北京:电子工业出版社,2006.

[8] 柳春生. 实用供配电系统实用与新技术问答. 北京:机械工业出版社,2005.

[9] 高松. 实用用电技术. 北京:中国水利水电出版社,1996.

[10] 李景村. 防治窃电应用技术与实例. 北京:中国水利水电出版社,2004.

[11] 吴竟昌. 电力系统谐波. 北京:中国水利电力出版社,1998.

[12] 覃汉. 铝电解大电流晶闸管整流的电力谐波与无功补偿. 流技术与电力牵引,2006.

[13] 狄富清. 变电设备合理选择与运行检修. 北京:机械工业出版社,2006.

[14] 国家电力公司农电工作部. 国家电力公司农村电网工程典型设计—35kV 及以上工程. 北京:中国电力出版社,2002.

[15] 黄绍平,金国彬,李玲. 成套开关设备实用技术. 北京:机械工业出版社,2008.

[16] 余建华. 供配电一次系统. 北京:中国电力出版社,2006.